新工科×新商科 · 大数据与商务智能系列

数据科学工程实践

郭继东　于春欣　张华　李志青　等编著

電子工業出版社
Publishing House of Electronics Industry
北京 · BEIJING

内 容 简 介

本书是高等学校开设数据科学导论或工程实践等课程的配套用书。本书不仅介绍了数据科学的基础知识，还特别引入了探索性数据分析流程的相关内容，主要包括实践平台配置、数据预处理、数据存储与管理、探索性数据分析、单模型学习算法、集成学习算法和数据可视化等；精心设计其中的函数应用实践和综合应用实践，前者聚焦具体函数的解释和应用，后者致力于实际问题解决思路的探讨。读者可以由浅入深地了解相关理论，逐步完成相关实验内容，增强理论和实践的连贯性认知，培养数据思维和动手实践能力。

本书可作为高等学校各相关专业的数据科学导论或实践等课程的配套教材，也可供对数据科学感兴趣的读者阅读。

图书在版编目（CIP）数据

数据科学工程实践 / 郭继东等编著. -- 北京 : 电子工业出版社, 2024. 9. -- ISBN 978-7-121-48848-1

Ⅰ. TP274

中国国家版本馆 CIP 数据核字第 2024P8M777 号

责任编辑：王二华
印　　刷：三河市兴达印务有限公司
装　　订：三河市兴达印务有限公司
出版发行：电子工业出版社
　　　　　北京市海淀区万寿路 173 信箱　　邮编：100036
开　　本：787×1092　1/16　印张：26.5　字数：678 千字
版　　次：2024 年 9 月第 1 版
印　　次：2024 年 9 月第 1 次印刷
定　　价：79.90 元

凡所购买电子工业出版社图书有缺损问题，请向购买书店调换。若书店售缺，请与本社发行部联系，联系及邮购电话：（010）88254888，88258888。

质量投诉请发邮件至 zlts@phei.com.cn，盗版侵权举报请发邮件至 dbqq@phei.com.cn。

本书咨询联系方式：wangrh@phei.com.cn。

前　言

大数据时代已经来临，挖掘数据中的价值，发现新知，可以为经济、社会、生活提供决策依据。在数据资源已成为生产五要素之一的大数据时代，需要大量合格的数据分析专家。数据分析专家应该具有宽广的理论视野和扎实的技术功底。本书正是满足此需求的最优选择之一。

1. 发展历程

本书作为专业核心起点课程教材，既有理论引导又有落地实践，更强调读者的数据思维和动手实践能力的培养，以数据实训为课程支撑，逐步展开数据科学相关内容的讲述。通过本书，重点实现：①读者的数据思维和动手实践能力的培养，为将来拓展数据科学相关问题的解决方案或思路打下坚实的基础；②与各相关专业融合、交叉，解决实际问题，学以致用，更直观、高效、深刻。

2. 本书特色

本书不是一本枯燥的语法和用法手册，而是一本采用丰富、直观的形式，让读者的大脑开动起来，需要多感官参与的学习体验类图书。为了让读者迅速掌握数据科学的基础知识，切实领会课程知识，本书提供充分且完备的学习体验，帮助读者成为一名真正的数据分析专家。为此，本书在以下几方面做了很多工作。

（1）采用“新工科”思维，启发读者掌握“化复杂为简单”的方式，从问题入手，通过“问题/子问题”分解寻找解决方法。

（2）通过大量实例，将基本知识点讲深讲透，从不同视点、不同层面进行训练，使读者了解不同问题需要采用什么方法来解决。见多才能识广，才能培养联想能力，从而提高自身分析问题和解决问题的能力。

（3）只有看得见、读得懂、做得到，才能想得深。与单纯的文字相比，图片更能让人记得住，提高学习效率。本书以图片展示相关内容，并辅以文字说明，更能让人看懂。读者的能力因此得到提高，从而能更好地解决有关问题。在讲解数据科学知识时，必须引起读者的好奇心，促进、要求并鼓励读者解决问题、得出结论、产生新的知识。为此，本书在部分章节给出了进阶材料，并在每章末给出了拓宽读者思路的习题。

（4）采取一种针对问题的交谈式风格来组织内容。研究表明，如果学习过程中采用第一人称的交谈方式向读者讲述有关内容，那么读者的学习效率会大幅提高。本书的讲解风格是讲故事，而不是做报告，使用通俗的语言，以交谈式风格讲述知识对于读者的学习会有帮助，因为当人们意识到自己在与“别人”交谈时，往往会更专心，这是因为他们总想跟上谈话的思路，并能做出适当的发言。

（5）代码例子尽可能短小精悍。要学习编程，没有别的方法，只能通过编写大量代码来实现，本书正是要这么做。编写代码是一种技巧，要想在这方面擅长，只能实践，不要跳过实践，很多知识都是在实践中学到的。本书的多数例子往往都开门见山，上下文代码尽可能少，这样读者可以一目了然地看到哪些东西是需要学习的。

（6）以数据为核心，围绕处理逻辑协同、示例驱动的教学内容展开。本书与其他教材的不同在于一开始就引入一切皆对象的思想，使用面向对象的观点讨论数据，将数据作为核心来推动课程内容的演变。与传统重过程的讲法相比，本书的整个讲述过程由示例驱动，数据类型也由简单到复杂，内容由粗到细，使读者循序渐进地理解每个概念。在整个示例驱动的讲述过程中，又不时地给出新概念和新方法的形式化描述，起到阶段性总结的作用，使读者既能感觉到数据和处理逻辑之间清晰的边界，又能感觉到两者的相辅相成，为读者对这两者扮演的角色的更深层次的理解打下基础。

3. 重要说明

读者应当将本书看作一个学习的过程，而不要简单地将它看作一本参考书。本书在内容安排上有意做了一些删减，只要是对有关内容的学习有妨碍的，我们都将其删掉。另外，在第一次看本书时，要从头看起，因为后面的内容会假定读者已经看过且学会前面的内容。

4. 作者分工

本书是作为山东财经大学“数据科学导论”课程的教材编写的，在编写过程中得到了山东财经大学管理科学与工程学院和燕山学院领导的支持，并获得校级优质课程建设的资助。参与本书策划的有教师郭继东、于春欣、李志青、张华、丰久宽、孙英霞、谢华等。

本书第 1 章由丰久宽编写，第 2 章由谢华编写，第 3 章由李志青编写，第 4 章由孙英霞、郭继东共同编写，第 5 章由郭继东编写，第 6 章由于春欣编写，第 7 章由张华编写。各章的实例均在 Jupyter Notebook 上调试通过。本书作者都是山东财经大学和燕山学院从事数据科学相关课程一线教学的教师，有着丰富的教学经验，教学效果良好。

另外，还要特别感谢浪潮集团的冯向阳、侯桂星、赵兵、黄践焜等同志，他们对本书的内容和结构提出了很多有益的建议，并提供了大量的实践代码片段，这对于本书落地于实践、服务于工程有着较大的促进作用。

本书在成书过程中得到了电子工业出版社的支持，在此表示衷心的感谢。

由于作者水平有限，书中难免存在疏漏或不足之处，恳请读者及时指正。

作者

2024 年 7 月

目 录

第1章 数据科学概述

思政教学目标：

数据科学是通过各种科学方法、算法、工具和流程研究数据，让数据产生价值，提取有价值的预测和见解，辅助决策的一门综合性学科。数据科学聚集于应用，落地于工程，对推动经济社会的发展有重要作用。通过本章的学习，读者可以了解数据科学的行业应用，初步构建数据思维，增强探索未知、追求真理的社会责任感。

本章主要内容：

- 数据科学的基本概念、发展历史、特点、应用领域及过程。
- Python 简介及安装。
- 常用工具包介绍。
- Anaconda3 的安装及 Jupyter Notebook 的使用。

1.1 数据科学简介

1.1.1 基本概念及发展历史

科学是对已经发现、不断积累、人们公认的普遍真理的总结，是系统化的知识体系。数据科学是对数据进行分析、抽取信息和发现知识的过程，它提供多种数据清洗、数据加工和数据处理的基本原则与方法。数据科学依赖的两个因素是数据的广泛性和多样性。现代社会的各行各业都充满了数据，而且这些数据是多种多样的，不仅包括传统的结构化数据，还包括网页、文本、图像、视频、语音等非结构化数据。数据科学研究数据的各种类型、状态、属性及变化规律，并研究各种方法，对数据进行分析，从而揭示自然界和人类行为等现象背后的规律。

近年来，随着可用数据量的日益激增，数据挖掘和数据分析给企业带来了巨大的经济效益，数据科学领域也得到了蓬勃的发展。各行各业掀起了对数据分析专家的招聘浪潮，越来越多的大学设立了数据科学相关学科来满足社会需求。在数据科学成立之前，数据研究一直都是统计学领域的工作，通过数据建模对某种现象进行推论。随着数据量的增长，越来越多的人发现了数据本身的价值，通过对数据的分析和利用，可以解决许多实际问题，而不仅仅停留在学术理论的研究上。第一个提出对传统统计学进行改革的是 John W. Tukey，他发表的文章 *The Future of Data Analysis* 一直被人们看作数据科学的起源。数据科学的发展历史如图 1-1 所示。

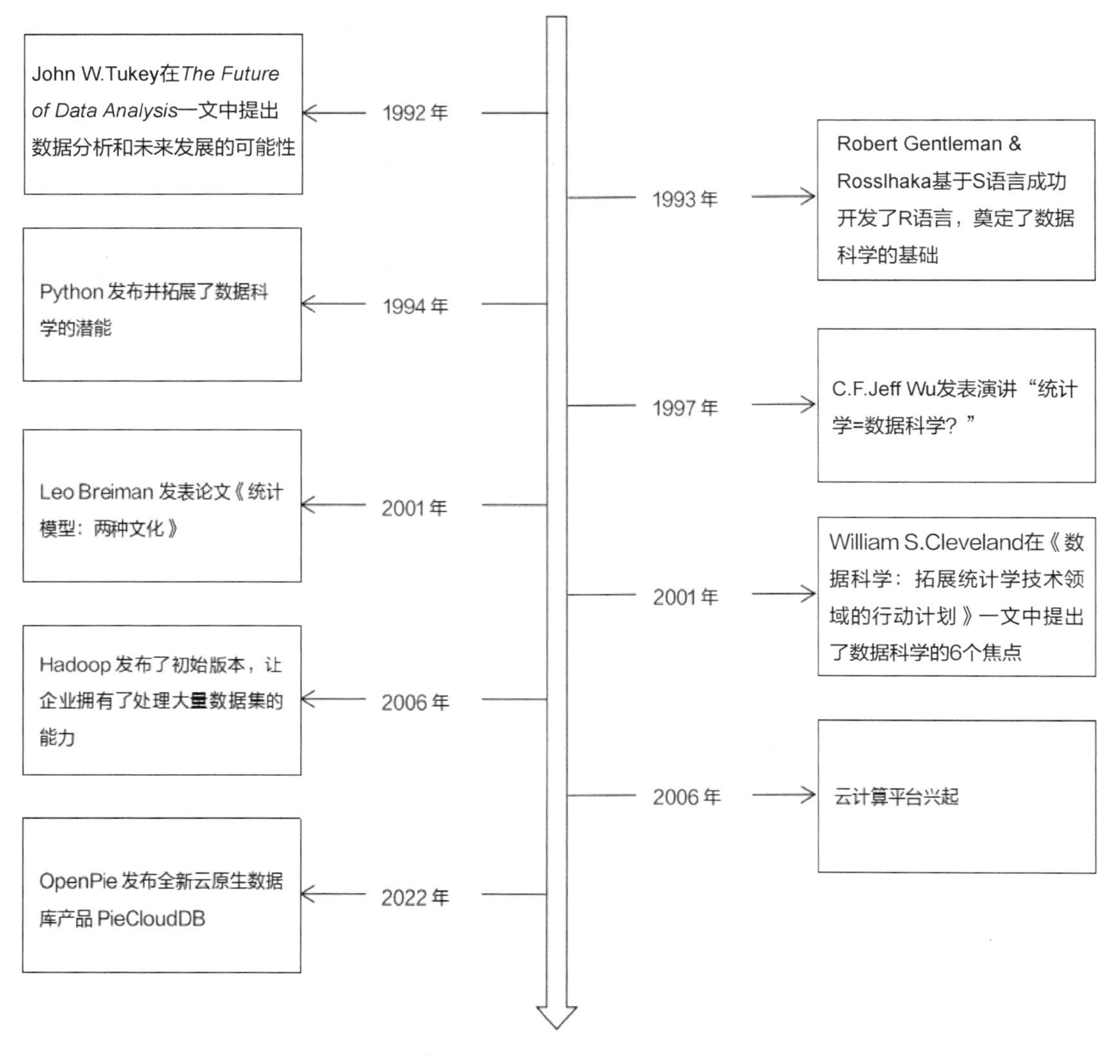

图 1-1 数据科学的发展历史

1.1.2 特点及应用领域

数据科学是基于计算机科学（数据库、数据挖掘、机器学习等）、统计学、数学等学科的一门新兴的交叉学科。它的研究内容包括线性代数、统计建模、可视化、计算语言学、图形分析、机器学习、商务智能、数据存储与检索等。数据科学由多门学科构成，数据分析专家因各自的专业领域和能力不同而对数据科学的描述也不尽相同。

2018 年 9 月 16 日发布的《大数据应用蓝皮书：中国大数据应用发展报告 No.2（2018）》指出，未来中国大数据应用技术的发展将涉及五大热点领域，包括机器学习、人工智能、多学科融合、开源技术、知识图谱。目前，在互联网金融及媒体领域已经大量使用大数据。

机器学习、人工智能继续成为大数据智能分析的核心技术，大数据预测和决策支持仍是主要应用。深度学习继续扮演技术主角，推动整个大数据智能的应用。通过深度学习，计算机能自动学习产生特征的方法，将特征学习融入模型建立的过程中，增加设计特征的完备性。

可视化通过把复杂的数据转化为可以交互的图形，帮助用户更好地分析和理解数据对象，发现、洞察其内在规律，对信息技术不熟悉者和非技术专业的常规决策者也能够更好地理解大数据及其分析的效果与价值。

目前，大数据分析应用的主要领域如下。

（1）金融服务：信用评分、欺诈检测、定价、理赔分析。

（2）制造业：库存补货、产品定制、供应链优化。

（3）能源：交易、供应、需求预测、合理规划。

（4）零售：促销、补货、需求预测、商品优化。

（5）保健：药物相互作用、初步诊断、疾病管理。

（6）通信：客户保留、容量规划、网络优化。

1.1.3　数据科学的过程

数据科学包括数据获取、数据预处理、数据探索、数据建模及结果展示 5 个阶段，如图 1-2 所示。

图 1-2　数据科学的过程

1. 数据获取

在信息化时代，人们生活在海量数据中，而有价值的信息往往被淹没在这些海量数据中。因此，对企业而言，如何从海量数据中获取有价值的信息就成为一个非常重要的问题。这些数据的来源主要如下。

（1）交易数据：包括 POS 机数据、信用卡刷卡数据、购物车数据、库存数据等。这些数据来自企业和消费者的交易活动。

（2）互联网数据：通过搜索引擎、社交媒体、新闻网站等渠道收集。这些数据包括用户搜索历史、网页浏览记录、社交媒体上的评论和分享等。

（3）移动设备数据：通过智能手机、GPS 和其他移动设备收集。这些数据包括用户的位置信息、移动轨迹、消费记录等。

（4）传感器数据：通过各种传感器设备（如智能家用电器、智能温度控制器、智能照明等）收集。这些数据包括设备的状态、使用情况等。

（5）视频和音频数据：包括监控视频、电视节目、音频记录等。这些数据可以用于人脸识别、语音识别等应用。

（6）数据库数据：各企业和组织内部的业务数据，包括客户信息、销售数据、财务数据等。这些数据可以通过爬虫技术或其他技术获取。

数据获取为数据分析提供了素材和依据，这里的数据包括直接获取的数据和经过加工整理后的数据。根据数据存在形态的不同，获取数据的方式多种多样，如网页数据可以通过爬虫技术获取，长度、高度、深度等数据可以通过测量获取等。

2. 数据预处理

现实世界中的大规模数据往往是杂乱的，其表现出以下特点。

（1）不完整性：数据特征值缺失或不确定。

（2）不一致性：由于原始数据的来源不同，数据定义缺乏统一标准，导致系统间数据内涵不一致。

（3）有噪声：数据中存在异常值（偏离期望值）。

（4）冗余性：数据记录或特征重复。

这些数据的缺陷导致其无法直接应用于数据分析，为了提高数据分析的质量，产生了数据预处理技术。数据预处理是指对获取的数据进行初步加工整理，使之成为适合数据分析的样式，是数据分析前必不可少的阶段，也是工作量较大的一步。数据预处理技术包括数据清洗、数据集成、数据归约和数据变换与离散化等。

3. 数据探索

数据探索是一种较为原始的数据分析方法，即数据分析人员使用可视化技术来了解数据总体的内容及分布，以及数据的一些特征。这些特征可以包括数据的大小或规模、数据的完整性、数据的正确性、数据元素之间的可能关系等。

数据探索通常采用自动和手动探索活动相结合的方式进行。自动探索活动包括数据剖析、数据可视化或表格报告，使数据分析人员对数据有初步的了解，对关键特征进行识别等。手动探索活动对数据进行人工筛选或过滤，对自动探索活动发现的异常或模式进行确认。数据探索也可能需要手动编写脚本来查询数据（如使用 SQL 或 R 语言等）或使用电子表格等类似工具来查看原始数据等。

所有这些活动都是为了数据分析人员可以理解数据，并为数据集定义基本的元数据（统计、结构和关系等），以便在进一步分析中使用。

4. 数据建模

数据建模指的是对现实世界各类数据的抽象组织，是形式化地描述业务规则的过程，也是进行信息抽取和知识发现的过程。该阶段通过对数据进行统计分析、建立数学模型和运用机器学习算法等方法，帮助人们理解和解决实际问题。数据科学模型可以是概率模型、回归模型、分类模型或聚类模型等不同类型的数学模型。

5. 结果展示

数据可视化旨在借助图形化手段，清晰、有效地传达与沟通信息。为了有效地传达思想观念，美学形式与功能需求齐头并进。通过直观地展示关键数据与特征，实现对相当稀疏而又复杂的数据集的深入洞察。通常情况下，数据通过表格和图像的形式呈现。

1.2　Python 的安装

Python 是数据科学领域最常用的基础工具之一，下面对 Python 的安装进行讲解。登录官网下载 Python 安装包（本书以 Python 3.9.7 为例），主要的安装步骤如图 1-3～图 1-7 所示。

可以选择默认安装方式，也可以选择自定义安装方式。这里选择“Customize installation”选项，即选择自定义安装方式。注意：一定要勾选“Add Python 3.9 to PATH”复选框，如图 1-3 所示。

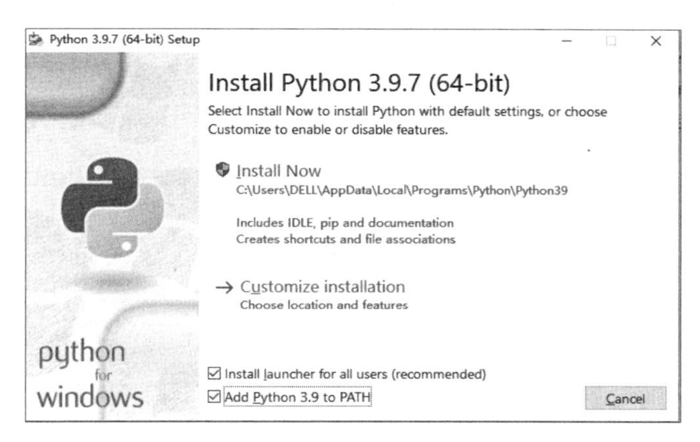

图 1-3　选择安装方式

在图 1-4 中，各个复选框都要勾选，以确保工具包不丢失。勾选后单击“Next”按钮。

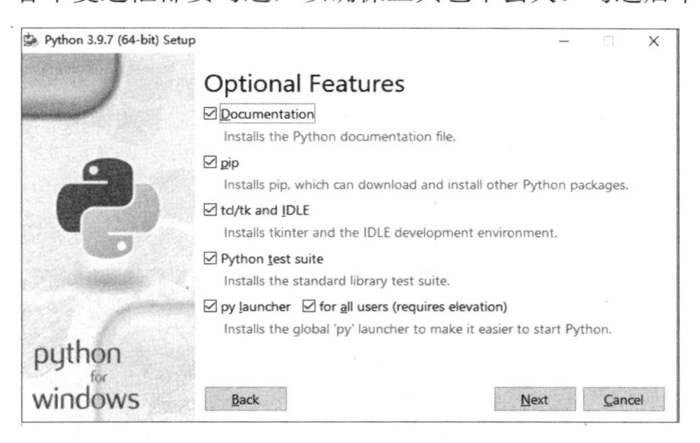

图 1-4　可选特征

在图 1-5 中，设置安装路径。当然，我们可以直接接受其默认路径。设置完成后单击“Install”按钮。

等待安装完成，结果如图 1-6 所示。

在命令行窗口，通过执行下述命令来验证安装是否成功：

```
python -V
```

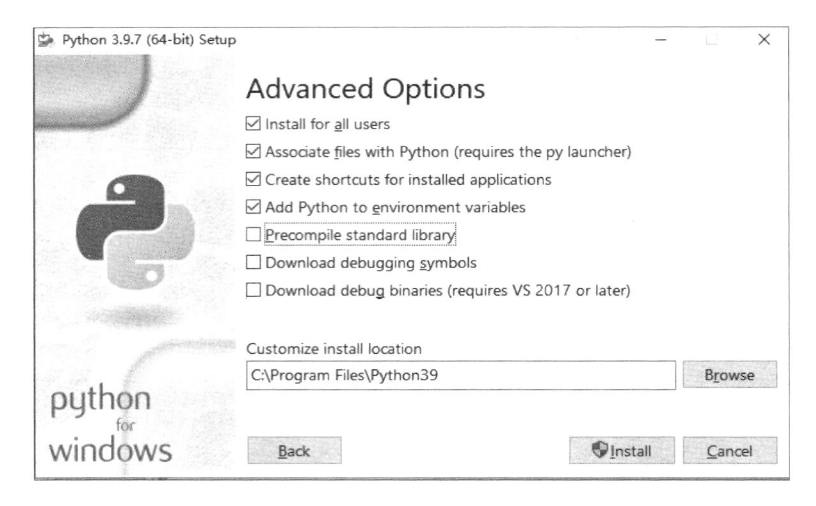

图 1-5　设置安装路径

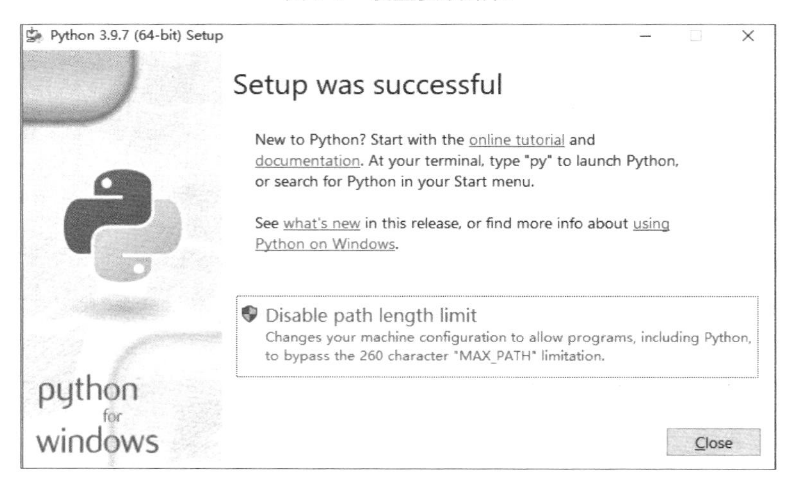

图 1-6　安装完成

如图 1-7 所示，如果显示当前安装版本号，则表示安装成功。

图 1-7　安装验证

1.3　常用工具包概述

1. NumPy

NumPy 是 Travis Oliphant 的作品，是 Python 真正的主力分析工具。它为用户提供了多维数组，以及对这些数组进行多种数学操作的大型函数集。数组是沿多个维度排列的数据块，它实现了数学上的向量和矩阵。数组不仅用于存储数据，还用于进行快速矩阵运算（矢量化），是解决特殊数据科学问题必不可少的要素。

推荐安装命令：

```
pip install numpy
```

2. SciPy

SciPy 是 Travis Oliphant、Pearu Peterson 和 Eric Jones 等人的原创作品，它完善了 NumPy 的功能，为多种应用提供了大量科学算法，如线性代数、稀疏矩阵、信号和图像处理、最优化、快速傅里叶变换等。

推荐安装命令：

```
pip install scipy
```

3. Pandas

Pandas 能处理 NumPy 和 SciPy 不能处理的问题。由于其特有的数据结构 DataFrame（数据框）和 Series（序列），Pandas 可以处理包含不同类型数据的复杂表格和时间序列。因此，Pandas 可以轻松地加载各种形式的数据，可方便地对数据进行切片、切块、处理缺失值、添加、重命名、聚合、整形和可视化等操作。

推荐安装命令：

```
pip install pandas
```

4. Scikit-learn

Scikit-learn 最初是 SciKits（SciPy 工具包）的一部分，它是 Python 数据科学运算的核心。它提供了所有机器学习可能用到的工具，如数据预处理、有监督和无监督学习、模式选择、验证和误差指标等。

推荐安装命令：

```
pip install scikit-learn
```

5. IPython

科学方法需要对不同假设可再现地进行快速验证。Fernando Perez 创建了 IPython，满足了 Python 交互式 Shell 命令的需要，它是基于 Shell、Web 浏览器和应用程序接口的 Python 版本，具有图形化集成、自定义指令、丰富的历史记录（JSON 格式）和并行计算等增强功能。

推荐安装命令：

```
pip install ipython[all]
```

6. Matplotlib

Matplotlib 由 John Hunter 开发，是一个包含各种绘图模块的库，能根据数组创建高质量的图形，并交互式地显示它们。Matplotlib 提供了 pylab 模块，其包含了许多像 MATLAB 一样的绘图组件。

推荐安装命令：

```
pip install matplotlib
```

7. Statsmodels

Statsmodels 以前是 SciKits 的一部分，是 SciPy 统计函数的补充。Statsmodels 包含通用线性模型、离散选择模型、时间序列分析、一系列描述统计，以及参数和非参数检验等内容。

推荐安装命令：

```
pip install statsmodels
```

8. Beautiful Soup

Beautiful Soup 由 Leonard Richardson 创建，是一个 HTML/XML 解析器，用来分析从互联网上抽取的 HTML 和 XML 文档，选择解析器（Python 标准库中的 HTML 解析器）之后，就可以对页面上的对象进行定位，并提取文本、表格及其他有用信息；甚至在网页有异常标签时，它的解析效果也相当不错。

推荐安装命令：

```
pip install beautifulsoup4
```

9. NetworkX

NetworkX 由美国洛斯阿拉莫斯国家实验室（Los Alamos National Laboratory）开发，是一个专门进行现实生活中网络数据创建、操作、分析和展示的软件包。它可以轻松地对具有百万个节点和边的图进行操作。除了提供专门的图数据结构和良好的可视化方法（2D 和 3D），它还为用户提供了许多标准图的度量方法和算法，如最短路径、中心性、成分、群体、聚类和网页排名等。

推荐安装命令：

```
pip install networkx
```

10. NLTK

NLTK（自然语言工具箱）能够访问语料和词汇库，提供从分词到词性标注、从树模型到命名实体识别等自然语言处理（Natural Language Processing，NLP）的一整套函数，可以进行自然语言处理系统的原型开发和搭建。

推荐安装命令：

```
pip install nltk
```

11. Gensim

Gensim 是由 Radim 开发的开源软件包，在并行分布式在线算法的帮助下，它能进行大型文本集合分析。它具有许多高级功能，如实现潜在语义分析（Latent Semantic Analysis，LSA）、通过 LDA（Latent Dirichlet Allocation）进行主题建模等。Gensim 还包含功能强大的谷歌 Word2Vec 算法，能将文本转换为矢量特征，并使用此矢量特征进行有监督和无监督的机器学习。

推荐安装命令：

```
pip install gensim
```

1.4　Anaconda3 的安装

Anaconda 是由 Continuum Analytics 提供的科学计算发行版，包括近 200 个工具包，常见的有 NumPy、SciPy、Pandas、IPython、Matplotlib、Scikit-learn 和 NLTK 等。它是一个跨平台的版本，可以与其他现有的 Python 版本一起安装，其基础版本是免费的，其他具有高级功能的附加组件需要单独收费。Anaconda 自带二进制的包管理器 conda，通过命令行来管理安装包。正如其网站上所介绍的，Anaconda 的目标是提供企业级的 Python 发行版，进行大规模数据处理、预测分析和科学计算。本书也将 Anaconda 作为教学工具，以便与社会需求对接，读者可以直接将本书介绍的方法、流程、规则应用于实际学习和工作中。下面介绍使用 conda 安装工具包。

如果已经安装了 Anaconda 发行版，就可以使用 conda 了。可以通过如下方式检查系统是否安装了 conda。打开 Anaconda Prompt 并输入以下命令：

```
conda -V
```

如果显示版本号，则表示安装成功。还可以使用如下命令检查 conda 是否为最新版本：

```
conda update conda
```

现在可以安装需要的工具包了，假设工具包名称为 <package-name>，则可以通过执行如下命令来安装工具包：

```
conda install <package-name>
```

还可以指定安装工具包的版本号：

```
conda install <package-name>=1.11.0
```

也可以一次安装多个工具包，各工具包之间用空格隔开：

```
conda install <package-name-1> <package-name-2>
```

如果要对已经安装的某工具包进行更新，则执行以下命令：

```
conda update <package-name>
```

如果要对所有已经安装的工具包进行更新，则执行以下命令：

```
conda update -all
```

另外，还可以利用 conda 卸载已经安装的工具包：

```
conda remove <package-name>
```

1.5 Jupyter Notebook 的使用

1.5.1 Jupyter Notebook 简介

Jupyter Notebook 是一种 Web 应用，能让用户将说明文本、数学方程、代码和可视化内容全部组合到一个易于共享的文档中。Jupyter Notebook 已迅速成为数据分析、机器学习的必备工具，因为它可以让数据分析人员集中精力向用户解释整个分析过程。图 1-8 所示为 Jupyter Notebook 应用实例。该实例在 Jupyter Notebook 中运行代码片段，利用 Pandas 加载一个表格数据，代码片段和加载的数据结果同时显示在图 1-8 中。

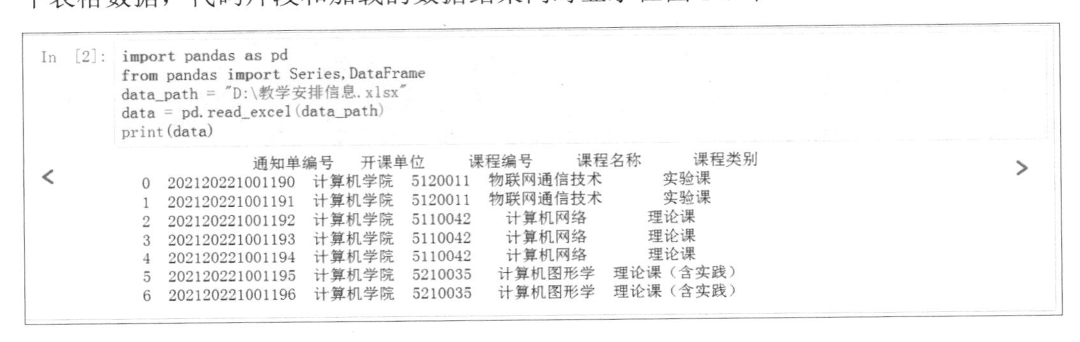

图 1-8 Jupyter Notebook 应用实例

1.5.2 Jupyter Notebook 的启动

如何启动 Jupyter Notebook 呢？对于数据分析这么有用的“神器”，不安装使用一下是不是很遗憾？安装 Jupyter Notebook 最简单的方法是使用 Anaconda，该发行版附带了 Jupyter Notebook。Jupyter Notebook 的命令行调用格式如下：

```
$> jupyter notebook
```

1.5.3 新手如何快速上手 Jupyter Notebook

1. 选项卡介绍

它的页面顶部的 3 个选项卡分别是“Files”（文件）、“Running”（运行）和“Clusters”（集群），如图 1-9 所示。

单击“Files”选项卡，显示当前 Notebook 工作文件夹中的所有文件和文件夹。单击“Running”选项卡，显示所有正在运行的 Notebook，可以在该选项卡中管理这些 Notebook。“Clusters”选项卡一般不会用到，因为过去在“Clusters”选项卡中创建多个用于并行计算的内核的工作现在已经由 ipyparallel 接管。

图 1-9　选项卡

2. 创建新的 Notebook

单击“New”下拉按钮，如图 1-10 所示，创建新的 Notebook、文本文件、文件夹或终端。下拉菜单中显示已安装的内核，这里直接选择默认的环境名即可（名称可以与图 1-10 中的不一样）。

图 1-10　创建新的 Notebook

3. 关闭 Notebook 文件

通过在服务器主页上选中 Notebook 旁边的复选框，并单击“Shutdown”选项卡，就可以关闭各个 Notebook 文件。但是在关闭 Notebook 文件之前，请保存已经完成的工作；否则，上次保存后所做的任何更改都可能会丢失。同时，如果不进行保存，那么在下次运行 Notebook 文件时，需要重新运行代码。

4. 上传 Notebook 文件

收到其他人写好的 Notebook 文件后，如果想在自己的计算机上运行它，应该怎么办呢？单击图 1-10 中的“Upload”按钮，把文件上传到 Notebook 工作文件夹中。

5. 共享 Notebook 文件

选择“File”→“Download as”选项，可以选择多种格式下载 Notebook 文件。根据下面的用途，选择不同的下载格式。

（1）如果要与他人分享数据分析成果，则选择将 Notebook 文件下载为 HTML 文件。

（2）如果希望将自己的数据分析成果和代码嵌入项目，如为药店管理系统做一个数据分析子模块，则选择将 Notebook 文件下载为 Python（.py）文件，将代码融入项目，使其成为子模块，方便和其他开发人员共同完成任务。

（3）如果要在博客或文档中使用 Notebook 文件，则选择将 Notebook 文件下载为 Markdown 文件。

（4）默认的 Notebook 文件的后缀名是.ipynb。

6. 关闭 Jupyter Notebook 服务器

直接关闭打开的 Jupyter Notebook 页面，会立即关闭所有运行中的 Notebook 文件，在此之前请确保已保存工作内容。关闭 Jupyter Notebook 服务器后，下次启动后打开 Notebook 文件并继续在其中写代码时，之前的变量会无法访问，这时需要在该 Notebook 文件的“Kernerl”下拉菜单中选择“Run All”菜单项，重新运行之前的代码。

1.6 本章小结

本章简单介绍了数据科学的基本概念、发展历史、特点及应用领域，重点介绍了数据分析流程和常用工具包，以及 Anaconda3 的安装和 Jupyter Notebook 的使用，为后面应用各种学习算法和建立假设验证模型做好准备。

课后习题

1．简述数据科学的分析过程。

2．使用 Jupyter Notebook 编写并运行一个简单的 Hello world 程序，并将该程序在不同用户之间共享。

第2章 数据预处理

思政教学目标：

通过数据预处理方法的学习，读者可在 NumPy 和 Pandas 的实际应用中激发对数据科学的兴趣，形成严谨、细致、精益求精的科学态度；在数据清洗过程中，检查、去重、填充和处理缺失值过程复杂，会遇到各种问题，要培养迎难而上和不屈不挠的精神，从而解决问题。

本章主要内容：

- NumPy 数据处理及运算。
- Pandas 基础。
- 非数值数据转换。
- 数据清洗。

2.1 NumPy 数据处理及运算

NumPy 是 Python 的一个扩展程序库，支持高维数组和矩阵运算；同时，其提供了针对数组运算的数学函数库。

NumPy 的前身 Numeric 最早是由 Jim Hugunin 与其他协作者共同开发的。2005 年，Travis Oliphant 在 Numeric 中结合了另一个同性质的程序库——Numarray 的特色，并加入了其他要扩展的内容，形成了现在的 NumPy。NumPy 为开源代码，由许多协作者共同维护开发。

NumPy 是一个运行速度非常快的数学库，主要用于数组运算。NumPy 主要包括：

（1）一个强大的 *N* 维数组对象 ndarray。

（2）高效的广播功能函数。

（3）整合 C/ C++/ Fortran 代码的工具包。

（4）实用的线性代数、傅里叶变换、随机数生成等功能。

2.1.1 NumPy 的安装

Anaconda 中已经默认安装了 NumPy，其版本与 Anaconda 版本有关，除非特别说明，本章中代码片段的执行均在 Jupyter Notebook 上实现。安装 Anaconda 后，可以通过属性

__version__查看 NumPy 的版本：

```
1.  import numpy as np
2.  np.__version__
```

输出如下：

```
"1.21.6"
```

在命令行窗口，可通过执行如下命令实现 NumPy 版本的更新：

```
pip install --upgrade numpy
```

2.1.2 创建 *N* 维数组

NumPy 中的 *N* 维数组对象 ndarray 是用于存放同类型元素的多维数组，元素索引自 0 开始。由于 ndarray 是数组，因此 ndarray 中的每个元素在内存中都具有相同的存储空间。ndarray 内部由以下内容组成。

（1）数据指针：一个指向实际数据的指针。

（2）数据类型（dtype）：用于描述数组中元素的数据类型，表示每个元素所占的字节数，如整型（int32、int64）、浮点型（float16、float32、float64）、复数（complex64、complex128）及布尔型（bool）等。

（3）维度（shape）：一个表示数组形状的元组，表示数组各维度的大小。

（4）跨度（strides）：表示从当前维度前进到下一维度的当前位置所需“跨过”的字节数。

在 NumPy 中，数据存储于一个均匀连续的内存块中。可以这么理解，NumPy 将多维数组在内部以一维数组的方式存储，只要知道每个元素所占的字节数及每个维度中元素的个数，就可以快速定位到任意维度的任意一个元素。

2.1.2.1 numpy.ndarray()

numpy.ndarray()是 ndarray 类的构造函数，返回一个 ndarray 对象，是具有固定大小项的多维同质数组。numpy.ndarray()函数的格式如下：

```
class numpy.ndarray(shape, dtype=float, buffer=None, offset=0, strides=None, ...)
```

其中，dtype 用于描述数组中每个元素的格式（字节顺序、在内存中占用的字节数），它可以是整数、浮点数等。

下述代码片段展示了底层 ndarray 类的构造函数的使用：

```
1.  np.ndarray(shape=(2,2), dtype=float, order='F')
```

输出如下：

```
array([[9.9e-324, 2.0e-323],
       [1.5e-323, 2.5e-323]])
```

上述代码使用默认构造函数创建了一个 ndarray 对象，其数组元素是随机数值。下面使用 numpy.ndarray()函数创建一个多维整型数组：

```
1.  np.ndarray((2,), buffer = np.array([1,2,3]), offset=np.int_().itemsize, dtype =
    int)
```

输出如下：

```
array([2, 3])
```

numpy.ndarray() 用起来相对较麻烦，更低层。NumPy 提供了一系列创建 ndarray 对象的函数，numpy.array() 就是其中一种，其使用起来更方便。

2.1.2.2　numpy.array()

要创建一个 ndarray 对象，只需调用 numpy.array()函数，其格式如下：

```
numpy.array(object,dtype=None,copy=True,order=None,subok=False,ndmin=0)
```

下面使用 numpy.array()函数将列表数据变换成 ndarray，并使用 type()函数返回其数据类型：

```
1.  li=[1,2,3]
2.  test = np.array(li)
3.  print(li)
4.  print('li 的数据类型为：',type(li))
5.  print(test)
6.  print('test 的数据类型为：',type(test))
```

输出如下：

```
[1, 2, 3]
li 的数据类型为：<class 'list'>
[1 2 3]
test 的数据类型为：<class 'numpy.ndarray'>
```

在上述代码片段中，变量 li 的输出是[1, 2, 3]，数据类型是列表（list）；test 的输出是 [1 2 3]，数据类型是 NumPy 多维数组（numpy.ndarray）。

注意： list 打印显示是[1, 2, 3]；而 numpy.ndarray 打印显示则是[1 2 3]，中间没有逗号。

NumPy 支持比 Python 更多种类的数值类型，通过 dtype 参数可设定数组元素的数据类型：

```
1.  a = [1, 2, 3]
2.  b = np.array(a, dtype=np.float_)
3.  # 或者
4.  b = np.array(a, dtype=float)
5.  print(b)
6.  print(b.dtype)
7.  print(type(b[0]))
```

输出如下：

```
[1. 2. 3.]
float64
<class 'numpy.float64'>
```

numpy.ndarray 的 dtype 和 shape 属性在前面已有详细描述，下面解释 strides 的含义。

```
1. ls = [[[1, 2, 3, 4], [5, 6, 7, 8], [9, 10, 11, 12]], [[13, 14, 15, 16], [17,
   18, 19, 20], [21, 22, 23, 24]]]
2. a = np.array(ls, dtype=int)
3. print(a.dtype)
4. print(a.strides)
```

输出如下：

```
int32
(48, 16, 4)
```

上述代码片段定义了一个三维数组，dtype 为 int，int 占 4 字节。第一维度，从元素 1 到元素 13，间隔 12 个元素，总字节数为 48；第二维度，从元素 1 到元素 5，间隔 4 个元素，总字节数为 16；第三维度，从元素 1 到元素 2，间隔 1 个元素，总字节数为 4。因此，strides 为(48, 16, 4)。

当需要一个数组对象的备份时，通过 copy 参数来实现：

```
1. a = np.array([1, 2, 3])
2. b = np.array(a, copy=True)
3. a[0] = 0
4. print(a)
5. print(b)
```

输出如下：

```
[0 2 3]
[1 2 3]
```

在上述代码片段中，经过 a[0] = 0 操作后，数组 a 和 b 的值不同，说明虽然 b 是 a 的备份，但两者是不同的对象。在下述代码片段中，设置 copy = False，a 的改变同时引起 c 的改变，说明数组 a 和 c 指向的是同一个对象：

```
1. a = np.array([1, 2, 3])
2. c = np.array(a, copy=False)
3. a[0] = 0
4. print(a)
5. print(c)
```

输出如下：

```
[0 2 3]
[0 2 3]
```

在 numpy.array()函数中，可以通过 ndmin 参数指定数组的最小维数：

```
1. a = np.array([1, 2, 3])
2. d= np.array(a, ndmin=2)
3. print("d:",d)
4. e = np.array([[[1, 2, 3]]])
5. f= np.array(e, ndmin=2)
6. print("f:",f)
```

输出如下：

```
d: [[1 2 3]]
f: [[[1 2 3]]]
```

由上述代码片段可以看出，在使用 ndmin 参数时，如果指定的 ndmin 的值大于数组本身的维度，那么数组会自动扩展维度；如果指定的 ndmin 的值小于数组本身的维度，那么数组的维度不会发生改变。

以上是使用 numpy.array()函数构造 ndarray 对象的常用方法。

在创建 ndarray 对象后，可以使用点运算符获取 ndarray 对象的属性值，如维度信息、元素的数据类型等：

```
1.  #一维数组
2.  first = np.array([1.1, 2.0, 3.51])
3.  #二维数组
4.  second = np.array([[1,5],[2,6],[3,7]])
5.  #获取数组的形状，即数组的维度和大小
6.  print('first.shape:',first.shape)
7.  print('second.shape:',second.shape)
8.  #数组的维度
9.  print('first.ndim:',first.ndim)
10. print('second.ndim: ',second.ndim)
11. #元素的数据类型
12. print('first.dtype: ',first.dtype)
13. print('second.dtype: ',second.dtype)
14. #元素的个数
15. print('first.size: ',first.size)
16. print('second.size: ',second.size)
```

输出如下：

```
first.shape: (3,)
second.shape: (3, 2)
first.ndim: 1
second.ndim: 2
first.dtype: float64
second.dtype: int32
first.size: 3
second.size: 6
```

在上述代码片段中，使用 numpy.array()函数创建了两个不同的数组，分别命名为 first 和 second。上述代码片段的详细解释如下。

（1）通过 ndarray 的 shape 属性得到数组的形状。

（2）通过 ndim 属性得到数组的维度。由输出结果可以看出，first 是有 3 行数值的一维数组；second 是形状为(3,2)的二维数组，即具有 3 行 2 列元素的数组。

（3）通过 dtype 属性得到元素的数据类型。由输出结果可以看出，first 数组元素的数据

类型为浮点型 float64，second 数组元素的数据类型为整型 int32。

（4）通过 size 属性得到数组内元素的个数。由输出结果可以看出，first 数组有 3 个元素，second 数组有 6 个元素。

2.1.2.3 numpy.arange()

除使用 numpy.array()函数创建多维数组外，还经常使用 numpy.arange()函数创建数值有规律的数组。numpy.arange()函数类似于 Python 中的 range()函数，通过指定起始值、终止值和步长等来创建一维数组，并返回一个 ndarray 对象。numpy.arange()函数的格式如下：

```
numpy.arange(start, stop, step, dtype)
```

其中，start 表示起始值，默认值为 0；stop 表示终止值，需要注意其不包含于数组中；step 表示步长，默认值为 1，可以为负数。

下述代码片段创建了一个线性序列数组，数组内的元素从 0 开始，到 20 终止，步长设置为 4：

```
1.  np.arange(0,20,4)
```

输出如下：

```
array([0,  4,  8,  12,  16])
```

numpy.arange()函数还可以通过 dtype 属性设定输出数组元素的数据类型。下面创建一个从 10 开始，到 20 终止，步长为 2 的数组，元素的数据类型设定为 float：

```
1.  np.arange(10,20,2, dtype = float)
```

输出如下：

```
array([10., 12., 14., 16., 18.])
```

2.1.2.4 numpy.linspace()

numpy.arange()函数创建的是一个由等差数列构成的一维数组（也称等差数组），numpy.linspace()函数也可用于创建等差数组。两者都需要通过 start 和 stop 指定数组元素的生成范围，区别是 numpy.arange()函数可以指定生成元素间的步长，而 numpy.linspace()函数则需要指定生成元素的个数。

numpy.linspace()函数的格式如下：

```
numpy.linspace(start,stop,num=50,endpoint=True,retstep=False,dtype=None)
```

下面使用 numpy.linspace()函数创建一个包含 10 个元素的数组，这 10 个元素均匀地分布在 0 和 1 之间：

```
1.  np.linspace(0,1,10)
```

输出如下：

```
array([0., 0.11111111, 0.22222222, 0.33333333, 0.44444444,
       0.55555556, 0.66666667, 0.77777778, 0.88888889, 1.])
```

上述代码片段设置 start=0，stop=1，num=10（num 的默认值为 50），即生成的等差数组的元素个数为 10。

numpy.linespace()函数和 numpy.arrange()函数不同的是前者默认最终生成的数组包含终止值 stop。在 numpy.linespace()函数中，设 endpoint 的值为 True，表示最终生成的数组包含 stop；如果 endpoint 的值为 False，则表示最终生成的数组不包含终止值 stop。

下述代码片段创建了一个具有 5 个元素的数组，生成范围从 100 到 200，生成的数组内不包含终止值 200：

```
1.  np.linspace(100,200,5,endpoint=False)
```

输出如下：

```
array([100., 120., 140., 160., 180.])
```

在 numpy.linespace()函数中，retstep 的默认值为 False，即不返回步长；若设 retstep 的值为 True，则返回步长，且函数返回值类型为元组，其第一个元素是 numpy.ndarray（ndarray 对象），第二个元素是步长。例如：

```
1.  np.linspace(100, 200, 5, endpoint=False, retstep = True)
```

输出如下：

```
(array([100, 120, 140, 160, 180]), 20.0)
```

2.1.3　NumPy 切片和索引

numpy.ndarray 中的数据可通过索引或切片进行访问和修改，与 Python 中列表的切片操作一样。索引可正可负，若索引为正，则表示从左往右进行切片，从 0 开始；若索引为负，则表示从右往左进行切片，从-1 开始，如图 2-1 所示。切片遵循左闭右开原则，即包含起始值，不包含终止值。

图 2-1　元素位置索引

numpy.ndarray 可基于索引，通过内置的 slice()函数设置 start、stop 和 step 等参数，实现切片，不包含终止值。

1. 一维数组切片

通过 slice (10, 15, 2)函数从数组[0, 1, 2,⋯, 19]中输出索引为 10～15、步长为 2 的子数组：

```
1.  test=np.arange(20)
2.  s=slice(10,15,2)
3.  test[s]
```

输出如下：

```
array([10, 12, 14])
```

使用以冒号分隔的切片参数 start:stop:step 可以实现相同的操作（输出子数组）：

```
1.  test=np.arange(20)
2.  p=test[19:10:-2]
3.  p
```

输出如下：

```
array([19, 17, 15, 13, 11])
```

在上述代码片段中，step = -2，表示从右往左对原数组进行切片，间隔值为 2。

2. 多维数组切片和访问

多维数组切片仅需分别设定行和列的切片即可，如下述代码所示。首先创建一个 3×3 的二维数组 test，通过行列索引 test [2, 2]访问数组中第 3 行第 3 列的数据。通过切片 test [1:]可以获取 test 第 1 行之后的所有数据；通过 test [2: 3, 1]可以获取第 3 行第 2 列的数据，即[5]；通过 test[: , 1: 2]可以获取第 2 列数据。

```
1.  test=np.array([[1,2,3],[3,4,5],[4,5,6]])
2.  print("test=\n",test)
3.  #访问某数据
4.  print("test[2,2]=",test[2,2])
5.  #获取第 1 行之后的数据
6.  print("test[1:]=\n",test[1:])
7.  #获取第 3 行第 2 列的数据
8.  print("test[2:3,1]=",test[2:3,1])
9.  #获取第 3 行第 2 列的数据
10. print("test[:,1:2]=\n",test[:,1:2])
```

输出如下：

```
Test = [[1 2 3]
        [3 4 5]
        [4 5 6]]
test[2,2]= 6
test[1:]= [[3 4 5]
           [4 5 6]]
test[2:3,1]= [5]
test[:,1:2]= [[2]
              [4]
              [5]]
```

2.1.4 NumPy 数组操作

2.1.4.1 改变数组的形状

在 Python 运算中，有时需要将数组中的数据重编排，numpy.reshape()函数在不改变数据的条件下，可以改变数组的形状（维度和大小）。

numpy.reshape()函数的格式如下：

```
numpy.reshape(arr, newshape, order='C')
```

下面创建一个 0 到 8 的一维数组，将其输出为 3×3 的二维数组：

```
1.  a = np.arange(9)
```

```
2. print ('原数组为：',a)
3. b = a.reshape(3,3)
4. print ('修改后的数组：')
5. print(b)
```

输出如下：

```
原数组为：[0 1 2 3 4 5 6 7 8]
修改后的数组：
[[0 1 2]
 [3 4 5]
 [6 7 8]]
```

在上述代码片段中，数组 a 和 b 分别表示两个不同形状的数组。下面修改数组 a 中某个元素的值，观察数组 a 和 b 有什么变化。

例子 1：

```
6. a[0] = -10
7. print("a=",a)
8. print("b=",b)
```

输出如下：

```
a= [-10   1   2   3   4   5   6   7   8]
b= [[-10   1   2]
    [3   4   5]
    [6   7   8]]
```

例子 2：

```
9. b[2,0] = -20
10. print("a=",a)
11. print("b=",b)
```

输出如下：

```
a= [-10   1   2   3   4   5  -20  7   8]
b= [[-10   1   2]
    [3   4   5]
    [-20   7  8]]
```

修改数组 a 中某个元素的值，数组 a 和 b 中对应位置的元素都会改变；同样，修改数组 b 中某个元素的值，数组 a 中对应位置的元素也做相应改变。这是因为 numpy.reshape()函数返回的是原数组的引用，除形状与原数组不一样外，元素内容与原数组共享。

常用的改变数组形状的函数还有 resize()。resize()函数不会返回任何新的数组，而是在原数组的基础上进行形状的改变，它可以对原数组进行缩放，即削减原数组的元素个数或以指定值添加新元素。

```
1. a = np.arange(9)
2. b = a.resize(3,3)
```

```
3.  print ('a=',a)
4.  print ('b=',b)
```

输出如下：

```
a= [[0 1 2]
    [3 4 5]
    [6 7 8]]
b= None
```

在上述代码片段中，可以看出 resize()函数没有返回值，它直接修改原数组 a 的形状。reshape()函数会返回一个与原数组形状不同的新数组，而且其元素个数一定与原数组的元素个数相同。

此外，直接修改数组的 shape 属性也能改变数组的形状，只需设置 shape 为一个想要的维度和大小即可。示例如下：

```
5.  a.shape=(3,3)
6.  a
```

输出如下：

```
array([[0, 1, 2],
       [3, 4, 5],
       [6, 7, 8]])
```

2.1.4.2 添加新元素

当需要在原数组的基础上添加新元素时，numpy.append()函数是一个很好的选择。numpy.append()函数在数组末尾添加新元素，并根据数组的形状从不同维度添加，生成一个新数组。

numpy.append()函数的格式如下：

```
numpy.append(arr, values, axis=None)
```

其中，axis 的默认值为 None，表示横向添加新元素，返回一维数组。需要注意的是，输入数组 values 的维度必须和原数组 arr 匹配，否则将出现 ValueError。

下面创建一个二维数组[[1,2,3],[4,5,6]]，并通过 numpy.append()函数添加新元素：

```
1.  a=np.array([[1,2,3],[4,5,6]])
2.  b=np.append(a, [7,8,9])
3.  b
```

输出如下：

```
array([1, 2, 3, 4, 5, 6, 7, 8, 9])
```

由上述代码片段可知，numpy.append()函数完成添加操作后，返回一维数组。通过设置 axis=0 或 axis=1 可分别实现在原数组的行或列维度上的添加。

1. 沿着数组 a 的 0 轴添加数组[7,8,9]

```
4.  np.append(a, [[7,8,9]],axis=0)
```

输出如下：

```
array([[1, 2, 3],
       [4, 5, 6],
       [7, 8, 9]])
```

2. 沿着数组 a 的 1 轴添加数组 [7,8,9] 和 [10,11,12]

```
5.  np.append(a, [[7,8,9],[10,11,12]],axis=1)
```

输出如下：

```
array([[ 1,  2,  3,  7,  8,  9],
       [4,  5,  6, 10, 11, 12]])
```

在 numpy.append()函数中，axis=0 表示在原数组下面添加行向量，需要注意添加的列数应与原数组的列数相同；axis=1 表示在原数组的列方向上添加新元素，即将新元素添加在原数组的右边，需要注意添加的行数应与原数组的行数相同。

2.1.4.3　数组去重

如果需要去除数组中的重复元素，numpy.unique() 函数可以轻松实现。numpy.unique()函数的格式如下：

```
numpy.unique(arr, return_index, return_inverse, return_counts)
```

其中，arr 表示输入数组（如果不是一维数组，则数据会展开），return_index 用于返回新数组元素在原数组中的索引首位置，return_inverse 用于返回原数组元素在新数组中的位置，return_counts 用于返回新数组中的元素在原数组中出现的次数。下述代码片段展示了 numpy.unique()函数的常见应用：

```
1.  test = np.array([3, 1, 2, 2, 3, 1, 4, 5, 5])
2.  unique_values = np.unique(test)  # 获取唯一值数组
3.  print("unique_values=",unique_values)
4.  # 获取唯一值的索引数组
5.  unique_indices = np.unique(test, return_index=True)
6.  print("unique_indices=",unique_indices)
7.  # 获取逆向索引数组，用于还原原数组
8.  inverse_indices = np.unique(test, return_inverse=True)
9.  print("inverse_indices=",inverse_indices)
10. # 获取唯一值的出现次数数组
11. value_counts = np.unique(test, return_counts=True)
12. print("value_counts =",value_counts)
```

输出如下：

```
unique_values= [1 2 3 4 5]
unique_indices= (array([1, 2, 3, 4, 5]), array([1, 2, 0, 6, 7], dtype=int64))
inverse_indices= (array([1, 2, 3, 4, 5]), array([2, 0, 1, 1, 2, 0, 3, 4, 4],
dtype=int64))
value_counts = (array([1, 2, 3, 4, 5]), array([2, 2, 2, 1, 2], dtype=int64))
```

2.1.4.4 数组转置

在矩阵运算中，经常需要对矩阵进行转置操作，可理解为将二维数组的行和列互换。numpy.ndarray.T 和 numpy.transpose()函数均可以对数组进行单轴或多轴转置操作。

numpy.ndarray.T 的示例代码片段如下。

1. 一维数组转置

```
1.  a = np.array([1, 2, 3, 4, 5])
2.  b = a.T
3.  print(b)
```

输出如下：

```
[1 2 3 4 5]
```

2. 二维数组转置

```
4.  c = np.array([[1, 2, 3], [4, 5, 6]])
5.  d = c.T
6.  print(d)
```

输出如下：

```
[[1 4]
[2 5]
[3 6]]
```

3. 多维数组转置

```
7.  e = np.array([[[1, 2, 3, 4]], [[9, 7, 8, 9]]])
8.  print(e.shape)
9.  f = e.T
10. print(f.shape)
11. print(f)
```

输出如下：

```
(2, 1, 4)
(4, 1, 2)
[[[1 9]]
 [[2 7]]
 [[3 8]]
 [[4 9]]]
```

在上述代码片段中，numpy.ndarray.T 语句会返回转置后的新数组，原数组不会改变。函数 numpy.transpose()具有同样的转置功能，它还可以重新排列数组的维度顺序，其格式如下：

```
numpy.transpose(arr, axes=None)
```

其中，axes 用于指定数组的新维度顺序。

在下述代码片段中，分别使用 numpy.ndarray.transpose()和 numpy.transpose()两个函数来改变数组的维度顺序，并返回新数组：

```
1.  e=np.arange(15).reshape(1,3,5)
2.  print("转置前：\n",e.shape,"\n",e)
3.  f = e.transpose()
4.  print("默认转置后：\n",f.shape)
5.  #numpy.ndarray.transpose()函数
6.  g=e.transpose(2,0,1)
7.  print("设定维度转置后：\n",g.shape)
8.  # numpy.transpose() 函数
9.  h=np.transpose(e,axes=(1,0,2))
10. print("设定维度转置后：\n",h.shape,"\n",h)
```

输出如下：

```
转置前：
 (1, 3, 5)
 [[[0  1  2  3  4]
  [5  6  7  8  9]
  [10 11 12 13 14]]]
默认转置后：
 (5, 3, 1)
设定维度转置后：
 (5, 1, 3)
设定维度转置后：
 (3, 1, 5)
 [[[0  1  2  3  4]]
[[5  6  7  8  9]]
[[10 11 12 13 14]]]
```

2.1.4.5　广播机制

在 NumPy 中，数组有一种广播机制，在针对两个不同形状的数组进行加、减、乘、除运算时，需要将数组调整为统一的形状后进行运算。

下面是一个数组和一个整数相乘的例子：

```
1.  a = np.array([1, 2, 3])
2.  b = 2
3.  a * b
```

输出如下：

```
array([2, 4, 6])
```

在上述代码片段中，整数 b 需要扩展成[2, 2, 2]后和数组 a 做乘法。下述代码片段是两个不同形状的数组相加的例子：

```
1.  a = np.array([[1],[10],[20]])
2.  b = np.array([0, 1, 2])
3.  a+b
```

输出如下：

```
array([[1,  2,  3],
       [10, 11, 12],
       [20, 21, 22]])
```

数组 a 和 b 的形状分别为(3, 1)和(1, 3)，按广播机制的规则取两个数组中每个维度的最大值，最终数组的形状应该是(3, 3)，扩展和加法过程如图 2-2 所示。

1	1	1
10	10	10
20	20	20

+

0	1	2
0	1	2
0	1	2

=

1	2	3
10	11	12
20	21	22

图 2-2　扩展和加法过程

需要注意的是，不是所有不同形状的数组都可以做运算，广播机制有一定的规则。对于两个形状不相同的数组，只有其每一维度都相同，或者其中一个数组的某一维度为 1，两个数组才会进行广播并运算，否则会出现 ValueError。例如：

```
4.  c = a+b
5.  d = np.array([[0, 1, 2],[1, 1, 1]])
6.  print(c+d)
```

输出如下：

```
ValueError                              Traceback (most recent call last)
<ipython-input-11-465050c9c59e> in <module>()
      2 d = np.array([[0, 1, 2],
      3                [1, 1, 1]])
----> 4 print(c+d)
ValueError: operands could not be broadcast together with shapes (3,3) (2,3)
```

numpy.broadcast()函数可根据输入数组的形状自动执行广播操作，其格式如下：

```
numpy.broadcast( *args )
```

其中，*args 参数是输入的数组对象，函数的参数数量可变。

在下述代码片段中，使用 numpy.broadcast()函数完成数组广播，实现加法操作：

```
1.  x = np.array([[1], [2], [3]])
2.  y = np.array([4, 5, 6])
3.  b = np.broadcast(x, y)
4.  print(b.shape)
5.  c = np.empty(b.shape)
6.  c.flat = [i+j for (i, j) in b]
7.  print(c)
```

输出如下：

```
(3, 3)
[[5. 6. 7.]
[6. 7. 8.]
[7. 8. 9.]]
```

其中，numpy.empty()函数创建了一个指定形状（shape）和数据类型（dtype）且未初始化的数组；numpy.ndarray.flat 是一个返回数组元素的迭代器。

numpy.broadcast_to()函数可以将数组广播为一个新的形状，其格式如下：

```
numpy.broadcast_to(array, shape, subok=False)
```

在下述代码片段中，numpy.broadcast_to()函数的 shape 参数的值为(3, 3)，表示原数组 x 广播后生成的新数组的形状为(3, 3)。

```
1.  x = np.array([1,2,3])
2.  y = np.broadcast_to(x, (3, 3))
3.  y
```

输出如下：

```
array([[1, 2, 3],
       [1, 2, 3],
       [1, 2, 3]])
```

2.1.4.6　数组扩展

numpy.expand_dims()函数通过在指定位置插入新的轴来扩展数组，其格式如下：

```
numpy.expand_dims(a, axis)
```

其中，a 参数是扩展前的数组，axis 是扩展后的数组中新轴出现的位置。

在下述代码片段中，分别设定 axis=0、axis=1 和 axis=2 来扩展数组：

```
1.  x = np.array(([1, 2], [3, 4]))
2.  print("原数组：\n",x.shape,"\n",x)
3.  y1 = np.expand_dims(x, axis=0)
4.  print("axis=0 扩展后维度：",y1.shape)
5.  print("新数组：\n",y1)
6.
7.  y2 = np.expand_dims(x, axis=1)
8.  print("axis=1 扩展后维度：",y2.shape)
9.  print("新数组：\n",y2)
10.
11. y3 = np.expand_dims(x, axis=2)
12. print("axis=2 扩展后维度：\n",y3.shape)
13. print("新数组：\n",y3)
```

输出如下：

```
原数组：
(2, 2)
```

```
 [[1 2][3 4]]
axis=0 扩展后维度：(1, 2, 2)
新数组：
 [[[1 2][3 4]]]
axis=1 扩展后维度：(2, 1, 2)
新数组：
 [[[1 2]][[3 4]]]
axis=2 扩展后维度：
 (2, 2, 1)
新数组：
 [[[1][2]] [[3] [4]]]
```

与 numpy.expand_dims()函数相反，numpy.squeeze()函数用于从给定数组形状中删除维度为 1 的部分或全部维度，其格式如下：

```
numpy.squeeze(arr, axis)
```

如果没有设置 axis，那么 numpy.squeeze()函数会删除维度为 1 的全部维度；若指定轴上的维度大于 1，则出现 ValueError。示例代码片段如下：

```
1.  x = np.array([[[0], [1], [2]]])
2.  print(x.shape)
3.  print(np.squeeze(x).shape)
4.  print(np.squeeze(x, axis=0).shape)
5.  print(np.squeeze(x, axis=2).shape)
6.  np.squeeze(x, axis=1).shape
```

输出如下：

```
(1, 3, 1)
(3,)
(3, 1)
(1, 3)
---------------------------------------------------------------------------
ValueError                              Traceback (most recent call last)
<ipython-input-64-b8bbbe5c9195> in <module>()
      4 print(np.squeeze(x, axis=0).shape)
      5 print(np.squeeze(x, axis=2).shape)
----> 6 np.squeeze(x, axis=1).shape
ValueError: cannot select an axis to squeeze out which has size not equal to one
```

2.1.4.7 数组合并和连接

numpy.stack()函数的作用是将一系列数组沿指定轴合并，其格式如下：

```
numpy.stack(arrays, axis=0, out=None, *, dtype=None, casting='same_kind')
```

其中，arrays 代表的数组按指定轴 axis 合并，如果 axis=0，则沿第一个维度合并；如果 axis=-1，则沿最后一个维度合并。

下述代码片段对两个一维数组进行合并，合并后会有两个维度（注意：axis = -1 时的结果和 axis = 1 时的结果相同）：

```
1.  a = np.array([1,2,3])
2.  b = np.array([4,5,6])
3.  print("axis = 0 时：\n",np.stack((a,b),0))
4.  print("axis = 1 时：\n",np.stack((a,b),axis=1))
```

输出如下：

```
axis = 0 时：
      [[1 2 3] [4 5 6]]
axis = 1 时：
      [[1 4] [2 5][3 6]]
```

numpy.hstack()和 numpy.vstack()两个函数是 numpy.stack()函数的变体，前者实现数组的水平堆叠，后者实现数组的垂直堆叠。示例代码片段如下：

```
1.  a = np.array([[1, 2], [3, 4]])
2.  b = np.array([[5, 6], [7, 8]])
3.  print('水平堆叠：')
4.  c = np.hstack((a, b))
5.  print(c)
6.  print('垂直堆叠：')
7.  d = np.vstack((a, b))
8.  print(d)
```

输出如下：

```
水平堆叠：
[[1 2 5 6]
[3 4 7 8]]
垂直堆叠：
[[1 2]
[3 4]
[5 6]
[7 8]]
```

numpy.concatenate() 函数可以一次完成多个数组的连接，与 numpy.append()函数相比，它的效率更高，适合大规模数组的连接，其格式如下：

```
numpy.concatenate((a1, a2, ...), axis=0, out=None, dtype=None...)
```

其中，(a1, a2, ...)是除对应轴之外具有相同形状的数组序列；axis 是数组序列沿其连接的轴，如果 axis =None，则在使用前将数组展开。示例代码片段如下：

```
1.  a = np.array([[1, 2], [3, 4]])
2.  b = np.array([[5, 6]])
3.  print("axis=0:")
4.  print(np.concatenate((a, b), axis=0))
```

```
5.  print("axis=1:")
6.  print(np.concatenate((a, b.T), axis=1))
7.  print("axis=None:")
8.  print(np.concatenate((a, b), axis=None))
```

输出如下：

```
axis=0:
    [[1 2]
    [3 4]
    [5 6]]
axis=1:
    [[1 2 5]
    [3 4 6]]
axis=None:
    [1 2 3 4 5 6]
```

2.1.4.8 数组分割

前面介绍了数组合并和连接，接下来介绍数组分割。

numpy.split()函数可以沿指定轴将数组分割成多个子数组，其格式如下：

```
numpy.split(array, indices_or_sections, axis=0)
```

其中，array 表示要分割的数组，indices_or_sections 用于指定平均分割数组的段数或分割点的索引位置。

若 indices _or_sections 的值是整数 *N*，则该数组将沿指定轴划分为 *N* 个维度相等的数组；如果 indices _or_sections 的值是有序整数组成的一维数组，则数组内的整数值表示数组沿指定轴分割的索引位置。在进行数组分割操作时，axis 的默认值为 0，表示沿第一维度进行分割。

（1）沿指定轴划分为多个维度相等的数组：

```
1.  x = np.arange(9.0)
2.  print(x)
3.  np.split(x, 3)
```

输出如下：

```
[0. 1. 2. 3. 4. 5. 6. 7. 8.]
[array([0., 1., 2.]), array([3., 4., 5.]), array([6., 7., 8.])]
```

（2）沿指定轴按索引进行不等分割：

```
1.  x = np.arange(9.0)
2.  np.split(x, [3, 5, 6, 10])
```

输出如下：

```
[array([0., 1., 2.]),
array([3., 4.]),
```

```
    array([5.]),
    array([6., 7., 8.]),
    array([], dtype=float64)]
```

在上述代码片段中，axis=0，indices_or_sections=[3, 5, 6, 10]，表示数组 x 被分为 x[:3]、x[3:5]、x[5:6]、x[6:9]和 x[ ]五个子数组。由于 indices_or_sections 中的索引值 10 超出了原数组 x 指定轴上的维度 9，因此返回数据中包含一个空数组。

numpy.array_split()函数也可以实现数组分割，其格式如下：

```
numpy.array_split(ary, indices_or_sections, axis=0)
```

与 numpy.split()函数唯一的区别是，numpy.array_split()函数可以按段数进行不等分割，即允许 indices_or_sections 的值为指定轴上的不等分整数列表。

若指定轴上维度为 L，indices_or_sections 取整数 n，则返回 n 个子数组，分别是维度为 L// n + 1 的 L% n 个子数组和维度为 L// n 的 n − L% n 个子数组。

下述代码片段指定轴上的维度为 9，indices_or_sections = 4，由于 9%4 = 1，9//4 = 2，因此函数返回 1 个维度为 3 的子数组和 3 个维度为 2 的子数组：

```
3.  x = np.arange(9)
4.  np.array_split(x, 4)
```

输出如下：

```
[array([0, 1, 2]), array([3, 4]), array([5, 6]), array([7, 8])]
```

numpy.hsplit()、numpy.vsplit()和 numpy.dsplit()函数分别用于数组的水平分割、垂直分割和深度分割，它们都是 numpy.split()函数的变体。三者的不同之处仅在于指定轴不同，其作用分别对应 numpy.split()函数中 axis=1、axis=0 和 axis=2。

（1）numpy.hsplit()函数用于数组分割时，数组总是沿着第二个轴拆分，与数组维度无关。示例代码片段如下：

```
5.  x = np.arange(8.0).reshape(2, 2, 2)
6.  print("原数组：\n",x)
7.  print("水平分割后：\n",np.hsplit(x, 2))
```

输出如下：

```
原数组：
     [[[0. 1.] [2. 3.]]
    [[4. 5.][6. 7.]]]
水平分割后：
     [array([[[0., 1.]], [[4., 5.]]]),
      array([[[2., 3.]],[[6., 7.]]])]
```

（2）numpy.vsplit()函数用于数组分割时，数组总是沿着第一个轴拆分，与数组维度无关。示例代码片段如下：

```
1.  x=np.arange(4).reshape(2,2)
2.  print(x)
```

```
3. print("垂直平均分割：\n",np.vsplit(x,2))
4. print("沿索引垂直分割：\n",np.vsplit(x,np.array([1,2])))
```

输出如下：

```
[[0 1][2 3]]
垂直平均分割：
[array([[0, 1]]), array([[2, 3]])]
沿索引垂直分割：
[array([[0, 1]]), array([[2, 3]]), array([], shape=(0, 2), dtype=int32)]
```

（3）numpy.dsplit()函数用于数组分割时，如果数组维度大于或等于 3，则始终沿着第三个轴拆分。示例代码片段如下：

```
1. arr = np.array([[[1, 2], [3, 4]], [[5, 6], [7, 8]]])
2. np.dsplit(arr, 2)
```

输出如下：

```
[array([[[1], [3]], [[5], [7]]]),
array([[[2], [4]], [[6], [8]]])]
```

2.1.5 数学函数

2.1.5.1 数组的基本运算

NumPy 通用函数的使用方式非常自然，因为它用到了 Python 原生的算术运算符，即标准的加、减、乘、除等：

```
1. a=np.arange(0,5)
2. print("a+5=",a+5)#加法运算
3. print("a-5=",a-5)#减法运算
4. print("a×5=",a*5)#乘法运算
5. print("a÷5=",a/5)#除法运算
```

输出如下：

```
a+5= [5 6 7 8 9]
a-5= [-5 -4 -3 -2 -1]
a×5= [ 0 5 10 15 20]
a÷5= [0. 0.2 0.4 0.6 0.8]
```

由于广播的特性，基本运算在数组的所有元素上进行。NumPy 对基本运算进行了封装。例如，numpy.add()函数是加法运算符的一个封装器：

```
6. print("a+5=",a+5,'=',np.add(a,5))
```

输出如下：

```
a+5= [5 6 7 8 9] = [5 6 7 8 9]
```

NumPy 中封装的算术运算符如表 2-1 所示。

表 2-1　NumPy 中封装的算术运算符

算术运算符	通 用 函 数	描　　述
+	numpy.add()	加法运算（1+2=3）
-	numpy.subtract()	减法运算（2-1=1）
*	numpy.multiply()	乘法运算（2*3=6）
/	numpy.divide()	除法运算（3/2=1.5）
**	numpy.power()	指数运算（2 ** 3=8）
%	numpy.mod()	取模（余数）运算（9%2=1）

2.1.5.2　绝对值与取反

numpy.abs()函数用于返回数据的绝对值。在数据分析和科学计算中，该函数经常用于计算数据的离散程度或两个数之间的差距等。示例代码片段如下：

```
1.  a=-3
2.  test=np.array([1, 2, 0, -1, -2])
3.  print('np.abs:',np.abs(a))
4.  print('np.abs:',np.abs(test))
```

输出如下：

```
np.abs:3
np.abs: [1 2 0 1 2]
```

numpy.negative()函数用于返回数组中每个数值的相反数，如果参数中有字符等非数值数据，则函数会报错。示例代码片段如下：

```
5.  test=np.array([1.1, 2, 0, -1, -2])
6.  np.negative(test)
```

输出如下：

```
array([-1.1, -2. , -0. , 1., 2.])
```

2.1.5.3　三角函数

NumPy 提供了大量的通用函数，如常用的三角函数 sin()、cos()和 tan()等。示例代码片段如下：

```
1.  test=np.array([0,30,45,60,90])
2.  test=test*np.pi/180
3.  print ('通过乘 pi/180 转化为弧度：')
4.  print (test)
5.  print ('数组中角度的正弦值：')
6.  print (np.sin(test))
7.  print ('数组中角度的余弦值：')
8.  print (np.cos(test))
9.  print ('数组中角度的正切值：')
10. print (np.tan(test))
```

输出如下：

```
通过乘 pi/180 转化为弧度：
[0. 0.52359878 0.78539816 1.04719755 1.57079633]
数组中角度的正弦值：
[0. 0.5 0.70710678 0.8660254 1.]
数组中角度的余弦值：
[1.00000000e+00 8.66025404e-01 7.07106781e-01 5.00000000e-01 6.12323400e-17]
数组中角度的正切值：
[0.00000000e+00 5.77350269e-01 1.00000000e+00 1.73205081e+00 1.63312394e+16]
```

NumPy 还提供了 arcsin()、arccos()和 arctan()等反三角函数，函数结果可以通过 numpy.degrees()函数将弧度转换为角度。示例代码片段如下：

```
11. print('反正弦 arcsin: ',np.degrees(np.arcsin(np.sin(test))))
12. print('反余弦 arccos: ',np.degrees(np.arccos(np.cos(test))))
13. print('反正切 arctan: ',np.degrees(np.arctan(np.tan(test))))
```

输出如下：

```
反正弦 arcsin:  [0. 30. 45. 60. 90.]
反余弦 arccos:  [ 0. 30. 45. 60. 90.]
反正切 arctan:  [ 0. 30. 45. 60. 90.]
```

2.1.5.4 指数及对数

指数函数和对数函数也是 NumPy 中常用的计算函数。numpy.power()函数可以实现指数运算，其格式如下：

```
numpy.power(x1,x2,/,out=None,*,where=True, casting='same_kind', order='K'..)
```

其中，第一个数组 x1 中的元素为底，第二个数组 x2 中的元素为指数，x1 和 x2 必须可广播为相同的形状。需要注意的是，当整数类型的元素为底时，若指数为负值，则出现 ValueError。示例代码片段如下：

```
1.  x1 = np.arange(6)
2.  print("x1:\n",x1)
3.  y1 = np.power(x1, 3)
4.  print("y1:\n",y1)
5.  x2 = [1.0, 2.0, 3.0, 3.0, 2.0, 1.0]
6.  y2 = np.power(x1,x2)
7.  print("y2:\n",y2)
8.  x3 = np.array([[1, 2, 3, 3, 2, 1], [1, 2, 3, 3, 2, 1]])
9.  y3 = np.power(x1,x3)
10. print("y3:\n",y3)
```

输出如下：

```
x1:
 [0 1 2 3 4 5]
```

```
y1:
 [ 0  1  8  27  64  125]
y2:
 [ 0.  1.  8.  27.  16.  5.]
y3:
 [[ 0  1  8  27  16  5]
 [ 0  1  8  27  16  5]]
```

** 运算符和 numpy.power()函数的作用一样，如下所示：

```
11. x2 = np.array([1, 2, 3, 3, 2, 1])
12. x1 = np.arange(6)
13. x1 ** x2
```

输出如下：

```
array([ 0,  1,  8,   27,   16,   5], dtype=int32)
```

当负值为底、非整数值为指数时，运算结果为 nan。示例代码片段如下：

```
14. x3 = np.array([-1.0, -4.0])
15. with np.errstate(invalid='ignore'):
16.       p = np.power(x3, 1.5)
17. p
```

输出如下：

```
array([nan, nan])
```

若想获得复数结果，则可将输入数据强制转换为复数类型，或者将数据类型指定为 complex。示例代码片段如下：

```
18. np.power(x3,1.5,dtype=complex)
```

输出如下：

```
array([-1.83697020e-16-1.j, -1.46957616e-15-8.j])
```

对数函数是指数函数的逆运算，numpy.log()和 numpy.log2()函数实现对数运算，前者的底是 e，后者的底是 2。示例代码片段如下：

```
19. x = np.array([1,8,np.e**2,100])
20. y1 = np.log2(x)      #以 2 为底的对数运算
21. print(y1)
22. y2 = np.log(x)       #计算自然对数（底是 e）
23. print(y2)
24. y3 = np.log10(x)     #以 10 为底的对数运算
25. print(y3)
```

输出如下：

```
[0.         3.          2.88539008  6.64385619]
[0.         2.07944154  2.          4.60517019]
[0.         0.90308999  0.86858896  2.        ]
```

对数元组可以通过 numpy.power()函数变换回原数组，如下所示：

```
26. x = np.array([1,2,4,8])
27. np.power(2,np.log2(x))
```

输出如下：

```
array([1., 2., 4., 8.])
```

2.1.5.5 取整函数

numpy.round()（同 numpy.around()）函数可以将浮点型数据按给定的小数位四舍五入，其格式如下：

```
numpy.round(a, decimals=0, out=None)
```

其中，decimals 指定四舍五入后要保留的小数位数，其默认值为 0，具体用法如下：

```
1.  a=np.array([5.2839,-1.747,0.25,2.0])
2.  print(np.round(a))
3.  print(np.round(a,2))
4.  print(np.round(a,decimals=3))
```

输出如下：

```
[ 5. -2.  0.  2.]
[ 5.28 -1.75  0.25  2.]
[ 5.284-1.747  0.25  2.]
```

Python 中的内置函数 round()也可以实现四舍五入，但其内部算法对于 64 位浮点型数据更准确，速度较慢。numpy.round()和 round()函数比较如下：

```
5.  x = np.round(16.055, 2)
6.  print(x)
7.  y = round(16.055,2)# =16.0549999999999997
8.  print(y)
```

输出如下：

```
16.06
16.05
```

numpy.trunc()函数用于计算输入数组元素的截断值，只保留小数点左边的整数。numpy.rint()函数也返回数据的整数部分，但返回的是数据四舍五入后的整数，如下所示：

```
9.  a = np.array([-1.7, -1.5, -0.2, 0.2, 1.5, 1.7, 2.0])
10. print(np.trunc(a))
11. print(np.rint(a))
```

输出如下：

```
[-1. -1. -0.  0.  1.  1.  2.]
[-2. -2. -0.  0.  2.  2.  2.]
```

numpy.floor()函数返回小于或等于输入数据的最大整数，即向下取整；numpy.ceil()函数返回大于或等于输入数据的最小整数，即向上取整。示例代码片段如下：

```
12. a = np.array([-1.7, -1.5, -0.2, 0.2, 1.5, 1.7, 2.0])
13. print(np.floor(a))
14. print(np.ceil(a))
```

输出如下：

```
[-2. -2. -1.  0.  1.  1.  2.]
[-1. -1. -0.  1.  2.  2.  2.]
```

2.1.5.6　元素的连乘操作

numpy.prod()函数用于计算数组中所有元素的乘积，任意数组或矩阵都可以作为输入数据，其运算速度非常快，格式如下：

```
numpy.prod(a, axis=None, dtype=None, out=None, keepdims=<no value>...)
```

其中，axis 指定计算乘积的轴，其默认值为 None。

在下述代码片段中，y1 是数组 a 中所有元素的乘积，y2 是数组 a 中第 2 列元素的乘积，y3 是数组 a 横轴上所有元素的乘积，y4 是数组 a 纵轴上所有元素的乘积：

```
1.  a = np.array([[1., 2.], [3., 4.]])
2.  y1 = np.prod(a)
3.  print("y1=", y1)
4.  y2 = np.prod(a[:,1])
5.  print("y2=", y2)
6.  y3 = np.prod(a, axis=1)
7.  print("y3=", y3)
8.  y4 = np.prod(a, axis=0)
9.  print("y4=", y4)
```

输出如下：

```
y1= 24.0
y2= 8.0
y3= [2. 12.]
y4= [3. 8.]
```

需要注意的是，空数组的 numpy.prod()运算的结果为 1：

```
10. np.prod([])
```

输出如下：

```
1.0
```

2.1.5.7　元素的累积乘积

numpy.cumprod()函数返回数组元素沿给定轴的累积乘积，其格式如下：

```
numpy.cumprod(a, axis=None, dtype=None, out=None)
```

其中，axis 的默认值为 None，即 numpy.cumprod()函数默认计算展平后数组的乘积。

在下述代码片段中，数组 b 为数组 a 的累积乘积结果，1、1×2、1×2×3、1×2×3×4 分别作为输出数组 b 的元素：

```
1. a = np.array([1, 2, 3, 4])
2. b = np.cumprod(a)
3. b
```

输出如下：

```
array([1, 2, 6, 24], dtype=int32)
```

由于累积乘积会使数组元素变得非常大，因此在使用 numpy.cumprod()函数时，需要注意数据类型溢出问题，此时可以通过 dtype 指定最终数组的数据类型。例如，下述代码片段指定输出数组的数据类型为 float32：

```
4. a = np.array([[1, 2, 3], [4, 5, 6]])
5. np.cumprod(a,dtype=np.float32)
```

输出如下：

```
array([1.,   2.,   6.,  24., 120., 720.], dtype=float32)
```

在使用 numpy.cumprod()函数时，设置 axis=0 和 axis=1，可分别实现数组按列和按行累积乘积。示例代码片段如下：

```
6. print( np.cumprod(a, axis=0))
7. print("\n", np.cumprod(a, axis=1))
```

输出如下：

```
[[1  2  3]
[ 4  10  18]]
[[ 1  2  6]
[ 4  20  120]]
```

2.1.5.8 获取元素符号

numpy.sign()函数是 NumPy 中获取元素符号（正负号）的函数，可以将数组中每个元素转换为 1、0 或-1。若元素为正，则返回 1；若元素为负，则返回-1；若元素为 0，则返回 0。numpy.sign()函数的用法如下：

```
1. a = [-0.2, -1.1, 2, 0, 4.5, 0.0]
2. np.sign(a)
```

输出如下：

```
array([-1., -1.,  1.,  0.,  1.,  0.])
```

2.1.5.9 元素的截取赋值

numpy.clip()函数可以对列表、数组、数据框等元素进行截取赋值，返回一个新的数组，原数组不变，其格式如下：

```
numpy.clip(a, a_min, a_max, out=None, **kwargs)
```

a_min：如果数组或数据框中的元素小于该值，则使用该值进行截取赋值。

a_max：如果数组或数据框中的元素大于该值，则使用该值进行截取赋值。

out：用来存储结果的输出数组，其默认值为 None。若 out＝a，则表示将返回结果放置在数组 a 中，a 必须具有对应的形状。

在 numpy.clip()函数中，当 a_min > a_max 时，返回的数组元素只有 a_min 和 a_max。在下述代码片段中，np.clip(a, 7, 1)表示元素数值若比 7 小，则为元素赋值 7；若大于或等于 1，则为元素赋值 1：

```
1.  a = np.arange(10)
2.  print("原数组：",a)
3.  print("clip 后：",np.clip(a, 1, 8))
4.  print("clip 后：",np.clip(a, 7, 1))
5.  b = np.clip(a, 3, 6, out=a)
6.  print(b)
7.  print(a)
```

输出如下：

```
原数组：  [0 1 2 3 4 5 6 7 8 9]
clip 后：  [1 1 2 3 4 5 6 7 8 8]
clip 后：  [7 7 7 7 7 7 7 1 1 1]
[3 3 3 3 4 5 6 6 6 6]
[3 3 3 3 4 5 6 6 6 6]
```

2.1.5.10　元素的差值运算

numpy.diff()函数用于计算数组或列表中沿给定轴的相邻元素之间的差值，并返回一个新数组，其格式如下：

```
numpy.diff(a,n=1,axis=-1,prepend=<novalue>...)
```

返回的新数组中的差值由 out[i]=a[i+1]−a[i]沿给定轴得出。n 表示执行差值运算的次数，其默认值为 1；axis 指定执行差值运算的轴，默认在最后一个轴上执行差值运算。

1. 一维数组的差值运算

在下述代码片段中，y2 是在 y1 的基础上执行差值运算的结果：

```
1.  x = np.array([1, 2, 4, 7, 0])
2.  y1 = np.diff(x)#执行 1 次差值运算
3.  print("y1:",y1)
4.  y2 = np.diff(x, n=2)#执行 2 次差值运算
5.  print("y2:",y2)
```

输出如下：

```
y1: [1 2 3 -7]
y2: [1 1 -10]
```

2. 二维数组的差值运算

对于二维数组，axis = 1 和 axis = -1 具有相同的作用。示例代码片段如下：

```
1. x = np.array([[1, 3, 6, 10], [0, 5, 6, 8]])
2. y1 = np.diff(x)
3. print("y1:\n",y1)
4. y2 = np.diff(x, axis=0)#按列计算差值
5. print("y2:\n",y2)
```

输出如下：

```
y1:
 [[2 3 4]
  [5 1 2]]
y2:
 [[-1 2 0 -2]]
```

2.1.6 统计函数

NumPy 提供了很多统计函数，用于从数组中查找最小值、最大值、百分位数、标准差和方差等。

2.1.6.1 求和、最小值和最大值

numpy.sum()函数用于计算数组中所有元素的和：

```
1. test=np.array([1,2,3,4,5,6,7,8])
2. print('数组和计算方式 1：',test.sum())
3. print('数组和计算方式 2：',np.sum(test))
```

输出如下：

```
数组和计算方式 1： 36
数组和计算方式 2： 36
```

类似的有 numpy.min()和 numpy.max()函数，分别用于获取给定数组的最小值与最大值：

```
4. test=np.array([1,2,3,4,5,6,7,8])
5. print('最小值为：',np.min(test))
6. print('最大值为：',np.max(test))
```

输出如下：

```
最小值为： 1
最大值为： 8
```

2.1.6.2 中位数

numpy.median()函数用于计算数组的中位数。将一组数据按大小依次排列，处于中间位置的一个数据叫作这组数据的中位数，如果一组数据有偶数个，则通常取中间两个数据的平均值作为中位数。

numpy.median()函数的格式如下：

```
numpy.median(a,axis=None,out=None,overwrite_input=False, keepdims=False)
```

其中，axis 的默认值为 None，表示将数组 a 展开成一维数组后取中位数。numpy.median()函数的用法如下：

```
1.  a = np.array([[10, 7, 4], [3, 2, 1]])
2.  print(np.median(a))
3.  print(np.median(a, axis=0))
4.  print(np.median(a, axis=1))
```

输出如下：

```
3.5
[6.5 4.5 2.5]
[7. 2.]
```

2.1.6.3 算术平均值

numpy.mean()函数用于计算数组沿指定轴的算术平均值，默认返回值的数据类型为 float64。

numpy.mean()函数的格式如下：

```
numpy.mean(a, axis=None, dtype=None, out=None,  where=<no value>...)
```

下述代码片段通过设置参数的值，可依次对数组 a 求其所有元素的算术平均值、按列求算术平均值，以及按行求算术平均值。

```
1.  a = np.array([[1, 2, 3], [3, 4, 5]])
2.  print(np.mean(a))#默认 axis=None
3.  print(np.mean(a, axis=0))
4.  print(np.mean(a, axis=1))
```

输出如下：

```
3.0
[2. 3. 4.]
[2. 4.]
```

2.1.6.4 标准差

numpy.std()函数用于沿指定轴计算数据的标准差。标准差可以用来衡量一组数据的分散程度，标准差越大，表示数据分布越分散。numpy.std()函数的格式如下：

```
numpy.std(a, axis=None, dtype=None, out=None, ddof=0, mean=<no value>...)
```

示例代码片段如下：

```
1.  a = np.array([[1, 2], [3, 4]])
2.  print('全局标准差为:',np.std(a))
3.  print('列标准差为:',np.std(a, axis=0))
4.  print('行标准差为:',np.std(a, axis=1))
```

输出如下：

```
全局标准差为: 1.118033988749895
列标准差为: [1. 1.]
行标准差为: [0.5 0.5]
```

2.1.6.5 方差

numpy.var()函数用于计算数组的方差。方差描述了数据集的分布和离散程度，是统计分析中常用的一个重要指标，方差越大，数据点越分散。numpy.var()函数的格式如下：

```
numpy.var(a, axis=None, dtype=None, out=None, ddof=0, mean=<no value>...)
```

示例代码片段如下：

```
1. a = np.array([[1, 2], [3, 4]])
2. print('全局方差为:',np.var(a))
3. print('列方差为:',np.var(a, axis=0))
4. print('行方差为:',np.var(a, axis=1))
```

输出如下：

```
全局方差为: 1.25
列方差为: [1. 1.]
行方差为: [0.25 0.25]
```

2.1.6.6 百分位数

numpy.percentile()函数用于计算指定轴上数组元素的第 *n* 个百分位数，返回值为标量或数组，其格式如下：

```
numpy.percentile(a,q,axis=None,out=None,overwrite_input=False...)
```

其中，a 可为数组或可被转换为数组的数据对象；q 为要计算的百分位数，其值必须介于 0 和 100 之间（包括 0 和 100）；axis 用于确定计算百分位数的轴，其默认值为 None，表示计算数组 a 展开为一维数组后的百分位数。示例代码片段如下：

```
1. a = np.array([[10, 7, 4], [3, 2, 1]])
2. print(np.percentile(a, 50))
3. print(np.percentile(a, [50,90]))
4. #按第一维度求百分比
5. print("axis = 0:",np.percentile(a, 50, axis=0))
6. #按第二维度求百分比
7. print("axis = 1:",np.percentile(a, 50, axis=1))
```

输出如下：

```
3.5
[3.5 8.5]
axis = 0:[6.5 4.5 2.5]
axis = 1:[7. 2.]
```

在上述代码片段中，numpy.percentile(a, 50)和 numpy.median(a)等价，即数组 a 展开后

的第 50 个百分位数是数组 a 的中位数。

numpy.quantile()和 numpy.percentile()具有相同的作用，可计算数据集中指定轴的分位数，两者的不同之处仅在于前者要计算的分位数的取值为 0～1。

numpy.quantile()函数的格式如下：

```
numpy.quantile(a,q,axis=None,out=None,overwrite_input=False)
```

下述代码片段中的 q＝0.25、q＝0.5 和 q＝0.75 分别对应第一四分位数、中位数和第三四分位数：

```
8.  a = np.array([[10, 7, 4], [3, 2, 1]])
9.  #求四分位数
10. print(np.quantile(a, 0.25))
11. print(np.quantile(a, 0.5))
12. print(np.quantile(a, 0.75))
13. #按第 1 维度求中位数
14. print(np.quantile(a, 0.5, axis = 0 ))
15. #按第 2 维度求中位数
16. print(np.quantile(a, 0.5, axis = 1 ))
```

输出如下：

```
2.25
3.5
6.25
[6.5 4.5 2.5]
[7. 2.]
```

2.1.6.7　协方差和相关系数

numpy.cov()函数用来计算数组的协方差，并返回一个协方差矩阵，其格式如下：

```
numpy.cov(m, y=None, rowvar=True, bias=False, ddof=None, fweights=None...)
```

协方差是一个度量两个变量之间的线性相关性的统计量，可以理解为两个变量一起变化的程度。两个变量同向变化时，协方差为正，协方差数值越大，说明两个变量的同向程度越大。两个变量反向变化时，协方差为负，协方差的绝对值越大，说明两个变量的反向程度越大。

下述代码片段展示了一个二维数组的协方差计算：

```
1.  x = np.array([[0, 1, 2], [2, 1, 0]]).T
2.  print(x)
3.  np.cov(x)
```

输出如下：

```
[[0 2]
[1 1]
[2 0]]
array([[2.,  0., -2.],
```

```
       [0.,  0.,  0.],
       [-2.,  0.,  2.]])
```

两个数组的协方差计算如下：

```
4.  x = [-2.1, -1,  4.3]
5.  y = [3,  1.1,  0.12]
6.  X = np.stack((x, y), axis=0)
7.  print("cov(X): \n",np.cov(X))
8.  print("cov(x,y): \n",np.cov(x, y))
9.  print("cov(x): \n",np.cov(x))
```

输出如下：

```
cov(X):
 [[11.71       -4.286     ]
 [-4.286       2.14413333]]
cov(x,y):
 [[11.71       -4.286     ]
 [-4.286       2.14413333]]
cov(x):
 11.709999999999999
```

在使用 numpy.cov()函数计算协方差时，需要注意以下 3 点。

（1）变量矩阵的一行表示一个随机变量。

（2）bias 控制在进行协方差计算时除以 $n-1$ 还是 n，若 bias = True，则表示除以 n；若 bias = False，则表示除以 $n-1$。

（3）输出结果是一个协方差矩阵，results[i] [j]表示第 i 个随机变量与第 j 个随机变量的协方差。

相关系数是一种特殊的协方差，其公式如下：

$$\rho = \frac{\text{Cov}(x,y)}{\sigma_x \sigma_y} \tag{2-1}$$

从式（2-1）中可以看出，相关系数等于 x、y 的协方差除以 x 的标准差和 y 的标准差。因此，相关系数可看作剔除了两个变量量纲的影响，标准化后的特殊协方差。

相关系数既可以反映两个变量变化时是同向的还是反向的，又可以消除两个变量变化幅度的影响，它只是单纯反映两个变量每单位变化时的相似程度。

numpy.corrcoef()函数用于计算相关系数矩阵，其格式如下：

```
numpy.corrcoef(x, y=None, rowvar=True, bias=<no value>, ddof=<no value>...)
```

函数返回值为相关系数矩阵，其元素介于 0 和 1 之间（包括 0 和 1），results[i][j]表示第 i 个随机变量与第 j 个随机变量的相关系数。

下述代码片段分别计算了二维数组的相关系数，以及两个不同数组之间的相关系数，其中元素自己和自己的相关性最强，值为 1，因此，相关系数矩阵对角线的值全为 1，为对称矩阵。

```
1. a = np.array(([[0.77395605, 0.43887844, 0.85859792],
2.        [0.69736803, 0.09417735, 0.97562235],
3.        [0.7611397 , 0.78606431, 0.12811363]]))
4. b = np.array(([[0.45038594, 0.37079802, 0.92676499],
5.        [0.64386512, 0.82276161, 0.4434142 ],
6.        [0.22723872, 0.55458479, 0.06381726]]))
7. merged_array = np.concatenate((a,b), axis = 0)
8. res1 = np.corrcoef(a)
9. res2 = np.corrcoef(a, b)
10. res3 = np.corrcoef(merged_array)
11. print("np.corroef(a) : \n {}".format(res1))
12. print("The res2 equal to res3 is {}".format(np.array_equal(res2, res3)))
13. print("np.corroef(merged_array) : \n {}".format(res2))
```

输出如下：

```
np.corroef(a) :
 [[ 1.         -0.98792933  0.8554667 ]
 [-0.98792933  1.         -0.76492173]
 [ 0.8554667  -0.76492173  1.        ]]
The res2 equal to res3 is True
np.corroef(merged_array) :
 [[ 1.   -0.98792933  0.8554667  -0.90259906  0.99622074  0.99072117]
 [-0.98792933  1.    -0.76492173  0.82502011 -0.97074098 -0.99981569]
 [ 0.8554667  -0.76492173   1.  -0.99507202  0.89721356  0.77714685]
 [-0.90259906  0.82502011 -0.99507202   1.    -0.93657855 -0.83571711]
 [0.99622074 -0.97074098 0.89721356 -0.93657855      1.      0.97517215]
 [0.99072117 -0.99981569  0.77714685 -0.83571711  0.97517215    1.  ]]
```

NumPy 中常用的统计函数如表 2-2 所示。需要注意的是，大多数聚合函数都具有对 NaN 值（缺失值）的安全处理策略（NaN-safe），即计算时忽略所有缺失值。

表 2-2　NumPy 中常用的统计函数

函 数 名 称	NaN 安全版本	描　　述
numpy.sum()	numpy.nansum	计算元素的和
numpy.prod()	numpy.nanprod	计算元素的积
numpy.mean()	numpy.nanmean	计算元素的算术平均值
numpy.std()	numpy.nanstd	计算元素的标准差
numpy.var()	numpy.nanvar	计算元素的方差
numpy.min()	numpy.nanmin	找出最小值
numpy.max()	numpy.nanmax	找出最大值
numpy.argmin()	numpy.nanargmin	找出最小值的索引
numpy.argmax()	numpy.nanargmax	找出最大值的索引
numpy.median()	numpy.nanmedian	计算元素的中位数

续表

函 数 名 称	NaN 安全版本	描　述
numpy.percentile()	numpy.nanpercentile	计算基于元素排序的统计值
numpy.any()	N/A	验证任何一个元素是否为真
numpy.all()	N/A	验证所有元素是否为真

2.1.7　排序函数

排序函数 numpy.sort()可返回输入数组排序后的备份，其格式如下：

```
numpy.sort(a, axis=-1, kind, order)
```

其中，a 为要排序的数组；可选项 axis 为排序轴；kind 为排序方法，其默认值为'quicksort'（快速排序），可选择 'mergesort'（归并排序）、'heapsort'（堆排序）等排序方法；order 多用于字段定义的数组（也称结构化数组），该参数取值为字段名的字符串或字符串列表，通过该参数指定要比较的第一字段、第二字段等，并且不需要指定所有字段，未指定字段仍将按它们在 dtype 中出现的顺序使用。

下述代码片段对一个二维数组 test 进行排序，请注意 axis 的取值。在 numpy.sort()函数中，axis 的默认值为-1，表示沿最后的轴进行排序。在二维数组中，axis = 1 和 axis = -1 的结果相同，均表示按行排序；而 axis=0 则表示按列排序。

```
1.  test=np.array([[4,3,5],[7,8,2],[6,1,10]])
2.  print("原数组 test=\n",test)
3.  sort2=np.sort(test,axis=0)
4.  print('排序 axis=0:\n',sort2)
5.  sort3=np.sort(test,axis=1)
6.  print('排序 axis=1:\n',sort3)
```

输出如下：

```
原数组 test=
     [[ 4  3  5]
     [ 7  8  2]
     [ 6  1 10]]
排序 axis=0:
     [[ 4  1  2]
     [ 6  3  5]
     [ 7  8 10]]
排序 axis=1:
     [[ 3  4  5]
     [ 2  7  8]
     [ 1  6 10]]
```

下面创建一个结构化数组，通过设置 order 实现按字段排序：

```
1.  dt = np.dtype([('name',  'S20'),('age',  int)])
2.  a = np.array([("mary",21),("lily",25),("rain",17), ("anna",17)], dtype = dt)
```

```
3.  print ('原数组是：')
4.  print (a)
5.  print ('按 name 排序：')
6.  print (np.sort(a, order =  'name'))
7.  print ('先按 age 排序，再按 name 排序：')
8.  print (np.sort(a, order =  ['age','name']))
```

输出如下：

```
原数组是：
[(b'mary', 21) (b'lily', 25) (b'rain', 17) (b'anna', 17)]
按 name 排序：
[(b'anna', 17) (b'lily', 25) (b'mary', 21) (b'rain', 17)]
先按 age 排序，再按 name 排序：
[(b'anna', 17) (b'rain', 17) (b'mary', 21) (b'lily', 25)]
```

numpy.ndarray.sort()与 numpy.sort()函数的参数功能完全一致，只是调用方式不同。示例代码片段如下：

```
1.  a = np.array([[1,4],[6,2],[3,1]])
2.  a.sort(axis=1)
3.  a
```

输出如下：

```
array([[1, 4],
       [2, 6],
       [1, 3]])
```

numpy.sort_complex()函数用于对复数数组进行排序，首先按实部排序，然后按虚部排序。示例代码片段如下：

```
4.  np.sort_complex([1 + 2j, 2 - 1j, 3 - 2j, 3 - 3j, 3 + 5j])
```

输出如下：

```
array([1.+2.j, 2.-1.j, 3.-3.j, 3.-2.j, 3.+5.j])
```

2.1.8　直方图函数

有时需要直观展示数据的位置状况、离散程度和分布形状，这时可以选择使用直方图。直方图表示数据的概率分布，它用一系列宽度相等、高度不等的长条形来表示数据，其宽度代表组距，高度代表指定组距内的数据数量（频数）。numpy.histogram()函数用于计算数据集的直方图统计量，其格式如下：

```
numpy.histogram(a, bins=10, range=None, density=None, weights=None)
```

其中，a 为输入数组，在进行直方图统计量的计算时，均将其展开为一维数组。当 bins 为整数时，表示直方图上等宽的长条形数量（柱子数量、箱子数量），其默认值为 10；当 bins 为单调递增数组时，数组内元素表示非等宽的长条形的边缘值。range 为 bin 的取值范围。示例代码片段如下：

```
1.  a = np.array([100,300, 400, 500, 600, 700, 800, 900, 1000])
2.  np.histogram(a, bins=3)
```

输出如下：

```
(array([2,3,4], dtype=int64), array([100., 400., 700., 1000.]))
```

在上述代码片段中，numpy.histogram()函数返回一个包含两个数组的元组：array([2, 3, 4] , dtype=int64)表示 3 个长条形的值（高度），array([100., 400., 700., 1000.]表示长条形的边缘数值。

第 1 个长条形的边缘对应[100, 400)，数组 a 中满足条件的有 2 个数值；第 2 个长条形的边缘对应[400,700)，数组 a 中满足条件的有 3 个数值；第 3 个长条形的边缘对应[700,1000]，数组 a 中满足条件的有 4 个数值。需要注意的是，前两个长条形的边缘是左闭右开的，最后一个长条形的边缘左右都是闭合的。示例代码片段如下：

```
1.  np.histogram([1, 2, 1, 0], bins=[0, 1, 2, 3])
```

输出如下：

```
(array([1, 2, 1], dtype=int64), array([0, 1, 2, 3]))
```

numpy.histogram()函数只返回直方图统计量数据，绘图时需要使用 Matplotlib 库。Matplotlib 库是 Python 的一个 2D 绘图库，详见第 7 章。下述代码片段利用 numpy.histogram()函数的返回值，通过 bar()函数完成绘图，结果如图 2-3 所示。

```
1.  import matplotlib.pyplot as plt
2.  hist, bin_edges = np.histogram([1,2,1,0],bins=[0, 1, 2, 3])
3.  #求每个长条形的中心坐标 x
4.  x = [(bin_edges[i]+bin_edges[i+1])/2 for i in range(len(bin_edges)-1)]
5.  print("x: ", x)
6.  #求每个长条形的高度 y
7.  y = hist
8.  #求每个长条形的宽度 width
9.  plt.bar(x, y,width=bin_edges[1]-bin_edges[0])
10. plt.show()
```

输出如下：

```
x:  [0.5, 1.5, 2.5]
```

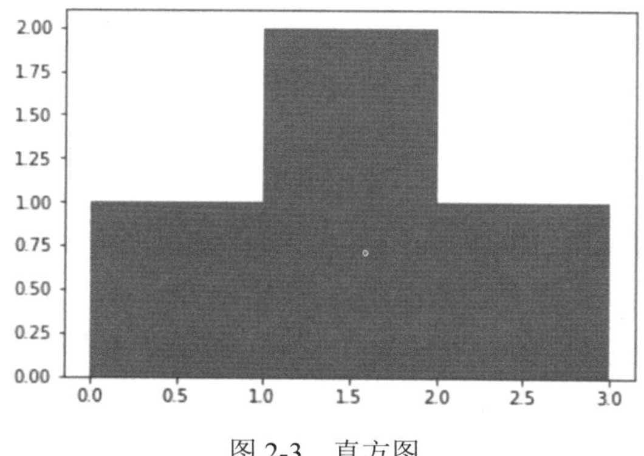

图 2-3　直方图

上述操作等同于下述代码片段：

```
11. plt.hist([1, 2, 1, 0], bins=[0, 1, 2, 3])
```

numpy.histogram2d()函数可用于计算两个数据样本的二维直方图，其格式如下：

```
numpy.histogram2d(x, y, bins=10, range=None, weights=None, density=None...)
```

其中，x 表示做直方图处理的第一维度数据，y 表示做直方图处理的第二维度数据，bins 表示两个维度上的长条形数量。该函数的返回值为元组(H, xedges, yedges)，其中，H 为样本 x 和 y 在直方图上两个维度的数据，xedges 为长条形沿第一维度的边缘数值，yedges 为长条形沿第二维度的边缘数值。示例代码片段如下：

```
12. x = np.random.normal(2, 1, 100)
13. y = np.random.normal(1, 1, 100)
14. xedges = [0, 1, 3, 5]
15. yedges = [0, 2, 3, 4, 6]
16. np.histogram2d(x, y, bins=(xedges, yedges))
```

输出如下：

```
(array([[6.,  2.,  0.,  0.],[39., 12.,  1.,  0.],[16., 3., 0., 0.]]),
array([0,1,3,5]), array([0,2,3,4,6]))
```

2.2　Pandas 基础

2.1 节详细介绍了 NumPy 数组运算，numpy.ndarray 对象为 Python 数组提供了高效的存储和处理方法。Pandas 基于 NumPy 开发，可以与其他第三方科学计算支持库完美集成。接下来深入学习 Pandas。

Pandas 主要提供了两种高效的数据结构——Series（序列，一维数据）和 DataFrame（数据框，二维数据），用于直观地处理关系型、标记型数据。Pandas 不仅为带各种标签的数据提供了便利的存储结构，还实现了非数值数据转换、缺失值处理、数据去重、数据合并连接、数据分组等，非常实用。

2.2.1　数据快捷加载

Anaconda 中默认安装 Pandas，其版本与 Anaconda 版本有关。首先在 Jupyter Notebook 中导入 Pandas 库，一般使用 pd 作为别名，可通过__version__属性查看 Pandas 版本：

```
1.  import pandas as pd
2.  pd.__version__
```

输出如下：

```
'1.3.5'
```

在命令行窗口，可以使用如下命令更新 Pandas 版本：

```
pip install--upgrade pandas
```

Pandas 库中有最方便的且功能完备的数据加载函数，可以从资源库直接下载数据集后读取或利用 URL 直接下载数据集。数据的来源有多种形式：SQL 数据库、CSV 或 Excel 文件、HTML 页面、图像、JSON 字符串等。Pandas 提供了 read_csv()、read_excel()等多种函数，可加载不同类型的数据集，如表 2-3 所示。

表 2-3　Pandas 加载数据的函数

函　数	说　明
pd.read_csv(filename)	读取 CSV 文件
pd.read_excel(filename)	读取 Excel 文件
pd.read_sql(query, connection_object)	从 SQL 数据库读取数据
pd.read_json(json_string)	从 JSON 字符串中读取数据
pd.read_html(url)	从 HTML 页面读取数据

由于 SQL、JSON、HTML、HDFS、Excel 等类型的数据集不经常使用，因此，如何加载和处理它们，留给读者自己学习，这里主要介绍如何处理 CSV 文件。

本书以 property-data.csv 数据集为例，请读者登录华信教育资源网（www.hxedu.com.cn）下载。使用 read_csv()函数读取数据（默认逗号作为分隔符），返回结果为 Pandas 数据框。

read_csv()函数的格式如下：

```
read_csv(filepath_or_buffer,sep=',', header='infer', names=None, ......)
```

由于 property-data.csv 数据集中的数据较多，因此，为了表述清晰，下述代码片段中的 test_data 数据框输出结果以表格形式显示。

```
1.  test_data=pd.read_csv('property-data.csv')
2.  test_data
```

输出如下：

PID	ST_NUM	ST_NAME	OWN_OCCUPIED	NUM_BEDROOMS	NUM_BATH	SQ_FT
100001000	104.0	PUTNAM	Y	3	1	1000
100002000	197.0	LEXINGTON	N	3	1.5	--
100003000	NaN	LEXINGTON	N	NaN	1	850
100004000	201.0	BERKELEY	12	1	NaN	700
NaN	203.0	BERKELEY	Y	3	2	1600
100006000	207.0	BERKELEY	Y	NaN	1	800
100007000	NaN	WASHINGTON	NaN	2	HURLEY	950
100008000	213.0	TREMONT	Y	1	1	NaN
100009000	215.0	TREMONT	Y	na	2	1800

数据加载时可修改列名，同时只读取文件开头的 4 行数据，操作方法有以下两种。

第一种，在加载文件时，直接通过 read_csv()函数进行参数修改：

```
1.  test_data=pd.read_csv('property-data.csv',names=['ID 编号','街道号码','街道名称
    ','是否有人入住','房间数量','浴室数量','面积'],nrows = 4,header = 0)
2.  test_data
```

输出如下：

ID 编号	街道号码	街道名称	是否有人入住	房间数量	浴室数量	面积
100001000	104.0	PUTNAM	Y	3	1	1000
100002000	197.0	LEXINGTON	N	3	1.5	--
100003000	NaN	LEXINGTON	N	NaN	1	850
100004000	201.0	BERKELEY	12	1	NaN	700

设置 names 的值，其值为 test_data 所有中文列名组成的列表，以达到修改标题名的目的。nrows = 4 表示只读取文件开头的 4 行数据；header 的值为 0，表示第一行是表头，如果 CSV 文件没有表头，则可以将其设置为 None。

第二种，通过 rename()函数修改加载好的数据文件。

rename()函数的格式如下：

```
DataFrame.rename(mapper=None,index=None,columns=None,inplace=False...)
```

示例代码片段如下：

```
3. test_data.rename(columns = {'PID':'ID 编号','ST_NUM':'街道号码','ST_NAME':'街道名称','OWN_OCCUPIED':'是否有人入住','NUM_BEDROOMS':'房间数量','NUM_BATH':'浴室数量','SQ_FT':'面积'}, inplace=True)
4. test_data.head(4)
```

输出如下：

ID 编号	街道号码	街道名称	是否有人入住	房间数量	浴室数量	面积
100001000	104.0	PUTNAM	Y	3	1	1000
100002000	197.0	LEXINGTON	N	3	1.5	--
100003000	NaN	LEXINGTON	N	NaN	1	850
100004000	201.0	BERKELEY	12	1	NaN	700

在 rename()函数中，inplace 的默认值为 False，表示创建并返回重命名后的备份；若 inplace = True，则在原数据框上进行修改。

加载数据后，可以通过 shape 属性查看 test_data 的维度和大小：

```
5. test_data.shape
```

输出如下：

```
(9, 7)
```

test_data 是一个 9 行 7 列的数据框。如果还想了解一下数据，则可通过 head()或 tail()函数分别查看其前几行或最后几行数据。head()函数的示例代码片段如下：

```
6. test_data.head(3)
```

输出如下：

ID 编号	街道号码	街道名称	是否有人入住	房间数量	浴室数量	面积
100001000	104.0	PUTNAM	Y	3	1	1000
100002000	197.0	LEXINGTON	N	3	1.5	--
100003000	NaN	LEXINGTON	N	NaN	1	850

tail()函数的示例代码片段如下：

```
7.  test_data.tail(2)
```

输出如下：

ID 编号	街道号码	街道名称	是否有人入住	房间数量	浴室数量	面积
100008000	213.0	TREMONT	Y	1	1	NaN
100009000	215.0	TREMONT	Y	na	2	1800

若 head()和 tail()函数中没有参数，则默认分别返回前 5 行与后 5 行数据。此外，info()函数可以快速浏览 test_data 的摘要信息：

```
8.  test_data.info()
```

输出如下：

```
<class 'pandas.core.frame.DataFrame'>
RangeIndex: 9 entries, 0 to 8
Data columns (total 7 columns):
 #      Column           Non-Null Count   Dtype
---     ------           --------------   -----
 0      PID              8 non-null       float64
 1      ST_NUM           7 non-null       float64
 2      ST_NAME          9 non-null       object
 3      OWN_OCCUPIED     8 non-null       object
 4      NUM_BEDROOMS     7 non-null       object
 5      NUM_BATH         8 non-null       object
 6      SQ_FT            8 non-null       object
dtypes: float64(2), object(5)
memory usage: 632.0+ bytes
```

调用 info()函数，除了可以得到数据集的大小、列名及数据类型，还可以得到每列非空值（non-null）的数量。在 property-data.csv 数据集中，PID、ST_NUM 两列的数据类型是 float64；其他列的数据类型是 object，可以理解为非数字类型。

describe()函数用于显示数据框中数值型列的基本统计信息，如计数、方差、算术平均值、最小值、最大值等；非数字类型不参与计算。示例代码片段如下：

```
9.  test_data.describe()
```

输出如下：

```
PID           ST_NUM
  count       8.000000e+00     7.000000
  mean        1.000050e+08     191.428571
  std         2.927700e+03     39.080503
  min         1.000010e+08     104.000000
  25%         1.000028e+08     199.000000
  50%         1.000050e+08     203.000000
```

```
    75%        1.000072e+08     210.000000
    max        1.000090e+08     215.000000
```

2.2.2　Pandas 的数据结构

2.2.2.1　Series

Pandas 中的 Series 数据结构类似一维数组，由一组数据和一组索引组成。索引默认为整数，从 0 开始依次递增，索引与数据一一对应。Series 数据结构可以保存任何数据类型，如整型、字符串型、浮点型、Python 对象等。pandas.Series()函数可创建一个 Series 对象，其格式如下：

```
pandas.Series(data, index, dtype, name, copy)
```

其中，data 可以是列表、字典和多维数组等。下面用列表和数组分别创建一个 Series 对象。

列表：

```
1.  a=[11,22,33]
2.  test1=pd.Series(a)
3.  test1
```

输出如下：

```
0    11
1    22
2    33
dtype: int64
```

数组：

```
4.  names=np.array(['Mary','Lily','James'])
5.  test2=pd.Series(names)
6.  test2
```

输出如下：

```
0     Mary
1     Lily
2    James
dtype: object
```

在使用列表或数组创建 Series 对象时，如果没有指定索引，则索引从 0 开始，左侧一列 0, 1, 2,…是默认索引（也称隐式索引），右侧一列是 Series 对象的数据，“dtype: int64”表示 test1 中的数据类型为整型。我们可以根据索引读取数据，读取方式与列表类似，如下所示：

```
7.  print('test1 索引为 0 的值为：',test1[0])
8.  print('test2 索引为 2 的值为：',test2[2])
```

输出如下：

```
test1 索引为 0 的值为：  11
test2 索引为 2 的值为：  James
```

下述代码片段通过字典建立了一个 Series 对象。与使用列表或数组创建 Series 对象略有不同，通过字典建立的 Series 对象的索引是字典中的键，在左侧；字典中的值为 Series 对象的数据，在右侧。通过 test[语文]、test[数学]可以访问不同索引的数值。

```
9.  dict = {"语文":80,"数学":88,"英语":100}
10. test = pd.Series(dict)
11. test
```

输出如下：

```
语文     80
数学     88
英语     100
dtype: int64
```

使用 index 参数指定 Series 对象的索引，显示索引，并通过索引读取数据。需要注意的是，在同时访问多个索引对应的数据时，需要将索引放于列表中。例如，test[['b','c']]可同时访问'b'和'c'对应的数值：

```
12. a=[11,22,33]
13. test=pd.Series(a,index=['a','b','c'])
14. print(test)
15. print('索引为 a 的值为：',test['a'])
16. print('索引为 b、c 的值为：\n',test[['b','c']])
```

输出如下：

```
a    11
b    22
c    33
dtype: int64
索引为 a 的值为： 11
索引为 b、c 的值为：
b    22
c    33
dtype: int64
```

2.2.2.2　DataFrame

DataFrame 是一种表格型的数据结构，类似于二维数组，它含有一组有序的列，每列所有元素的数据类型必须相同，不同列元素的数据类型可以不同。DataFrame 既有行索引（行标签），又有列索引（列标签），它的每列数据都可以看作一个 Series，两者的关系如图 2-4 所示。

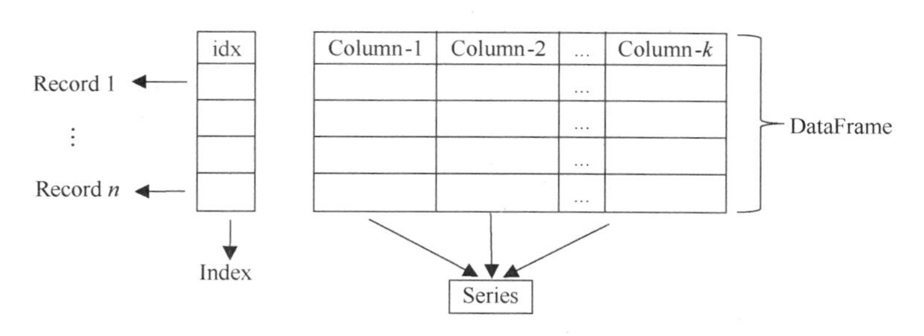

图 2-4　DataFrame 和 Series 的关系

pandas.DataFrame()函数的格式如下：

```
pandas.DataFrame(data, index, columns, dtype, copy)
```

其中，data 是输入数据，可以是 ndarray、Series、map、list 和 dict 等类型；index 是行索引；columns 是列索引，默认为 RangeIndex（0, 1, 2,⋯, n）。

下面通过二维数组创建一个 DataFrame 对象：

```
1. data=[['Java',90],['Algorithm',66],['Python',98]]
2. df=pd.DataFrame (data, columns=['课程','成绩'])
3. df
```

输出如下：

```
   课程          成绩
0  Java         90
1  Algorithm    66
2  Python       98
```

在使用 ndarray 创建 Dataframe 对象时，参数 index 和 columns 的元素个数应分别等于数组的行数与列数。如果没有传递索引，则取默认索引 range(n)，n 为数组长度。示例代码片段如下：

```
4. import numpy as np
5. arr = np.random.randn(3,4)
6. index_rows = ["周一",'周二','周三']
7. index_col = ['A','B','C','D']
8. arr_df = pd.DataFrame(arr,index=index_rows,columns=index_col)
9. arr_df
```

输出如下：

```
     A          B          C          D
周一 0.054691   1.400733   -0.456234  -1.522848
周二 -0.516233  -0.760758  1.868750   0.361042
周三 -1.288353  1.639065   -0.035386  -0.826204
```

可以使用字典（key/value）或字典中嵌套列表的方式创建 DataFrame 对象，其中字典的值（value）将作为 DataFrame 对象的数据，字典的键（key）将作为 DataFrame 对象的列索引。需要注意的是，如果 DataFrame 对象的部分列没有数据对应（如下述代码片段中的 df1），则表示为缺失值 NaN。示例代码片段如下：

```
10. data=[{'课程':'Java','成绩':90},{'课程':'Algorithm','成绩':96},{'课程':'C++'}]
11. df1=pd.DataFrame(data)
12. df1
```

输出如下：

```
     课程          成绩
0    Java          90.0
1    Algorithm     96.0
2    C++           NaN
```

2.2.2.3 DataFrame 数据访问

在读取 DataFrame 的列数据时，有两种最基本的方法。例如，df.课程和 df['课程']都可以查看 df 中的课程：

```
13. df['课程']          #或者 df.课程
```

输出如下：

```
0        Java
1        Algorithm
2        Python
Name:课程, dtype: object
```

在读取行数据时，不能像访问列数据一样直接使用 df['行索引']，而是要借助 loc[.]和 iloc[.]函数来读取。loc[.]函数通过行索引的实际值读取行数据，如 loc['A']表示读取行索引为"A"的行；iloc[.]函数通过顺序数字（行号）读取行数据，如 iloc[0]表示读取第 1 行数据。

为了明确区分，下述代码片段把 df 的行索引修改为['张三', '李四', '王五']：

```
14. data={'学生':['张三','李四','王五'],'课程': ['Java','Algorithm','Python'], '成绩':
    [90,96,98]}
15. df=pd.DataFrame(data)
16. df.set_index('学生', inplace = True)
17. df
```

输出如下：

```
学生 课程          成绩
张三 Java          90
李四 Algorithm     96
王五 Python        98
```

要获取学生张三的课程和成绩信息，下述两种访问方式都可以。df 默认的是行索引，loc[.]和 iloc[.]的效果是一样的。

（1）loc[.]：

```
18. df.loc['张三']
```

输出如下：

```
课程        Java
成绩        90
Name: 张三, dtype: object
```

（2）iloc[.]：

```
19. df.iloc[0]
```

输出如下：

```
课程        Java
成绩        90
Name: 张三, dtype: object
```

接下来是略微复杂的读取示例，分别利用 loc[.]和 iloc[.]读取指定行索引和列索引的数据。

定义一个从 1 到 9 的 3×3 的 DataFrame，命名为 data：

```
1.  data=pd.DataFrame(np.arange(1,10).reshape(3,3),
    index=list('abc'),columns=list('ABC'))
2.  data
```

输出如下：

```
      A   B   C
a     1   2   3
b     4   5   6
c     7   8   9
```

读取行索引为 a、b，列索引为 A、B 的数据，或者说读取第 0、1 行中第 0、1 列的数据：

```
3.  data.loc[['a','b'],['A','B']]
```

或

```
4.  data.iloc[[0,1],[0,1]]
```

输出如下：

```
      A        B
a     1        2
b     4        5
```

通过在 loc[.]函数中设置参数为逻辑表达式可以解决 DataFrame 中利用数值条件访问数据的问题，如读取 A 列中数值为 1，且 B 列中数值为 2 所在行的数据：

```
5.  data.loc[(data['A']==1) & (data['B']==2)]
```

输出如下：

```
      A   B   C
a     1   2   3
```

2.2.2.4 行列级批处理

1. pandas.DataFrame.apply()函数

当需要对 Series 和 DataFrame 等对象执行批处理操作时，pandas.DataFrame.apply()函数（以下简称 apply()函数）是一个好的选择，其格式如下：

```
pandas.DataFrame.apply(self, func, axis=0, raw=False, result_type=None, args=(),
**kwds)
```

其中，func 表示函数，其可以是内置函数、第三方函数、自定义函数或匿名函数。func 通过 pandas.DataFrame.apply()函数可应用于每一行或每一列，默认将列或行作为 Series 对象传递给 pandas.DataFrame.apply()函数，最终返回新的 DataFrame 或 Series。

下述代码片段展示了 pandas.DataFrame.apply()函数的 6 种不同的应用，其中，变量 df1～df6 的含义如下。

（1）df1 是 pandas.DataFrame.apply()函数将 Python 的内置函数 max()应用于 df 的每一行得出的结果，即每行的最大值。axis 用于设置 func 按行还是按列应用，默认按列应用（axis = 0 或 axis = 'index'），axis = 1 或 axis = 'columns'表示按行应用。

（2）df2 是同时传入 numpy.mean()和 numpy.min()函数，应用于 df 进行聚合操作的结果。pandas.DataFrame.apply()函数同时传入多个函数时，返回的结果也会聚合成一个新的 DataFrame 或 Series，其作用类似于聚合函数 pandas.DataFrame.agg()，后续会详细介绍此函数。

（3）df3 是 pandas.DataFrame.apply()函数将 Pandas 中的 min()函数应用于 df 的每一列得出的最小值。

（4）df4 使用匿名函数将 df 中的每个元素数值减 1。

（5）df5 中的函数名以字符串的形式传入，而且不同的列运用不同的函数进行操作，num1 列求最大值，num2 列求最小值。

（6）df6 是对 num1 和 num2 两列分别进行两种不同的函数操作得出的结果。

```
1.  import numpy as np
2.  import pandas as pd
3.  df = pd.DataFrame({'num1': [1, 3, 5], 'num2': [2, 4, 6], 'num3': [10, 8, 7],
    'num4': [3, 6, 9]},index=['A', 'B', 'C'])
4.  print(df)
5.  df1 = df.apply(max,axis=1)  # Python 的内置函数
6.  print('-' * 30, '\n', df1, sep='')
7.  df2 = df.apply([np.mean,np.min])  # NumPy 中的函数
8.  print('-' * 30, '\n', df2, sep='')
9.  df3 = df.apply(pd.DataFrame.min)  # Pandas 中的函数
10. print('-' * 30, '\n', df3, sep='')
11. df4 = df.apply(lambda x:x-1)
12. print('-' * 30, '\n', df4, sep='')
13. df5 = df.apply({'num1': 'max', 'num2': 'min'})
14. print('-' * 30, '\n', df5, sep='')
```

```
15. df6 = df.apply({'num1': [np.mean, np.median], 'num2': [np.min, np.mean]})
16. print('-' * 30, '\n', df6, sep='')
```

输出如下：

```
   num1   num2   num3   num4
A  1      2      10     3
B  3      4      8      6
C  5      6      7      9
------------------------------
A    10
B     8
C     9
dtype: int64
------------------------------
        num1   num2   num3       num4
mean    3.0    4.0    8.333333   6.0
amin    1.0    2.0    7.000000   3.0
------------------------------
num1    1
num2    2
num3    7
num4    3
dtype: int64
------------------------------
   num1   num2   num3   num4
A  0      1      9      2
B  2      3      7      5
C  4      5      6      8
------------------------------
num1    5
num2    2
dtype: int64
------------------------------
        num1   num2
amin    NaN    2.0
mean    3.0    4.0
Median  3.0    NaN
```

下述代码片段进一步介绍 pandas.DataFrame.apply()函数中的 args 参数：在自定义函数 yes_or_no()中，s 表示传入的行数据或列数据，由 axis 的值决定是行还是列；isinstance(s, pd.Series)用来判断 s 是否为 Series 数据结构，如果返回结果为 True，则按 Series 数据循环输出，否则直接输出 s-answer。

需要注意的是，args 是传给应用函数 func（此处是 yes_or_no()函数）的位置参数，其接收的数据类型为元组，如果只有一个位置参数，则需要加逗号。

```
1. def yes_or_no(s, answer):
2.     if answer != 'yes' and answer != 'no':
3.         answer = 'yes'
4.     if isinstance(s, pd.Series):
5.         return pd.Series(['{}-{}'.format(d, answer) for d in s])
6.     else:
7.         return '{}-{}'.format(s, answer)
8. df7 = df.apply(yes_or_no, args=('yes',))
9. df7.index = ['A', 'B', 'C']
10. print('-' * 30, '\n', df7, sep='')
11. df8 = df.apply(yes_or_no, args=('no',))
12. print('-' * 30, '\n', df8, sep='')
13. df9 = df.apply(yes_or_no, args=(0,))
14. print('-' * 30, '\n', df9, sep='')
```

输出如下：

```
   Col-1   Col-2   Col-3    Col-4
A  1-yes   2-yes   10-yes   3-yes
B  3-yes   4-yes   8-yes    6-yes
C  5-yes   6-yes   7-yes    9-yes
------------------------------
   Col-1   Col-2   Col-3    Col-4
0  1-no    2-no    10-no    3-no
1  3-no    4-no    8-no     6-no
2  5-no    6-no    7-no     9-no
------------------------------
   Col-1   Col-2   Col-3    Col-4
0  1-yes   2-yes   10-yes   3-yes
1  3-yes   4-yes   8-yes    6-yes
2  5-yes   6-yes   7-yes    9-yes
```

2. pandas.DataFrame.applymap()函数

与 pandas.DataFrame.apply()函数相同，pandas.DataFrame.applymap()和 Series.map()函数也可以实现批处理，具体操作由用户传入的 func 函数决定。

pandas.DataFrame.applymap()函数（以下简称 applymap()函数）的格式如下：

```
applymap(self, func, na_action=None, **kwargs)
```

下述代码片段通过在 pandas.DataFrame.applymap()函数中传入匿名函数来对原数据框中的所有元素数值加 10，具体方法和 pandas.DataFrame.apply()函数一样：

```
1. df = pd.DataFrame({'Col-1': [8, 3, 5], 'Col-2': [2, np.nan, 8], 'Col-3':
   [np.nan, 8, 7]},index=['X', 'Y', 'Z'])
2. print(df)
```

```
3. df1 = df.applymap(lambda x: x+10)  # 匿名函数
4. print('-' * 30, '\n', df1, sep='')
```

输出如下：

```
   Col-1  Col-2  Col-3
X  8      2.0    NaN
Y  3      NaN    8.0
Z  5      8.0    7.0
------------------------------
   Col-1  Col-2  Col-3
X  18     12.0   NaN
Y  13     NaN    18.0
Z  15     18.0   17.0
```

pandas.DataFrame.applymap()与 pandas.DataFrame.apply()的不同之处：①pandas.DataFrame.applymap()函数不支持给 func 传位置参数，因此 func 必须只有一个位置参数，默认接收 DataFrame 中的元素；②pandas.DataFrame.applymap()函数不能单独按列或行来操作，只能对 DataFrame 的每个元素做处理；③pandas.DataFrame.applymap()函数不支持一次传入多个 func 进行聚合操作，也不支持用字符串的方式传入函数名。

2.3　非数值数据转换

数据分析中除了数值数据，还有非数值数据。数值数据是有确定值的数据，在数轴上能找到其对应的点，可以比较大小；非数值数据在数轴上没有确定的点，如文本、类别和时间等，这类数据不能比较大小、不能排序，通常需要进行数值化处理后才能用于算法中。

例如，天气是具有类属特征的数据，它的属性取值于离散集合[sunny, cloudy, snowy]。接下来对这类数据进行数值化处理。

2.3.1　map()函数

下面定义一个字典 wea，并使用 map()函数实现非数值数据到数值数据的映射：

```
1. df=pd.DataFrame({'weather':['sunny','cloudy','snowy']})
2. wea={'sunny':1,'cloudy':2,'snowy':3}
3. df['weather']=df['weather'].map(wea)
4. df
```

输出如下：

```
   weather
0  1
1  2
2  3
```

2.3.2 One-Hot 编码

在数据分析中，我们会遇到分类特征特别多的数据，如人的性别有男女，来自的国家有中国、英国、法国等。这些特征值均是离散的、无序的，需要对其进行特征数字化。那么，什么是特征数字化呢？例如，不同特征的离散取值集合如下。

性别特征：["男"，"女"]。

国家特征：["中国"，"英国"，"法国"]。

运动特征：["足球"，"篮球"，"羽毛球"，"乒乓球"]。

假如某个样本（某个人）的特征是“男”“中国”“乒乓球”，则可以用[0,0, 3]来表示，但是这样的编码特征并不能直接用于算法中，因为多数算法是基于向量空间中的度量进行计算的。为了使非偏序关系的变量取值不具有偏序性，并且与原点是等距的，采用 One-Hot 编码是一个很好的选择，其可将离散特征的取值扩展到欧几里得空间，离散特征的某个取值对应欧几里得空间的某个点。将离散特征使用 One-Hot 编码，会让特征之间的距离计算更加合理，编码后的特征的每一维度都可以看成是连续的。

什么是 One-Hot 编码？

One-Hot 编码又称一位有效编码，采用 N 位状态寄存器对 N 个状态值进行编码，每个状态都有它独立的寄存器位，并且在任意时刻都只有一位有效。

One-Hot 编码是分类变量作为二进制向量的表示：首先将分类值映射为整数值，然后将每个整数值均表示为二进制向量，除了将该整数值索引位标记为 1 外，其他索引位都为 0。

例如，性别特征["男","女"]有两个特征值，N=2，"男"编码为 10，"女"编码为 01。依次类推，国家特征的各状态值分别编码为 100（"中国"）、010（"英国"）和 001（"法国"）、运动特征的各状态值分别编码为 1000（"足球"）、0100（"篮球"）、0010（"羽毛球"）和 0001（"乒乓球"）。

此时，当一个样本为["男","中国","乒乓球"]时，其完整的特征数字化结果为 101000001。

下面看一个 One-Hot 编码的例子。下述代码片段中的数据矩阵是 4×3 的，即 4 个数据，3 个特征维度。该数据矩阵的第一列为第一个特征维度，有 2 种取值 0 和 1，对应编码分别为 10、01；第二列为第二个特征维度，有 3 种取值 0、1、2，对应编码分别为 100、010、001；同理，第三列为第三个特征维度，有 4 种取值 0、1、2、3，对应编码分别为 1000、0100、0010、0001。

```
1.  from sklearn import preprocessing
2.  enc = preprocessing.OneHotEncoder()
3.  enc.fit([[0,0,3],[1,1,0],[0,2,1],[1,0,2]])
4.  #这里使用一个新的数据来进行测试
5.  array = enc.transform([[0,1,3]]).toarray()
6.  array
```

输出如下：

```
array([[1., 0., 0., 1., 0., 0., 0., 0., 1.]])
```

现要编码的列表为[0, 1, 3]，0 为第一位特征值，编码为 10；1 为第二位特征值，编码为 010；3 为第三位特征值，编码为 0001，故此编码结果为 100100001。

2.4　数据清洗

当数据集中存在数据缺失、数据及格式错误或数据重复等情况时，如果要使后续的数据分析更加准确，就需要对这些异常数据进行数据清洗操作。数据清洗包括检查数据一致性，以及处理无效值、缺失值和重复值等。本节介绍一些 Pandas 常用的数据清洗方法。

2.4.1　缺失值处理

我们获取的源数据可能会由于信息暂时无法获取、设备故障、人为因素遗漏或丢失等而使数据集中存在缺失值，即空值或未填写的数据。缺失值的存在会使系统的不确定性表现得更加明显，甚至导致数据挖掘后产生不可靠的输出。缺失值的处理方法通常有删除包含缺失值的行或列，或者使用替换的方法填充缺失值。

1. 缺失值删除

删除缺失值是一种简单而直接的处理缺失值的方法，可以通过 Pandas 中的 DataFrame.dropna()函数实现，其格式如下：

```
DataFrame.dropna(axis=0,how='any',thresh=None,subset=None,inplace=False)
```

DataFrame.dropna()函数默认删除整行数据，如果想删除整列数据，则可以设置 axis = 1；参数 how 的默认值为'any'，即存在一个缺失值就删除整行或整列数据，how='all'表示只有在整行或整列数据都是缺失值时，才删除整行或整列数据；参数 thresh 用于设置保留下来的行中至少有多少非空值。

下面以 property-data.csv 数据集为例，通过 DataFrame.isnull()函数判断其中是否存在空值：

```
1.  test_data = pd.read_csv(url)
2.  test_data.isnull().head(3)
```

输出如下：

PID	ST_NUM	ST_NAME	OWN_OCCUPIED	NUM_BEDROOMS	NUM_BATH	SQ_FT
False	False	False	False	False	False	False
False	False	False	False	False	False	False
False	True	False	False	True	False	False

在处理后的数据中，True 表示此处数据为空值 NaN。此时，利用 DataFrame.dropna()函数删除空值所在的行或列：

```
3.  test_data.dropna()
```

输出如下：

PID	ST_NUM	ST_NAME	OWN_OCCUPIED	NUM_BEDROOMS	NUM_BATH	SQ_FT
100001000	104.0	PUTNAM	Y	3	1	1000
100002000	197.0	LEXINGTON	N	3	1.5	--
100009000	215.0	TREMONT	Y	na	2	1800

还可以通过 subset 参数选定列，仅删除 PID 和 ST_NUM 列中数据为空值的行：

```
4. test_data.dropna(subset=['PID','ST_NUM'])
```

输出如下：

PID	ST_NUM	ST_NAME	OWN_OCCUPIED	NUM_BEDROOMS	NUM_BATH	SQ_FT
100001000	104.0	PUTNAM	Y	3	1	1000
100002000	197.0	LEXINGTON	N	3	1.5	--
100004000	201.0	BERKELEY	12	1	NaN	700
100006000	207.0	BERKELEY	Y	NaN	1	800
100008000	213.0	TREMONT	Y	1	1	NaN
100009000	215.0	TREMONT	Y	na	2	1800

2. 缺失值替换

删除缺失值是一种非常极端的数据处理方法，极大可能会造成数据丢失，因此用合适的数据替换缺失值是一种很好的数据处理方法。为了消除空值的影响，可以将其替换为更有意义的数据。通常用 fillna()函数来替换一些空字段。例如，使用字符串'ABCD'替换所有空值：

```
5. test_data. fillna('ABCD')
```

输出如下：

PID	ST_NUM	ST_NAME	OWN_OCCUPIED	NUM_BEDROOMS	NUM_BATH	SQ_FT
100001000	104	PUTNAM	Y	3	1	1000
100002000	197	LEXINGTON	N	3	1.5	--
100003000	ABCD	LEXINGTON	N	ABCD	1	850
100004000	201	BERKELEY	12	1	ABCD	700
ABCD	203	BERKELEY	Y	3	2	1600
100006000	207	BERKELEY	Y	ABCD	1	800
100007000	ABCD	WASHINGTON	ABCD	2	HURLEY	950
100008000	213	TREMONT	Y	1	1	ABCD
100009000	215	TREMONT	Y	na	2	1800

在实际的数据处理过程中，一般不采用这种全量替换的策略，而是通过分析每一列数据的特征或规律，构建一个值进行替换。在 PID 列中，第一行到最后一行的数据是等差序列，很显然缺失值应该是 100005000；最后一列 SQ_FT 表示的是面积大小，通常数值数据中的空值可以使用 median()和 mean()函数分别实现对缺失值的中位数填充和算术平均值填充。下述代码片段使用 mode()函数，用众数替换缺失值：

```
6. test_data['PID']=test_data['PID'].fillna('100005000')
7. test_data['SQ_FT']=test_data['SQ_FT'].fillna(test_data['SQ_FT'].mode())
8. test_data.tail(5)
```

输出如下：

PID	ST_NUM	ST_NAME	OWN_OCCUPIED	NUM_BEDROOMS	NUM_BATH	SQ_FT
100005000	203.0	BERKELEY	Y	3	2	1600
100006000	207.0	BERKELEY	Y	NaN	1	800
100007000	NaN	WASHINGTON	NaN	2	HURLEY	950
100008000	213.0	TREMONT	Y	1	1	950
100009000	215.0	TREMONT	Y	na	2	1800

2.4.2 错误数据替换

数据错误也是很常见的情况之一，我们可以对错误数据进行替换或移除。以 test_data 为例，OWN_OCCUPIED 列的值应该是 Y 或 N，除 NaN 以外，还有一个错误数据 12，可以把 12 替换成 Y 或 N；同理，NUM_BATH 列中也有一个比较突兀的数据 HURLEY，可以用数值 1 替换。

利用 loc[.]函数进行替换，示例代码片段如下：

```
9. test_data.loc[3,'OWN_OCCUPIED']='Y'
10. test_data.loc[6,'NUM_BATH']='1'
11. test_data[3:6]
```

输出如下：

PID	ST_NUM	ST_NAME	OWN_OCCUPIED	NUM_BEDROOMS	NUM_BATH	SQ_FT
100004000	201.0	BERKELEY	Y	1	NaN	700
100005000	203.0	BERKELEY	Y	3	2	1600
100006000	207.0	BERKELEY	Y	NaN	1	800
100007000	NaN	WASHINGTON	NaN	2	1	950

2.4.3 数据去重

为了数据集不受重复数据的影响，提升数据集的质量，需要对数据进行去重处理。数据去重还可以节省内存空间，提高写入性能。通常使用 duplicated()和 drop_duplicates()函数来清洗重复数据。

```
1. person=pd.DataFrame({"name": ['Tom', 'Wood', 'James', 'Wood'],"age": [20, 30,
   20, 30]})
2. person
```

输出如下：

```
   name   age
0  Tom    20
1  Wood   30
2  James  20
3  Wood   30
```

数据框 person 中的第 2 行和第 4 行是重复的。duplicated()函数可以判断数据集中有无重复项，若返回值为 True，则说明有重复项；若返回值为 False，则说明无重复项。示例代码片段如下：

```
3.  person.duplicated()
```

输出如下：

```
0    False
1    False
2    False
3    True
dtype: bool
```

当判断出数据集中有重复项时，可以通过 drop_duplicates()函数删除重复项，其格式如下：

```
DataFrame.drop_duplicates(subset=None, keep='first', inplace=False)
```

其中，subset 的值可为列名或列名序列，表示只用某些列来识别重复项，默认使用数据集中的所有列。keep 的默认值为'first'，表示仅保留第一次出现的重复项；若其值为'last'，则表示仅保留最后一次出现的重复项；若 keep = False，则删除所有重复项。

删除 person 中的重复项的代码片段如下：

```
4.  person.drop_duplicates()
```

输出如下：

	name	age
0	Tom	20
1	Wood	30
2	James	20

接下来，通过设置 subset=['age']，根据 age 列的重复项删除数据：

```
5.  person.drop_duplicates(subset=['age'],keep = 'last')
```

输出如下：

	name	age
2	James	20
3	Wood	30

2.4.4 数据合并连接

2.4.4.1 pandas.concat()

在数据处理过程中，我们会遇到对多个表进行连接合并的需求，pandas.concat()函数可以满足该需求，其格式如下：

```
pandas.concat(objs,axis=0,join='outer',ignore_index=False,keys=None,levels=None)
```

其中，axis 的默认值为 0，表示纵向连接；若 axis=1，则表示横向连接，称之为并置轴。

下面创建 3 个 DataFrame 对象，分别是 person1、person2 和 choose：

```
1. person1=pd.DataFrame({"id":  ['101',  '102',  '103'],"name":  ['Bob',  'Allen',
   'Blake']})
2. print("person1: \n",person1)
3. person2=pd.DataFrame({"id": ['104', '105'],"name": ['Gage','Chris']})
4. print("person2: \n",person2)
5. choose=pd.DataFrame({"name":
   ['Bob','Blake','Allen','Gage'],"lesson":['Java','Python','C++','MATLAB']})
6. print("choose: \n",choose)
```

输出如下：

```
person1:
    id      name
0   101     Bob
1   102     Allen
2   103     Blake

person2:
    id      name
0   104     Gage
1   105     Chris

choose:
    name    lesson
0   Bob     Java
1   Blake   Python
3   Allen   C++
4   Gage    MATLAB
```

将 person1 和 person2 纵向连接，并重置索引：

```
7. new_person=pd.concat([person1,person2],ignore_index = True)
8. print(new_person)
```

输出如下：

```
    id      name
0   101     Bob
1   102     Allen
2   103     Blake
3   104     Gage
4   105     Chris
```

ignore_index 是布尔类型参数，其默认值为 False。如果设置 ignore_index = True，则表示不使用并置轴上的索引，返回结果在并置轴上重标记为 0, 1,⋯, n−1，这对于并置轴上没有意义的索引信息非常有用。注意：其他轴上的索引不受影响。

将连接好的new_person与choose进行横向连接。在进行横向连接时，函数会自动选择“主键”进行匹配，能匹配上就进行连接，匹配不上就显示NaN。示例代码片段如下：

```
9.  pd.concat([new_person,choose],axis=1)
```

输出如下：

```
    id   name    name    lesson
0   101  Bob     Bob     Java
1   102  Allen   Blake   Python
2   103  Blake   Allen   C++
3   104  Gage    Gage    MATLAB
4   105  Chris   NaN     NaN
```

pandas.concat()函数中的join参数表示连接方式。在上述代码片段中，默认join='outer'，即对两个DataFrame对象进行外连接，可理解为取并集；当设置join='inner'时，表示内连接，可理解为取交集。示例代码片段如下：

```
10. pd.concat([new_person,choose],axis=1,join='inner')
```

输出如下：

```
    id   name    name    lesson
0   101  Bob     Bob     Java
1   102  Allen   Blake   Python
2   103  Blake   Allen   C++
3   104  Gage    Gage    MATLAB
```

2.4.4.2 pandas.merge()

Pandas的基本特性之一就是高性能的内存式数据连接（join）与合并（merge）操作。pandas.merge()函数实现了这种类型的连接，其格式如下：

```
pandas.merge (left,right,how='inner',on=None,left_on=None,right_on=None...)
```

其中，how表示数据框的连接方式，其默认值为'inner'，也可以选择'outer'、'left'或'right'等连接方式；on是用于连接的列名，如果未指定，则以左右数据集中列名的交集作为连接键。

首先创建3个DataFrame对象，分别为student_info（学生信息）、lesson_info（课程信息）和score_info（成绩信息）：

```
1.  student_info=pd.DataFrame({
2.      "学号": [202301, 202302, 202303, 202304],
3.      "姓名": ['小刘', '小张', '小王', '小李']})
4.  print("student_info:\n",student_info)
5.  print("\n")
6.  lesson_info=pd.DataFrame({
7.      "课程号":['A0101','A0102','A0103','A0104','A0105'],
```

```
8.      "课程名":['机器学习','数据库','数据结构','Python 程序设计','数据科学导论']})
9.  print("lesson_info:\n",lesson_info)
10. print("\n")
11. score_info=pd.DataFrame({
12.     "学号":[202301,202301,202302,202302,202303,202304],
13.     "课程号":['A0103','A0102','A0103','A0104','A0105','A0105'],
14.     "成绩":[88,91,92,95,87,93]})
15. print("score_info:\n",score_info)
```

输出如下：

```
student_info:
     学号        姓名
0    202301      小刘
1    202302      小张
2    202303      小王
3    202304      小李
lesson_info:
     课程号          课程名
0    A0101           机器学习
1    A0102           数据库
2    A0103           数据结构
3    A0104           Python 程序设计
4    A0105           数据科学导论

score_info:
     学号      课程号     成绩
0    202301    A0103      88
1    202301    A0102      91
2    202302    A0103      92
3    202302    A0104      95
4    202303    A0105      87
5    202304    A0105      93
```

student_info 和 score_info 通过'学号'字段进行连接，将学生的详细信息和成绩放在一个 DataFrame 中，将其命名为 chengji：

```
16. chengji=pd.merge(student_info,score_info,on='学号')
17. chengji
```

输出如下：

```
     学号      姓名    课程号    成绩
0    202301    小刘    A0103     88
1    202301    小刘    A0102     91
2    202302    小张    A0103     92
```

```
3    202302    小张    A0104    95
4    202303    小王    A0105    87
5    202304    小李    A0105    93
```

相较于 pandas.concat()函数，pandas.merge()函数完成连接后不会出现相同的列名，但两个函数的原理一致。chengji 与 lesson_info 按'课程号'字段进行连接的代码片段如下：

```
18. info_chengji=pd.merge(chengji,lesson_info,on='课程号',how='left')
19. info_chengji
```

输出如下：

```
     学号      姓名    课程号    成绩    课程名
0    202301    小刘    A0103    88      数据结构
1    202301    小刘    A0102    91      数据库
2    202302    小张    A0103    92      数据结构
3    202302    小张    A0104    95      Python 程序设计
4    202303    小王    A0105    87      数据科学导论
5    202304    小李    A0105    93      数据科学导论
```

其中，how='left'表示以左表数据为准，右表中无对应数据就填充 NaN，此时左表数据在连接后一定是全的；当设置 how='right'时，右表数据在连接后一定是全的。在 pandas.merge()函数中，写在前面的为左表，写在后面的为右表。

2.4.5 数据分组及聚合

简单的累计方法可以让我们更好地理解数据集，迅速地获取有用信息。我们经常需要对某些标签或索引的局部进行累计分析。例如，在电商行业中，对全国的总销售额根据省份进行划分，分析各省份销售额的变化情况；在社交领域，对用户根据画像（性别、年龄）进行细分，研究用户的偏好等，这时就需要用到分组。

分组根据某个（多个）字段划分为不同的群体，其流程可表述为分割、应用和组合，如图 2-5 所示。

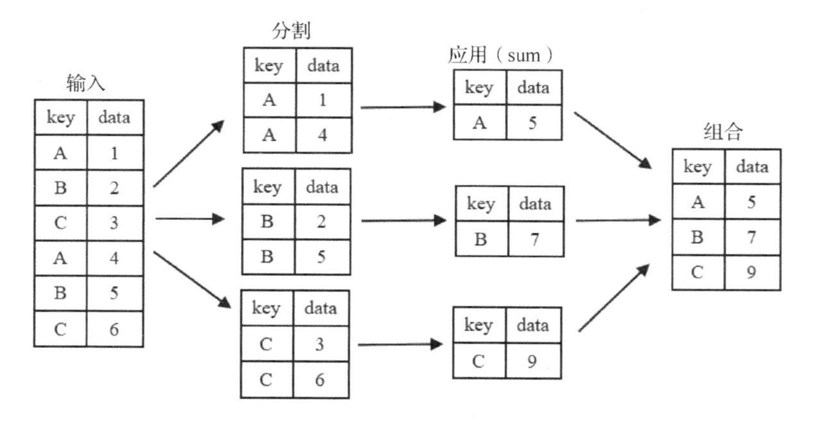

图 2-5　分组理念

pandas.groupby()函数首先对 DataFrame 按照某个字段进行分割，将该字段中相等的值所在的行（列）划分为一组；然后对分割后的各组执行相应的变换操作；最后输出汇总变换后的各组结果。

pandas.groupby()函数的格式如下：

```
pandas.groupby(by=None, axis=0, as_index=True, sort=True,dropna=True,...)
```

其中，dropna 的默认值为 True，若分组键中包含 NaN，则删除 NaN 及其所在行或列；若 dropna=False，则 NaN 将被视为组合键的值。

新建数据框 df：

```
1.  df=pd.DataFrame({
2.      '班级':['A','B','A','B'],
3.      '姓名':['小张','小王','小刘','小赵'],
4.      '语文':[88,87,96,85],
5.      '数学':[92,90,95,85]})
6.  df
```

输出如下：

	班级	姓名	语文	数学
0	A	小张	88	92
1	B	小王	87	90
2	A	小刘	96	95
3	B	小赵	85	85

接下来统计各个班级中每门课程的平均分。首先按'班级'字段进行分组，计算每门课程的平均分，然后通过 as_index 参数重置索引：

```
7.  df.groupby('班级',as_index=False).mean()
```

输出如下：

	班级	语文	数学
0	A	92.0	93.5
1	B	86.0	87.5

agg()聚合操作是分组后的常见操作。下述代码片段对数据表中的两门课程分别统计各班级的平均分、最低分和最高分：

```
8.  df.groupby('班级').agg([np.mean,min,max])
```

	语文			数学		
班级	**mean**	**min**	**max**	**Mean**	**min**	**max**
A	92	88	96	93.5	92	95
B	86	85	87	87.5	85	90

agg()聚合操作可以用来求和、求均值、求最大值/最小值等。表 2-4 列出了 Pandas 中常见的聚合函数及其用途。

表 2-4　Pandas 中常见的聚合函数及其用途

函　　数	用　　途
min()	求最小值
max()	求最大值
sum()	求和
mean()	求算术平均值
median()	求中位数
std()	求标准差
var()	求方差
count()	计数

2.5　本章小结

NumPy 和 Pandas 是 Python 中较受欢迎的数据科学与分析库，NumPy 提供了高性能的多维数组和矩阵计算功能，而 Pandas 则提供了高效的数据结构（Series 和 DataFrame）。本章通过实例详细介绍了 NumPy 和 Pandas 提供的主要的数据预处理功能与具体操作，包括非数值数据转换、缺失值处理、错误数据替换、数据去重、数据合并连接、数据分组及聚合。

课后习题

1．查看 Pandas 和 NumPy 的版本。

2．创建一个值域为 10～49 的向量。

3．创建一个 3×3 的矩阵，值域为 0～8。

4．创建 0～24 的 5×5 数组 arr，其中，arr[4]、arr[:2,3:]、arr[3][2]分别是多少？

5．创建一个 10～49 的 ndarray 对象，并倒序复制给另一个变量。

6．a=np.arange(0,20).reshape(4,5)，更换数组 a 第 2、3 行的位置。

7．Pandas 综合练习。

（1）导入必要的库，读取 Euro.csv 文件中的数据，命名为 euro。其中，Euro.csv 文件请登录华信教育资源网下载。

（2）输出 euro 的前 5 行数据。

（3）查看 euro 中所有列的信息。

（4）只选取 Goals 这一列。

（5）计算有多少球队参与了这次欧洲杯。

（6）计算黄牌数的算术平均值。

（7）将数据集中的 Team、Yellow Cards 和 Red Cards 列单独存为一个名为 discipline 的数据框。

（8）对数据框 discipline 按照先 Red Cards 再 Yellow Cards 的顺序排序（降序）。

第3章 数据存储与管理

思政教学目标：

通过数据存储与管理的学习，读者可在对数据存储技术进行梳理的过程中，树立科技报国、攻坚克难的决心，立志为我国的数据存储与管理技术国产化贡献力量。

本章主要内容：

- 数据存储与管理技术的概念。
- 关系数据库存储及操作。
- 分布式文件系统及 HDFS 介绍。
- 分布式数据库及 HBase 介绍。
- 流数据。

3.1 概述

3.1.1 数据存储的概念

数据存储是一种信息保留方式，它采用专门开发的技术来保存相应数据并确保用户在需要时对其进行访问。数据以某种格式记录在计算机内部或外部存储介质上。数据存储的对象是数据应用过程中需要不断查找和计算的信息。

3.1.2 数据管理技术的概念

数据管理技术是指对数据进行分类、编码、存储、索引和查询，是大数据处理流程中的关键技术，是负责数据从落地存储到查询检索的核心技术。数据管理技术从最早的文件管理数据技术，到数据库、数据仓库技术的出现与成熟，再到大数据时代 NoSQL 等新型数据管理系统的出现，一直是数据领域和工程领域研究的热点。

3.1.3 数据库的概念

数据库是按照数据结构来组织、存储和管理数据的建立在计算机存储设备上的仓库。

简单来说，数据库本身可视为电子化的文件柜，用户可以对文件柜中的数据进行新增、修改、删除和查询等操作。严格来说，数据库是长期存储在计算机内、有组织的、可共享的数据集合。

20 世纪 70 年代，IBM 公司的 Codd 开创了关系数据库理论；80 年代，随着事务处理模型的完善，关系数据管理在学术界和工业界获得了主导地位，并一直保持到今天。关系数据库的核心是将数据保存在由行和列组成的简单表中。Codd 开创了关系数据库和数据规范化的理论研究，获得了 1981 年的图灵奖，关系数据库也很快成为数据库市场的主流。

3.1.4 新型数据管理系统

2010 年前后，谷歌为满足搜索业务的需求，推出了以分布式文件系统（Google File System，GFS）、分布式计算框架 MapReduce、列族数据库 BigTable 为代表的新型数据管理和分布式计算技术。Doug Cutting 领衔的技术社区研发了对应的开源版本，在 Apache 开源社区推出，形成了 Hadoop 大数据技术生态，并不断迭代发展出一系列大数据时代的新型数据管理技术。例如，面向内存计算的 Spark 大数据处理软件栈，MangoDB、Cassandra 等各种类型的 NoSQL 数据库，Impala、SparkSQL 等分布式数据查询技术。

3.2 关系数据库

3.2.1 关系数据模型

关系数据库是以集合论中的关系概念为基础发展起来的。在关系数据模型中，无论是实体还是实体间的联系，均由单一的数据结构——关系来表示。在关系数据模型中，对数据的操作通常由关系代数和关系演算两种抽象操作语言来完成；此外，还通过实体完整性、参照完整性和自定义完整性来确保数据完整一致。

关系数据模型中的基本数据结构就是关系。一个关系对应一个二维表，二维表的名字就是关系名。从横向来看，二维表中的一行被称为关系的一个元组，关系本质上是由同类元组构成的集合；从纵向来看，二维表由多列构成，列被称为关系的属性，同一个集合中的元组都由同样的一组属性构成。属性的取值范围被称为域，它也可以被理解为属性中值的数据类型。如果在一个关系中存在唯一标识一个元组的属性集合，则称该属性集合为这个关系的键或码。当前正使用的唯一标识一个元组的属性集合称为主键或主码。如表 3-1 所示，关系名为员工信息表，张三所在的行为一个元组，姓名为一个属性，主键为员工号。

表 3-1 关系数据模型-员工信息表

员工号	姓名	邮箱	电话	部门	工资/元	经理
102	张三	zhangsan@gmail.com	18888888888	技术部	5000.00	101
202	李四	lisi@gmail.com	16666666666	销售部	6000.00	201
302	王五	wangwu@gmail.com	15555555555	财务部	5500.00	301

关系数据模型的数据操作分为更新和查询两类。更新操作细分为插入、修改和删除，

查询操作细分为选择、投影、并、差和连接。结构化查询语言（SQL）是实现关系数据模型的数学操作的常用程序设计语言，它是高级的非过程化编程语言，具有极高的灵活性和强大的功能。按照不同的用途，SQL 通常分为 3 个子集。

（1）数据定义语言（DDL），用于操纵数据库模式，如数据库对象（表、视图、索引）的创建与删除。DDL 的语句主要包括 CREATE、ALTER 和 DROP。例如，创建员工信息表的语句如下：

```
1. CREATE TABLE employees
2.         (empolyee_id    CHAR(3) NOT NULL UNIQUE,
3.          employee_name  CHAR(20) UNIQUE,
4.          email          CHAR(20),
5.          phone_number   INT,
6.          job_id         CHAR(12),
7.           salary         Decimal(10,2),
8.          manage_id      CHAR(3));
```

在 employees 表中增加唯一索引的 SQL 语句如下：

```
1. CREATE UNIQUE INDEX manageid ON employees(manage_id);
```

（2）数据操作语言（DML），用于对数据库中的数据进行各类操作，包括读取和修改，其语句主要包括 SELECT、INSERT、UPDATE、DELETE，它们分别用于查找、插入、修改和删除表中的行。例如，查询技术部员工的 SQL 语句如下：

```
1. SELECT * FROM employees WHERE job_id='技术部';
```

修改员工号为 202 的员工手机号为 1333333 的 SQL 语句如下：

```
1. UPDATE employees SET phone_number='1333333' WHERE empolyee_id='202';
```

（3）数据控制语言（DCL），包括除 DDL 和 DML 之外的其他语句，主要包括对访问权限和安全级别的控制、事务的控制、连接会话的控制等。例如，将查询 employees 表的权限授权给用户 U1 的 SQL 语句如下：

```
1. GRANT SELECT ON TABLE employees TO U1;
```

将用户 U2 修改员工号的权限收回的 SQL 语句如下：

```
1. REVOKE UPDATE(empolyee_id) ON TABLE employees FROM U2;
```

3.2.2 应用举例

下面由一个具体的示例展示 Python 读取 MySQL 数据库的过程。

例 3-1：Python 读取 MySQL 数据库的示例。

第一步，Python 连接 MySQL 数据库。

首先在 Python 中安装 PyMySQL 库：

```
1. pip install pymysql
```

成功安装 PyMySQL 库后，打开 Jupyter Notebook，导入 PyMySQL 库，执行命令 import pymysql。在 Jupyter Notebook 中，按照以下代码的提示对应填上主机地址、用户名、密码和要连接的数据库名称：

```
1.  # host——主机地址
2.  # database——需要连接的数据库名称
3.  # user 及 password——MySQL 身份验证的用户名和密码
4.  conn = pymysql.connect(host='XXX',database='XXX',
5.                        user='XXX',password='XXX')
6.  str = "连接失败！"
7.  if conn:
8.      str = '连接成功！'
9.  # conn.close()  # 关闭连接，释放内存
10. print(str)
```

当运行结果显示连接成功时，说明万事俱备，就差在 Jupyter Notebook 中写 SQL 语句了。

第二步，Python 读取数据表。

已知前面连接的数据库名称 database='myemployees'，数据库中有 employees 表，此表存储员工的基本信息。现需要查看员工的基本信息，并把查询结果保存为一个 Python 对象。代码片段如下：

```
1.  #导入分析工具：NumPy 和 Pandas 库
2.  import numpy as np
3.  import pandas as pd
4.  from pandas import DataFrame,Series
5.  #编写 SQL 语句
6.  sql_1 = "SELECT * FROM employees;"
7.  #执行 SQL 语句并将结果保存为 Python 对象
8.  #conn：连接数据库的引擎，前面已由 PyMySQL 库创建
9.  df_1 = pd.read_sql(sql_1,conn)
```

执行 df_1.head(5)命令，查看 Python 对象中存储的查询结果，如图 3-1 所示，成功获取了 employees 表的前 5 行数据，即完成初步的提取数据工作。接下来的分析需要在存储运行结果的 DataFrame 中展开。

```
In  [38]: # 仅展示前5行
          df_1.head(5)
Out[38]:
```

	employee_id	first_name	last_name	email	phone_number	job_id	salary	commission_pct	manager_id
0	100	Steven	K_ing	SKING	515.123.4567	AD_PRES	24000.0	NaN	NaN
1	101	Neena	Kochhar	NKOCHHAR	515.123.4568	AD_VP	17000.0	NaN	100.0
2	102	Lex	De Haan	LDEHAAN	515.123.4569	AD_VP	17000.0	NaN	100.0
3	103	Alexander	Hunold	AHUNOLD	590.423.4567	IT_PROG	9000.0	NaN	102.0
4	104	Bruce	Ernst	BERNST	590.423.4568	IT_PROG	6000.0	NaN	103.0

图 3-1　查询结果

3.3 分布式文件系统

大数据时代必须解决海量数据的高效存储问题，为此谷歌开发了 GFS（Google 文件系统），通过网络实现文件在多台主机上的分布式存储，较好地满足了大规模数据的存储需求。Hadoop 分布式文件系统（Hadoop Distributed File System，HDFS）是针对 GFS 的开源实现，它是 Hadoop 两大核心组成部分之一，为分布式存储提供了一个架构。HDFS 的特点在于它拥有良好的容错能力，兼容廉价的硬件设备，因此可以以较低的成本利用现有机器实现大流量和大数据量的读写。

3.3.1 HDFS 的概念及特点

HDFS 是一个开源系统，其面向大规模数据应用，能够满足大文件处理需求和流式数据访问，可进行文件存储和传输，并且允许文件通过网络在多台主机上共享。HDFS 主要分为两部分：NameNode（名字节点）和 DataNode（数据节点）。HDFS 的主要特点如下。

（1）能处理超大文件。

（2）支持流式数据访问，即数据批量读取。

（3）检测和快速应对硬件故障。

（4）拥有简单一致的模型，以便降低系统复杂度。

（5）程序采用数据接近原则分配节点。

（6）高容错性，数据自动保存多个备份，备份丢失后自动恢复。

3.3.2 HDFS 数据文件存储

用户存储的数据都是文件形式，当需要存储或处理的数据量过大时，单个文件无法存储到一台计算机中，此时可以考虑将文件进行固定大小切割，并将切割产生的数据块存储在不同的计算机中。使用这种方法可以增大存储数据量，突破单个硬盘的物理存储上限，但随之而来的是 GFS 的安全问题。HDFS 通过冗余备份的方式有效地解决了这个难题。在存储文件时，先对文件进行块切割，对产生的数据块进行复制，得到多个备份数据块，将同一文件块的备份数据块放置在 HDFS 的不同节点。当其中一个数据块发生故障时，HDFS 可以迅速使用备份数据块进行替换或查询。

文件以数据块的形式存储在硬盘中，此处数据块的大小代表系统读写和可操作的最小数据大小，即文件系统每次只能操作数据块大小的整数倍数据。HDFS 使用数据块的优点在于可以存储任意大小的文件而不受网络中单一节点磁盘大小的限制，同时可以简化存储子系统。

3.3.3 HDFS 的结构及组件

HDFS 采用主从（Master/Slave）结构，如图 3-2 所示。一个 HDFS 集群包括一个名字节点和若干数据节点。名字节点作为中心服务器，负责管理文件系统的命名空间及客户端对文件的访问。数据节点负责处理客户端的读/写请求，在名字节点的统一调度下，进行数据块的创建、复制和删除等。

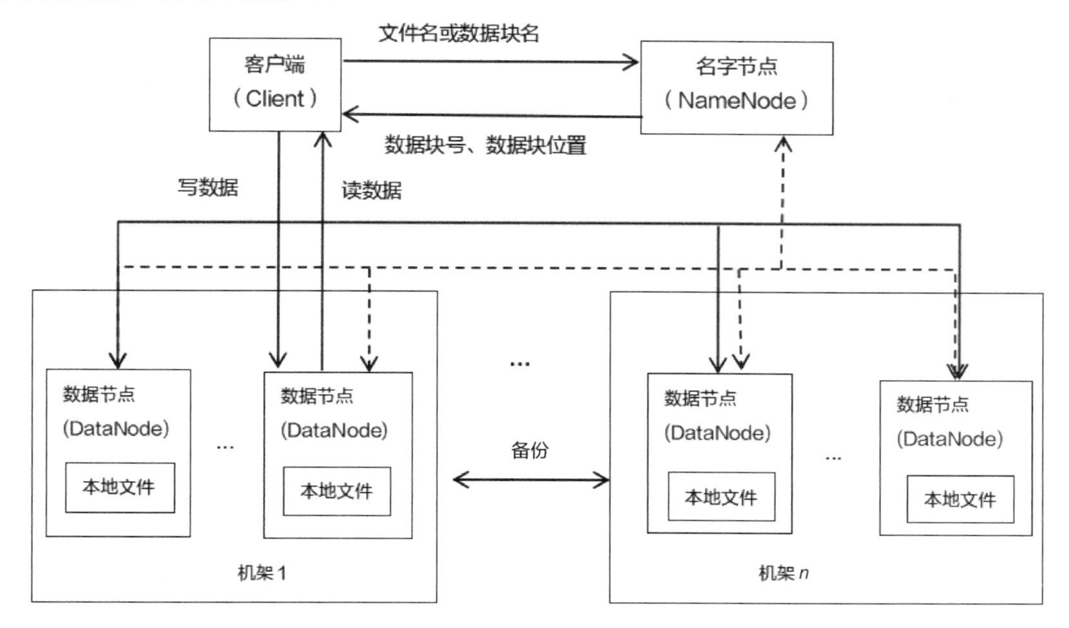

图 3-2　HDFS 的结构

HDFS 主要组件的功能如下。

（1）名字节点。

名字节点是 HDFS 的核心节点，用于确定文件系统内唯一的命名空间，负责管理文件系统内部的名字空间、元数据，以及控制客户端对文件的访问。名字节点不存储文件数据本身，存储的是数据块到具体数据节点的映射关系。名字节点负责执行文件系统名字空间的相关操作，如打开、关闭和重命名文件或目录等。

（2）数据节点。

数据节点上存储的是文本数据文件。

数据节点定期向名字节点发送心跳消息，每条心跳消息都包含一个数据块报告，名字节点可以根据这个数据块报告验证块映射和其他文件系统元数据的情况。如果数据节点不能发送心跳消息，那么名字节点将采取修复措施，重新复制该数据节点上丢失的数据块。为了尽量降低系统全局的带宽消耗，HDFS 会尽量返给读操作一个离它最近的备份数据块。

HDFS 采用两种方法保证文件安全：一是将名字节点的元数据存储到远程 NFS 中，在多个文件系统中备份名字节点的元数据；二是系统中同步运行一个 SecondaryNode，负责周期性地合并日志中的命名空间镜像。

3.3.4　HDFS 的读/写操作

HDFS 的读操作过程如图 3-3 所示，客户端可使用 Python 打开文件，使用分布式文件系统调用名字节点获取文件的数据块信息，元数据节点返回保存的相应数据块的数据节点信息，并由分布式文件系统返回客户端。客户端得到数据块的数据节点信息后，通过 InputStream()函数读取数据，分布式文件系统连接保存此文件的第一个数据块的最近数据节点，客户端读取完成后关闭读取通道。如果在读取数据的过程中，数据块存放的数据节点发生故障，则该数据节点被记录为故障节点，名字节点对其进行处理，并尝试连接此数据块的下一个数据节点。

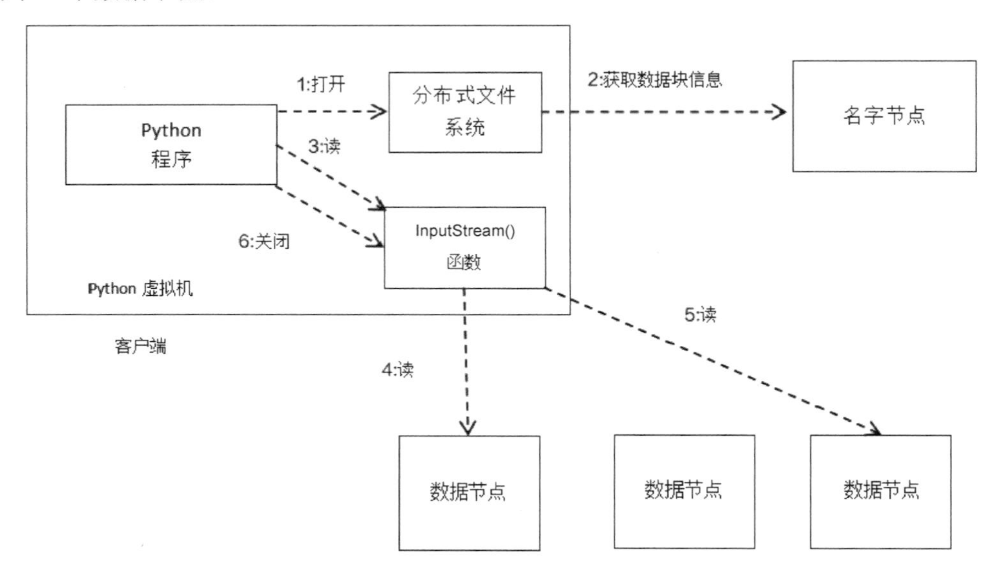

图 3-3　HDFS 的读操作

HDFS 的写操作如图 3-4 所示，通过客户端可调用 Python 创建文件，使用分布式文件系统调用元数据节点，在命名空间创建一个新文件。元数据节点在确定客户端的权限以后，创建响应文件并返回 OutputStream()函数给客户端用于写数据。OutputStream()函数将写入的数据文件切分并写入数据队列，数据流读取数据队列中的数据，并通知元数据节点分配数据节点存放数据块及其备份。分配的数据节点进入数据流管道，并由数据流逐渐将数据块发送给每个数据节点，OutputStream()函数等待数据流管道中的数据节点告知数据写入成功。

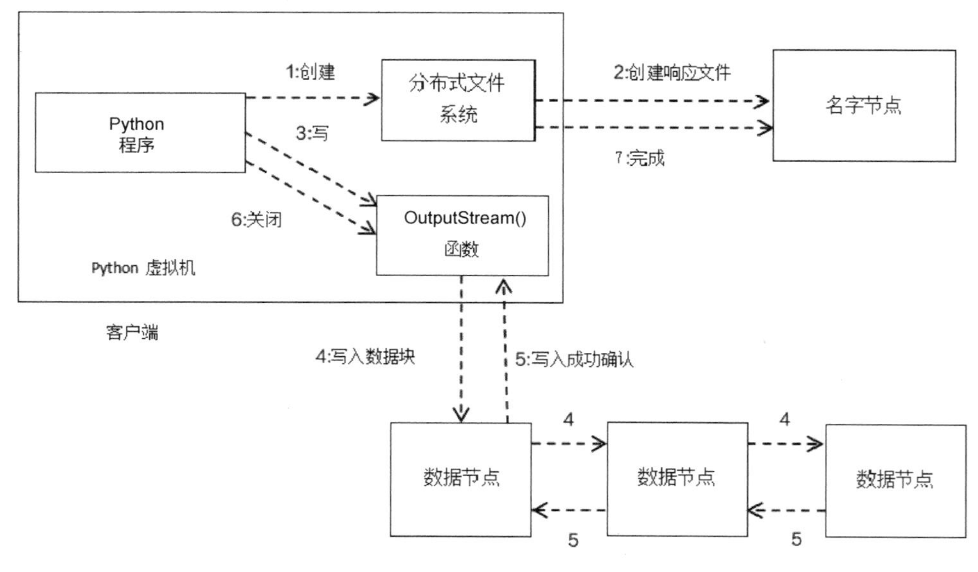

图 3-4　HDFS 的写操作

3.3.5　Python 访问 HDFS

Python 访问 HDFS 的方法有很多种，这里介绍其中的 3 种。

1. 使用 PyArrow 库

PyArrow 库是一个用于处理大型数据集的 Python 库，它支持多种格式的数据，包括 Parquet、CSV 和 JSON 等。另外，PyArrow 库还提供了访问 HDFS 的功能，可以使用以下示例代码将数据写入 HDFS：

```
1.  import pyarrow as pa
2.  import pyarrow.hdfs as hdfs
3.  hdfs_path = 'hdfs://localhost:9000/user/hadoop/test.parquet'
4.  fs = hdfs.connect()
5.  with fs.open(hdfs_path, 'wb') as f:
6.       writer = pa.RecordBatchFileWriter(f, schema)
7.       writer.write_table(table)
8.  writer.close()
```

在以上代码中，首先使用 hdfs.connect()方法连接到 HDFS，并使用 fs.open()方法打开一个 HDFS 文件；然后使用 PyArrow 库将数据写入 HDFS 文件。

2. 使用 HDFS3 库

HDFS3 库是一个用于访问 HDFS 的 Python 库，它提供了与 HDFS 交互的各种方法。以下是使用 HDFS3 库访问 HDFS 的示例代码：

```
1.  import hdfs3
2.  fs = hdfs3.HDFileSystem(host='localhost', port=9000)
3.  with fs.open('/user/hadoop/test.txt', 'wb') as f:
4.       f.write('Hello, World!')
```

在以上代码中，首先使用 hdfs3.HDFileSystem()方法连接到 HDFS，并使用 fs.open()方法打开一个 HDFS 文件；然后使用 Python 的文件操作方法将数据写入文件。

3. 使用 PyWebHDFS 库

PyWebHDFS 库是一个用于访问 HDFS 的 Python 库，它也提供了与 HDFS 交互的各种方法。以下是使用 PyWebHDFS 库访问 HDFS 的示例代码：

```
1.  from pywebhdfs.webhdfs import PyWebHdfsClient
2.  hdfs = PyWebHdfsClient(host='localhost', port='50070', user_name='hadoop')
3.  hdfs.create_file('/user/hadoop/test.txt', 'Hello, World!')
```

在以上代码中，使用 PyWebHdfsClient()方法连接到 HDFS，并使用 hdfs.create_file()方法创建一个 HDFS 文件。

3.4 分布式数据库

分布式数据库与传统数据库的不同之处在于，分布式数据库是物理分散的，其中的数据经过分割和分配，存储在不同的节点中，但是数据在逻辑上还是一个整体；数据库文件有多份，进行查询需要连接多台服务器，实现数据的跨服务器访问。HBase 是一个高可靠性、高性能、面向列、可伸缩的分布式开源数据库。不同于一般的关系数据库，它是一个适用于非结构化数据存储的数据库。HBase 将 Hadoop HDFS 作为其文件存储系统，利用 Hadoop MapReduce 来处理其中的海量数据，ZooKeeper 为 HBase 提供了稳定服务和 Failover 机制。

3.4.1 HBase 的特点

（1）容量大：单个数据表的行列数可以达到数百万个，而且可扩展性强。

（2）面向列：实现面向列的存储和权限控制，并支持独立检索，可以动态增加列，还可以单独对列执行各种操作。

（3）多版本：每列的数据存储有多个版本，默认读取最新数据。

（4）稀疏性：为空的列并不占用存储空间，数据表可以设计得非常稀疏。

（5）扩展性：底部存储依赖 HDFS，当磁盘空间不足时，只需动态添加数据节点就可以。

（6）高可靠性：WAL（Write Ahead Log）机制保证了数据写入的可靠性，Replication 机制保证了数据在存储过程中不会丢失，底层使用 HDFS，本身带有备份。

（7）高性能：对 RowKey（行主键）的查询可达到毫秒级，且具备一定的随机读取性能。

3.4.2 HBase 相关概念

RowKey：数据表中每条记录的主键，方便快速查找。一个数据表中的 RowKey 必须唯一。

Column Family：列族，拥有一个 String 类型的名称，包含一个或多个相关列。

Column：列，属于某个 Column Family。

Version Number：类型为 Long，默认值是系统时间戳，可以由用户自定义。

Cell：由{RowKey, Column Family, Version Number}唯一确定的单元。

TimeStamp：时间戳，用于记录 Cell 的变化过程。

3.4.3 HBase 架构

HBase 架构如图 3-5 所示。HBase 的底层是 HDFS，元数据的入口地址存放在 ZooKeeper Cluster 中，HRegionServer 是数据操作命令的执行者。

HBase 各个组件的功能如下。

（1）HMaster 是 HBase 集群中的主服务器，负责监控集群中的所有 HRegionServer。当 HRegionServer 中存储的数据表过大时，由 HMaster 负责通知 HRegionServer 对表格进行切分，以达到集群负载均衡，同时，整个 HBase 的数据读/写操作都是通过 HMaster 来管理和通知的。当 HRegionServer 产生故障失效时，HMaster 负责此节点上所有数据的迁移工作。

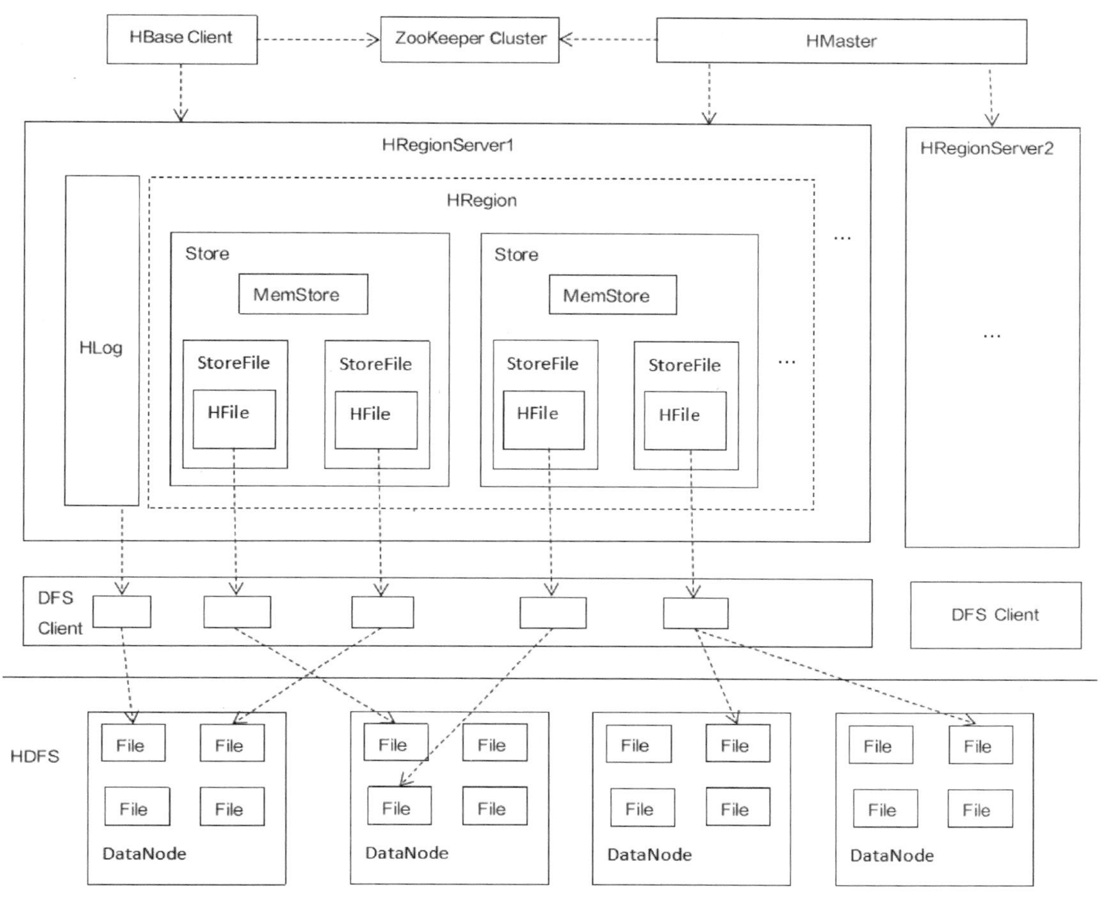

图 3-5　HBase 架构

（2）ZooKeeper 的存在是 HBase 实现高可用的原因，它保证集群中只有一个 HMaster 工作，同时监视 HRegionServer 的工作状态，当 HRegionServer 处理客户端的数据读/写操作出现异常时，ZooKeeper 通知 HMaster 进行处理。

（3）HRegionServer 是 HBase 的核心组件，负责执行 HBase 所有数据的读/写操作。HRegionServer 包含 HLog、HRegion、Store 等组件。

（4）HRegion 是 HRegionServer 中存储数据的组件，一个 HRegionServer 对应一个数据表，但是由于集群负载均衡的原因，数据表会被周期切分，因此，一个完整的数据表可能会对应多个 HRegion，而一个 HRegion 又由多个 Store 组成。

（5）Store 是存储数据的核心组件，其内部包含 MemStore 和 StoreFile 两个组件，前者以内存形式存储数据，后者以 HDFS 形式存储数据。

（6）MemStore 是数据存储的内存方式，当内存空间满了后，HBase 会将内存的数据一次性刷写到 HDFS 上，以文件形式存储，即写到 StroeFile 中，内存空间大小并不是刷写数据的唯一条件，当数据在内存中的存储时间达到设定时间时，HBase 也会执行数据刷写操作。

（7）StoreFile 是数据存储的文件形式，基于 HDFS 进行存储。

（8）HLog 保证了 HBase 的可靠性，它记录 HRegionServer 数据读/写等操作的编辑日志，当 HRegionServer 发生故障时，HMaster 接收 ZooKeeper 的通知后，通过 HLog 对数据进行恢复。

3.4.4 Python 操作 HBase

对 HBase 进行操作一般有两种方式：一是在 Linux 操作系统上使用 Shell 脚本，即使用命令行的方式对 HBase 进行增、删、改、查等操作；二是基于 Python 的 HappyBase 库连接数据库进行操作，本书主要介绍该方法。

（1）安装 HappyBase 库。

通过调用 HappyBase 库来访问 HBase 数据库，在命令行窗口执行如下命令：

```
1. pip install happybase
```

（2）连接 HBase。

通过调用 Connection()方法连接到 HBase 服务器；使用 open()函数，通过 TCP 方式打开 thrift 传输；通过 tables()函数显示所有数据表；调用 close()函数关闭 thrift 传输。

```
1.  import happybase
2.  con = happybase.Connection('hostname')     #生成连接
3.  con.open()                                 #打开 thrift 传输
4.  print(con.tables())                        #输出所有表名
5.  con.close()                                #关闭 thrift 传输
```

（3）创建表。

HappyBase 库中的 create_table(表名, 列簇名)函数用来创建 HBase 数据表。

```
1.  import happybase
2.  con = happybase.Connection('hostname')
3.  con.open()
4.  families = {
5.  'wangzherongyao':dict(max_versions=2),
6.  'hepingjingying':dict(max_versions=1,block_cache_enabled=False),
7.  'xiaoxiaole':dict(),}
8.  # games 是表名，families 是列簇名，列簇使用字典的形式表示
9.  #每个列簇都要添加配置选项，配置选项也使用字典的形式表示
10. con.create_table('games', families)
11. print(con.tables())
12. con.close()
```

（4）禁用和启动表。

HappyBase 库中的 disable_table()函数可以禁用某个数据表，通过 is_table_enabled()函

数查看数据表的状态，通过 enable_table()函数启动某个数据表。

```
1.  import happybase
2.  con = happybase.Connection('hostname')
3.  con.open()
4.  #禁用表，games 代表表名
5.  con.disable_table('games')
6.  #查看表的状态，False 代表禁用，True 代表启动
7.  print(con.is_table_enabled('games'))
8.  print(con.tables())
9.  # 启动该表
10. con.enable_table('games')
11. print(con.is_table_enabled('games'))
12. print(con.tables())
13. con.close()
```

（5）删除表。

删除一个表，要先将该表禁用，之后才能将其删除。HappyBase 库的 delete_table()函数不仅可以禁用表，还可以删除表。如果前面已经禁用了该表，那么 delete_table()函数就可以不用加第二个参数，默认为 False。

```
1.  import happybase
2.  con = happybase.Connection('hostname')
3.  con.open()
4.  #第一个参数表示表名，第二个参数表示是否禁用该表
5.  con.delete_table('games', disable=True)
6.  print(con.tables())
7.  con.close()
```

（6）写数据。

如果写数据时没有列名，则先新建列名，再写数据。

```
1.  import happybase
2.  con = happybase.Connection('hostname')
3.  con.open()
4.  #games 是表名，table('games')用于获取表对象
5.  biao = con.table('games')
6.  wangzhe = {
7.      'wangzherongyao:名字': '别出大辅助',
8.      'wangzherongyao:等级': '30',
9.      'wangzherongyao:段位': '最强王者',}
10. #提交数据，0001 代表行键，写入的数据要使用字典的形式表示
11. biao.put('0001', wangzhe)
12. #获取一行数据，0001 代表行键
13. one_row = biao.row('0001')
14. #遍历字典，可能有中文，使用 Encode 进行转码
```

```
15. for value in one_row.keys():
16.     print(value.decode('utf-8'),one_row[value].decode('utf-8'))
17. con.close()
```

（7）查询操作。

下面的代码连接数据库之后，创建一个表对象，对这个表对象进行操作。这里演示了多种查询操作，一是查询一行数据；二是查询一个单元格的数据，因为存储时使用了中文，所以这里采用 UTF-8 对其进行解码；三是查询多行数据；四是使用扫描器查询整个表的数据。

```
1.  import happybase
2.  con = happybase.Connection('hostname')
3.  con.open()
4.  #games 是表名，table('games')用于获取某个表对象
5.  biao = con.table('games')
6.  print('查询一行数据')
7.  one_row = biao.row('0001')
8.  for value in one_row.keys():
9.      print(value.decode('utf-8'), one_row[value].decode('utf-8'))
10. print('查询一个单元格的数据')
11. print(biao.cells('0001', 'wangzherongyao:段位)[0].decode('utf-8'))
12. print('查询多行数据')
13. for key,value in biao.rows(['0001', '0002']):
14.     for index in value.keys():
15.         print(key.decode('utf-8'), index.decode('utf-8'), value[index].decode('utf-
    8'))
16. print('查询整个表的数据')
17. for rowkey,liecu in biao.scan():
18.     for index in liecu.keys():
19.         print(rowkey.decode('utf-8'), index.decode('utf-8'), liecu[index].decode('utf-
    8'))
20. con.close()
```

（8）删除数据。

调用 HappyBase 库中的 delete()函数可以删除一个单元格的信息、多个单元格的信息、一列簇信息、一整行信息；调用 scan()函数，以迭代的形式进行删除检查。

```
1.  import happybase
2.  con = happybase.Connection('hostname')
3.  con.open()
4.  #games 是表名，table('games')用于获取某个表对象
5.  biao = con.table('games')
6.  #删除一个单元格的信息
7.  biao.delete('0003', ['wangzherongyao:段位'])
8.  # 删除多个单元格的信息
```

```
9.  # biao.delete('0003', ['wangzherongyao: 名字', 'wangzherongyao:等级'])
10. # biao.delete('0003', ['wangzherongyao'])  # 删除一列簇信息
11. # biao.delete('0003')  # 删除一整行信息
12. # 查看整个表的数据
13. for rowkey, liecu in biao.scan():
14.     for index in liecu.keys():
15.         print(rowkey.decode('utf-8'), index.decode('utf-8'), liecu[index].decode('utf-
    8'))
16. con.close()
```

3.5　流数据

3.5.1　流数据概述

有一类数据密集型应用，数据快速到达，转瞬即逝，需要及时进行处理，这类数据称为流数据。流数据来自不同的领域，包括网络监控、电信数据管理、工业制造、传感器网络监控、电子商务、量化交易等。在网络监控领域，数据处理系统需要对网络上流过的数据包进行分析，以便进行入侵检测、可疑数据拦截等。在传感器网络监控领域，需要及时对数据进行合并和分析。量化交易程序（自动执行股票/期货交易的程序）持续监控价格数据流和新闻数据流，对数据进行及时分析，以指导买/卖决策。

在流数据处理模式中，数据持续到达，系统及时处理新到达的数据，并不断产生输出。处理过的数据一般丢弃掉，当然也可以有选择地将其保存起来。流式数据处理模式强调数据处理的速度。由于流数据处理系统能够对新到达的数据进行及时处理，因此它能够给决策者提供最新的事物发展变化的趋势，以便对突发事件进行及时响应，调整应对措施。

3.5.2　流数据模型

在流数据模型（Stream Data Model）中，将要处理的数据从一个或多个上游数据源持续不断地到达，而不是从保存在磁盘或内存中的数据源中随机存取。流数据模型和传统的关系数据模型有以下几点重要的区别。

（1）数据流的数据元素持续到达。

（2）流数据处理系统不能控制数据元素到达的顺序。

（3）数据流有可能是无限的，或者说数据流的大小是无限大的。

（4）数据流的一个数据元素被处理后，可以将其丢弃或归档，一般不容易再次提取，除非该数据元素还在内存中。能够保存在内存中的数据元素相对于整个数据流是极少量的数据。

在流数据模型中，数据流可以看作只允许进行元组添加操作的关系表。对应关系数据库的 SQL 查询语言，在数据流上，可以使用经过扩展的 SQL 进行数据流的查询。基于数据流的查询不同于关系数据库的一次性查询，它是一种持续性的查询。它是在一系列持续到达的数据元素上执行的查询，产生一系列结果。这些结果是查询不断执行时不断看到的新数据。

例如，在一个假想的互联网接入供应商（Internet Service Provider，ISP）网络上，网络管理员需要监控网络的使用状况。于是在若干网络链路上持续地采集数据包并进行分析。现在，网络管理员需要深入了解两个特别的链路，一个是链路C，它连接了ISP网络和某个用户；另外一个是链路B，它连接了ISP的骨干网络的两台路由器。

通过对网络数据包的快速提取和初步解析形成一系列数据元素（记录或元组）构成的数据流。每个数据元素包含5个数据项（从网络数据包的首部Header分析出来）：①src，发送方的IP地址；②dest，接收方的IP地址；③len，数据包的大小（长度）；④time，获取数据包的时间；⑤id，发送方赋予数据包的编号，用于接收方识别每个数据包。

1. 查询实例Query1

下述查询语句针对链路B，在每分钟的间隔内计算网络流量负载，当负载超过一定的阈值时，通知网络管理员。

```
1.  #当某分钟内的累计流量超过阈值时，通知网络管理员
2.  Select notify_operator(sum(len))
3.  From B                          #分析数据流B，即链路B
4.  Group By get_minute(time)       #按照每分钟对记录进行分组，以累计每分钟的流量
5.  Having sum(len)>t               #当某分钟内的累计流量超阈值时，通知管理员
```

2. 查询实例Query2

该查询在链路B上把各个flow隔离开来后计算每个flow的流量。所谓flow，在这里定义为从某个特定的源IP地址发送到特定目标IP地址，按照时间进行分组的一系列数据包。

getflowid()是一个用户自定义函数，参数是源IP地址、目标IP地址及数据包的时间戳，它返回数据包隶属的flowID。内层查询利用Order By语句保证数据流的各个记录按照时间戳排序，外围查询通过Group By语句分组计算每个flow的流量累计值。

```
1.  Select src,dest,flowid,sum(len) As flowlen
2.  From (Select src,dest,len,time
3.        From B
4.        Order By time)
5.  Group By src,dest,getflowid(src,dest,time) As flowid
```

3.5.3 流数据处理系统

1. Faust简介

Faust是Robinhood在GitHub上开源的Python流处理库。Faust把Kafka Streams的概念带到了Python中，提供了包括流处理和事件处理的模式。Faust使用纯Python实现，使得开发者可以使用NumPy、PyTorch、Pandas等库进行数据处理。Faust实现简洁优雅，使用简单，性能优秀，且具有高可用、分布式、灵活性高的特点。目前，Faust已被用于构建高性能分布式系统和实时数据管道。

2. Faust 使用

（1）应用程序（Application）。

应用程序是 Faust 流处理过程的起点，它是 Faust 的一个实例，并通过 Python 装饰器提供对 Faust 大部分核心 API 的访问。要创建应用程序，需要一个应用程序 ID、一个代理和一个驱动程序。下面的代码片段导入了 Faust，并创建了一个应用程序：

```
1. import faust
2. app = faust.App('my-app-id',broker='kafka://',store='rocksdb://')
```

（2）代理（Agent）、流（Stream）和处理器（Processor）。

用 Kafka Streams 术语来说，Faust 代理是一个流处理器，它订阅一个主题并处理每条消息。在 Faust 中，代理用于装饰异步函数，可以并行处理无限的数据流。如果不熟悉 asyncio，则需要查看 asyncio 的官方文档。该代理用作处理函数的装饰器，异步函数必须使用异步 for 循环遍历数据流。下面的代码片段通过异步 for 循环遍历订单流数据中的每条消息：

```
1. @app.agent(value_type=Order)
2. async def order(orders):
3.     async for order in orders:
4.         # process infinite stream of orders.
5.         print(f'Order for {order.account_id}: {order.amount}')
```

流本身就是要处理的数据，需要在异步函数中进行迭代。处理器是进行数据转换的函数。可以创建任意数量的处理器，并且可以按顺序链接它们。下面的代码片段为流数据指定了一个处理器，处理器功能由两个函数实现：

```
1. def add_default_language(value: MyModel) -> MyModel:
2.     if not value.language:
3.         value.language = 'US'
4.     return value
5. async def add_client_info(value: MyModel) -> MyModel:
6.     value.client = await get_http_client_info(value.account_id)
7.     return value
8. s = app.stream(my_topic,
9.                processors=[add_default_language,add_client_info])
```

（3）Table 存储流数据。

如果希望保存数据，则可以使用 Table 来完成。Table 以分片的方式实现这一点，其使用 RocksDB 在后台进行分布式键/值存储。在代码中，使用普通的 Python 字典存储数据即可。下面的代码片段实现了收集链路单击次数的功能：

```
1. click_topic = app.topic('clicks',key_type=str,value_type=int)
2. counts = app.Table('click_counts', default=int)
3. @app.agent(click_topic)
4. async def count_click(clicks):
5.     async for url, count in clicks.items():
6.         counts[url] += count
```

3. 其他流数据处理系统

Storm 是一个分布式的、高容错性的、处理实时数据的开源系统。Storm 是为流数据处理设计的，具有很高的处理性能。一个小集群每秒可以处理数以百万条计的消息。Storm 保证每条消息至少能够得到一次完整的处理。任务失败时，它会负责从消息源重试消息，从而支持可靠的消息处理。Storm 由 Twitter 开发并开源，使用 Clojure 语言实现。

Apache Apex 是一个建立在 Hadoop 平台上的流数据处理系统，广泛用于数据导入、ETL、实时分析（Real-Time Analytics）等应用场合。Apache Apex 使用 Hadoop HDFS 作为存储层，并且依赖 Hadoop 平台的 YARN 资源管理器，实现资源分配和应用运行。Apache Apex 保证日志数据不会丢失，每个事件都能得到处理。它利用基于内存的数据处理获得极高的处理性能。Apache Apex 的扩展性好、容错性高，成为 Storm 及其后继者 Heron 的有力竞争者。

Spark 大数据平台本质上是一个批处理平台。在 Spark 平台上，Spark Streaming 通过对一系列小批量数据进行及时处理来实现数据流处理。它把数据流缓存并分割成一系列的小批量数据，每个小批量数据依次得到处理。由此可见，Spark Streaming 并不是真正的流数据处理系统，它使用批处理系统来仿真实现流数据处理模式。

Apache Flink 是一个开源的分布式流数据处理系统，它具有极高的处理性能、高容错性和很强的扩展能力。Apache Flink 被 Alibaba 用于优化电子商务网站的搜索结果，对商品的一些细节属性和库存信息进行实时更新，提高查询结果的相关性。此外，Apache Flink 还被应用到网络/传感器监控及错误检测等应用场合。

Onyx 是一个无中心的、容错的分布式计算系统，它支持批处理和流数据处理两种数据处理模式。Onyx 应用于实时事件流处理、持续计算、ETL 等应用场合。Onyx 使用 Clojure 语言实现，开发人员可以使用 Clojure 或 Java 语言编写程序。

Apache Samza 是一个开源的分布式流数据处理框架。它使用 Apache Kafka 作为消息队列，暂时存储不断到达的数据，保证数据不丢失。同时，它利用 Hadoop YARN 资源管理器和应用程序调度框架获得高容错性和很强的扩展能力。

3.6 本章小结

本章介绍了几种常见的数据存储技术和管理方法，包括关系数据库、分布式文件系统、分布式数据库及流数据处理系统。这些数据存储技术和管理方法满足了前期经过预处理的数据的存储与管理需要，为后续建模和算法分析提供了数据基础。

课后习题

1. 设有职工基本表 EMP(ENO,ENAME,AGE,SEX,SALARY)，其属性分别表示职工号、姓名、年龄、性别、工资。现为工资低于 1000 元的女职工加薪 200 元，试写出这个操作的 SQL 语句。

2．现有学生表，如表 3-2 所示。

表 3-2　学生表

SNO	SNAME	SEX	SCORE		
			数　学	语　文	计　算　机
1001	张三	男	90	100	98
1002	李四	女	88	99	96
1003	王五	男	89	95	92

使用 Python 编程完成如下操作。

（1）创建学生表 Student。

（2）向 Student 中插入 3 个学生的数据信息。

（3）浏览 Student 中的所有学生信息。

（4）将李四的数学成绩改成 100。

第 4 章

探索性数据分析

思政教学目标：

通过探索性数据分析的学习，读者可在数据分析过程中培养好奇心、求知欲和科学探索精神；在特征创建和维度约简过程中培养敢于想象、勇于尝试的创新意识，养成良好的职业道德品质和家国情怀；在超参数调优过程中培养专注力和精益求精的工作作风，重塑工匠精神。

本章主要内容：

- EDA 简介。
- 特征创建。
- 维度约简。
- 异常值检测及处理。
- 评价函数。
- 测试和验证。
- 交叉验证。
- 超参数调优。

4.1 EDA 简介

EDA 是一种分析数据并找到其内在规律的方法和理念。1977 年，美国统计学家 John W.Tukey 出版了《探索性数据分析》一书，提出了探索性数据分析的重要性。探索性数据分析可分为以下 5 个步骤。

（1）提出正确的问题。探索性数据分析总是从提出正确的问题开始，好的问题可以帮助人们将精力聚焦于数据的探索，并帮助人们得出有洞察力的见解。

（2）数据获取。数据来自多个源，并以多种形式存储，如客户、销售、营销和交易数据可能来自企业数据库、本地文件、业务系统、三方平台，通过结构化、半结构化和非结构化的方式进行存储。通过获取所需的数据回答业务问题，以做出数据驱动的决策。

（3）数据清理。数据清理是数据预处理重要的一步，主要目的是处理原始数据中存在的错误、不完整、重复、不一致等问题，以便于后续的数据建模与分析。数据清理工作包括数据去重、数据填充、数据转换、数据归一化、数据筛选、异常值处理等。通过数据清理确保数据的准确性。

（4）探索性分析。最有价值的见解来自不断询问数据问题背后的原因，直到找到解决方案并最终做出有数据支持的决策。探索性分析使用户能够全面了解数据，快速发现数据模式及趋势、解释业务原因、发现业务机会，以更好地指导业务决策与行动。

（5）可视化数据。可视化帮助用户更容易理解数据、查看数据趋势及发现数据异常。利用数据可视化可以与数据进行实时交互与探索，将数据真正变成更具吸引力、更易理解的信息。

由上述可知，EDA 注重数据的真实分布，强调数据的可视化，使分析者能一目了然地看出数据中隐含的规律，进而帮助分析者建立合适的数据模型。由此，更好地了解数据集、检查数据集的特征和形状、验证脑海中已有的一些假设、对数据科学任务接下来的步骤有一个初步的想法都是非常重要的环节。

本节使用的数据集是 Iris 数据集，也称鸢尾花数据集，是一类多变量分析的数据集。该数据集包含 150 个鸢尾花样本，分为山鸢尾（Setosa）、变色鸢尾（Versicolor）、弗吉尼亚鸢尾（Virginical）3 类，每类包含 50 个样本，每个样本包含 4 个描述性特征变量。这里通过花萼长度（sepal length）、花萼宽度（sepal width）、花瓣长度（petal length）、花瓣宽度（petal width）4 个属性预测鸢尾花卉属于哪个类别。

例 4-1：加载 Iris 数据集并输出前 6 个样本。

```
1.  import pandas as pd
2.  iris_filename = 'iris.data'
3.  iris = pd.read_csv(iris_filename, sep = ',', decimal = '.', header = None, names
    = ['sepal_length', 'sepal_width', 'petal_length', 'petal_width', 'target'])
4.  iris.head(6)
```

输出如下：

	sepal_length	sepal_width	petal_length	petal_width	target
0	5.1	3.5	1.4	0.2	Iris-setosa
1	4.9	3.0	1.4	0.2	Iris-setosa
2	4.7	3.2	1.3	0.2	Iris-setosa
3	4.6	3.1	1.5	0.2	Iris-setosa
4	5.0	3.6	1.4	0.2	Iris-setosa
5	5.4	3.9	1.7	0.4	Iris-setosa

数据加载完成后，通过 head(6)命令输出数据集的前 6 个样本。

常见的描述统计量主要有算术平均值（以下简称平均值）、中位数、最小值、最大值、标准差、百分位数等。为了按列计算特征值的平均值，可以使用 mean()方法，具体用法如下：

```
5.  iris.mean()
```

输出如下：

```
sepal_length    5.843333
sepal_width     3.054000
petal_length    3.758667
```

```
petal_width      1.198667
dtype: float64
```

类似地，median()方法用于按列计算特征值的中位数，min()和 max()方法分别获得相应列的最小值与最大值，std()方法用于获得标准差，查看分位数需要使用 quantile()方法。例如，查看 10%和 90%两个分位数的代码片段如下：

```
6.  iris.quantile ([0.1,0.9])
```

输出如下：

	sepal_length	sepal_width	petal_length	petal_width
0.1	4.8	2.50	1.4	0.2
0.9	6.9	3.61	5.8	2.2

此外，还可以使用 describe()方法完成多值统计，返回结果中包含观测总数，各特征的平均值、最小值、最大值、标准差及一些百分位数（25%、50%、75%）等。代码片段如下：

```
7.  iris.describe()
```

输出如下：

	sepal_length	sepal_width	petal_length	petal_width
count	150.000000	150.000000	150.000000	150.000000
mean	5.843333	3.054000	3.758667	1.198667
std	0.828066	0.433594	1.764420	0.763161
min	4.300000	2.000000	1.000000	0.100000
25%	5.100000	2.800000	1.600000	0.300000
50%	5.800000	3.000000	4.350000	1.300000
75%	6.400000	3.300000	5.100000	1.800000
max	7.900000	4.400000	6.900000	2.500000

若想将上面的多值统计信息进行可视化，则可采用 boxplot()方法，输出结果如图 4-1 所示。

```
8.  box=iris.boxplot()
```

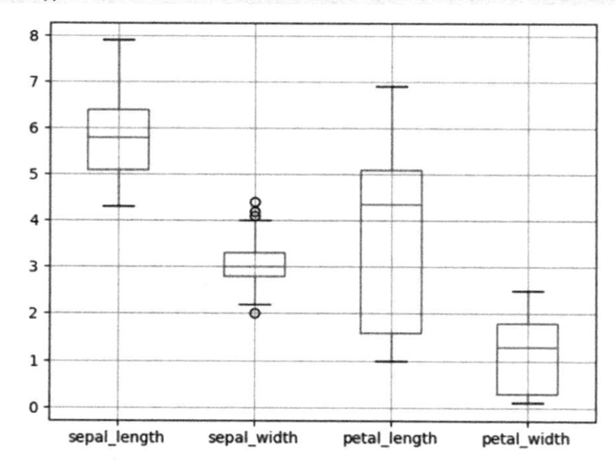

图 4-1　boxplot()方法示例

在图 4-1 中，从下往上的几条横线分别代表最小值、下四分位数、中位数、上四分位数和最大值。

通过 unique()方法可获取指定特征变量的类别信息，其用法如下：

```
9.  iris.target.unique()
```

输出如下：

```
array(['Iris-setosa', 'Iris-versicolor', 'Iris-virginica'], dtype=object)
```

如果想查看特征之间的关系，则可以创建一个共生矩阵。在下面的示例中，将记录特征 petal_length 大于其平均值的次数，并将该数值与特征 petal_width 大于其平均值的次数进行对比。此时，需要使用 pandas.crosstab()函数。示例代码片段如下：

```
10. pd.crosstab(iris['petal_length']>iris['petal_length'].mean(),iris['petal_width']>
    iris['petal_width'].mean())
```

输出如下：

petal_width	False	True
petal_length		
False	56	1
True	4	89

从输出结果中可以看出，petal_length 和 petal_width 都小于各自平均值的样本有 56 个，petal_length 和 petal_width 都大于各自平均值的样本有 89 个，这两个特征与其平均值之间的比较可能有着很强的相关性。

上述代码片段中使用的函数用来计算因子的频率表，该函数原型如下：

```
pandas.crosstab(index, columns, values=None, rownames=None, colnames=None,
aggfunc=None, margins=False, margins_name='All', dropna=True, normalize=False)
```

其中，index 表示在行中分组的值；columns 表示在列中分组的值；values 表示根据因子进行聚合的值数组，需要指定 aggfunc（如平均值、求和等）；dropna=True 表示不包括含有 NaN 的列；normalize 表示归一化，将其设置为 True 时，显示百分比。

为了更透彻地理解 pandas.crosstab()函数，下面来看一个示例：

```
1.  import numpy as np
2.  import pandas as pd
3.  a = np.array(["foo","foo","foo","foo","bar", "bar",
4.               "bar","bar","foo","foo","foo"], dtype=object)
5.  b = np.array(["one","one","one","two","one","one",
6.               "one","two","two","two","one"], dtype=object)
7.  c = np.array(["dull","dull","shiny","dull","dull","shiny",
8.               "shiny","dull","shiny","shiny","shiny"],
9.              dtype=object)
10. pd.crosstab(a, [b, c], rownames=['a'], colnames=['b', 'c'])
```

输出如下：

b	one		two	
c	dull	shiny	dull	shiny
a				
bar	1	2	1	0
foo	2	2	1	2

在上述代码片段中，指定 a 为在行中分组的值，[b,c]为在列中分组的值，使用数组 a 的唯一值统计数组[b,c]唯一值出现的次数。

```
11. foo = pd.Categorical(['a', 'b'], categories=['a', 'b', 'c'])
12. bar = pd.Categorical(['d', 'e'], categories=['d', 'e', 'f'])
13. pd.crosstab(foo, bar)
```

输出如下：

col_0	d	e
row_0		
a	1	0
b	0	1

在上述代码片段中，使用函数 pandas.Categorical()将一个列表、数组或类似的序列转换成分类数据（Categorical Data）。分类数据是一种特殊的数据类型，用于表示具有固定数量值的变量，类似于枚举类型。通过将数据转换成分类数据，可以提高数据处理的效率，尤其在进行分类分析或处理具有明确类别的数据时。该函数原型如下：

```
pandas.Categorical（values，categories = None，ordered = None，dtype = None）
```

其中，values 表示类别值；如果给定 categories，则不在 categories 中的类别值将被替换为 NaN，categories 为类似索引的具有唯一性的类别；ordered 的默认值为 False，若将其设为 True，则启用排序功能。

在默认情况下，dropna=True，'f'列没有显示；若设置 dropna=False，则可以保留值为 NaN 的列示例代码片段如下：。

```
14. pd.crosstab(foo, bar, dropna=False)
```

输出如下：

col_0	d	e	f
row_0			
a	1	0	0
b	0	1	0
c	0	0	0

此外，pandas.pivot_table()函数也是一个分组统计函数，它可以通过一个或多个键分组 DataFrame 中的数据，通过 aggfunc 参数决定聚合类型。该函数原型如下：

```
pandas.pivot_table(data, values=None, index=None, columns=None, aggfunc='mean', fill_value=None, margins=False, dropna=True, margins_name='All', observed=False, sort=True)
```

下面以一个示例来帮助读者理解 pandas.pivot_table()函数的使用：

```
15. df = pd.DataFrame({"A": ["foo","foo","foo","foo","foo",
16.                          "bar","bar","bar","bar"],
17.                     "B": ["one","one","one","two","two",
18.                          "one","one","two","two"],
19.                     "C": ["small","large","large","small",
20.                          "small","large","small","small",
21.                          "large"],
22.                     "D": [1, 2, 2, 3, 3, 4, 5, 6, 7],
23.                     "E": [2, 4, 5, 5, 6, 6, 8, 9, 9]})
24. df
```

输出如下：

	A	B	C	D	E
0	foo	one	small	1	2
1	foo	one	large	2	4
2	foo	one	large	2	5
3	foo	two	small	3	5
4	foo	two	small	3	6
5	bar	one	large	4	6
6	bar	one	small	5	8
7	bar	two	small	6	9
8	bar	two	large	7	9

指定参数 aggfunc 为"sum"，表示通过求和来聚合值：

```
25. table = pd.pivot_table(df, values='D', index=['A', 'B'],
26.                        columns=['C'], aggfunc="sum")
27. table
```

输出如下：

	C	large	small
A	B		
bar	one	4.0	5.0
	two	7.0	6.0
foo	one	4.0	1.0
	two	NaN	6.0

另外，还可以使用 fill_value 参数来填充缺失值：

```
28. table = pd.pivot_table(df, values='D', index=['A', 'B'],
29.                        columns=['C'],aggfunc="sum", fill_value=0)
30. table
```

输出如下：

	C	large	small
A	B		
bar	one	4	5
	two	7	6
foo	one	4	1
	two	0	6

也可以通过在多个列上取平均值来聚合数据：

```
31. table=pd.pivot_table(df,values=['D','E'],index=['A','C'],
32.                     aggfunc={'D': "mean", 'E': "mean"})
33. table
```

输出如下：

		D	E
A	C		
bar	large	5.500000	7.500000
	small	5.500000	8.500000
foo	large	2.000000	4.500000
	small	2.333333	4.333333

可以为任何给定的值列计算多种聚合类型：

```
34. table=pd.pivot_table(df,values=['D','E'],index=['A','C'],
35.                     aggfunc={'D': "mean",
36.                              'E': ["min","max","mean"]})
37. table
```

输出如下：

		D	E		
		mean	max	mean	min
A	C				
bar	large	5.500000	9	7.500000	6
	small	5.500000	9	8.500000	8
foo	large	2.000000	5	4.500000	4
	small	2.333333	6	4.333333	2

pandas.crosstab()函数可以接受任何类似数组的对象，如列表、NumPy 数组、数据帧和列（DataFrame、Series）等，而 pandas.pivot_table()函数则只能作用于 DataFrame。

4.2 特征创建

在数据分析过程中，当特征和目标变量不是很相关时，可以通过线性或非线性变换修改输入的数据集，以提高系统精度。可以根据原有特征创建新的数据集，创建新特征的方法有特征提取、映射数据到新空间、特征构造等。通过改变数据集可以更好地拟合学习模型。

特征创建可根据特征性质组合出一些新的特征。例如，现有两个特征，分别是搜索次数和单击次数，此时可创建一个新特征——单击率=单击次数/搜索次数，通过这个新特征拟合模型可能会得到一个好的结果。

在下述例 4-2 中，通过对特征进行修改来提高模型的预测精度。本节使用的数据集是 California 房价数据集，该数据集包括 8 个特征值和 1 个目标值（房价），共有 20640 条数据。

例 4-2：特征创建。

第一步，加载 California 房价数据集，结果如图 4-2 所示。

```
1. import numpy as np
2. from sklearn.datasets._california_housing import fetch_california_housing
3. housevalue =fetch_california_housing()
4. housevalue
```

```
{'data': array([[   8.3252    ,   41.        ,    6.98412698, ...,    2.55555556,
          37.88      , -122.23      ],
        [   8.3014    ,   21.        ,    6.23813708, ...,    2.10984183,
          37.86      , -122.22      ],
        [   7.2574    ,   52.        ,    8.28813559, ...,    2.80225989,
          37.85      , -122.24      ],
        ...,
        [   1.7       ,   17.        ,    5.20554273, ...,    2.3256351 ,
          39.43      , -121.22      ],
        [   1.8672    ,   18.        ,    5.32951289, ...,    2.12320917,
          39.43      , -121.32      ],
        [   2.3886    ,   16.        ,    5.25471698, ...,    2.61698113,
          39.37      , -121.24      ]]),
 'target': array([4.526, 3.585, 3.521, ..., 0.923, 0.847, 0.894]),
 'frame': None,
 'target_names': ['MedHouseVal'],
 'feature_names': ['MedInc',
  'HouseAge',
  'AveRooms',
  'AveBedrms',
  'Population',
  'AveOccup',
  'Latitude',
  'Longitude'],
 'DESCR': '.. _california_housing_dataset:\n\nCalifornia Housing dataset\n--------------------------\n\n**Data Set Characteristics:**\n\n    :Number of Instances: 20640\n\n    :Number of Attributes: 8 numeric, predictive attributes and the target\n\n    :Attribute Information:\n        - MedInc        median income in block\n        - HouseAge      median house age in block\n        - AveRooms      average number of rooms\n        - AveBedrms     average number of bedrooms\n        - Population    block population\n        - AveOccup      average house occupancy\n        - Latitude      house block latitude\n        - Longitude     house block longitude\n\n    :Missing Attribute Values: None\n\nThis dataset was obtained from the StatLib repository.\nhttp://lib.stat.cmu.edu/datasets/\n\nThe target variable is the median house value for California districts.\n\nThis dataset was derived from the 1990 U.S. census, using one row per census\nblock group. A block group is the smallest geographical unit for which the U.S.\nCensus Bureau publishes sample data (a block group typically has a population\nof 600 to 3,000 people).\n\nIt can be downloaded/loaded using the\n:func:`sklearn.datasets.fetch_california_housing` function.\n\n.. topic:: References\n\n    - Pace, R. Kelley and Ronald Barry, Sparse Spatial Autoregressions,\n      Statistics and Probability Letters, 33 (1997) 291-297\n'}
```

图 4-2　加载的 California 房价数据集

其中，'data'是二维特征数组，包含每套房子的具体数据；'target' 是一维目标数组或称为标签数组，包含房子的价格；'feature_names' 是特征名，包含房龄、人均面积、人均房间数、人均卧室数、能容纳多少人等信息。

第二步，KNN 回归。

由于目标变量（房价）是连续值，因此这是一个回归问题。这里使用一个简单的回归器 KNN 来预测目标变量，使用在测试集上的平均绝对误差（Mean Absolute Error，MAE）来评估模型性能，MAE 越小，代表得到的结果越好。

```
5.  X = housevalue.data
6.  Y = housevalue.target
7.  from sklearn.model_selection import train_test_split
8.  X_train,X_test,y_train,y_test=train_test_split(X,Y,test_size=0.3)
9.  from sklearn.neighbors import KNeighborsRegressor
10. from sklearn.metrics import mean_absolute_error
11. regressor = KNeighborsRegressor()
12. regressor.fit(X_train,y_train)
13. y_pred = regressor.predict(X_test)
14. mean_absolute_error(y_test, y_pred)
```

输出如下：

```
0.8215148126614986
```

在上述代码片段中，通过 train_test_split()函数划分训练集和测试集（train_test_split()的具体用法见 4.6 节）。由结果可知，在测试集上得到的 MAE 约为 0.82。

基于该数据集，还可以对其中的特征进行 Z-Score 标准化后进行训练，以提高系统性能。Z-Score 标准化将特征映射为平均值为 0、标准差为 1 的新特征，经过处理的数据符合标准正态分布。

第三步，Z-Score 标准化。

```
15. from sklearn.preprocessing import StandardScaler
16. from sklearn.metrics import mean_absolute_error
17. std = StandardScaler()
18. X_train_std = std.fit_transform(X_train)
19. X_test_std = std.fit_transform(X_test)
20. regressor = KNeighborsRegressor()
21. regressor.fit(X_train_std, y_train)
22. y_pred = regressor.predict(X_test_std)
23. mean_absolute_error(y_test, y_pred)
```

输出如下：

```
0.4487519760981912
```

经过 Z-Score 标准化得到的 MAE 约为 0.45，减小了近一半。

第四步，添加新特征。

接下来对特定特征进行非线性修正。假设输出结果与房子居住人数大致相关（但不是线性相关），房子是 1 个人居住还是 3 个人居住，其价格会有很大区别。但同样的房子，10 个人居住和 12 个人居住，其价格差别并不是很大。因此，可以将房子利用率的平方根作为新特征，平方根的特点是当数据比较小时，其变化比较大；当数据比较大时，其变化比较小。

```
24. # AvgOccup 平均占用率是第 6 个特征，索引从 0 开始
25. non_linear_feat = 5
26. # 将训练集第 6 列整个取出并求其平方根
```

```
27. X_train_new_feat = np.sqrt(X_train[:,non_linear_feat])
28. # 将行数和列数存入
29. X_train_new_feat.shape = (X_train_new_feat.shape[0],1)
30. X_train_extended = np.hstack([X_train,X_train_new_feat])
31. X_test_new_feat = np.sqrt(X_test[:,non_linear_feat])
32. X_test_new_feat.shape = (X_test_new_feat.shape[0],1)
33. X_test_extended = np.hstack([X_test,X_test_new_feat])
34. std = StandardScaler()
35. X_train_extended_std =std.fit_transform(X_train_extended)
36. X_test_extended_std = std.transform(X_test_extended)
37. regressor = KNeighborsRegressor()
38. regressor.fit(X_train_extended_std,y_train)
39. y_pred = regressor.predict(X_test_extended_std)
40. mean_absolute_error(y_test,y_pred)
```

输出如下：

```
0.40234335529715765
```

增加新特征之后的 MAE 约为 0.40，进一步减小了 MAE，提高了模型的性能。

4.3 维度约简

在现实世界中，很多数据是冗余且耦合的，即数据之间存在相关性，这就造成一些数据是无用的，且这些数据对后续分析会造成干扰，不但对实验结果是没有帮助的，而且，如果将其用于模型训练，还会降低模型的预测精度。因此出现了维度约简技术，它可以减弱特征之间的复杂关系，即相关性，只保留有意义的、最本质的特征来预测目标变量。维度约简可以改善模型过拟合，降低输出的复杂性。如同一家公司仅需要招收一名会计，有两名会计应聘，会录取一名，淘汰一名，因为这两人的技能太相似。

维度约简有时也称数据降维，顾名思义，其目的就是降低数据的维度。很明显，降低维度自然会损失原始数据的一些信息，如果损失的是冗余信息，那么这正是我们所期望的；但如果损失的是关键信息，那么势必会对我们以后的工作产生严重的影响。数据的好坏决定着模型的训练结果。

4.3.1 为什么要降维

现实中很多数据为高维数据，高维数据有一定的优点，即其所包含的信息量大，可供决策的依据多。但是数据不是维度越高越好，因为还需要考虑实际的计算能力。应用高维数据的缺点主要包括消耗计算资源、计算时间长，甚至造成“维度灾难”。因此，为了适应需要，获取数据的本质特征，降维算法应运而生。

数据降维的注意事项如下。

（1）确定降维目标：在进行数据降维时，需要明确降维目标，通常是将数据压缩或变换成数量更少的特征并保留其变化中最重要的部分。根据不同的应用场合，可以确定不同的降维目标。

（2）确定降维算法：选择适当的降维算法是非常重要的，可以通过 PCA、LDA、t-SNE 等算法进行数据降维，要根据数据特点、降维目标、所需时间等因素，综合考虑使用哪种降维算法。

（3）数据预处理：在降维前，需要对数据进行预处理，如归一化、标准化等，以消除数据集的分散性，减小噪声的影响。

（4）检查数据质量：在降维前，需要检查数据质量，数据质量不高会影响降维结果的准确性。如果数据存在异常或不符合分布，则需要进行必要的处理，如删除异常值、填充缺失值等。

（5）选择适当的维度：在降维时，需要确定数据的最终维度。针对不同的问题，最合适的维度也是不同的。选择合适的维度不仅能充分体现数据的重要特征，还能减少噪声和冗余。

（6）常规地监控数据降维效果：当确定数据降维的维度及具体的降维算法后，还需要监控降维效果，如通过可视化方式呈现降维结果以进行评估。

数据降维是数据分析领域的一种常见操作，需要考虑一些基本做法，以确保在数据降维过程中获得最优结果。数据降维主要分为基于特征转换的降维、基于特征选择和基于特征组合的降维等。

4.3.2 基于特征转换的降维

特征转换是指使用原始数据集的隐藏结构来创建新的列，生成一个新的数据集。按照一定的数学变换方法，把给定的一组相关变量（特征）通过数学模型将高维空间数据点映射到低维空间，用映射后的特征表示原有变量的总体特性。这种方式是一种产生新维度的过程，转换后的维度并不是原有的维度本体，而是综合多个维度转换或映射后的表达式。常用的基于特征转换的降维方法有协方差矩阵、主成分分析（PCA）、线性判别分析（LDA）、潜在因素分析（LFA）、独立分量分析（ICA）、核主成分分析（Kernel PCA）、t-随机邻近嵌入（t-SNE）、局部线性嵌入（LLE）等。

4.3.2.1 协方差矩阵

在统计学与概率理论中，协方差矩阵是从标量随机变量到高维随机变量的推广，是用来衡量两个随机变量联合分布线性相关程度的一种度量。协方差用于衡量两个随机变量的总体误差，给出了不同特征之间的相关性。随机变量之间正相关时，协方差为正值；反之，协方差为负值。通过 np.cov()函数可以计算样本各随机变量之间的协方差矩阵。

例 4-3：在 Iris 数据集上计算协方差矩阵。

```
1.  from sklearn import datasets
2.  import numpy as np
3.  iris = datasets.load_iris()
4.  cov_data = np.cov(iris.data.T)
5.  print(iris.feature_names)
6.  cov_data
```

输出如下：

```
['sepal length (cm)', 'sepal width (cm)', 'petal length (cm)', 'petal width (cm)']
array([[ 0.68569351, -0.042434  ,  1.27431544,  0.51627069],
       [-0.042434  ,  0.18997942, -0.32965638, -0.12163937],
       [ 1.27431544, -0.32965638,  3.11627785,  1.2956094 ],
       [ 0.51627069, -0.12163937,  1.2956094 ,  0.58100626]])
```

由输出结果可知，petal length 和 petal width 之间高度相关，sepal length 和 petal length、petal width 之间高度正相关。

4.3.2.2 PCA

PCA 是一种使用广泛的数据降维算法。PCA 的主要思想是将 *n* 维特征映射到 *m* 维上，这 *m* 维是全新的正交特征（也称主成分），它是在原有 *n* 维特征的基础上重新构造出来的 *m* 维特征。

PCA 的工作就是从原始数据空间中顺序地找一组相互正交的坐标轴，新坐标轴的选择与数据本身密切相关。其中，第一个新坐标轴选择原始数据空间中方差最大的方向，第二个新坐标轴选择与第一个新坐标轴正交的平面中方差最大的方向，第三个新坐标轴是与前两个新坐标轴正交的平面中方差最大的方向。依次类推，可以得到 *n* 个这样的坐标轴。可以发现，通过这种方式获得的新坐标轴，大部分方差都包含在前面 *m* 个坐标轴中，后面的坐标轴所含的方差几乎为 0。于是，可以忽略余下的坐标轴，只保留前面 *m* 个含有大部分方差的坐标轴。事实上，这相当于只保留包含大部分方差的特征维度，而忽略包含方差几乎为 0 的特征维度，实现对数据特征的降维处理。

具体步骤如下。

（1）去除平均值。

（2）计算协方差矩阵。

（3）计算协方差矩阵的特征值和特征向量。

（4）将特征值排序。

（5）保留前 *m* 个最大的特征值对应的特征向量。

（6）将原始特征转换到上面得到的 *m* 个特征向量构建的新空间中（最后两步实现了降维）。

例 4-4：应用 PCA 对数据进行降维。

第一步，创建数据集。

```
1.  import numpy as np
2.  from scipy import stats
3.
4.  e = np.exp(1)
5.  np.random.seed(4)
6.
7.  def pdf(x):
8.      return 0.5 * (stats.norm(scale=0.25 / e).pdf(x) + stats.norm(scale=4 / e).pdf(x))
```

```
9.
10. y = np.random.normal(scale=0.5, size=(30000))
11. x = np.random.normal(scale=0.5, size=(30000))
12. z = np.random.normal(scale=0.1, size=len(x))
13.
14. density = pdf(x) * pdf(y)
15. pdf_z = pdf(5 * z)
16.
17. density *= pdf_z
18.
19. a = x + y
20. b = 2 * y
21. c = a - b + z
22.
23. norm = np.sqrt(a.var() + b.var())
24. a /= norm
25. b /= norm
```

第二步，绘图，绘制结果如图 4-3 所示。

```
26. import matplotlib.pyplot as plt
27. import mpl_toolkits.mplot3d
28. from sklearn.decomposition import PCA
29.
30.
31. def plot_figs(fig_num, elev, azim):
32.     fig = plt.figure(fig_num, figsize=(4, 3))
33.     plt.clf()
34.     ax = fig.add_subplot(111,projection="3d",elev=elev,azim=azim)
35.     ax.set_position([0, 0, 0.95, 1])
36.
37.     ax.scatter(a[::10], b[::10], c[::10], c=density[::10], marker="+", alpha=0.4)
38.     Y = np.c_[a, b, c]
39.
40.     pca = PCA(n_components=3)
41.     pca.fit(Y)
42.     V = pca.components_.T
43.
44.     x_pca_axis, y_pca_axis, z_pca_axis = 3 * V
45.     x_pca_plane=np.r_[x_pca_axis[:2], -x_pca_axis[1::-1]]
46.     y_pca_plane=np.r_[y_pca_axis[:2], -y_pca_axis[1::-1]]
47.     z_pca_plane=np.r_[z_pca_axis[:2], -z_pca_axis[1::-1]]
48.     x_pca_plane.shape = (2, 2)
49.     y_pca_plane.shape = (2, 2)
```

```
50.     z_pca_plane.shape = (2, 2)
51.     ax.plot_surface(x_pca_plane,y_pca_plane, z_pca_plane)
52.     ax.xaxis.set_ticklabels([])
53.     ax.yaxis.set_ticklabels([])
54.     ax.zaxis.set_ticklabels([])
55.
56. elev = -40
57. azim = -80
58. plot_figs(1, elev, azim)
59.
60. elev = 30
61. azim = 20
62. plot_figs(2, elev, azim)
63.
64. plt.show()
```

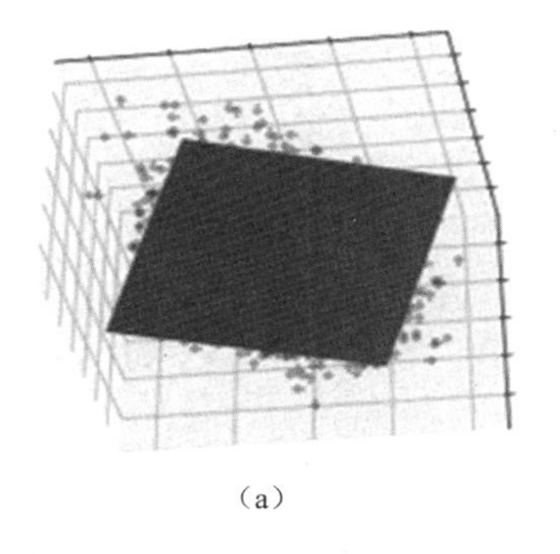

（a）

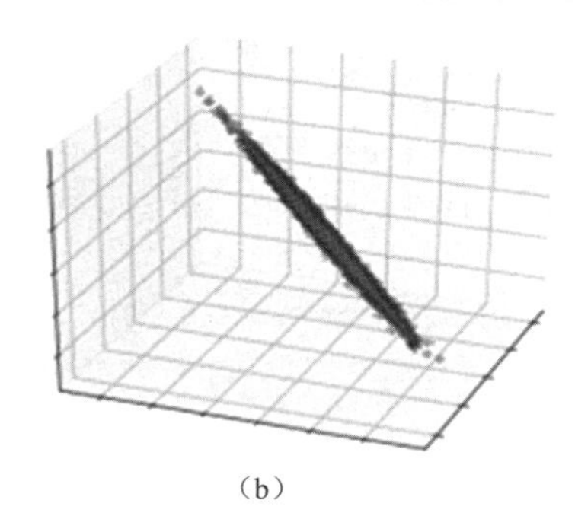

（b）

图 4-3　应用 PCA 对数据进行降维的结果

在例 4-4 中，首先创建数据集，然后创建一个 PCA 对象，设置 n_components=3，即指定降维后特征的维度为 3；通过 mpl_toolkits.mplot3d 模块绘制三维图，设置不同的 elev（表示上下旋转的角度）和 azim（表示平行旋转的角度），对 PCA 降维结果进行可视化。结果显示，当 elev = −40，azim = −80 时，数据点在一个方向上平坦分布［见图 4-3（a）］；而当 elev = 30，azim = 20 时，数据点的分布就没有那么平坦了［见图 4-3（b）］。

4.3.2.3　LDA

LDA 是一种线性的、基于分类的有监督学习方法。LDA 通过已知类别的训练样本建立判别准则，并依据判别准则预测样本为已知类别。它的基本思想是将高维空间中的样本投影到最优鉴别矢量空间，以达到抽取分类信息和压缩特征空间维度的效果。LDA 试图识别类间差异最大的属性，即投影后的同类别样本尽可能近，而不同类别样本尽可能远。与 PCA 相比，其输出数据集能够对各个类别进行清晰的划分。

例 4-5 在 Iris 数据集上分别使用 PCA 和 LDA 对数据进行降维，结果如图 4-4 所示。这里分别创建了 PCA 对象 pca 和 LDA 对象 lda，在两者的构造函数中，均设置 n_components=2。通过拟合转换后得到一个二维数组，每一列代表一个主成分，它们是原始特征的线性组合。

属性 explained_variance_ratio_包含了降维后所有新特征向量对原始数据方差的解释比率。结果显示，PCA 中两个特征向量的 explained_variance_ratio_约为 92.4%，而 LDA 中两个特征向量的 explained_variance_ratio_约为 99.1%，说明 LDA 的解释效果更好。在最后，通过 scatter()函数绘制散点图，并将每个类别以不同的颜色展示在二维空间中。在该例中，通过 PCA 确定了属性（主成分或特征空间中的方向）的组合，这些属性在数据中的方差最大，而 LDA 试图识别类间差异最大的属性。总的来看，在有标签的数据降维中，LDA 相对于 PCA 表现得更好。

例 4-5：PCA 和 LDA 降维算法。

```
1.  import matplotlib.pyplot as plt
2.
3.  from sklearn import datasets
4.  from sklearn.decomposition import PCA
5.  from sklearn.discriminant_analysis import LinearDiscriminantAnalysis
6.
7.  iris = datasets.load_iris()
8.  X = iris.data
9.  y = iris.target
10. target_names = iris.target_names
11.
12. pca = PCA(n_components=2)
13. X_r = pca.fit(X).transform(X)
14.
15. lda = LinearDiscriminantAnalysis(n_components=2)
16. X_r2 = lda.fit(X, y).transform(X)
17.
18. print("PCA explained variance ratio(first two components):%s"
19.     % str(pca.explained_variance_ratio_))
20. print("LDA explained variance ratio(first two components):%s"
21.     % str(lda.explained_variance_ratio_))
22.
23. plt.figure()
24. colors = ["navy", "red", "darkorange"]
25. lw = 2
26.
27. for color,i,target_name in zip(colors,[0,1,2], target_names):
28.     plt.scatter(X_r[y == i, 0], X_r[y == i, 1], color=color, alpha=0.8, lw=lw,
    label=target_name)
29. plt.legend(loc="best", shadow=False, scatterpoints=1)
30. plt.title("PCA of IRIS dataset")
31.
32. plt.figure()
33. for color,i,target_name in zip(colors,[0,1,2],target_names):
```

```
34.     plt.scatter(X_r2[y == i, 0], X_r2[y == i, 1], alpha=0.8, color=color,
   label=target_name)
35. plt.legend(loc="best", shadow=False, scatterpoints=1)
36. plt.title("LDA of IRIS dataset")
```

输出如下：

```
PCA explained variance ratio (first two components): [0.92461872 0.05306648]
LDA explained variance ratio (first two components): [0.9912126 0.0087874]
```

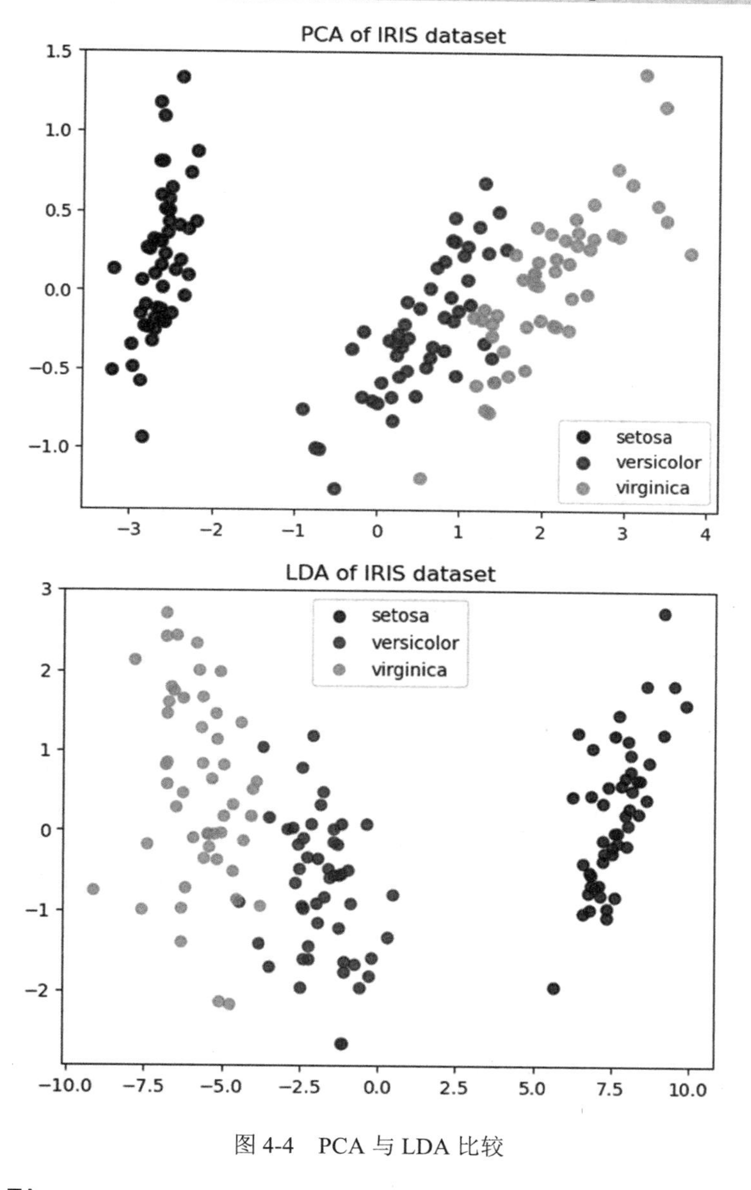

图 4-4　PCA 与 LDA 比较

4.3.2.4　LFA

由于 PCA 中的每个主成分不具有特定的含义，因此研究者提出了因子分析，通过寻找潜在因子获得观测变量的潜在结构，即 LFA（Latent Factor Analysis，潜在因素分析），它也是维度约简的一种方法。LFA 不需要对输入信号进行正交变换，其假设数据中的潜在变量经过线性变换后得到观测变量，并且这些变量具有可分离的噪声（AWG 任意波形发生器的噪声）。

在例 4-6 中，假设 Iris 数据集有两个潜在因素，使用 LFA 进行降维，输出结果如图 4-5 所示。

例 4-6：LFA 降维算法。

```
1. from sklearn.decomposition import FactorAnalysis
2. import matplotlib.pyplot as plt
3. fact_2c = FactorAnalysis(n_components=2)
4. x_factor = fact_2c.fit_transform(iris.data)
5. plt.scatter(x_factor[:,0],x_factor[:,1],c=iris.target,alpha=0.8, edgecolors='none')
6. plt.show()
```

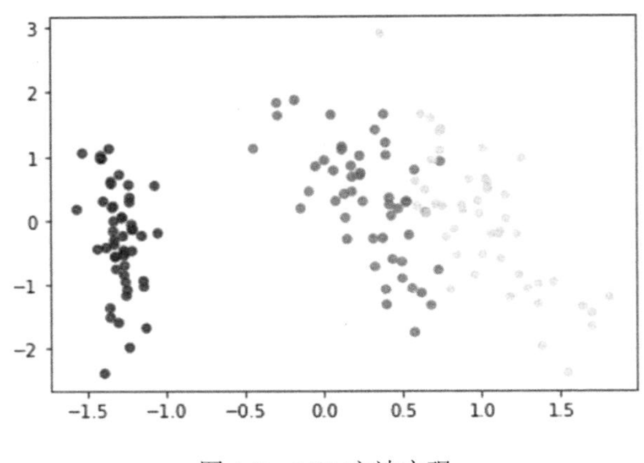

图 4-5　LFA 方法实现

4.3.2.5　ICA

ICA 基于信息理论，是使用最广泛的降维技术之一。PCA 和 ICA 的主要区别在于，PCA 寻找不相关的因素，而 ICA 则寻找独立因素。如果两个变量不相关，则它们之间就没有线性关系。如果它们是独立的，则它们就不依赖其他变量。例如，一个人的年龄和他吃了什么/看了什么无关。

ICA 假设观测变量是一些未知潜在变量的线性混合，且这些潜在变量是相互独立的，即它们不依赖其他变量，因此它们被称为观察数据的独立分量。

Scikit-learn 包提供了 ICA 的快速版本（FastICA），是一种计算效率较高的算法，主要应用于信号处理和突发事件检测等方面。

应用 ICA 的典型场景是盲源分离，假设有两种乐器同时演奏，两种麦克风记录混合信号，ICA 主要用于恢复源，即每种乐器演奏的是什么。

在例 4-7 中，使用 FastICA 和 PCA 两种降维算法分离信号，均设置 n_components=2，结果如图 4-6 所示。FastICA 将两种乐器的输出信号分离成两个特征，而 PCA 则无法有效地实现信号分离。

例 4-7：基于 FastICA 和 PCA 的盲源分离。

```
1.  import numpy as np
2.  import matplotlib.pyplot as plt
3.  from sklearn.decomposition import FastICA, PCA
4.
5.  # 生成样本数据
6.  np.random.seed(0)
7.  n_samples = 2000
8.  time = np.linspace(0, 8, n_samples)
9.
10. s1 = np.sin(2 * time)  # 信号 1 : 正弦信号
11. s2 = np.sign(np.sin(3 * time))  # 信号 2 : 方波信号
12. S = np.c_[s1, s2]
13. S += 0.2 * np.random.normal(size=S.shape)  # 添加噪波
14.
15. S /= S.std(axis=0)  # 标准化数据
16. # 混合数据
17. A = np.array([[1, 1], [0.5, 2]])  # 混合矩阵
18. X = np.dot(S, A.T)
19.
20. # 计算 ICA 和 PCA
21. ica = FastICA(n_components=2)
22. S_ = ica.fit_transform(X)  # 重构信号
23. A_ = ica.mixing_
24.
25. assert np.allclose(X, np.dot(S_, A_.T) + ica.mean_)
26.
27. pca = PCA(n_components=2)
28. H = pca.fit_transform(X)
29.
30. # 绘制结果
31. plt.figure()
32. models = [X, S, S_, H]
33. names = ['Observations (mixed signal)',
34.          'True Sources',
35.          'ICA recovered signals',
36.          'PCA recovered signals']
37. colors = ['red', 'steelblue', 'orange']
38.
39. for ii, (model, name) in enumerate(zip(models, names), 1):
40.     plt.subplot(4, 1, ii)
```

```
41.     plt.title(name)
42.     for sig, color in zip(model.T, colors):
43.         plt.plot(sig, color=color)
44.
45. plt.tight_layout()
46. plt.show()
```

输出如下：

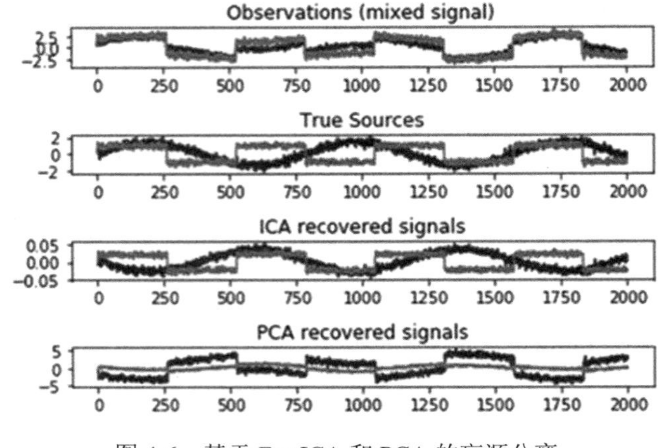

图 4-6　基于 FastICA 和 PCA 的盲源分离

4.3.2.6　Kernel PCA

Kernel PCA 是 PCA 降维算法的改进，它利用非线性映射来有效计算与输入空间相关的高维特征空间中的主成分，使得在特征空间中的数据点能够更容易地被处理和分析。这种映射通常是通过核函数（Kernel Function）来实现的。常见的核函数有线性核（Linear）、多项式核（Poly）、双曲正切核（Sigmoid）、高斯核（Gaussian）等，其中，径向基核（RBF）是高斯核的另一种表达形式，不同的核函数对数据执行不同类型的变换。

下面通过一个示例来展示如何使用 Kernel PCA 对图像进行去噪，利用拟合过程中学习的近似函数重构原始图像，并将结果与使用 PCA 的精确重建结果进行比较。

在例 4-8 中，通过 fetch_openml()函数获取 USPS 数字数据集并对该数据集进行归一化处理，使得所有像素值都在(0,1)区间。

例 4-8：基于 Kernel PCA 的图像去噪。

第一步，获取数据集，使用 MinMaxScaler()函数对数据进行归一化处理。

```
1.  import numpy as np
2.
3.  from sklearn.datasets import fetch_openml
4.  from sklearn.model_selection import train_test_split
5.  from sklearn.preprocessing import MinMaxScaler
6.
7.  X, y = fetch_openml(data_id=41082,as_frame=False,return_X_y=True)
8.  X = MinMaxScaler().fit_transform(X)
```

第二步，使用 train_test_split()函数将数据集划分为训练集和测试集，两者分别由 1000 个样本和 100 个样本组成。这些图像是无噪声的，用来评估去噪方法的有效性。此外，这里还创建了一个原始数据集的备份并添加高斯噪声。

```
9.  X_train,   X_test,   y_train,   y_test   =   train_test_split(X,   y,   stratify=y,
    random_state=0, train_size=1_000, test_size=100)
10.
11. rng = np.random.RandomState(0)
12. noise = rng.normal(scale=0.25, size=X_test.shape)
13. X_test_noisy = X_test + noise
14.
15. noise = rng.normal(scale=0.25, size=X_train.shape)
16. X_train_noisy = X_train + noise
```

第三步，创建辅助函数 plot_digits()，用于绘制图像；并使用 MSE 来评估图像重构效果。首先看一下无噪声图像和有噪声图像之间的区别，如图 4-7 所示。

```
17. import matplotlib.pyplot as plt
18.
19. def plot_digits(X, title):
20.      fig, axs=plt.subplots(nrows=10, ncols=10, figsize=(8, 8))
21.     for img, ax in zip(X, axs.ravel()):
22.         ax.imshow(img.reshape((16, 16)), cmap="Greys")
23.         ax.axis("off")
24.     fig.suptitle(title, fontsize=24)
25. plot_digits(X_test, "Uncorrupted test images")
26. plot_digits(X_test_noisy, f"Noisy test images\nMSE: {np.mean((X_test - X_test_noisy)
    ** 2):.2f}")
```

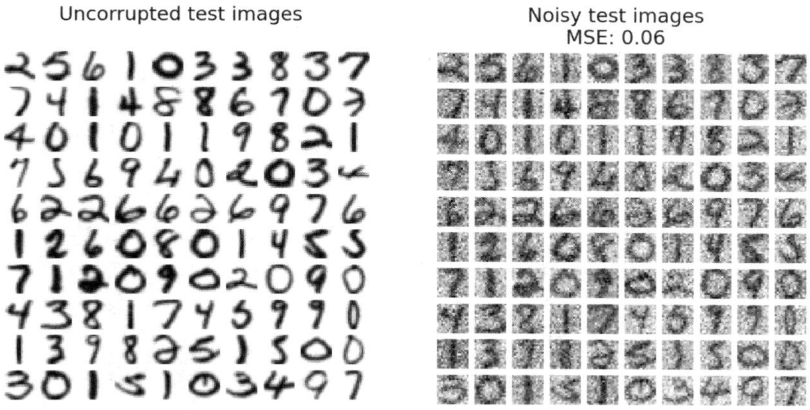

Uncorrupted test images

Noisy test images
MSE: 0.06

图 4-7　无噪声图像和有噪声图像

第四步，分别使用 PCA 和 Kernel PCA 实现数据降维。

```
27. from sklearn.decomposition import PCA, KernelPCA
28.
```

```
29. pca = PCA(n_components=32, random_state=42)
30. kernel_pca = KernelPCA(
31.     n_components=400,
32.     kernel="rbf",
33.     gamma=1e-3,
34.     fit_inverse_transform=True,
35.     alpha=5e-3,
36.     random_state=42,)
37.
38. pca.fit(X_train_noisy)
39. _ = kernel_pca.fit(X_train_noisy)
```

第五步，对含有噪声的测试集进行变换和重构，如图 4-8 所示。

由于使用的分量数少于原始特征数，因此将获得原始数据的近似值。我们希望通过减少 PCA 中解释方差的分量去除噪声。

```
40. X_reconstructed_kernel_pca=kernel_pca.inverse_transform(
41.     kernel_pca.transform(X_test_noisy))
42. X_reconstructed_pca = pca.inverse_transform(pca.transform(X_test_noisy))
43. plot_digits(X_test, "Uncorrupted test images")
44. plot_digits(
45.     X_reconstructed_pca,
46.     f"PCA reconstruction\nMSE: {np.mean((X_test - X_reconstructed_pca) ** 2):.2f}",)
47. plot_digits(
48.     X_reconstructed_kernel_pca,
49.     (  "Kernel PCA reconstruction\n"
50.         f"MSE: {np.mean((X_test - X_reconstructed_kernel_pca) ** 2):.2f}"),)
```

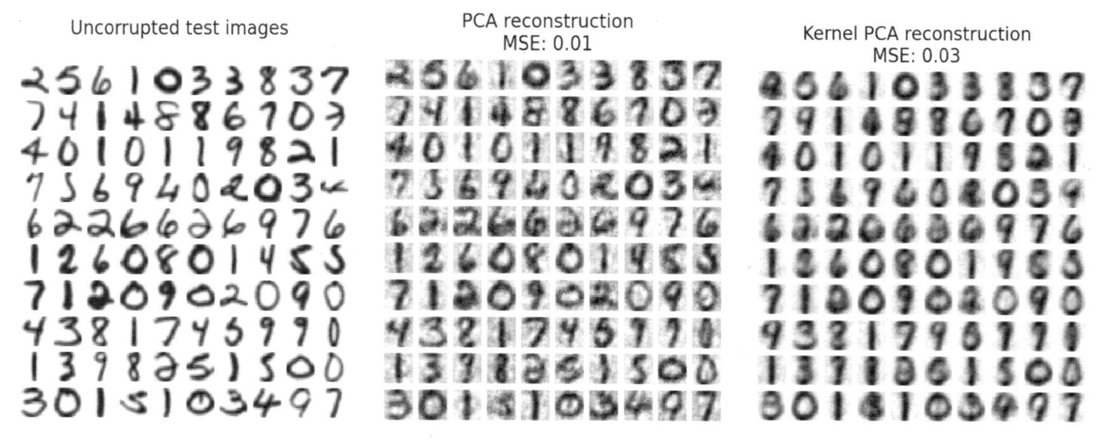

图 4-8　基于 PCA 和 Kernel PCA 的图像重构效果

观察到，PCA 具有比 Kernel PCA 更小的 MSE，Kernel PCA 能够去除背景噪声并提供更平滑的图像。

下面继续通过示例来比较 PCA 与 Kernel PCA 的数据降维效果。

例 4-9：在嵌套圆数据集上，对 PCA 与 Kernel PCA 进行比较。

第一步，创建一个由两个嵌套圆组成的数据集，输出结果如图 4-9 所示。

```
1.  import matplotlib.pyplot as plt
2.  from sklearn.datasets import make_circles
3.  from sklearn.model_selection import train_test_split
4.
5.  X, y = make_circles(n_samples=1_000, factor=0.3, noise=0.05, random_state=0)
6.  X_train,  X_test,  y_train,  y_test  =  train_test_split(X,  y,  stratify=y,
    random_state=0)
7.  _,  (train_ax,  test_ax)  =  plt.subplots(ncols=2,  sharex=True,  sharey=True,
    figsize=(8, 4))
8.
9.  train_ax.scatter(X_train[:, 0], X_train[:, 1], c=y_train)
10. train_ax.set_ylabel("Feature #1")
11. train_ax.set_xlabel("Feature #0")
12. train_ax.set_title("Training data")
13.
14. test_ax.scatter(X_test[:, 0], X_test[:, 1], c=y_test)
15. test_ax.set_xlabel("Feature #0")
16. _ = test_ax.set_title("Testing data")
```

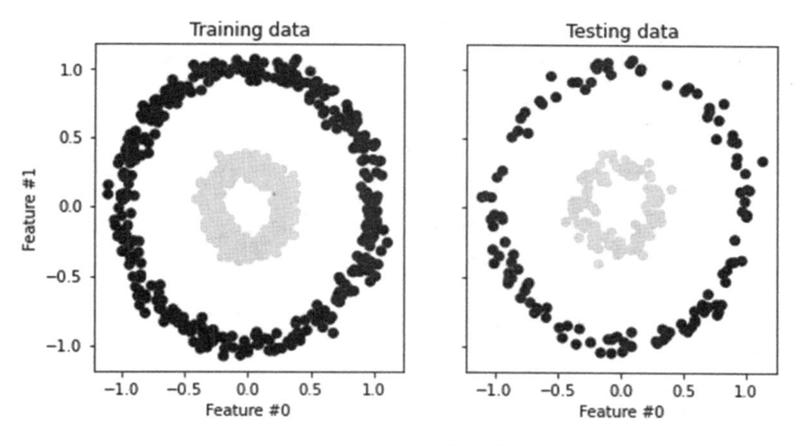

图 4-9　由两个嵌套圆组成的数据集

测试集和训练集中的两个类别的样本不能线性分离，即没有一条直线可以将内部圆样本集合与外部圆样本集合分开。

第二步，在该数据集上，应用 PCA 与 Kernel PCA 分别对测试集进行投影，结果如图 4-10 所示。

```
17. from sklearn.decomposition import PCA, KernelPCA
18.
19. pca = PCA(n_components=2)
```

```
20. kernel_pca = KernelPCA(n_components=None, kernel="rbf", gamma=10, fit_inverse_
    transform=True, alpha=0.1)
21.
22. X_test_pca = pca.fit(X_train).transform(X_test)
23. X_test_kernel_pca = kernel_pca.fit(X_train).transform(X_test)
24. fig, (orig_data_ax, pca_proj_ax, kernel_pca_proj_ax) = plt.subplots(ncols=3,
    figsize=(14, 4))
25.
26. orig_data_ax.scatter(X_test[:,0], X_test[:, 1], c=y_test)
27. orig_data_ax.set_ylabel("Feature #1")
28. orig_data_ax.set_xlabel("Feature #0")
29. orig_data_ax.set_title("Testing data")
30.
31. pca_proj_ax.scatter(X_test_pca[:, 0], X_test_pca[:, 1], c=y_test)
32. pca_proj_ax.set_ylabel("Principal component #1")
33. pca_proj_ax.set_xlabel("Principal component #0")
34. pca_proj_ax.set_title("Projection of testing data\n using PCA")
35.
36. kernel_pca_proj_ax.scatter(X_test_kernel_pca[:, 0], X_test_kernel_pca[:, 1],
    c=y_test)
37. kernel_pca_proj_ax.set_ylabel("Principal component #1")
38. kernel_pca_proj_ax.set_xlabel("Principal component #0")
39. _ = kernel_pca_proj_ax.set_title("Projection of testing data\n using Kernel
    PCA")
```

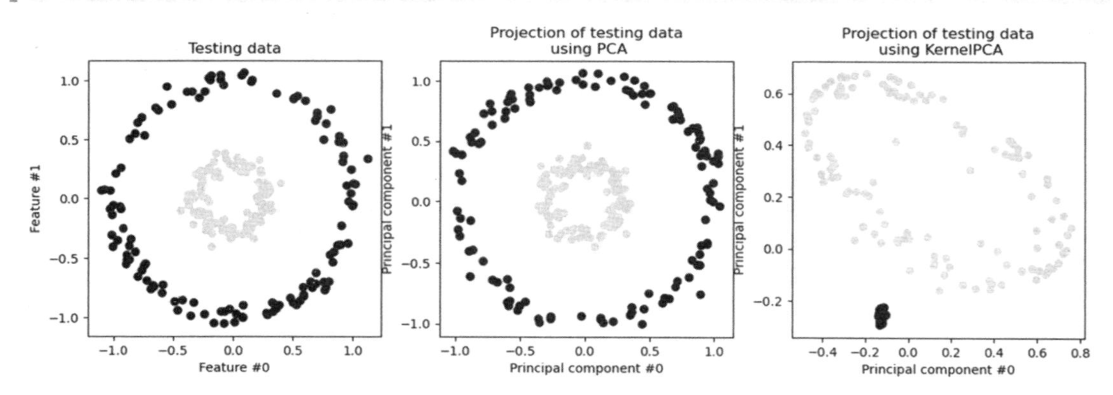

图 4-10　使用 PCA 和 Kernel PCA 分别对测试集进行投影的结果

PCA 对数据进行线性变换，直观地说，这意味着坐标系将居中，根据其方差在每个分量上重新缩放，并最终旋转。查看使用 PCA 进行投影的结果，可以看到，缩放没有变化，但数据已经旋转了；而使用 Kernel PCA 进行非线性投影，将两个样本集分离开来。

下面论证使用 PCA 和 Kernel PCA 进行反向投影时是否可以获得原始数据集，输出结果如图 4-11 所示。

```
40. X_reconstructed_pca=pca.inverse_transform(pca.transform(X_test))
41. X_reconstructed_kernel_pca = kernel_pca.inverse_transform(kernel_pca.transform(X_test))
42. fig, (orig_data_ax, pca_back_proj_ax, kernel_pca_back_proj_ax) = plt.subplots(ncols=3,
    sharex=True, sharey=True, figsize=(13, 4))
43.
44. orig_data_ax.scatter(X_test[:, 0], X_test[:, 1], c=y_test)
45. orig_data_ax.set_ylabel("Feature #1")
46. orig_data_ax.set_xlabel("Feature #0")
47. orig_data_ax.set_title("Original test data")
48.
49. pca_back_proj_ax.scatter(X_reconstructed_pca[:, 0], X_reconstructed_pca[:, 1],
    c=y_test)
50. pca_back_proj_ax.set_xlabel("Feature #0")
51. pca_back_proj_ax.set_title("Reconstruction via PCA")
52.
53. kernel_pca_back_proj_ax.scatter(X_reconstructed_kernel_pca[:, 0], X_reconstructed_
    kernel_pca[:, 1], c=y_test)
54. kernel_pca_back_proj_ax.set_xlabel("Feature #0")
55. _ = kernel_pca_back_proj_ax.set_title("Reconstruction via Kernel PCA")
```

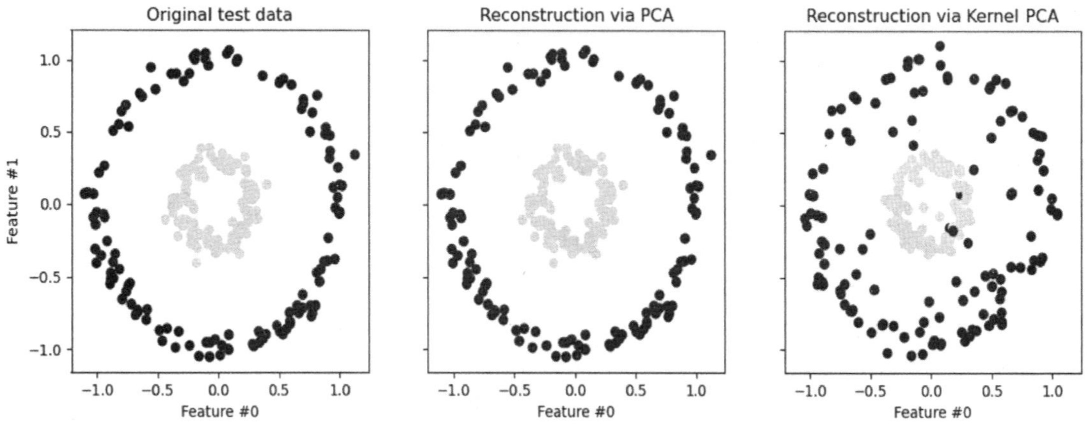

图 4-11　使用 PCA 和 Kernel PCA 分别进行反向投影的结果

通过反向投影，PCA 实现了对原始数据集的完美重建；而 Kernel PCA 重建的数据集与原始数据集还是有些差异的，此时可以在 Kernel PCA 中通过调整 alpha 参数来改进使用 inverse_transform()函数重建数据集的效果。

4.3.2.7　t-SNE

t-SNE 是一种嵌入模型，能够将高维空间中的数据映射到低维空间，并保留数据集的局部特征，当想对高维数据集进行分类但又不清楚这个数据集有没有很好的可分性（同类别之间间隔小、异类别之间间隔大）时，可以通过 t-SNE 将数据投影到二维或三维空间进行观察：如果数据在低维空间中具有可分性，则数据是可分的；如果数据在低维空间中不可分，则可能是由于数据集本身不可分，或者数据集中的数据不适合投影到低维空间造成的。

t-SNE 将数据点之间的相似度转化为条件概率，原始空间中数据点的相似度由高斯联合分布表示，嵌入空间中数据点的相似度由 t 分布表示。通过原始空间和嵌入空间的联合概率分布的 KL 散度（用于评估两个分布相似度的指标，经常用于评估机器学习模型的好坏）来评估嵌入效果的好坏，即将有关 KL 散度函数作为损失函数（Loss Function），通过梯度下降算法最小化损失函数，最终获得收敛结果。

例 4-10：不同 perplexity 的 t-SNE 应用。

在下面的代码片段中，首先生成数据集，然后分析在不同 perplexity 下的 t-SNE。其中，设置降维后的空间维度为 2，通过 learning_rate 设置学习率为"auto"，迭代次数 n_iter 为 300。

```
1.  from time import time
2.  import matplotlib.pyplot as plt
3.  import numpy as np
4.  from matplotlib.ticker import NullFormatter
5.  from sklearn import datasets, manifold
6.
7.  n_samples = 150
8.  n_components = 2
9.  (fig, subplots) = plt.subplots(3, 5, figsize=(15, 8))
10. perplexities = [5, 30, 50, 100]
11.
12. X,  y  =  datasets.make_circles(n_samples=n_samples,  factor=0.5,  noise=0.05,
    random_state=0)
13.
14. red = y == 0
15. green = y == 1
16.
17. ax = subplots[0][0]
18. ax.scatter(X[red, 0], X[red, 1], c="r")
19. ax.scatter(X[green, 0], X[green, 1], c="g")
20. ax.xaxis.set_major_formatter(NullFormatter())
21. ax.yaxis.set_major_formatter(NullFormatter())
22. plt.axis("tight")
23.
24. for i, perplexity in enumerate(perplexities):
25.     ax = subplots[0][i + 1]
26.     t0 = time()
27.     tsne = manifold.TSNE(
28.         n_components=n_components,
29.         init="random",
30.         random_state=0,
31.         perplexity=perplexity,
32.         n_iter=300,)
33.     Y = tsne.fit_transform(X)
```

```
34.     t1 = time()
35.     print("circles, perplexity=%d in %.2g sec" % (perplexity, t1 - t0))
36.     ax.set_title("Perplexity=%d" % perplexity)
37.     ax.scatter(Y[red, 0], Y[red, 1], c="r")
38.     ax.scatter(Y[green, 0], Y[green, 1], c="g")
39.     ax.xaxis.set_major_formatter(NullFormatter())
40.     ax.yaxis.set_major_formatter(NullFormatter())
41.     ax.axis("tight")
42.
43. X, color = datasets.make_s_curve(n_samples, random_state=0)
44.
45. ax = subplots[1][0]
46. ax.scatter(X[:, 0], X[:, 2], c=color)
47. ax.xaxis.set_major_formatter(NullFormatter())
48. ax.yaxis.set_major_formatter(NullFormatter())
49.
50. for i, perplexity in enumerate(perplexities):
51.     ax = subplots[1][i + 1]
52.     t0 = time()
53.     tsne = manifold.TSNE(
54.         n_components=n_components,
55.         init="random",
56.         random_state=0,
57.         perplexity=perplexity,
58.         learning_rate="auto",
59.         n_iter=300,)
60.     Y = tsne.fit_transform(X)
61.     t1 = time()
62.     print("S-curve, perplexity=%d in %.2g sec" % (perplexity, t1 - t0))
63.
64.     ax.set_title("Perplexity=%d" % perplexity)
65.     ax.scatter(Y[:, 0], Y[:, 1], c=color)
66.     ax.xaxis.set_major_formatter(NullFormatter())
67.     ax.yaxis.set_major_formatter(NullFormatter())
68.     ax.axis("tight")
69.
70.
71. x = np.linspace(0, 1, int(np.sqrt(n_samples)))
72. xx, yy = np.meshgrid(x, x)
73. X = np.hstack(
74.     [xx.ravel().reshape(-1, 1), yy.ravel().reshape(-1, 1),])
75. color = xx.ravel()
76. ax = subplots[2][0]
77. ax.scatter(X[:, 0], X[:, 1], c=color)
```

```
78. ax.xaxis.set_major_formatter(NullFormatter())
79. ax.yaxis.set_major_formatter(NullFormatter())
80.
81. for i, perplexity in enumerate(perplexities):
82.     ax = subplots[2][i + 1]
83.     t0 = time()
84.     tsne = manifold.TSNE(
85.         n_components=n_components,
86.         init="random",
87.         random_state=0,
88.         perplexity=perplexity,
89.         n_iter=400,)
90.     Y = tsne.fit_transform(X)
91.     t1 = time()
92.     print("uniform grid, perplexity=%d in %.2g sec" % (perplexity, t1 - t0))
93.
94.     ax.set_title("Perplexity=%d" % perplexity)
95.     ax.scatter(Y[:, 0], Y[:, 1], c=color)
96.     ax.xaxis.set_major_formatter(NullFormatter())
97.     ax.yaxis.set_major_formatter(NullFormatter())
98.     ax.axis("tight")
99.
100.
101.    plt.show()
```

输出如下：

```
circles, perplexity=5 in 0.1 sec
circles, perplexity=30 in 0.1 sec
circles, perplexity=50 in 0.11 sec
circles, perplexity=100 in 0.11 sec
S-curve, perplexity=5 in 0.088 sec
S-curve, perplexity=30 in 0.1 sec
S-curve, perplexity=50 in 0.11 sec
S-curve, perplexity=100 in 0.12 sec
uniform grid, perplexity=5 in 0.12 sec
uniform grid, perplexity=30 in 0.13 sec
uniform grid, perplexity=50 in 0.14 sec
uniform grid, perplexity=100 in 0.14 sec
```

扫码看彩图

如图 4-12 所示，随着 perplexity 的增大，在嵌入空间中，重构的形状越来越清晰。聚类的大小、距离和形状可能因初始化、perplexity 的不同而不同。对于较大的 perplexity，t-SNE 发现了两个同心圆的有意义的拓扑结构，但圆的大小和距离与原来的略有不同。与两个圆数据集相反，即使在较大的 perplexity 下，S 曲线数据集上的 S 曲线拓扑在形状上差异也较大。

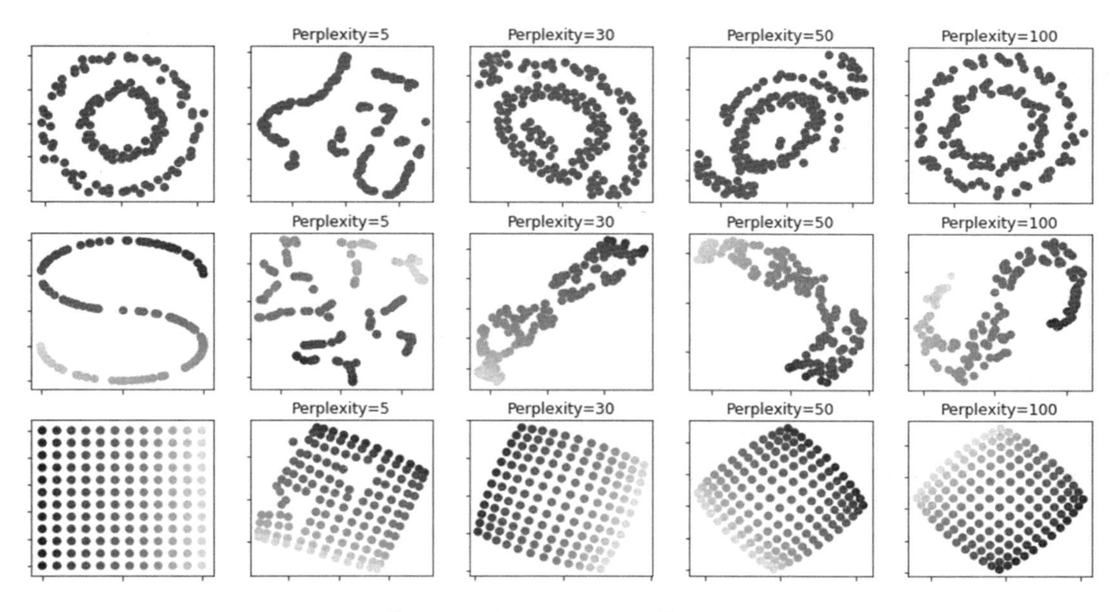

图 4-12　不同 perplexity 下的 t-SNE

4.3.2.8　LLE

LLE（Locally Linear Embedding，局部线性嵌入）和 t-SNE 都属于流形学习的一种。下面首先看看什么是流形学习。流形学习是一大类基于流形的框架，数学意义上的流形比较抽象，不过可以认为 LLE 中的流形是一个不闭合曲面，这个曲面有数据分布比较均匀且比较稠密的特征。基于流形的降维算法就是流形从高维空间到低维空间的降维过程，在降维过程中，我们希望流形在高维空间的一些特征可以保留。LLE 的具体实现步骤如下。

（1）找到数据点的 k 个近邻点。

（2）由每个近邻点构建该样本点的局部重建矩阵。

（3）由局部重建矩阵和近邻点计算重建后的样本点。

下面在经典的 Swiss Roll 数据集上比较两种流形的非线性降维算法，即 LLE 和 t-SNE。

例 4-11：在 Swiss Roll 数据集上比较 LLE 和 t-SNE。

第一步，生成 Swiss Roll 数据集，结果如图 4-13 所示。

```
1. import matplotlib.pyplot as plt
2. from sklearn import datasets, manifold
3. sr_points, sr_color = datasets.make_swiss_roll(n_samples=1500, random_state=0)
4.
5. fig = plt.figure(figsize=(8, 6))
6. ax = fig.add_subplot(111, projection="3d")
7. fig.add_axes(ax)
8. ax.scatter(sr_points[:, 0], sr_points[:, 1], sr_points[:, 2], c=sr_color, s=50,
   alpha=0.8)
9. ax.set_title("Swiss Roll in Ambient Space")
```

```
10. ax.view_init(azim=-66, elev=12)
11. _ = ax.text2D(0.8,0.05,s="n_samples=1500",transform=ax.transAxes)
```

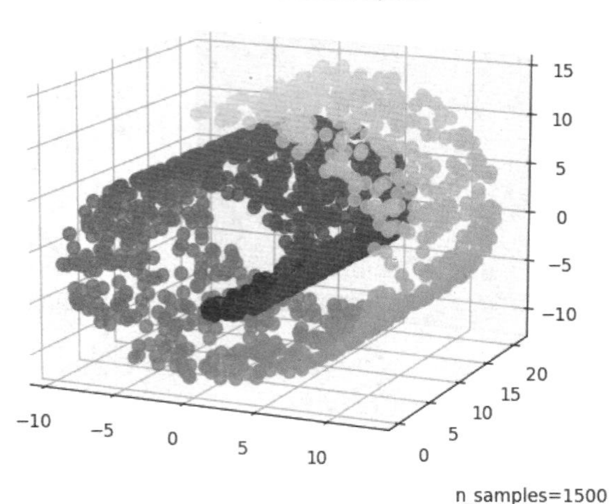

扫码看彩图

图 4-13　Swiss Roll 数据集

第二步，使用 LLE 和 t-SNE 进行数据降维，输出结果如图 4-14 所示。

```
12. sr_lle, sr_err = manifold.locally_linear_embedding(sr_points, n_neighbors=12,
    n_components=2)
13. sr_tsne = manifold.TSNE(n_components=2, perplexity=40, random_state=0).fit_transform
    (sr_points)
14.
15. fig, axs = plt.subplots(figsize=(8, 8), nrows=2)
16. axs[0].scatter(sr_lle[:, 0], sr_lle[:, 1], c=sr_color)
17. axs[0].set_title("LLE Embedding of Swiss Roll")
18. axs[1].scatter(sr_tsne[:, 0], sr_tsne[:, 1], c=sr_color)
19. _ = axs[1].set_title("t-SNE Embedding of Swiss Roll")
```

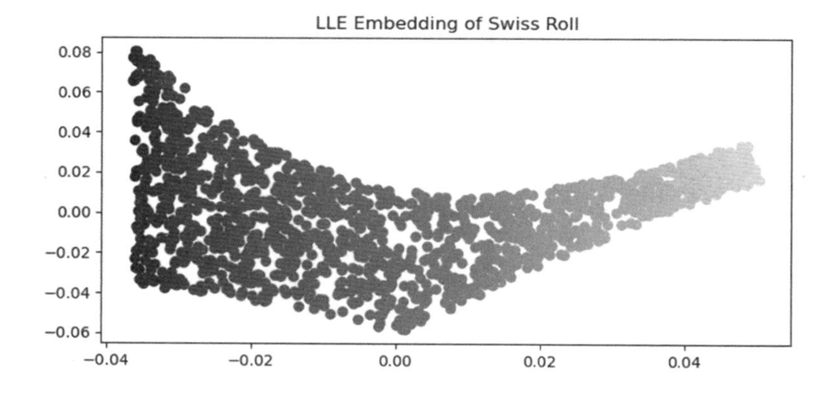

扫码看彩图

图 4-14　在 Swiss Roll 数据集上使用 LLE 和 t-SNE 进行数据降维的结果

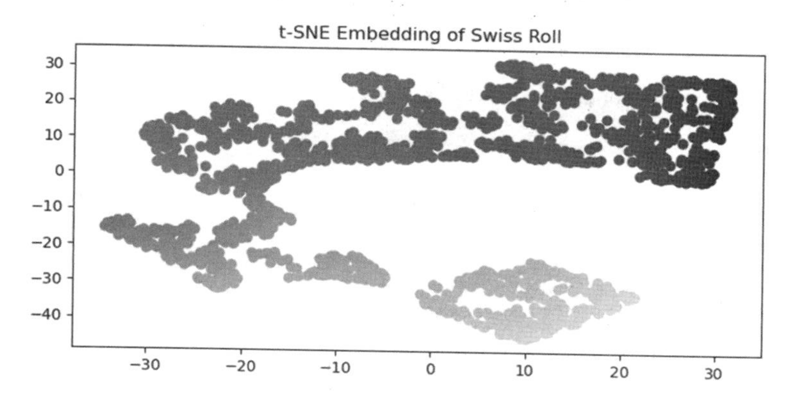

图 4-14　在 Swiss Roll 数据集上使用 LLE 和 t-SNE 进行数据降维的结果（续）

在上述代码片段中，LLE 设置 n_neighbors=12，即每个数据点要考虑的邻近点的数量为 12。如图 4-14 所示，可以发现 LLE 似乎非常有效地展开了 Swiss Roll 数据集，而 t-SNE 能够保留数据的一般结构，但没有实现原始数据的连续性。

现在在数据集中添加一个 Hole（通过在函数 make_swiss_roll()中设置 hole=True 来实现），并使用 LLE 和 t-SNE 分别进行处理。

第三步，下述代码片段用于生成 Swiss-Hole 数据集，结果如图 4-15 所示。

```
20. sh_points, sh_color = datasets.make_swiss_roll(n_samples=1500, hole=True,
    random_state=0)
21.
22. fig = plt.figure(figsize=(8, 6))
23. ax = fig.add_subplot(111, projection="3d")
24. fig.add_axes(ax)
25. ax.scatter(sh_points[:, 0], sh_points[:, 1], sh_points[:, 2], c=sh_color, s=50,
    alpha=0.8)
26. ax.set_title("Swiss-Hole in Ambient Space")
27. ax.view_init(azim=-66, elev=12)
28. _ = ax.text2D(0.8, 0.05, s="n_samples=1500", transform=ax.transAxes)
```

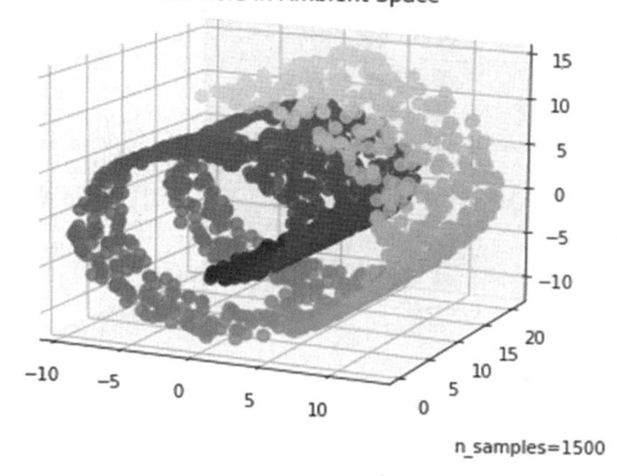

扫码看彩图

图 4-15　Swiss-Hole 数据集

第四步，使用 LLE 和 t-SNE 进行数据降维，结果如图 4-16 所示。

```
29. sh_lle, sh_err = manifold.locally_linear_embedding(sh_points, n_neighbors=12,
    n_components=2)
30.
31. sh_tsne = manifold.TSNE(n_components=2, perplexity=40, init="random", random_state=0).
    fit_transform(sh_points)
32.
33. fig, axs = plt.subplots(figsize=(8, 8), nrows=2)
34. axs[0].scatter(sh_lle[:, 0], sh_lle[:, 1], c=sh_color)
35. axs[0].set_title("LLE Embedding of Swiss-Hole")
36. axs[1].scatter(sh_tsne[:, 0], sh_tsne[:, 1], c=sh_color)
37. _ = axs[1].set_title("t-SNE Embedding of Swiss-Hole")
```

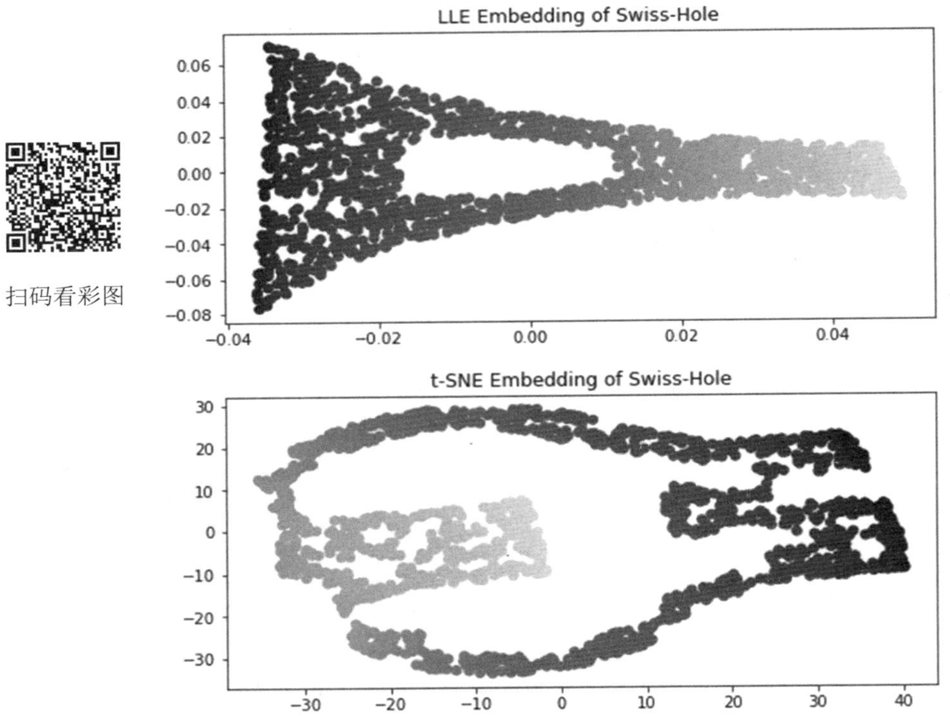

图 4-16　在 Swiss-Hole 数据集上使用 LLE 和 t-SNE 进行数据降维的结果

结果显示，LLE 仍然能够很好地展开数据，而 t-SNE 只保留了原始数据的一般拓扑，并再次将点集的部分聚集在一起。

4.3.3　基于特征选择的降维

在数据建模过程中，数据中可能存在大量冗余或不相关的特征，这些特征会造成模型过拟合、泛化能力差。因此，需要从原始数据集中挑选出评估标准最优的特征子集。特征选择是一种常见的数据降维算法，它通过选择最相关的特征子集来简化数据的高维结构，减少冗余和噪声特征的干扰，提高模型的预测精度。

常用的特征选择方法有以下几种。

（1）经验法：通常根据专家经验、实际数据情况等进行综合考虑。

（2）测算法：通过选择不同的维度来测试模型的性能，并不断进行验证和调整，以找到最优特征选择方案。

（3）基于统计分析的方法：通过相关性分析不同维度间的线性关系，按照相关性对各个特征进行评分，或者设定阈值或待选择特征的个数对特征进行筛选。该类方法主要包括缺失值比率、相关系数、方差过滤、卡方过滤、F 检验、互信息等。

（4）机器学习算法：通过训练学习模型来得到不同特征的特征值或权重，根据权重系数从大到小选择特征。该类方法主要包括嵌入法和包装法。

4.3.3.1　基于统计分析的方法

1. 缺失值比率

当发现数据集中有缺失值时，需要分析产生缺失值的原因。通常会设置一个阈值，如果某变量列的缺失值比率超过阈值，则该变量列中的有用信息较少，应去除该变量列；如果某变量列的缺失值比率低于设定的阈值，则保留该变量列，并用一些方法弥补缺失值。

下面在 Big Mart Sales 数据集上使用缺失值比率进行数据降维。该数据集包含 2013 年的销售数据，这些数据来自不同城市的 10 个不同网点的 1559 种产品，包含商品编号、商品质量、是否是低脂商品、商品所属类别、该商品展示区域占门店中所有商品展示区域的比例、商品最高售价、门店编号、门店建立年份、门店占地面积、门店所在城市类型、门店类型、门店商品销售额 12 个特征。这里使用 isnull().sum()来检查每个变量列中的缺失值比率。

```
1.  import pandas as pd
2.  import numpy as np
3.  import matplotlib.pyplot as plt
4.
5.  train=pd.read_csv("Train_UWu5bXk.csv")    # 读取数据
6.  train.isnull().sum()/len(train)*100
```

输出如下：

```
Item_Identifier               0.000000
Item_Weight                  17.165317
Item_Fat_Content              0.000000
Item_Visibility               0.000000
Item_Type                     0.000000
Item_MRP                      0.000000
Outlet_Identifier             0.000000
Outlet_Establishment_Year     0.000000
Outlet_Size                  28.276428
Outlet_Location_Type          0.000000
```

```
Outlet_Type                  0.000000
Item_Outlet_Sales            0.000000
dtype: float64
```

上述结果显示，缺失值很少，将阈值设为20%，选择除Outlet_Size之外的其余特征。

```
7.  a = train.isnull().sum()/len(train)*100    # 保存变量中的缺失值
8.  variables = train.columns
9.  variable = []    # 保存列名
10. for i in range(0,12):
11.     if a[i]<=20:   #设置阈值为20%
12.         variable.append(variables[i])
13. variable
```

输出如下：

```
['Item_Identifier',
 'Item_Weight',
 'Item_Fat_Content',
 'Item_Visibility',
 'Item_Type',
 'Item_MRP',
 'Outlet_Identifier',
 'Outlet_Establishment_Year',
 'Outlet_Location_Type',
 'Outlet_Type',
 'Item_Outlet_Sales']
```

2. 相关系数

相关系数是一种常用的相关性度量指标，通过计算特征之间的相关系数来选择与目标特征相关性较高的特征作为模型输入。该方法衡量变量之间的线性相关性，结果的取值区间为[-1,1]，-1表示完全负相关，1表示完全正相关，0表示线性不相关。如果两个特征高度相关，则可以保留其中一个，尽可能地保留相互独立的特征。pd.corr()和np.corrcoef()函数可用于计算相关系数矩阵。

下面在Iris数据集上计算相关系数矩阵并进行展示，结果如图4-17和图4-18所示。

```
1.  import numpy as np
2.  import pandas as pd
3.  from sklearn.datasets import load_iris
4.
5.  iris = load_iris()
6.  iris_df = pd.DataFrame(iris.data, columns=iris.feature_names)
7.  cor_matrix = iris_df.corr()
8.  np.round(cor_matrix, 2)
```

	sepal length (cm)	sepal width (cm)	petal length (cm)	petal width (cm)
sepal length (cm)	1.00	-0.12	0.87	0.82
sepal width (cm)	-0.12	1.00	-0.43	-0.37
petal length (cm)	0.87	-0.43	1.00	0.96
petal width (cm)	0.82	-0.37	0.96	1.00

图 4-17　相关系数矩阵

```
9.  import matplotlib.pyplot as plt
10. img = plt.matshow(cor_matrix, cmap= plt.cm.winter)
11. plt.colorbar(img, ticks = [-1,0,1])
12. plt.show(img)
```

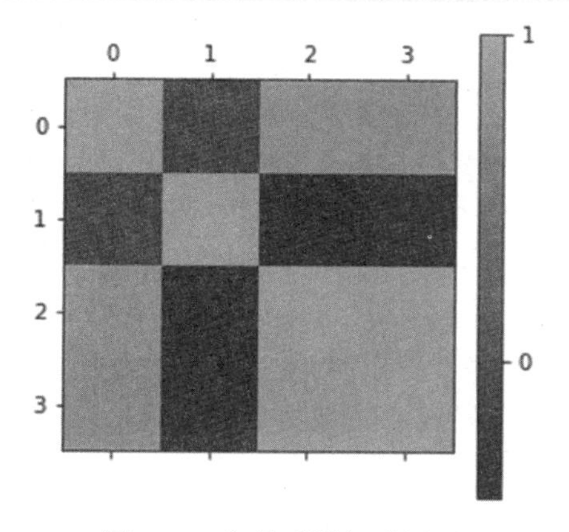

扫码看彩图

图 4-18　相关系数矩阵展示

由图 4-17 和图 4-18 可以看出，对角线上的数值为 1；此外，还可以发现第 1 和第 3、第 1 和第 4 及第 3 和第 4 特征之间具有高度的相关性。因此，只有第 2 特征几乎是独立的，而其他特征则彼此相关。现在有一个粗略的概念，即约简数据集的潜在特征数量应该为 2。

3. *方差过滤*

如果一个数据集的某列数值基本一致，即它的方差非常小，那么这样的特征变量还有价值吗？方差过滤方法假设变化非常小的数据列包含的信息量少，因此，移除所有方差小的数据列。需要注意的是，方差与数据范围相关，因此在采用该方法前，需要对数据做归一化处理。在实践中，先计算所有特征列的方差，然后移除其中方差最小的几列即可。

具体步骤如下。

（1）估算缺失值。

（2）检查缺失值是否已经被填充。

（3）计算所有特征列的方差。

（4）移除方差非常小的特征列。

在 Scikit-learn 中，提供了 VarianceThreshold 类以实现小方差筛选特征，其原型如下：

```
class sklearn.feature_selection.VarianceThreshold(threshold=0.0)
```

其中，threshold 为阈值，方差小于此阈值的特征将被移除。默认设置是保留所有具有非零方差的特征，即移除数据集中具有相同值的所有特征列。

例如，给定一组数据集，有两个特征列，其值是相同的，使用方差过滤方法进行特征选择：

```
1. from sklearn.feature_selection import VarianceThreshold
2. X = [[0, 2, 0, 3], [0, 1, 4, 3], [0, 1, 1, 3]]
3. selector = VarianceThreshold()
4. selector.fit_transform(X)
```

输出如下：

```
array([[2, 0],
       [1, 4],
       [1, 1]])
```

4. 卡方过滤

卡方过滤是专门针对离散型标签（分类问题）的相关性过滤方法。卡方检验的本质是推测两组数据之间的差异，其检验的原假设是“两组数据是相互独立的”。卡方检验类 feature_selection.chi2 用于计算每个非负特征和标签之间的卡方统计量，并按照统计量由高到低为特征排名，通过 feature_selection.SelectKBest()输入评分标准，筛选出前 *k* 个分数最高的特征列，由此移除一些无关的特征。

下面在 Iris 数据集上使用卡方过滤实现特征筛选：

```
1. from sklearn.datasets import load_iris
2. from sklearn.feature_selection import SelectKBest
3. from sklearn.feature_selection import chi2
4. X,y=load_iris(return_X_y=True)
5. print(X.shape)
6. X_new=SelectKBest(chi2,k=2).fit_transform(X,y)
7. print(X_new.shape)
```

输出如下：

```
(150, 4)
(150, 2)
```

在上面的代码片段中，通过 feature_selection.SelectKBest()输入 chi2 作为评分函数，设置 k=2，即选择 2 个分数最高的特征。

5. *F* 检验

F 检验是用来捕捉每个特征与标签之间的线性关系的过滤方法，它的本质是寻找两组数据之间的线性关系，其原假设是“数据不存在显著的线性关系”，返回 *F* 值和 *p* 值两个统计量。*F* 检验既可以用于回归问题又可以用于分类问题，包含 feature_selection.f_classif（*F* 检验分类）和 feature_selection.f_regression（*F* 检验回归）两个类。

下面在 Iris 数据集中加入含噪特征，并使用 *F* 检验进行特征选择，结果如图 4-19 所示。

```
1.  import numpy as np
2.  import matplotlib.pyplot as plt
3.  from sklearn.datasets import load_iris
4.  from sklearn.model_selection import train_test_split
5.  from sklearn.feature_selection import SelectKBest, f_classif
6.
7.  X, y = load_iris(return_X_y=True)
8.  # 一些不相关的噪声数据
9.  E = np.random.RandomState(42).uniform(0,0.1,size=(X.shape[0],20))
10. # 将噪声数据添加到重要特征中
11. X = np.hstack((X, E))
12. # 拆分数据集，选择特征并评估分类器
13. X_train,  X_test,  y_train,  y_test  =  train_test_split(X,  y,  stratify=y,
    random_state=0)
14.
15. selector = SelectKBest(f_classif, k=4)
16. selector.fit(X_train, y_train)
17. scores = -np.log10(selector.pvalues_)
18. scores /= scores.max()
19.
20. X_indices = np.arange(X.shape[-1])
21. plt.figure(1)
22. plt.clf()
23. plt.bar(X_indices - 0.05, scores, width=0.2)
24. plt.title("Feature univariate score")
25. plt.xlabel("Feature number")
26. plt.ylabel(r"Univariate score ($-Log(p_{value})$)")
27. plt.show()
```

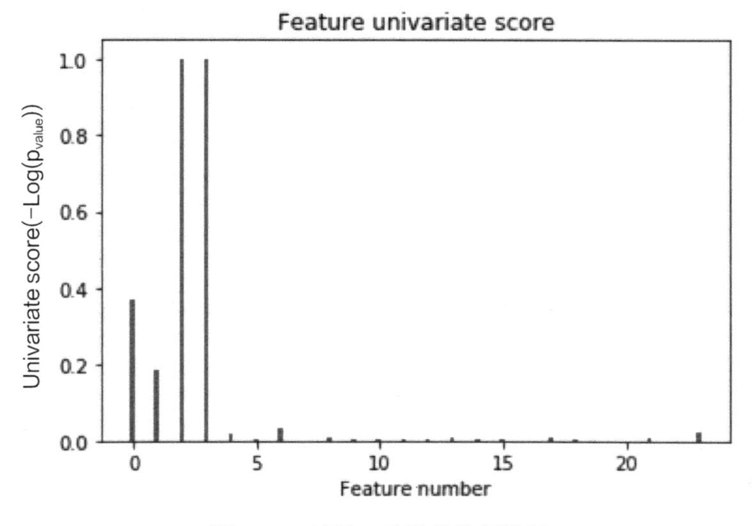

图 4-19　基于 F 检验的特征选择

由图 4-19 可知，在加入含噪特征后的所有特征集合中，只有 4 个原始特征是显著的，它们在特征选择中得分最高。

6. 互信息

互信息用来捕捉每个特征与标签之间的任意关系（包括线性和非线性关系），通过计算不同维度间的互信息，找到具有较高互信息的特征集，去除或留下其中一个。互信息返回每个特征和目标之间的互信息量的估计，在[0,1]区间取值，值为 0 表示两个变量独立，值为 1 表示两个变量完全相关。互信息既可以用于回归问题又可以用于分类问题，因此它包含两个类，即 feature_selection.mutual_info_classif（互信息分类）和 feature_selection.mutual_info_regression（互信息回归）。

4.3.3.2 机器学习算法

1. 嵌入法

嵌入法将特征选择过程嵌入模型训练过程，通过优化模型的正则化项或损失函数，自动选择对目标变量有重要影响的特征子集，常用的方法有基于 L1 范数的特征选择。除此之外，还有基于学习模型的特征排序，假设某个特征和目标变量之间的关系是非线性的，可以用基于树的方法（决策树、随机森林等）进行特征选择。

（1）基于 L1 范数的特征选择。

为了理解 L1 范数为什么能用于特征选择，下面首先从正则化说起。正则化是一种防止模型过拟合的方法，它在机器学习模型的损失函数上加上一个惩罚项，即正则化项，其一般形式为

$$\text{Lossfunction} = \sum_{i=1}^{N} L\left[f\left(x_i\right), y_i\right] + \lambda J\left(w_i\right) \tag{4-1}$$

其中，N 为样本数量；$L\left[f\left(x_i\right), y_i\right]$ 为损失函数，用来评价模型的预测值 $f\left(x_i\right)$ 和真实值 y_i 之间的不一致程度；$J\left(w_i\right) = \left|W\right|_1 = \sum_{i=1}^{N} |w_i|$ 为正则化项；λ 为控制惩罚程度的参数，其越大，越不容易过拟合。如果每个样本都是一个点，则过拟合模型会通过剧烈地上下抖动尽量穿过每个点，导致模型参数数量比较大。在训练模型时，实际上通过不断迭代参数 w_i 来使损失函数最小。L1 正则化（又称 Lasso）根据集合的正则化强度将一些变量的系数设置为 0。模型使用带正则化项的损失函数，当模型达到最优时，无用特征前面的系数变为 0，从而起到特征选择的作用。

在 Scikit-learn 中，如果是回归问题，则使用 linear_model.Lasso 做特征选择，其损失函数为 $\frac{1}{2n}\sum_{i=1}^{N}\left\|y_i - f\left(x_i, w_i\right)\right\|^2 + \lambda\left\|W\right\|_1$；如果是分类问题，则使用逻辑回归的 linear_model.LogisticRegression 和核为线性核的 svm.LinearSVC 做特征选择（详细内容将在第 5 章中介绍）。

Scikit-learn 中提供了 feature_selection.SelectFromModel()用于特征选择，它是一个元转换器，可以与任何在拟合后具有 coef_或 feature_importances_属性的学习器一起使用。如果

相应的 coef_或 feature_importances_小于所提供的阈值，则这些特征被视为不重要特征而被删除。除了指定阈值，还可以通过设置字符串参数，使用内置的启发式方法找到一个合适的阈值。

例 4-12：基于 L1 范数的特征选择。

```
1.  from sklearn import svm
2.  from sklearn.datasets import load_iris
3.  from sklearn.feature_selection import SelectFromModel
4.  X, y = load_iris(return_X_y=True)
5.  X.shape
```

输出如下：

```
(150, 4)
```

```
6.  lsvc = svm.LinearSVC(C=0.01, penalty="l1", dual=False)
7.  lsvc.fit(X, y)
8.  model = SelectFromModel(lsvc, prefit=True)
9.  X_new = model.transform(X)
10. X_new.shape
```

输出如下：

```
(150, 3)
```

在例 4-12 中，通过 LinearSVC()构建模型对象 lsvc，其中，C 是 LinearSVC 模型的正则化参数，是影响 L1 特征选择的主要因素，C 越小，选择的特征越少。使用 L1 范数惩罚的 LinearSVC 模型具有稀疏解，它的许多估计系数均为零。它与 feature_selection.SelectFromModel()一起使用，用于选择非零系数，设置 prefit=True 意味着该模型已经拟合完毕。

（2）基于树的特征选择。

基于树的特征选择即在构建决策树的过程中，根据特征的重要性对其进行排序，从对数据集影响大的特征开始建立分支并不断往下延伸。树是根据单个特征上的某个度量（如互信息等）来分割的，根据度量值的大小判断不同特征的重要性。因此，通过树模型就可以知道不同特征对模型的贡献程度。

例 4-13：基于树的特征选择。

```
1.  from sklearn.ensemble import ExtraTreesClassifier
2.  from sklearn.datasets import load_iris
3.  from sklearn.feature_selection import SelectFromModel
4.  X, y = load_iris(return_X_y=True)
5.
6.  clf = ExtraTreesClassifier(n_estimators=50)
7.  clf = clf.fit(X, y)
8.  model = SelectFromModel(clf, prefit=True)
9.  X_new = model.transform(X)
10. X_new.shape
```

输出如下：

```
(150, 2)
```

在例 4-13 中，通过 ExtraTreesClassifier()构建模型对象 clf。其中，n_estimators 为设置的基评估器的数量。通过特征选择，从原始数据的 4 个特征中保留了最重要的 2 个特征。

2. 包装法

包装法通过将特征选择的过程嵌入模型选择的过程，将特征子集选择问题转化为优化问题。该方法构建不同的特征子集，使用机器学习模型对其进行评估和比较，选择最优特征子集。最常用的包装法是递归特征消除（Recursive Feature Elimination，RFE）法、反向特征消除法、前向特征选择法等。

（1）递归特征消除法。

递归消除特征法也是一种特征选择算法，它反复训练模型，根据模型的性能递归地删除最不重要的特征，直到特征达到指定数量。

递归特征消除法的具体步骤如下。

① 将所有特征输入模型，得到模型的性能评价指标（如 F1-score 等）。

② 将性能评价指标排名最低的特征从特征集合中删除。

③ 继续训练模型，计算模型的性能评价指标。

④ 重复步骤②和③，直到达到所需的特征数量或无法继续删除特征。

递归特征消除法根据特征的重要性提供特征排序功能，从原始数据中筛选出最有用的特征，构建最终的模型，提高了模型的效率和精度。但由于递归特征消除法需要反复训练模型，因此计算成本比较高，尤其在特征数量比较多时。

假设有一个数据集，它包含 100 个特征和一个二分类目标变量，下面使用逻辑回归模型和递归消除特征法选择最优的 20 个特征。

例 4-14：基于递归特征消除法的特征选择。

```
1.  from sklearn.linear_model import LogisticRegression
2.  from sklearn.feature_selection import RFE
3.  from sklearn.datasets import make_classification
4.
5.  # 生成样本数据，包含 100 个特征和一个二分类目标变量
6.  X, y = make_classification(n_samples=1000, n_features=100, n_informative=20,
    n_redundant=0, random_state=1)
7.  # 创建逻辑回归模型
8.  model = LogisticRegression()
9.  rfe = RFE(model, n_features_to_select=20)
10. # 使用递归特征消除法训练模型并选择最优的 20 个特征
11. X_selected = rfe.fit_transform(X, y)
12. print(rfe.get_support(indices=True))
13. print(X_selected)
```

输出如下：

```
[ 7 9 19 23 30 33 42 43 44 49 62 66 68 70 74 75 79 84 92 93]
[[ 2.10214605 0.95832137 -0.13046364 ... -4.84124111 -2.05522712 -0.73465979]
 [-2.32648214 -0.53958974 1.85796597 ... 1.5400122 0.83695367 -5.14693185]
 [1.02728537 0.23901911 -0.41383436 ... -0.28077503 -0.02212711 -0.70009921]
 ...
 [3.37189209 0.52963901 -0.36913823 ... -4.05453548 2.5709366 4.07060606]
 [-1.38319684 1.65007044 2.42354167 ... -0.25148219 -1.23954323 2.37080765]
 [0.13845329 -0.28192572 -3.96853172 ... -4.67964015 2.46770024 1.39891579]]
```

在例 4-14 中，首先通过 make_classification()生成一个包含 100 个特征和一个二分类目标变量的样本数据集；然后创建一个逻辑回归模型，并创建一个递归特征消除对象 rfe，指定要选择最优的 20 个特征；最后使用 fit_transform()训练模型并选择最优的 20 个特征，并通过 get_support(indices=True)方法得到最优的 20 个特征的索引和名称。

（2）反向特征消除法。

在反向特征消除法中，所有分类算法先用 n 个特征进行训练。每次降维操作采用 $n-1$ 个特征将分类器训练 n 次，得到 n 个新分类器。将新分类器中错分率变化最小的分类器所用的 $n-1$ 个特征作为降维后的特征集。重复该过程，即可得到降维结果。第 i 次迭代过程得到的是 $n-i$ 维特征分类器。通过选择最高的错误容忍率，可以得到在选择分类器上达到指定分类性能最少需要多少个特征。反向特征消除法的具体步骤如下。

① 先获取数据集中的全部 n 个特征，然后用它们训练一个模型。

② 计算模型的性能。

③ 在删除每个特征后计算模型的性能，即每次都删除一个特征，用剩余的 $n-1$ 个特征训练模型，共训练 n 次。

④ 确定对模型性能影响最小的特征，把它删除。

⑤ 重复此过程，直到不能再删除任何特征。

（3）前向特征选择法。

前向特征选择是反向特征消除的反过程。在前向特征选择过程中，从一个特征开始，每次训练添加一个让分类器性能提升最大的特征。前向特征选择法的具体步骤如下。

① 选择一个特征，用每个特征训练模型 n 次，得到 n 个模型。

② 选择模型性能最优的特征作为初始特征。

③ 每次添加一个特征继续训练，重复上一过程，保留让分类器性能提升最大的特征。

④ 一直添加，一直筛选，直到模型性能不再有明显提升。

前向特征选择法和反向特征消除法都十分耗时，计算成本也很高，因此只适用于输入特征较少的数据集。

在建模过程中，通过合适的特征选择方法选取出真正合适的特征来简化模型可有效提高模型的精度，辅助理解数据产生的过程。下面以威斯康星州乳腺癌数据为例，实现常用的几种特征选择方法。

例 4-15：基于威斯康星州乳腺癌数据集的特征选择。

第一步，导入数据集。

```
1.  import numpy as np
2.  import pandas as pd
3.  #使用威斯康星州乳腺癌数据集作为样例
4.  from sklearn.datasets import load_breast_cancer
5.  from sklearn.model_selection import cross_val_score
6.  from sklearn.svm import SVC
7.
8.  cancer = load_breast_cancer()
9.  X = cancer.data       #得到 X 值和 y 值
10. y = cancer.target
11. feature_names = cancer.feature_names
12.
13. svm_clf = SVC() #实例化支持向量机模型
```

第二步，基于方差过滤的特征选择。

```
14. from sklearn.feature_selection import VarianceThreshold
15. #将阈值设置为 0.05，即删除方差小于 0.05 的特征（列）
16. var_thres = VarianceThreshold(threshold=0.05)
17. var_thres.fit(X)
18.
19. #交叉验证
20. X_varthresh = X[:,var_thres.get_support(indices=True)]
21. print("使用方差阈值筛选出来的特征索引:", var_thres.get_support(indices=True))
22. print("方差阈值选择前的结果:", cross_val_score(estimator=svm_clf, X=X, y=y,
    cv=5, scoring='accuracy').mean())
23. print("方差阈值选择后的结果:", cross_val_score(estimator=svm_clf, X=X_varthresh,
    y=y, cv=5, scoring='accuracy').mean())
```

输出如下：

```
使用方差阈值筛选出来的特征索引: [0 1 2 3 10 11 12 13 20 21 22 23]
方差阈值选择前的结果: 0.9121720229777983
方差阈值选择后的结果: 0.9139419344822233
```

使用方差阈值删除了数值变化不大的特征，模型的准确率有了小幅度的提升。

第三步，基于卡方过滤的特征选择。

```
24. from sklearn.feature_selection import SelectKBest
25. from sklearn.feature_selection import chi2
26. #使用卡方过滤方法选择 15 个特征
27. chi2_feature = SelectKBest(score_func=chi2,k=15)
28. chi2_selector = chi2_feature.fit(X,y)
29.
30. chi2_selector.scores_
31. chi2_df = pd.DataFrame(chi2_selector.scores_,columns=['chi2_value'])
```

```
32. chi2_df['index'] = np.arange(30)
33.
34. #将计算出的 chi2 统计量放到 DataFrame 中
35. chi2_df = pd.DataFrame(chi2_selector.scores_,columns=['chi2_value'])
36. chi2_df['index'] = np.arange(30)
37.
38. #交叉验证
39. X_chi2 = X[:,chi2_selector.get_support(indices=True)]
40. print("使用 chi2 筛选出来的特征索引:", chi2_selector.get_support(indices=True))
41. print("chi2 选择前的结果:", cross_val_score(estimator=svm_clf, X=X, y=y, cv=5,
    scoring='accuracy').mean())
42. print("chi2 选择后的结果:", cross_val_score(estimator=svm_clf, X=X_chi2, y=y,
    cv=5, scoring='accuracy').mean())
```

输出如下：

```
使用 chi2 筛选出来的特征索引: [ 0 1 2 3 6 10 12 13 20 21 22 23 25 26 27]
chi2 选择前的结果: 0.9121720229777983
chi2 选择后的结果: 0.9121720229777985
```

使用 chi2 筛选出来的 15 个特征与原来的 30 个特征在模型的准确率表现上差异不大，因此可以删除已经被 chi2 筛选出来的 15 个特征。

第四步，基于相关系数的特征选择。

```
43. import pandas as pd
44. #计算 DataFrame 的特征之间的相关系数，并使用 abs()得到其绝对值
45. X_df=pd.DataFrame(X)
46. corr = X_df.corr().abs()
47. #由于行与列之间存在重复性，因此，使用 np.triu()配合 where()得到上三角矩阵
48. upper = corr.where(np.triu(np.ones(corr.shape),k=1).astype(np.bool_))
49. # 局部的 upper 上三角矩阵得到按列取得的需要剔除的特征
50. # 使用 any()方法可以得到相关系数大于 0.8 的列名称，并予以剔除（按行的效果一样）
51. to_drop = [col for col in upper.columns if any(upper[col] > 0.8)]
52.
53. X_corr = X_df.drop(to_drop,axis=1)#得到最终特征选择后的数据
54.
55. #交叉验证
56. print("Corr 选择前的结果:", cross_val_score(estimator=svm_clf, X=X, y=y, cv=5,
    scoring='accuracy').mean())
57. print("Corr 选择后的结果:", cross_val_score(estimator=svm_clf, X=X_corr.values,
    y=y, cv=5, scoring='accuracy').mean())
```

输出如下：

```
Corr 选择前的结果:0.9121720229777983
Corr 选择后的结果:0.8805154479118149
```

使用相关系数删除了相关系数大于 0.8 的特征后，模型的准确率有所降低。

第五步，基于随机森林的特征选择。

```
58. #导入随机森林模型
59. from sklearn.ensemble import RandomForestClassifier
60. rf_clf = RandomForestClassifier()
61. rf_clf.fit(X,y)
62. feature_importance = rf_clf.feature_importances_  #拟合数据后计算特征的重要性
63.
64. #得到随机森林排序的前 5 个特征
65. feature_importance = pd.DataFrame(feature_importance,columns=['importance'])
66. feature_importance['name'] = feature_names
67. rank_5 = feature_importance.sort_values(by='importance',ascending=False)[:5]
68.
69. #交叉验证
70. X_df = pd.DataFrame(X,columns=feature_names)
71. X_rf_imp = X_df.loc[:,rank_5.name]
72. print("重要性选择前的结果:", cross_val_score(estimator=svm_clf, X=X, y=y, cv=5,
    scoring='accuracy').mean())
73. print("重要性选择后的结果:", cross_val_score(estimator=svm_clf, X=X_rf_imp.values,
    y=y, cv=5, scoring='accuracy').mean())
```

输出如下：

```
重要性选择前的结果:0.9121720229777983
重要性选择后的结果:0.9192050923769601
```

基于随机森林的特征选择方法仅用 5 个特征就代替了以往的 30 个特征，且模型的准确率也有了小幅度提升。

第六步，基于递归特征消除法的特征选择。

```
74. #在 feature_selection 中导入 RFECV
75. #必须使用可以输出 coef_或 feature_importance_的分类器
76.
77. from sklearn.feature_selection import RFECV
78. from sklearn.svm import SVC
79. svm_clf = SVC(kernel='linear',)
80. rfecv = RFECV(estimator=svm_clf,cv=5,scoring='accuracy')
81. rfecv.fit(X,y)
82.
83. RFECV(cv=5, estimator=SVC(kernel='linear'), scoring='accuracy')
84.
85. svm_clf = SVC()
86. X_rfe = X_df.iloc[:,rfecv.get_support(indices=True)]
87.
88. print(rfecv.get_support(indices=True))
```

```
89. print("RFE 选择前的结果:", cross_val_score(estimator=svm_clf, X=X,y=y,cv=5,
    scoring='accuracy').mean())
90. print("RFE 选择后的结果:", cross_val_score(estimator=svm_clf, X=X_rfe.values,
    y=y,cv=5,scoring='accuracy').mean())
```

输出如下：

```
[0 4 5 6 7 8 11 12 20 24 25 26 27 28]
RFE 选择前的结果:0.9121720229777983
RFE 选择后的结果:0.9156963204471354
```

使用递归特征消除法选择的特征有 14 个，最终模型的准确率也得到了提升。

4.3.4　基于特征组合的降维

基于特征组合的降维是将输入特征经过运算，得出能对目标变量做出很好的解释（预测性）的复合特征的过程。复合特征不是原有的单一特征，而是经过组合和变换后的新特征。常用的特征组合方法有以下几种。

（1）基于单一特征离散化后的组合。该方法先将连续型特征离散化，然后基于离散化后的特征组合成新特征。

（2）基于单一特征运算后的组合。该方法通过对单列特征基于不同条件做求和、求平均值、求最大值、求最小值、求中位数、求分位数、求标准差、求偏度、求峰度等计算来获得新特征。

（3）基于多个特征运算后的组合。该方法通过对多个特征直接做复合计算形成新特征，运算一般基于数值型特征，常见方式包括加、减、乘、除、取余、对数、正弦、余弦等。

（4）基于模型的特征最优组合。该方法基于输入特征与目标变量，在特定优化函数的前提下做模型迭代计算，以达到满足模型最优的解，常见的方式包括基于多项式的特征组合、基于 GBDT 的特征组合。

经过特征组合形成的新特征具有以下优点。

（1）在一定程度上解决了单一特征的离散和稀疏等问题，新组合特征对目标变量的解释能力增强。

（2）减小原有特征中噪声信息的干扰，使得模型的鲁棒性更强。

（3）降低模型的复杂性并提高模型效率。

特征组合方法在很多时候并不能减少特征的数量，反而可能会增加特征的数量。因此，在严格意义上，特征组合方法并不归属为降维算法。下面主要介绍基于多个特征运算后的组合和基于模型的特征最优组合。

4.3.4.1　基于多个特征运算后的组合

在机器学习和数据科学领域，可以将多个特征组合在一起，产生更有意义的新特征。例如，如果有一个特征是“身高”，另一个特征是“体重”，则可以将它们组合起来，创建一个新特征“身高体重比”，以提高模型的准确率。

前面提到，针对数值型的多个特征，可以通过简单的数学运算（如加、减、乘、除、取余、对数等）进行特征组合。如果两个数值型特征具有相同的物理意义，如第一个数值型特征是用户的收入，第二个数值型特征是用户的支出，则两个特征做减法表示用户剩余的钱，做除法表示用户支出占收入的比例；如果两个数值型特征具有不同的物理意义，如第一个数值型特征表示用户购买的商品数量，第二个数值型特征表示商品的单价，则特征相乘表示用户需要支付的总金额。

除数值型特征外，其他类型特征也可以进行组合。例如，代表上网时间、下网时间等的时间特征，可以通过计算时间差来确定在网时长；月份特征和不同的国家组合起来可以分析某一月份（或时间点）人们的购物欲望大增可能与某个国家的节日有关等。

假设有一个医学数据集，其包含了用户的年龄（Age）、身高（H_m）和体重（W_kg）等信息，在预测用户是否存在患心脏病、高血压等风险时，可以通过如下方式将身高和体重组合为BMI特征：

```
1. df['BMI'] = df['W_kg']/pow(df['H_m'],2)
```

这类特征组合需要结合具体应用场景，从业务角度出发，找出与目标变量核心相关的特征进行组合。

4.3.4.2 基于模型的特征最优组合

1. 基于多项式的特征组合

在机器学习中，通过增加一些输入数据的非线性特征来提升模型的复杂性通常是有效的。一种简单通用的方法是使用多项式特征来获得特征的更高维度和互相之间关系的项，通过 PolynomialFeatures()进行特征的构造。

```
1. import numpy as np
2. from sklearn.preprocessing import PolynomialFeatures
3. X = np.arange(6).reshape(3, 2)
4. X
```

输出如下：

```
array([[0, 1],
       [2, 3],
       [4, 5]])
```

```
5. poly = PolynomialFeatures(2)
6. poly.fit_transform(X)
```

输出如下：

```
array([[ 1.,  0.,  1.,  0.,  0.,  1.],
       [ 1.,  2.,  3.,  4.,  6.,  9.],
       [ 1.,  4.,  5., 16., 20., 25.]])
```

在上面的代码中，首先创建了一个数组 X，然后使用 PolynomialFeatures()进行 2 次多项式的构造。可以看出，X 特征从$\left(X_1, X_2\right)$转换为$\left(1, X_1, X_2, X_1^2, X_1X_2, X_2^2\right)$。

PolynomialFeatures()使用多项式方法进行特征构造，它主要有 3 个参数，分别是 degree、interaction_only 和 include_bias。其中，degree 控制多项式的阶，其默认值为 2；

interaction_only 的默认值为 False，即包含列数据自身的幂次，如果将其指定为 True，则只计算交互项；include_bias 的默认值为 True，即结果中有 0 次幂项。假设有 a 、b 两个特征，在默认情况下，其 2 次多项式为 $\left(a^0b^0,a^1b^0,a^0b^1,a^2b^0,a^1b^1,a^0b^2\right)$，3 次多项式为 $\left(a^0b^0,a^1b^0,a^0b^1,a^2b^0,a^1b^1,a^0b^2,a^3b^0,a^2b^1,a^1b^2,a^0b^3\right)$，$n$ 次多项式会产生所有次数从 0 到 n 的项。当 interaction_only = True 时，结果中不会出现类似 a^2b^0 、a^0b^2 、a^3b^0 和 a^0b^3 的项；当 include_bias = False 时，结果中不会出现 a^0b^0 项。

下面修改一下上面的例子：

```
7.  import numpy as np
8.  from sklearn.preprocessing import PolynomialFeatures
9.  X = np.arange(6).reshape(3, 2)
10. poly = PolynomialFeatures(degree=3,interaction_only=True)
11. poly.fit_transform(X)
```

输出如下：

```
array([[ 1.,  0.,  1.,  0.],
       [ 1.,  2.,  3.,  6.],
       [ 1.,  4.,  5., 20.]])
```

可以看出，X 特征已经从 $\left(X_1,X_2\right)$ 转换为 $\left(1,X_1,X_2,X_1X_2\right)$。

例 4-16：在线性回归中使用多项式模型。

第一步，构造数据集，使用线性回归来建模，结果如图 4-20 所示。

```
1.  %matplotlib inline
2.  from sklearn.linear_model import LinearRegression
3.  import matplotlib.pyplot as plt
4.  import numpy as np
5.
6.  np.random.seed(seed=0) # 固定随机数种子，便于结果重现
7.  x = np.random.uniform(-3, 3, size=100) # 随机生成 100 个数
8.  x.sort() # 排序
9.  y = x**2+2*x+3+np.random.normal(0,1,100) #由数组 x 生成数组 y，增加噪声
10. X = x.reshape(-1, 1) # 将 x 转换为(samples,features)格式
11. lr = LinearRegression().fit(X, y) # 创建模型，拟合数据
12. y_predict = lr.predict(X) # 预测
13.
14. plt.scatter(x, y) # 画出数据点
15. plt.plot(x, y_predict, c='r', label='score=%0.2f'% lr.score(X, y)) # 生成预测曲
    线及成绩
16. plt.legend(fontsize=14) # 图例（显示成绩）
17. plt.show()
```

在上面的代码片段中，随机生成了 100 个不符合线性分布的数据点，使用线性回归模型进行预测，并绘制了原始数据集的散点图和线性回归模型的预测曲线。由图 4-20 可以看

出，模型很不理想，分数只有 0.51，不能反映数据点的分布规律。

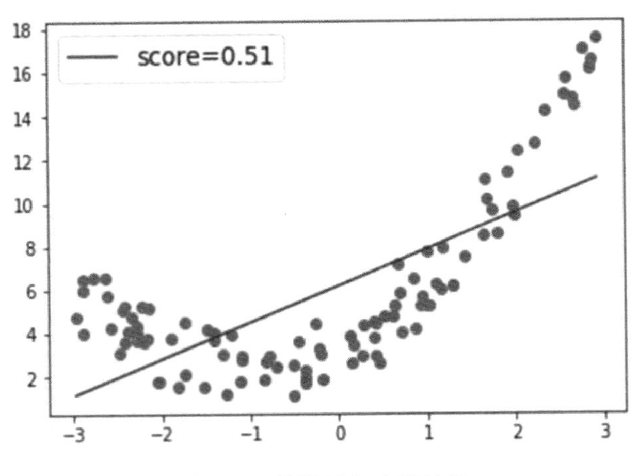

图 4-20　线性回归建模结果

第二步，增加多项式特征，输出结果如图 4-21 所示。

```
18. from sklearn.preprocessing import PolynomialFeatures
19.
20. X_poly = PolynomialFeatures(degree=2).fit_transform(X)      # 增加多项式特征
21. lr.fit(X_poly, y) # 重新拟合数据
22. y_predict = lr.predict(X_poly) # 预测
23. plt.scatter(x, y) # 画出数据点
24. plt.plot(x, y_predict, c='r', label='score=%0.2f'% lr.score(X_poly, y)) # 生成
    预测曲线
25. plt.legend(fontsize=14) # 图例
26. plt.show()
```

通过 PolynomialFeatures()增加了阶次为 2 的多项式特征后，线性回归模型的预测曲线较好地拟合了数据点，分数达到了 0.94（该例中涉及的线性回归模型 LinearRegression 与绘图库 Matplotlib 分别详见第 5 章和第 7 章）。线性回归配合多项式特征可以用来拟合非线性数据。

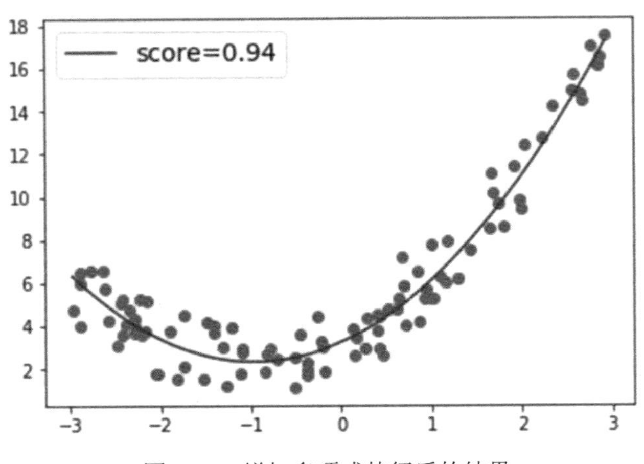

图 4-21　增加多项式特征后的结果

2. 基于 GBDT 的特征组合

GBDT（Gradient Boosting Decision Tree，梯度提升决策树）是一种常用的机器学习算法，它是由许多决策树组成的森林，后一棵树使用前一棵树的预测结果与真实值之间的残差作为要拟合的数据集。基于 GBDT 的特征组合先用已有特征训练 GBDT 模型，然后利用 GBDT 模型学习到的树来构造新特征，最后把这些新特征加入原有特征中一起训练模型。构造的新特征向量的分量取值为 0 或 1，向量的分量对应 GBDT 模型中树的叶子节点，如果一个样本点通过某棵树，最终落在这棵树的一个叶子节点上，那么在新特征向量中，这个叶子节点对应的元素值为 1，而这棵树的其他叶子节点对应的元素值为 0。新特征向量的长度等于 GBDT 模型里所有树包含的叶子节点数之和。例如，GBDT 由 3 棵子树构成，每棵子树有 4 个叶子节点，一个训练样本进来后，先后落到了子树 1 的第 3 个叶子节点上，特征向量为[0,0,1,0]；子树 2 的第 1 个叶子节点上，特征向量为[1,0,0,0]；子树 3 的第 4 个叶子节点上，特征向量为[0,0,0,1]。串接所有特征向量，组合形成的最终特征向量为[0,0,1,0,1,0,0,0,0,0,0,1]。

在实际采用 GBDT 构造组合特征时，可以选用 Scikit-learn 中的 GBDT 模型实现。由于 GBDT 模型最终输出的是每个样本在每棵树中落入叶子节点的索引，因此在实际使用时，先得到所有样本在子树中叶子节点索引的数组，然后对每棵树的叶子节点做 One-Hot 编码，即可得到所有样本的组合特征。

例 4-17：在 Iris 数据集上基于 GBDT 的特征组合。

```
1.  import numpy as np
2.  from sklearn import datasets
3.  from sklearn.model_selection import train_test_split
4.  from sklearn.metrics import log_loss
5.  from sklearn.preprocessing import OneHotEncoder
6.  from sklearn.linear_model import LogisticRegression
7.  from sklearn.ensemble import GradientBoostingClassifier
8.
9.  def lr_predict(X, y):              # baseline: LR
10.     # 划分数据集
11.     x_train, x_test, y_train, y_test = train_test_split(X, y, test_size=0.3,
    random_state=2019)
12.     lr = LogisticRegression(solver='lbfgs')          # LR
13.     lr.fit(x_train, y_train)
14.
15.     # 评估: log_loss
16.     tr_logloss = log_loss(y_train,lr.predict_proba(x_train)[:,1])
17.     print("lr_train: ", tr_logloss)
18.     ts_logloss = log_loss(y_test, lr.predict_proba(x_test)[:,1])
19.     print("lr_test: ", ts_logloss)
20.
21. def gbdt_lr(X, y):         # GBDT + LR
```

```
22.     # 训练 GBDT
23.     gbc = GradientBoostingClassifier(n_estimators=50, random_state=2019, subsample=0.8,
    max_depth=6)
24.     gbc.fit(X, y)
25.
26.     # 构造组合特征
27.     gbc_leaf = gbc.apply(X)
28.     gbc_feats = gbc_leaf.reshape(-1, 50)      # 50 棵树
29.     enc = OneHotEncoder(categories='auto')
30.     enc.fit(gbc_feats)
31.     gbc_new_feature=np.array(enc.transform(gbc_feats).toarray())
32.     # 原始特征和组合特征
33.     X = np.concatenate((X, gbc_new_feature),axis=1)
34.     # 划分数据集
35.     x_train, x_test, y_train, y_test = train_test_split(X, y, test_size = 0.3,
    random_state = 2019)
36.
37.     # LR
38.     lr = LogisticRegression(solver='lbfgs')
39.     lr.fit(x_train, y_train)
40.
41.     # 评估：log_loss
42.     tr_logloss = log_loss(y_train,lr.predict_proba(x_train)[:,1])
43.     print("gbdt_lr_train: ", tr_logloss)
44.     ts_logloss = log_loss(y_test, lr.predict_proba(x_test)[:, 1])
45.     print("gbdt_lr_test: ", ts_logloss)
46.
47. iris = datasets.load_iris()
48. X = iris.data[:100]
49. y = iris.target[:100]
50. lr_predict(X, y)
51. gbdt_lr(X, y)
```

输出如下：

```
lr_train:  0.02796944108291243
lr_test:   0.033278794811420216
gbdt_lr_train:  0.003021625219689883
gbdt_lr_test:   0.0030961378560214864
```

在例 4-17 中，在 Iris 数据集上基于 GBDT 构造组合特征后，使用逻辑回归模型 LogisticRegression 进行训练，模型的 log_loss 更小。在该例中，使用 Iris 数据集中的前 100 个样本，通过 lr_predict()和 gbdt_lr()函数进行逻辑回归建模，在训练集和测试集上计算对数损失 log_loss。lr_predict()函数将数据集划分后，直接通过逻辑回归进行建模。而 gbdt_lr()函数先通过 GradientBoostingClassifier 进行训练；再对每棵树做 One-Hot 编码，并通过 NumPy

中的函数 concatenate()进行特征组合；最后划分数据集并进行逻辑回归建模训练。

在 Scikit-learn 中，GradientBoostingClassifier 和 GradientBoostingRegressor 分别为 GBDT 用于分类与回归的梯度提升类。在例 4-17 中，Iris 数据集为分类问题，故使用 GradientBoostingClassifier。其中，n_estimators 是指定的弱学习器的数量，也是最大迭代次数；subsample 指定子采样的比例，其取值为(0,1]，推荐在[0.5, 0.8]区间；max_depth 设置单棵决策树的最大深度。GradientBoostingClassifier 的 apply()函数返回训练数据 X 在训练好的模型的每棵树中所处的叶子节点的位置（索引）。

4.4　异常值检测及处理

检测异常值是探索数据科学的核心任务之一，异常值是指显著偏离某一特定群体的数据，包括错误数据、不一致数据及其他非正常数据，它们通常会造成测量误差，影响数据模型的建立及数据分析结果的正确性。常用的异常值检测方法有单变量异常检测、OneClassSVM 算法与 EllipticEnvelope 算法等。

针对不同的异常值，处理方法也不同。

（1）删除：处理异常值最简单的方法就是将其直接删除，但该操作可能会对变量的原有分布造成影响，从而导致统计模型不稳定。此外，若原始观测值数量较少，则直接删除异常值可能会造成样本量不足。

（2）视为缺失值：将异常值当作缺失值来处理，利用现有的变量信息填补异常值。在处理过程中，需要根据异常值的特点进行，针对该异常值是完全随机缺失（Missing Completely At Random，MCAR）、随机缺失（Missing At Random，MAR）还是非随机缺失 Missing Not At Random，NMAR）等不同情况进行处理。

（3）插补处理：采用数据的某个值（如平均值、众数、中位数）来修正变量中的异常值。

（4）不处理：根据异常值的性质特点，使用更加鲁棒的模型来修饰，直接在该数据集中进行数据挖掘。

4.4.1　单变量异常检测

单变量异常值是仅由一个变量的极值组成的数据点。单变量异常检测通常基于 EDA 分析和可视化方法来实现。下面介绍最常用的两种检测方法。

（1）Z-Score 方法。它是一维或低维特征空间中变量的异常检测方法，通常将 Z-Score 在 3 倍标准差以上的点视为可疑离群点。

例 4-18：Z-Score 方法的应用。

```
1.  import pandas as pd
2.  import numpy as np
3.  import sklearn
4.  from sklearn import datasets
5.
6.  data_url = “http://lib.stat.cmu.edu/datasets/boston”
```

```
7.  raw_df = pd.read_csv(data_url, sep="\s+", skiprows=22, header=None)
8.  data = np.hstack([raw_df.values[::2, :], raw_df.values[1::2, :2]])
9.  continuous_variables = [n for n in range(np.shape(data)[1]) if n!=3]
10. from sklearn import preprocessing
11. normalized_data=preprocessing.StandardScaler().fit_transform(data[:,continuous_
    variables])
12. outliers_rows,outliers_columns = np.where(np.abs(normalized_data)>3)
13. print(outliers_rows)
```

输出如下：

```
[ 55  56  57 102 141 199 200 201 202 203 204 225 256 257 262 283 284 347
351 352 353 353 354 355 364 365 367 373 374 374 380 398 404 405 406 410
410 411 412 412 414 414 415 416 418 418 419 423 424 425 426 427 427 429
431 436 437 438 445 450 454 455 456 457 466]
```

在例 4-18 中，以波士顿房价数据集为例，使用 Z-Score 方法检测异常值。在该数据集中，变量 CHAS（索引为 3）是二进制数据，在处理过程中，将此变量忽略。通过 StandardScaler()函数实现连续变量的标准化，将数据规范为平均值为 0、方差为 1 的数据，并找到绝对值大于 3 倍的标准差的值，即检测出潜在的异常值。

（2）箱线图法。它依据变量的四分位数形成的图形化描述实现异常值检测，它也是一种比较常见的异常值检测方法。如图 4-22 所示，一般取所有样本数据的上四分位点 Q_1 和下四分位点 Q_3，两者之间的距离为箱体的长度 IQR（下四分位数和上四分位数的差），将小于 Q_1−1.5IQR 或大于 Q_3+1.5IQR 的数据定义为异常值。

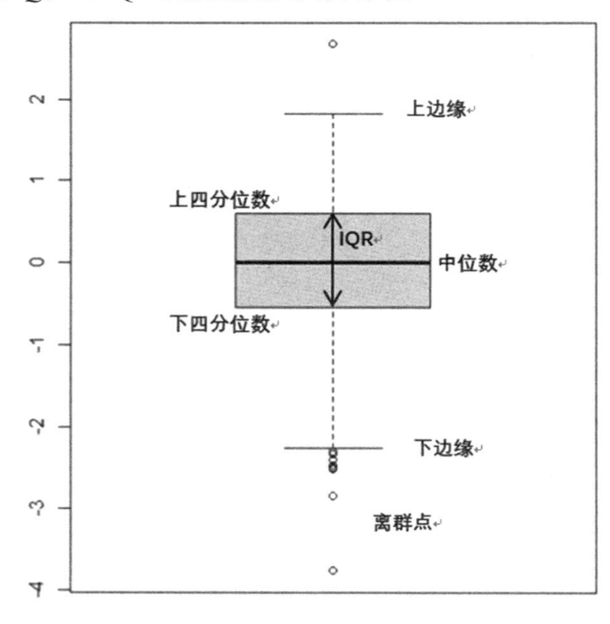

图 4-22　箱线图与离群点

单变量异常检测可以检测出许多潜在的异常值，但对于不是极值的异常值，它检测不出来。

Scikit-learn 提供了两个类，用于自动标出可疑实例。

（1）OneClassSVM：具有很强的拟合能力，但对训练集中的噪声点比较敏感。OneClassSVM 先用一个核方法（如高斯核）将原始空间中的样本点映射到特征空间，使得正常数据点和异常数据点在特征空间中能够轻松地被一个超平面分离。

（2）EllipticEnvelope：可以根据数据做一个鲁棒的协方差估计，由于异常值是数据分布中的极值，因此它可以有效识别数据中的异常值。

上述两个类基于不同的统计与机器学习方法。下面结合实例来介绍这两个类的具体应用。

4.4.2　OneClassSVM

OneClassSVM 是一种机器学习方法，可应用于多变量数据集。严格来说，OneClassSVM 不是异常值检测算法，而是新异常值检测（Novelty Detection）算法，它将与正常数据有一定区别的数据都当作新异常值，即与正常数据特征相似的数据被认为是正常数据，否则被认为是异常数据。

SVM 算法的目标是在特征空间中找到一个超平面，将两组数据分开。而 OneClassSVM 算法的目标是基于一类数据（正常数据）求解超平面，通过对 SVM 算法中求解的负样本最大间隔目标进行修正，完成无监督学习下的异常检测，比较适用于中低维空间中的样本数据集。下面通过一个示例来展示如何使用 OneClassSVM 算法进行异常值检测：

```
1.  from sklearn.svm import OneClassSVM
2.  X = [[0], [0.44], [0.45], [0.46], [1]]
3.  clf = OneClassSVM(gamma='auto')
4.  clf = clf.fit(X)
5.  scores = clf.score_samples(X)
6.  print(scores)
```

输出如下：

```
[1.77987316 2.05479873 2.05560497 2.05615569 1.73328509]
```

在上述代码片段中，scores 的值越小，代表相应的数据点越有可能是离群点。OneClassSVM 类定义如下：

```
class sklearn.svm.OneClassSVM(*, kernel='rbf', degree=3, gamma='scale', coef0=0.0,
tol=0.001, nu=0.5, shrinking=True, cache_size=200, verbose=False, max_iter=-1)
```

其中，kernel 和 degree 是相关的，建议取默认值，即 kernel='rbf'，degree=3；gamma 是一个与 RBF 核相关的参数，一般建议设置得越小越好；nu 是一个选择参数，表示边界误差分数的上限和支持向量分数的下限，取值区间为(0,1)，默认值为 0.5。这些参数的详细说明见第 5 章。

例 4-19：基于 OneClassSVM 的异常值检测，结果如图 4-23 所示。

```
1.  import matplotlib.font_manager
2.  import matplotlib.pyplot as plt
3.  import numpy as np
```

```
4.  from sklearn import svm
5.  xx, yy = np.meshgrid(np.linspace(-5, 5, 500), np.linspace(-5, 5, 500))
6.  # 生成训练样本
7.  X = 0.3 * np.random.randn(100, 2)
8.  X_train = np.r_[X + 2, X - 2]
9.  # 生成正常的训练观察结果
10. X = 0.3 * np.random.randn(20, 2)
11. X_test = np.r_[X + 2, X - 2]
12. # 生成异常的观测值
13. X_outliers = np.random.uniform(low=-4, high=4, size=(20, 2))
14. # 拟合模型
15. clf = svm.OneClassSVM(nu=0.1, kernel="rbf", gamma=0.1)
16. clf.fit(X_train)
17. y_pred_train = clf.predict(X_train)
18. y_pred_test = clf.predict(X_test)
19. y_pred_outliers = clf.predict(X_outliers)
20. n_error_train = y_pred_train[y_pred_train == -1].size
21. n_error_test = y_pred_test[y_pred_test == -1].size
22. n_error_outliers = y_pred_outliers[y_pred_outliers == 1].size
23. # 绘制学习的边界、数据点和最接近平面的向量
24. Z = clf.decision_function(np.c_[xx.ravel(), yy.ravel()])
25. Z = Z.reshape(xx.shape)
26. plt.title("Novelty Detection")
27. plt.contourf(xx, yy, Z, levels=np.linspace(Z.min(), 0, 7), cmap=plt.cm.PuBu)
28. a = plt.contour(xx, yy, Z, levels=[0], linewidths=2, colors="darkred")
29. plt.contourf(xx,yy,Z,levels=[0, Z.max()], colors="palevioletred")
30. s = 40
31. b1 = plt.scatter(X_train[:, 0], X_train[:, 1], c="white", s=s, edgecolors="k")
32. b2 = plt.scatter(X_test[:, 0], X_test[:, 1], c="blueviolet", s=s, edgecolors="k")
33. c = plt.scatter(X_outliers[:,0], X_outliers[:, 1], c="gold", s=s, edgecolors="k")
34. plt.axis("tight")
35. plt.xlim((-5, 5))
36. plt.ylim((-5, 5))
37. plt.legend(
38.     [a.collections[0], b1, b2, c],
39.     [
40.         "learned frontier",
41.         "training observations",
42.         "new regular observations",
43.         "new abnormal observations",
44.     ],
45.     loc="upper left",
```

```
46.     prop=matplotlib.font_manager.FontProperties(size=11),)
47. plt.xlabel("error train: %d/200 ; errors novel regular: %d/40 ; errors novel
    abnormal: %d/40" % (n_error_train, n_error_test, n_error_outliers))
48. plt.show()
```

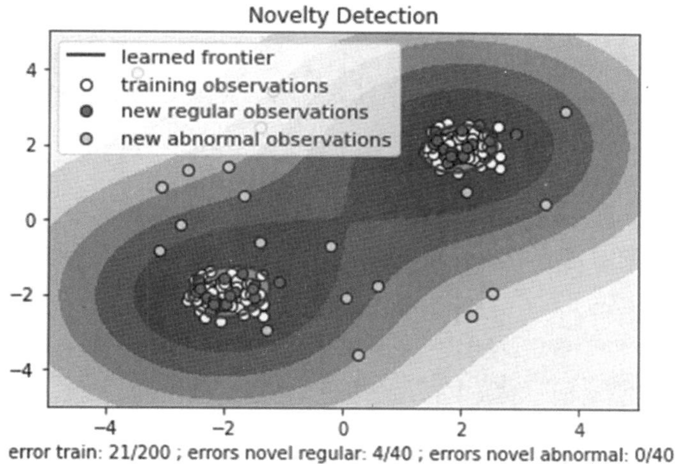

扫码看彩图

图 4-23　基于 OneClassSVM 的异常检测结果

例 4-19 给出了一个基于 OneClassSVM 的异常检测的具体应用。首先，由随机数据生成训练样本 X_train；然后，创建并训练 OneClassSVM 模型 clf，其使用 RBF 为核函数，设置 nu=0.1，表示异常值的比例约为 10%，并将 gamma 设置为 0.1；接着，使用训练好的模型预测样本的异常情况；最后，通过绘制学习边界、数据点和最接近平面的向量展示异常检测结果。

4.4.3　EllipticEnvelope

EllipticEnvelope 算法假设正常数据符合高斯分布，由此可以确定正常数据集的形状（边界），将远离边界的数据点定义为离群点，有时也称为异常点。

```
37. from sklearn.covariance import EllipticEnvelope
38. X = [[0], [0.44], [0.45], [0.46], [1]]
39. clf = EllipticEnvelope(random_state=0)
40. clf = clf.fit(X)
41. scores = clf.score_samples(X)
42. print(scores)
```

输出如下：

```
[-3.0375e+03 -1.5000e+00 -0.0000e+00 -1.5000e+00 -4.5375e+03]
```

在上述代码片段中，通过 EllipticEnvelope 检测离群点，返回的 scores 的值越小，代表相应的数据点越有可能是离群点。

Scikit-learn 提供的 covariance.EllipticEnvelope 类假定数据符合高斯分布，根据数据做出一个鲁棒的协方差估计。covariance.EllipticEnvelope 类的定义如下：

```
class sklearn.covariance.EllipticEnvelope(*, store_precision=True, assume_centered=False,
support_fraction=None, contamination=0.1, random_state=None)
```

其中，store_precision 指定是否存储协方差矩阵的精确率估计，其默认值为 True；support_fraction 指定用于拟合椭圆的数据点的比例，其默认值为 0.5；contamination 表示异常值在数据集中的比例，其最大取值为 0.5；random_state 表示用于混洗数据的伪随机数生成器。

下面给出 EllipticEnvelope 算法的一个具体应用，并与 OneClassSVM 算法做比较。

例 4-20：不同异常值检测算法的比较。

第一步，在 Wine 数据集上的算法比较，结果如图 4-24 所示。

Wine 数据集是一个关于红酒的数据集，共有 178 个样本，其中包含 13 个特征变量和 1 个目标变量。特征变量包含酒精含量、酸度、花青素浓度等，目标变量是红酒的类别。

```
1.  import numpy as np
2.  from sklearn.covariance import EllipticEnvelope
3.  from sklearn.svm import OneClassSVM
4.  import matplotlib.pyplot as plt
5.  import matplotlib.font_manager
6.  from sklearn.datasets import load_wine
7.
8.  # 定义要使用的分类器
9.  classifiers = {
10.     "Empirical Covariance": EllipticEnvelope(support_fraction=1., contamination=0.25),
11.     "Robust Covariance (Minimum Covariance Determinant)":
12.     EllipticEnvelope(contamination=0.25),
13.     "OCSVM": OneClassSVM(nu=0.25, gamma=0.35)}
14. colors = ['m', 'g', 'b']
15. legend1 = {}
16. legend2 = {}
17.
18. X1 = load_wine()['data'][:, [1, 2]]  # 加载数据集
19.
20. # 使用多个分类器进行异常值检测
21. xx1, yy1 = np.meshgrid(np.linspace(0, 6, 500), np.linspace(1, 4.5, 500))
22. for i, (clf_name, clf) in enumerate(classifiers.items()):
23.     plt.figure(1)
24.     clf.fit(X1)
25.     Z1=clf.decision_function(np.c_[xx1.ravel(), yy1.ravel()])
26.     Z1 = Z1.reshape(xx1.shape)
27.     legend1[clf_name] = plt.contour(
28.         xx1, yy1, Z1, levels=[0], linewidths=2, colors=colors[i])
29.
```

```
30. legend1_values_list = list(legend1.values())
31. legend1_keys_list = list(legend1.keys())
32.
33. # 绘制结果
34. plt.figure(1)
35. plt.title("Outlier detection on a real data set (wine recognition)")
36. plt.scatter(X1[:, 0], X1[:, 1], color='black')
37. bbox_args = dict(boxstyle="round", fc="0.8")
38. arrow_args = dict(arrowstyle="->")
39. plt.annotate("outlying points", xy=(4, 2),
40.              xycoords="data", textcoords="data",
41.              xytext=(3, 1.25), bbox=bbox_args, arrowprops=arrow_args)
42. plt.xlim((xx1.min(), xx1.max()))
43. plt.ylim((yy1.min(), yy1.max()))
44. plt.legend((legend1_values_list[0].collections[0],
45.             legend1_values_list[1].collections[0],
46.             legend1_values_list[2].collections[0]),
47.            (legend1_keys_list[0], legend1_keys_list[1], legend1_keys_list[2]),
48.            loc="upper center",
49.            prop=matplotlib.font_manager.FontProperties(size=11))
50. plt.ylabel("ash")
51. plt.xlabel("malic_acid")
52.
53. plt.show()
```

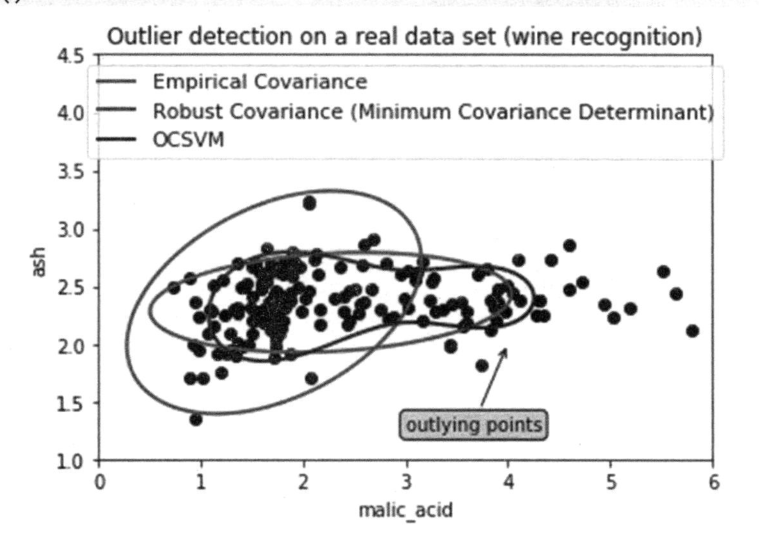

扫码看彩图

图 4-24　在 Wine 数据集上的算法比较

如图 4-24 所示，当存在离群点（outlying points）时，基于 EllipticEnvelope 算法的"Empirical Covariance"是一种非鲁棒的估计方法，受观测到的非均匀结构的影响较大；基于

EllipticEnvelope 的"Robust Covariance"方法假设数据服从高斯分布，得到了一些对数据结构的有偏估计，聚类结果在一定程度上是准确的。而 OneClassSVM 算法对数据结构没有任何假设，因此可以更好地模拟数据分布的复杂形状。

第二步，在其他数据形状（如“香蕉形”）的数据集上的算法比较，结果如图 4-25 所示。

```
54. # 获取数据
55. X2 = load_wine()['data'][:, [6, 9]]  # “香蕉形”
56.
57. xx2, yy2 = np.meshgrid(np.linspace(-1, 5.5, 500), np.linspace(-2.5, 19, 500))
58. for i, (clf_name, clf) in enumerate(classifiers.items()):
59.     plt.figure(2)
60.     clf.fit(X2)
61.     Z2=clf.decision_function(np.c_[xx2.ravel(),yy2.ravel()])
62.     Z2=Z2.reshape(xx2.shape)
63.     legend2[clf_name] = plt.contour(
64.         xx2,yy2,Z2,levels=[0],linewidths=2,colors=colors[i])
65.
66. legend2_values_list = list(legend2.values())
67. legend2_keys_list = list(legend2.keys())
68.
69. # 绘制结果
70. plt.figure(2)
71. plt.title("Outlier detection on a real data set (wine recognition)")
72. plt.scatter(X2[:, 0], X2[:, 1], color='black')
73. plt.xlim((xx2.min(), xx2.max()))
74. plt.ylim((yy2.min(), yy2.max()))
75. plt.legend((legend2_values_list[0].collections[0],
76.             legend2_values_list[1].collections[0],
77.             legend2_values_list[2].collections[0]),
78.            (legend2_keys_list[0], legend2_keys_list[1], legend2_keys_list[2]),
79.            loc="upper center",
80.            prop=matplotlib.font_manager.FontProperties(size=11))
81. plt.ylabel("color_intensity")
82. plt.xlabel("flavanoids")
83.
84. plt.show()
```

如图 4-25 所示，数据呈“香蕉形”分布，协方差很难估计，因此基于 EllipticEnvelope 算法的异常值检测效果并不理想，它只能对一些局部数据点进行估计。而 OneClassSVM 算法仍然能够捕捉到真实的数据分布结构，对数据分布拟合效果最好，如蓝色轮廓线所示。

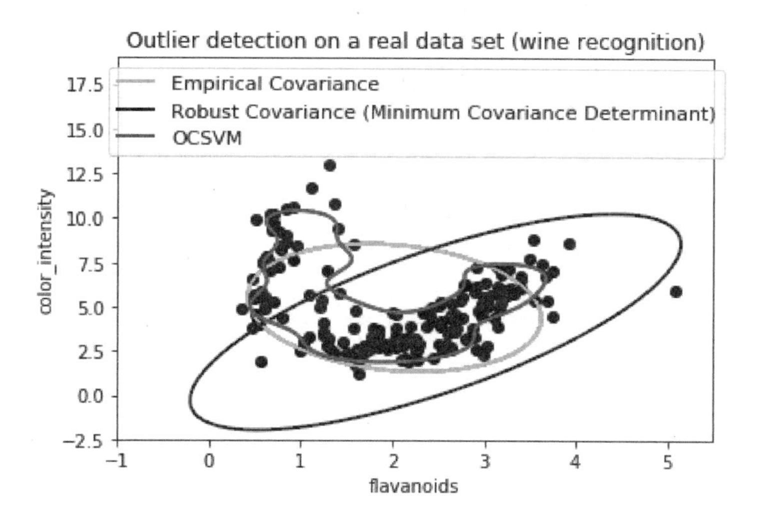

扫码看彩图

图 4-25　在“香蕉形”数据集上的算法比较

4.5　评价函数

在机器学习或深度学习中，评价指标是衡量一个模型效果好与坏的标准，对应二分类、多标签分类、回归或聚类问题，有不同的评价函数。当然，除了可以使用预定义的评价函数，还可以建立自定义评价函数来评估模型的性能（具体介绍见 4.7.1 节）。本节介绍在分类和回归问题中一些常用的评价函数，包含准确率（Accuracy）、精确率（Precision）、召回率（Recall）、F1-score、ROC 曲线、AUC、Precision-Recall 曲线、均方误差（MSE）、均方根误差（RMSE）、平均绝对误差（MAE）和 R2-score 等。

4.5.1　多标签分类

在实际情况中，一个样本可能归属于多个类别。在多标签分类中，每个样本对应的标签不止一种，且标签的数量也是不确定的。本节介绍在多标签分类中常用的评价函数。

混淆矩阵也称误差矩阵，常用于评估有监督学习算法的性能，也是计算算法的准确率、召回率、精确率及绘制 ROC 曲线等的基础。如表 4-1 所示，其中，Positive 和 Negative 表示样本的类别，True 和 False 表示模型预测是否正确。

表 4-1　混淆矩阵

预　测　值	真　实　值	
	正（Positive）	负（Negative）
正（Positive）	TP	FP
负（Negative）	FN	TN

在表 4-1 中，TP（True Positive）表示被模型预测为正样本的正样本数，FP（False Positive）表示被模型预测为正样本的负样本数，FN（False Negative）表示被模型预测为负样本的负

样本数，TN（True Negative）表示被模型预测为负样本的正样本数。

在理想情况下，一个完美的分类，其混淆矩阵所有非对角线上的元素都应该为 0。Scikit-learn 提供了 confusion_matrix()，用于计算混淆矩阵。

例 4-21：混淆矩阵示例。

```
1.  from sklearn import datasets
2.  iris = datasets.load_iris()
3.  from sklearn.model_selection import train_test_split
4.  X_train,X_test,y_train,y_test=train_test_split(iris.data,iris.target,test_size=
    0.50, random_state = 4)
5.  from sklearn.tree import DecisionTreeClassifier
6.  # 构建模型，限制深度最大为 2，防止过拟合
7.  classifier = DecisionTreeClassifier(max_depth=2)
8.  classifier.fit(X_train,y_train)
9.  y_pred = classifier.predict(X_test)
10. iris.target_names
11. from sklearn import metrics
12. from sklearn.metrics import confusion_matrix
13. c=confusion_matrix(y_test,y_pred)
14. print(c)
```

输出如下：

```
[[30  0  0]
 [ 0 19  3]
 [ 0  2 21]]
```

在例 4-21 中，结果显示第 0 类（setosa）从来没被误分为其他类，第 1 类（versicolor）有 3 次被误分为第 2 类（virginica），第 2 类有 2 次被误分为第 1 类。

下面描述如何由混淆矩阵中的成分计算多标签分类指标。

（1）准确率（Accuracy）：最常用的评价准则，代表测试集中被正确分类的样本所占的比例，即预测标签正好是实际标签的比例，如式（4-2）所示，其中 N 是样本数量。

$$\text{Accuracy} = \frac{\text{TP}}{N} \tag{4-2}$$

Scikit-learn 中提供了 metrics.accuracy_score()函数，用于计算准确率：

```
15. print("Accuracy:", metrics.accuracy_score(y_test,y_pred))
```

输出如下：

```
Accuracy: 0.9333333333333333
```

（2）精确率（Precision）：在所有被判别为正样本的结果中，模型正确预测的样本所占的比例，如式（4-3）所示。

$$\text{Precision} = \frac{\text{TP}}{\text{TP} + \text{FP}} \tag{4-3}$$

Scikit-learn 中提供了 metrics.precision_score()函数，用于计算精确率：

```
16. print("Precision:", metrics.precision_score(y_test,y_pred,average='micro'))
```

输出如下：

```
Precision: 0.9333333333333333
```

（3）召回率（Recall）：在正样本中，被正确分类的样本所占的比例，即在所有的正样本中，模型正确预测的样本所占的比例，如式（4-4）所示。

$$\text{Recall} = \frac{\text{TP}}{\text{TP} + \text{FN}} \tag{4-4}$$

Scikit-learn 中提供了 metrics.recall_score()函数，用于计算召回率：

```
17. print("Recall:", metrics.recall_score(y_test,y_pred,average='micro'))
```

输出如下：

```
Recall: 0.9333333333333333
```

（4）F1-score：精确率和召回率的调和平均，能够合理地评价分类器的分类性能，如式（4-5）所示。

$$\text{F1-score} = 2\frac{\text{Precision} \cdot \text{Recall}}{\text{Precision} + \text{Recall}} \tag{4-5}$$

Scikit-learn 中提供了 metrics.f1_score()函数，用于计算 F1-score：。

```
18. print("F1-score:", metrics.f1_score(y_test, y_pred, average='micro'))
```

输出如下：

```
F1-score: 0.9333333333333333
```

此外，还可以使用 metrics.classification_report()方法综合描述这些指标，具体用法如下：

```
19. from sklearn.metrics import classification_report
20. print(classification_report(y_test,y_pred, target_names = iris.target_names))
```

输出如下：

```
              precision    recall  f1-score   support

      setosa       1.00      1.00      1.00        30
  versicolor       0.90      0.86      0.88        22
   virginica       0.88      0.91      0.89        23

    accuracy                           0.93        75
   macro avg       0.93      0.93      0.93        75
weighted avg       0.93      0.93      0.93        75
```

4.5.2　二分类

在只有两个输出类别的问题中（如性别、区分正常细胞和癌细胞等），还可以通过其他评价指标对模型进行评估。受试者特征（Receiver Operating Characteristics，ROC）曲线和曲线下面积（Area Under Curve，AUC）是在二分类问题中最常用的评价指标。根据分类器的预测结果，把分类阈值从 0 变到最大，即刚开始把每个样本作为正样本进行预测，随着阈值的增大，分类器预测正样本数越来越少，直到最后没有一个样本是正样本。在这一过程中，每次计算出假阳性率（False Positive Rate）和真阳性率（True Positive Rate），分别以它们为横、纵坐标作图，就得到 ROC 曲线。AUC 表示分类器相对于随机分类器（AUC = 0.5）的性能，AUC 越大，说明模型的性能越好。

在例 4-22 中，通过 multiclass.OneVsRestClassifier()函数将多分类问题转化为二分类问题，结果如图 4-26 所示，虚线对应随机猜测模型，其 AUC 为 0.5；实线对应性能更好的分类器，其 AUC 更大。

例 4-22：绘制 ROC 曲线。

```
21. import numpy as np
22. import matplotlib.pyplot as plt
23. from itertools import cycle
24. from sklearn import svm, datasets
25. from sklearn.metrics import roc_curve, auc
26. from sklearn.model_selection import train_test_split
27. from sklearn.preprocessing import label_binarize
28. from sklearn.multiclass import OneVsRestClassifier
29. from scipy import interp
30. from sklearn.metrics import roc_auc_score
31.
32. iris = datasets.load_iris()  # 导入数据
33. X = iris.data
34. y = iris.target
35.
36. y = label_binarize(y, classes=[0, 1, 2])       # 将输出二值化
37. n_classes = y.shape[1]
38.
39. # 增加一些噪声特征，让问题变得更难一些
40. random_state = np.random.RandomState(0)
41. n_samples, n_features = X.shape
42. X = np.c_[X, random_state.randn(n_samples, 200 * n_features)]
43.
44. # 打乱并分割训练集和测试集
45. X_train,  X_test,  y_train,  y_test  =  train_test_split(X,  y,  test_size=.5,
    random_state=0)
46. # 学习，预测
47. classifier = OneVsRestClassifier(svm.SVC(kernel='linear', probability=True, random_state=
    random_state))
48. y_score = classifier.fit(X_train, y_train).decision_function(X_test)
49. # 计算每个类别的 ROC 曲线和 AUC
50. fpr = dict()
51. tpr = dict()
```

```
52. roc_auc = dict()
53. for i in range(n_classes):
54.     fpr[i], tpr[i], _ = roc_curve(y_test[:, i],y_score[:, i])
55.     roc_auc[i] = auc(fpr[i], tpr[i])
56.
57. # 计算 ROC 曲线和 AUC 的微观平均（Micro-Averaging）
58. fpr["micro"], tpr["micro"], _ = roc_curve(y_test.ravel(), y_score.ravel())
59. roc_auc["micro"] = auc(fpr["micro"], tpr["micro"])
60.
61. plt.figure()
62. lw = 2
63. plt.plot(fpr[2], tpr[2], color='darkorange', lw=lw, label='ROC curve (area = %0.2f)' %
    roc_auc[2])
64. plt.plot([0, 1], [0, 1], color='navy', lw=lw, linestyle='--')
65. plt.xlim([0.0, 1.0])
66. plt.ylim([0.0, 1.05])
67. plt.xlabel('False Positive Rate')
68. plt.ylabel('True Positive Rate')
69. plt.title('Receiver operating characteristic example')
70. plt.legend(loc="lower right")
71. plt.show()
```

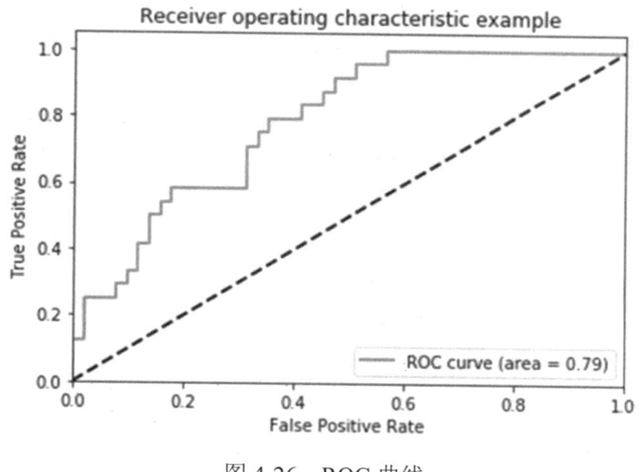

图 4-26　ROC 曲线

此外，在机器学习的二分类问题中，以逻辑回归为例，模型首先输出的是当前样本属于正样本的概率值，然后根据一个指定的阈值来判定其是否为正样本，也可以根据实际情况调整这一阈值，以获得更好的模型预测结果。由此，可以根据阈值的变化计算得到不同阈值下的精确率和召回率并将其绘制成一条曲线，而这条曲线就被称为精确率-召回率曲线（Precision-Recall Curve）。精确率-召回率曲线显示了在不同阈值下，精确率和召回率之间的关系，它通常应用于二分类中，为了将精确率-召回率曲线扩展到多类或多标签分类中，必须对输出进行二值化。下面通过一个示例来演示如何绘制精确率-召回率曲线。

例 4-23：在 Iris 数据集上绘制精确率-召回率曲线。

本例绘制的精确率-召回率曲线如图 4-27 所示，横、纵坐标分别为不同阈值下的召回率和精确率。结果显示，随着召回率的提升，精确率整体上呈下降趋势。

```
1. from sklearn import svm, datasets
2. from sklearn.model_selection import train_test_split
3. from sklearn.metrics import average_precision_score
4. from sklearn.metrics import precision_recall_curve
5. from sklearn.metrics import plot_precision_recall_curve
6. import numpy as np
7. import matplotlib.pyplot as plt
8. iris = datasets.load_iris()
9. X = iris.data
10. y = iris.target
11. random_state = np.random.RandomState(0)   # 增加噪声特征
12. n_samples, n_features = X.shape
13. X = np.c_[X, random_state.randn(n_samples, 200 * n_features)]
14. # 限制在前两个类别上，并且将数据划分为训练集和测试集
15. X_train, X_test, y_train, y_test = train_test_split(X[y < 2], y[y < 2],
    test_size=.5,random_state=random_state)
16. # 创建一个简单的分类器
17. classifier = svm.LinearSVC(random_state=random_state)
18. classifier.fit(X_train, y_train)
19. y_score = classifier.decision_function(X_test)
20. # 计算平均精确率
21. average_precision = average_precision_score(y_test, y_score)
22. disp = plot_precision_recall_curve(classifier,X_test, y_test)
23. disp.ax_.set_title('2-class Precision-Recall curve: '
24.                    'AP={0:0.2f}'.format(average_precision))
```

输出如下：

```
Text(0.5, 1.0, '2-class Precision-Recall curve: AP=0.88')
```

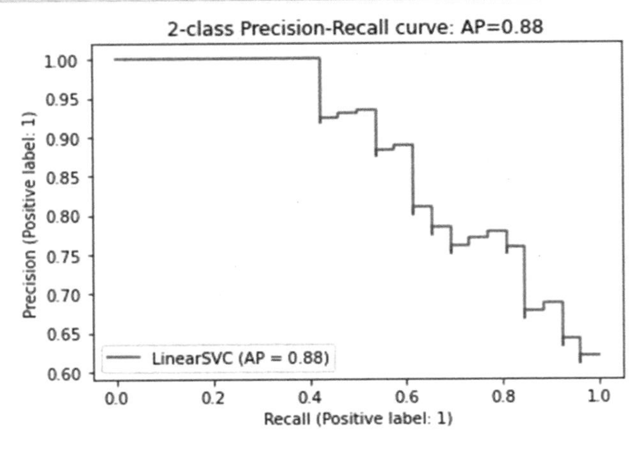

图 4-27　本例绘制的精确率-召回率曲线

4.5.3　回归

回归模型是机器学习中很重要的一类模型，它的性能评价指标与分类模型的性能评价指标不同，本节介绍几个常用的回归评价函数。

（1）均方误差（Mean Squared Error，MSE）：又称 L2 损失，是最常用的回归评价函数（损失函数），它是目标变量和预测变量间的距离平方的平均值之和，即

$$\mathrm{MSE}=\frac{\sum_{i=1}^{n}\left(Y_i-Y_i^{\mathrm{p}}\right)^2}{n}$$

其中，n 为样本数量；Y_i 为真实值；Y_i^{p} 为预测值。Scikit-learn 提供了 metrics.mean_squared_error()函数，用于计算均方误差：

```
1. from sklearn.metrics import mean_squared_error
2. mean_squared_error ([-1.0,0.0,1.0],[1.0,0.0,0.0])
```

输出如下：

```
1.6666666666666667
```

（2）均方根误差（Root Mean Squared Error，RMSE）：均方误差开根号，表示目标变量和预测变量差的样本标准差，能更好地反映预测值误差的实际情况，其表达式为

$$\mathrm{RMSE}=\sqrt{\frac{\sum_{i=1}^{n}\left(Y_i-Y_i^{\mathrm{p}}\right)^2}{n}}$$

```
3. import numpy as np
4. from sklearn.metrics import mean_squared_error
5. np.sqrt(mean_squared_error([1.0,1.0,0.0],[0.0,1.0,0.0]))
```

输出如下：

```
0.57735026918962573
```

（3）平均绝对误差（Mean Absolute Error，MAE）：又称 L1 损失，是用于评估回归模型的另一种损失函数。平均绝对误差是目标变量和预测变量间的绝对差的平均值，即

$$\mathrm{MAE}=\frac{\sum_{i=1}^{n}\left|Y_i-Y_i^{\mathrm{p}}\right|}{n}$$

Scikit-learn 中提供了 metrics.mean_absolute_error()函数，用于计算平均绝对误差：

```
6. from sklearn.metrics import mean_absolute_error
7. mean_absolute_error([1.0,1.0,0.0],[0.0,1.0,0.0])
```

输出如下：

```
0.3333333333333333
```

（4）R2-score：在理解 R2-score 之前，还需要了解几个统计学概念。设 $\overline{Y_i}$ 表示平均值，

$\hat{Y}_i$表示预测值，Y_i表示真实值。记回归差平方和$\text{SSR}=\sum_{i=1}^{n}\left(\hat{Y}_i-\overline{Y}_i\right)^2$为预测值与平均值间的误差，反映自变量与因变量之间的相关程度的偏差平方和；残差平方和$\text{SSE}=\sum_{i=1}^{n}\left(Y_i-\hat{Y}_i\right)^2$为预测值与真实值间的误差，反映模型拟合程度；离差平方和$\text{SST}=\text{SSR}+\text{SSE}=\sum_{i=1}^{n}\left(Y_i-\overline{Y}_i\right)^2$为平均值与真实值间的误差，反映模型的预测值与其数学期望的偏离程度。R2-score 也称决定系数，反映因变量的全部变化能通过回归关系被自变量解释的比例，即样本利用该模型回归做出解释的回归差平方和在离差平方和中所占的比重，如果拟合得好，则各样本观测点与回归线靠得近，R2-score 越接近 1，其形式为

$$R^2=1-\frac{\text{SSE}}{\text{SST}}=\frac{\sum_{i=1}^{n}\left(\hat{Y}_i-\overline{Y}_i\right)^2}{\sum_{i=1}^{n}\left(Y_i-\overline{Y}_i\right)^2}$$

R2-score 的取值范围是[0,1]，其取值越接近 1，表示模型对数据的拟合程度越好。在 Scikit-learn 中，通常使用 metrics.r2_score()函数来计算 R2-score。

4.6 测试和验证

机器学习算法通过样本训练与学习，泛化出能适应更多样本集的规则，应用这些规则对新样本进行预测与判断。但在机器学习应用领域面临着一些挑战，具体如下。

1. 可解释性

机器学习类似于一个“黑盒子”，可解释性较差，即很难理解机器学习算法的结果、背后的逻辑及决策过程。对于某些领域，如医学领域，需要对其学习结果进行解释与分析，便于人们能够接受机器学习的结果。机器学习算法的可解释性已经成为当下研究的热点问题之一。

2. 维度灾难

在机器学习领域，高维特征是常见的。随着特征空间维度的提升，数据分析与模型的复杂度、算法的计算量一般会呈指数级增长。例如，在聚类、分类和回归分析中，随着维度的提升，计算数据距离、相似性和模型参数等都会变得更加困难与耗时。为此，通过特征选择、特征提取、数据压缩等方式来降低数据维度，将高维数据转换至低维特征空间，减少冗余信息，从而降低数据分析的复杂度。

3. 过拟合

过拟合是指在机器学习中，模型在训练数据上表现过好，而在新的样本数据上表现不佳的现象。出现过拟合的原因有很多：参数太多导致模型过于复杂、样本噪声干扰大、训练样本少、假设的模型无法合理存在等。为防止出现过拟合现象，可以保留验证数据集，

对训练结果进行验证；选取合适的停止训练标准；获取额外数据进行交叉验证；进行正则化，在目标函数或代价函数后面添加一个正则项，一般有 L1 正则与 L2 正则等。

4. 模型集成

在数据分析过程中，往往需要对多个模型进行集成处理，即通过组合多个机器学习模型来产生一个优化模型，提高模型的性能。

在构建机器学习模型的过程中，既不能直接将泛化误差作为了解模型泛化能力的信号，又不能使用模型对训练数据集的拟合程度作为了解模型泛化能力的信号。因此，在训练模型时，一般将数据集划分成两部分：训练集和测试集。通常训练集占整个数据集的 70%～80%，测试集为剩下的 20%～30%。使用训练集训练模型并在测试集上进行测试，使用模型在测试集上的误差近似模型的泛化误差，训练集和测试集的划分是随机的。

例 4-24：训练集和测试集的划分。

```
1.  import numpy as np
2.  from sklearn.datasets import load_iris
3.  from sklearn.model_selection import train_test_split
4.  dataset = load_iris()
5.  X = dataset.data
6.  y = dataset.target
7.
8.  # bool 转换，以平均值为阈值，使大于阈值的特征值为 1，小于阈值的特征值为 0
9.  attribute_means = X.mean(axis=0)
10. X_d = np.array(X >= attribute_means, dtype='int')
11.
12. random_state = 10
13. X_train,X_test,y_train,y_test=train_test_split(X_d,y,test_size=0.3,
    random_state=random_state)
14. print("There are {} training samples".format(y_train.shape[0]))
15. print("There are {} testing samples".format(y_test.shape[0]))
```

输出如下：

```
There are 105 training samples
There are 45 testing samples
```

在上面的代码片段中，通过 train_test_split()函数将初始数据集随机划分成两个数据集，训练集有 105 个样本，测试集有 45 个样本。train_test_split()函数的原型如下：

```
X_train, X_test, y_train, y_test = train_test_split(train_data, train_target,
test_size, random_state, shuffle)
```

其中，test_size 表示分割比例，即测试数据占总体数据的比例；random_state 表示随机数种子，应用于分割前对数据进行洗牌，可以是 int、RandomState 实例或 None，其默认值为 None。

在下述代码片段中，利用分类的支持向量机对数据进行线性 SVC 拟合，得到当前的平均得分，约为 0.73。

```
16. from sklearn import svm
17. h1=svm.LinearSVC(C=1.0)
18. h1.fit(X_train,y_train)
19. print(h1.score(X_test,y_test))
```

输出如下：

```
0.7333333333333333
```

当然，也可以通过改变 random_state 参数来重复运行同样的代码单元，由此可以观察到得分的实际变化。

但在实际应用中，用于训练模型的算法可能有很多种，那么，到底哪种算法最优呢？有时算法本身也需要设置参数，那么如何来设置最优参数呢？这就需要使用训练集和多个超参数对模型进行训练，并选择在测试集上有最优性能的模型和超参数。当对模型满意时，使用验证集数据做验证，以得到泛化误差的估计值。通常对原始数据集进行分割，其中 60%作为训练集，20%作为测试集，20%作为验证集。

例 4-25：划分验证集。

```
20. random_state = 10
21. X_train,X_validation_test,y_train,y_validation_test=train_test_split(X_d,y,
    test_size=0.40,random_state=random_state)
22. X_validation,X_test,y_validation,y_test=train_test_split(X_validation_test,
    y_validation_test,test_size=0.50,random_state=random_state)
23. print("x train shape %s, x validation shape %s, x test shape %s \n y train shape%s,y
    validation  shape  %s  y  test  shape  %s  "  %(X_train.shape,X_validation.shape,
    X_test.shape,y_train.shape,y_validation.shape,y_test.shape))
```

输出如下：

```
x train shape (90, 4), x validation shape (30, 4), x test shape (30, 4)
y train shape (90,),y validation shape (30,) y test shape (30,)
```

在例 4-25 中，通过 train_test_split()函数将原始数据集划分为训练集和测试集/验证集两部分，并用同样的函数将测试集/验证集分为两部分。其中，训练集由 90 个样本组成，占总样本的 60%；测试集和验证集分别由 30 个样本组成，各占总样本的 20%。

在下述代码片段中，共加载了 3 个不同的机器学习模型对数据进行拟合。结果显示，使用 RBF 核的 SVC 模型的平均得分最高，它是在验证集上有最优性能的模型，但该模型是否真的为最优模型呢？这还需要进行进一步验证，建议通过不断优化 random_state 参数来多次运行程序，找到最优模型。

```
24. from sklearn import svm
25. h1 = svm.LinearSVC(C =1.0)
26. h2 = svm.SVC(kernel='rbf',degree = 3, gamma = 0.001, C =1.0)
27. h3 = svm.SVC(kernel='poly',degree = 3, C =1.0)
28. h1.fit(X_train,y_train)
```

```
29. print("h1 validation mean accuracy=%0.3f"%(h1.score(X_validation,y_validation)))
30. h2.fit(X_train,y_train)
31. print("h2 validation mean accuracy=%0.3f"%h2.score(X_validation,y_validation))
32. h3.fit(X_train,y_train)
33. print("h3 validation mean accuracy=%0.3f"%h3.score(X_validation,y_validation))
```

输出如下：

```
h1 validation mean accuracy=0.667
h2 validation mean accuracy=0.700
h3 validation mean accuracy=0.667
```

4.7　交叉验证

交叉验证（Cross-Validation）方法将原始数据集划分为 k 个（k>1）子集，每次选择 k–1 个子集进行训练，剩下的 1 个子集用于验证，对模型进行 k 次训练和验证，以此来估计模型的泛化误差。通过交叉验证，可以得到更稳定、更可靠的模型性能指标。

交叉验证是一种评估模型性能的方法，通常用来衡量模型在交叉验证过程中的表现，可以用准确率、精确率、召回率、F1-score、均方误差、平均绝对误差等指标来表示。交叉验证得分帮助我们选择最优模型和参数设置，同时可以用于监控模型的性能变化，以及识别模型的过拟合和欠拟合等问题。

图 4-28 展示了 k-fold 交叉验证过程，具体步骤如下。

（1）划分数据集：把数据集 D 划分为 k 个子集（k 通常是一个较小的整数，如 5 或 10）。

（2）训练模型并评估：每次迭代都从 k 个子集中选择 k–1 个子集训练模型，剩下的 1 个子集用于验证模型的性能，计算模型的预测性能指标。这个过程会重复 k 次，从而得到 k 个性能指标的估计值。

（3）平均得分：将 k 个性能指标的平均值作为最终模型性能的评估结果。

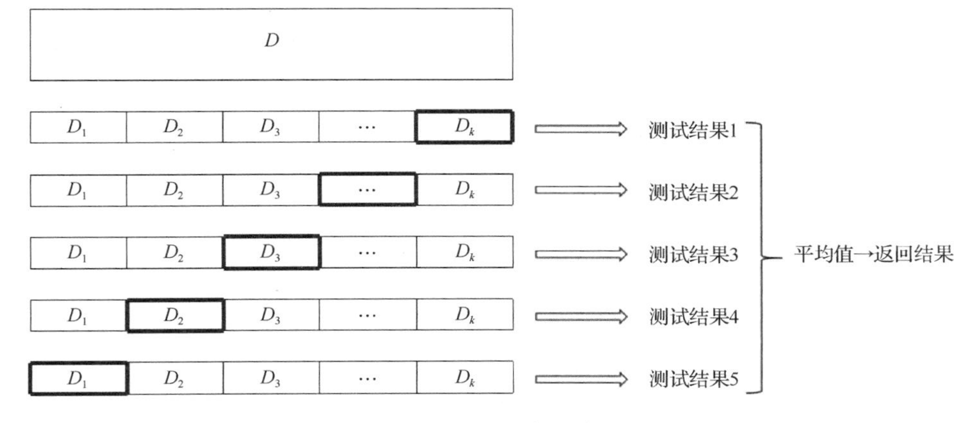

图 4-28　k-fold 交叉验证

Scikit-learn 中提供了 cross_val_score()函数，用于执行交叉验证，其定义如下：

```
sklearn.model_selection.cross_val_score(estimator, X, y=None, scoring=None, cv=None, n_jobs=1, verbose=0, fit_params=None, pre_dispatch='2*n_jobs')
```

其中，estimator表示估计方法对象（分类器或回归器），X表示数据特征，y表示数据标签，cv表示交叉验证的折数，n_jobs表示同时工作的核心数（-1代表全部）。

下面通过一个示例来展示如何使用cross_val_score()函数实现交叉验证。

例4-26：使用cross_val_score()函数进行交叉验证。

```
1. from sklearn.model_selection import cross_val_score
2. from sklearn.datasets import load_iris
3. from sklearn.linear_model import LogisticRegression
4. from sklearn.model_selection import train_test_split
5. import numpy as np
6.
7. iris = load_iris()        # 加载数据集
8. X = iris.data
9. y = iris.target
10. # 划分训练集和测试集
11. X_train, X_test, y_train, y_test = train_test_split(X, y, test_size=0.2,
    random_state=42)
12.
13. model = LogisticRegression() # 创建模型
14. # 使用交叉验证方法评估模型性能，cv=5
15. scores = cross_val_score(model, X_train, y_train, cv=5)
16. print("每次交叉验证的得分：", scores)  #输出每次交叉验证的得分
17. print("平均得分：", np.mean(scores))  #输出平均得分
```

输出如下：

```
每次交叉验证的得分： [1. 1. 0.875 1. 0.95833333]
平均得分： 0.9666666666666666
```

在例4-26中，使用Iris数据集作为示例数据，并使用逻辑回归模型进行评估。在该例中，设置交叉验证的折数为5，并输出每次交叉验证的得分和平均得分。

4.7.1 建立自定义评分函数

前面选择使用预定义的评分函数，如准确率等。然而，有时预定义的评分函数无法满足特定的需求，这时就需要构建自定义评分函数。在Scikit-learn中，提供make_scorer()函数，用于构建自定义评估指标或损失函数。

```
sklearn.metrics.make_scorer(score_func, *, greater_is_better=True, needs_proba=False, needs_threshold=False, **kwargs)
```

其中，score_func是一个函数，该函数通常接收两个参数（模型的预测结果和真实标签），并返回一个评分值；如果设置greater_is_better=True，则评分值越高，预测效果越好；如果设置needs_proba=True，则评分函数需要返回概率值或类似的结果；如果设置needs_ threshold=True，则评分函数在处理阈值时会发生变化，通常用于 ROC 曲线相关的评估中；kwargs 是可选参数，这些参数会传递给 score_func。

```
1.  from sklearn.metrics import fbeta_score, make_scorer
2.  ftwo_scorer = make_scorer(fbeta_score, beta=2)
3.  ftwo_scorer
```

输出如下：

```
make_scorer(fbeta_score, beta=2)
```

在上面的代码片段中，通过调用 make_scorer()函数创建了另外一个函数 ftwo_scorer()，这里用到了 sklearn.metrics 中的 fbeta_score()函数，它用来计算模型的精确率和召回率的加权调和平均值，最大值为 1，最小值为 0，其值越大，意味着模型越好；beta=2，即设置组合分数中的召回率权重为 2。

下面通过一个示例来演示如何创建和应用自定义评分函数。

例 4-27：使用 make_scorer()函数创建一个自定义评分函数。

```
1.  from sklearn.metrics import make_scorer
2.  from sklearn.model_selection import cross_val_score
3.  from sklearn.linear_model import LogisticRegression
4.  from sklearn.datasets import load_iris
5.  import numpy as np
6.
7.  iris = load_iris()
8.  X = iris.data
9.  y = iris.target
10.
11. def custom_loss(y_true, y_pred): #自定义损失函数
12.     return np.mean(np.abs(y_true - y_pred))
13.
14. custom_scorer = make_scorer(custom_loss)        # 创建评分器对象
15. model = LogisticRegression()
16. # 使用交叉验证评估模型性能
17. scores=cross_val_score(model,X,y,cv=5,scoring=custom_scorer)
18.
19. print("Scores: ", scores)
```

输出如下：

```
Scores:  [0.03333333 0.         0.06666667 0.03333333 0.        ]
```

在例 4-27 中，首先，创建了一个自定义损失函数 custom_loss()，用于计算预测值和真实值之间的绝对差的平均值；然后，使用 make_scorer()函数创建了一个评分函数 custom_scorer()，该函数使用自定义损失函数作为评估指标；最后，使用交叉验证方法评估模型在验证集上的性能。

4.7.2 使用交叉验证迭代器

尽管 cross_val_score()函数可以解决大部分交叉验证问题，但有时也需要建立自己的交叉验证过程。交叉验证迭代器可以通过网格搜索（该内容详见 4.8 节）得到最优的模型和超参数组合，从而直接用于模型的选择。

下面介绍一些常用的交叉验证迭代器。

KFold 是最基本的 k 折交叉验证迭代器，它将所有样本划分为 k 组，称为折（Fold），每次选择 1 组作为验证集，剩下的 $k-1$ 组作为训练集来构建模型。根据训练集的索引进行 k 次迭代，将 k 个模型在对应验证集上的平均精度作为模型训练后的最终精度。

例 4-28：使用 2Fold 交叉验证迭代器划分数据集。

```
1.  import numpy as np
2.  from sklearn.model_selection import KFold
3.  X = np.array([[1, 2], [3, 4], [1, 2], [3, 4]])
4.  y = np.array([1, 2, 3, 4])
5.  kf = KFold(n_splits=2, random_state=None, shuffle=False)
6.  kf.get_n_splits(X)
7.  
8.  for train_index, test_index in kf.split(X):
9.       print("TRAIN:", train_index, "TEST:", test_index)
10.      X_train, X_test = X[train_index], X[test_index]
11.      y_train, y_test = y[train_index], y[test_index]
```

输出如下：

```
TRAIN: [2 3] TEST: [0 1]
TRAIN: [0 1] TEST: [2 3]
```

在上述代码片段中，n_splits 指定划分的折数，其取值最小为 2，默认值为 5；shuffle 表示在切分之前是否打乱数据；random_state 表示随机数种子，其默认值为 None。只有当 shuffle=True 时，它才会影响索引的顺序，控制交叉验证方法的随机性。

除 KFold 外，还有其他几个常用的交叉验证迭代器。

（1）GroupKFold：KFold 的一个变种，确保相同的组不会同时出现在测试集和训练集中。

（2）StratifiedKFold：在 KFold 的基础上，加入分层抽样的思想，使测试集和训练集有相同的数据分布。StratifiedKFold 将数据集划分为 k 个相似的子集，其中每个子集中数据样本的类别比例与原始数据中的类别比例相同，它是 cross_val_score()的默认交叉验证迭代器。

（3）StratifiedGroupKFold：分层分组的交叉验证方法，主要用于确保每个分组或类别在训练集和测试集中的比例相同。在进行模型验证时，尤其在数据样本不平衡时，该方法非常有用。

（4）LeaveOneOut：简单的交叉验证，与 KFold 方法类似，提供训练集或测试集的索引，将数据切分为训练集或测试集。每个样本作为一个测试集使用一次，其余样本形成训练集。该方法适用于小数据集。

（5）LeavePOut：也是一种交叉验证方法，它在数据集中留下 p 个样本作为测试集，其他样本作为训练集。

（6）ShuffleSplit：产生一个由用户自定义数值确定的训练集和测试集划分方式，样本首先被打乱，然后被划分为训练集和测试集。通过设置种子 random_state 伪随机数发生器，可以再现随机切分数据集的结果。

（7）GroupShuffleSplit：表现为 ShuffleSplit 和 LeavePGroupsOut 的结合，生成一个随机分区的序列，并为每个分组提供一个组子集。

（8）StratifiedShuffleSplit：ShuffleSplit 的变种，返回分层的样本拆分。例如，在拆分的各数据集中，保留与整个样本数据集相同的样本比例。

（9）TimeSeriesSplit：能够将时间序列数据划分为训练集和测试集，确保测试集中的所有数据点都在训练集数据点之后。该方法特别适用于时间序列数据。

选择合适的交叉验证迭代器是正确拟合模型的关键。为了避免模型过拟合、规范测试集中的组数等，有很多方法可以对数据进行划分。下面用 Scikit-learn 来可视化不同数据划分方法的差异，包括 KFold、GroupKFold、GroupShuffleSplit、ShuffleSplit、StratifiedGroupKFold、StratifiedKFold、StratifiedShuffleSplit、TimeSeriesSplit 等。

例 4-29：不同交叉验证迭代器的比较。

第一步，随机生成 100 个样本，并将这些样本划分为 3 个样本数量不均衡的类别，分为 10 组，输出结果如图 4-29 所示。

```
1.  import matplotlib.pyplot as plt
2.  import numpy as np
3.  from matplotlib.patches import Patch
4.
5.  from sklearn.model_selection import (
6.      GroupKFold,
7.      GroupShuffleSplit,
8.      KFold,
9.      ShuffleSplit,
10.     StratifiedGroupKFold,
11.     StratifiedKFold,
12.     StratifiedShuffleSplit,
13.     TimeSeriesSplit,)
14.
15. rng = np.random.RandomState(1338)
16. cmap_data = plt.cm.Paired
17. cmap_cv = plt.cm.coolwarm
18. n_splits = 4
19.
20. n_points = 100
21. X = rng.randn(100, 10)
22.
23. percentiles_classes = [0.1, 0.3, 0.6]
```

```
24. y = np.hstack([[ii] * int(100 * perc) for ii, perc in enumerate(percentiles_classes)])
25.
26.
27. group_prior = rng.dirichlet([2] * 10)
28. groups = np.repeat(np.arange(10), rng.multinomial(100, group_prior))
29.
30.
31. def visualize_groups(classes, groups, name):
32.     # 可视化数据分组
33.     fig, ax = plt.subplots()
34.     ax.scatter(
35.         range(len(groups)),
36.         [0.5] * len(groups),
37.         c=groups,
38.         marker="_",
39.         lw=50,
40.         cmap=cmap_data,    )
41.     ax.scatter(
42.         range(len(groups)),
43.         [3.5] * len(groups),
44.         c=classes,
45.         marker="_",
46.         lw=50,
47.         cmap=cmap_data,    )
48.     ax.set(
49.         ylim=[-1, 5],
50.         yticks=[0.5, 3.5],
51.         yticklabels=["Data\ngroup", "Data\nclass"],
52.         xlabel="Sample index",    )
53. visualize_groups(y, groups, 'no groups')
```

扫码看彩图

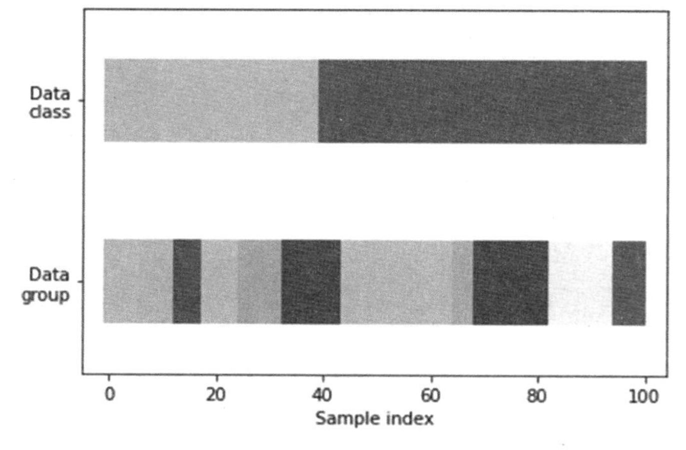

图 4-29　生成数据集

第二步，定义一个函数，对每个交叉验证迭代器进行可视化。

这里对数据集进行 4 次拆分，每次拆分的训练集和测试集分别用蓝色与红色来标识。

```
54. def plot_cv_indices(cv, X, y, group, ax, n_splits, lw=10):
55.     """Create a sample plot for indices of a cross-validation object."""
56.
57.     for ii,(tr,tt) in enumerate(cv.split(X=X,y=y,groups=group)):
58.
59.         indices = np.array([np.nan] * len(X))
60.         indices[tt] = 1
61.         indices[tr] = 0
62.
63.         # 可视化结果
64.         ax.scatter(
65.             range(len(indices)),
66.             [ii + 0.5] * len(indices),
67.             c=indices,
68.             marker="_",
69.             lw=lw,
70.             cmap=cmap_cv,
71.             vmin=-0.2,
72.             vmax=1.2,)
73.
74.     ax.scatter(range(len(X)), [ii + 1.5] * len(X), c=y, marker="_", lw=lw,
    cmap=cmap_data)
75.
76.     ax.scatter(range(len(X)), [ii + 2.5] * len(X), c=group, marker="_", lw=lw,
    cmap=cmap_data)
77.
78.     # 格式化
79.     yticklabels = list(range(n_splits)) + ["class", "group"]
80.     ax.set(
81.         yticks=np.arange(n_splits + 2) + 0.5,
82.         yticklabels=yticklabels,
83.         xlabel="Sample index",
84.         ylabel="CV iteration",
85.         ylim=[n_splits + 2.2, -0.2],
86.         xlim=[0, 100],    )
87.     ax.set_title("{}".format(type(cv).__name__), fontsize=15)
88.     return ax
```

第三步，分别使用 KFold、GroupKFold、ShuffleSplit、StratifiedGroupKFold、StratifiedKFold、

GroupShuffleSplit、StratifiedShuffleSplit、TimeSeriesSplit 交叉验证迭代器进行数据划分，输出结果如图 4-30 所示。

```
89. cvs = [
90.     KFold,
91.     GroupKFold,
92.     ShuffleSplit,
93.     StratifiedKFold,
94.     StratifiedGroupKFold,
95.     GroupShuffleSplit,
96.     StratifiedShuffleSplit,
97.     TimeSeriesSplit,]
98.
99. for cv in cvs:
100.        this_cv = cv(n_splits=n_splits)
101.        fig, ax = plt.subplots(figsize=(6, 3))
102.        plot_cv_indices(this_cv, X, y, groups, ax, n_splits)
103.
104.        ax.legend(
105.          [Patch(color=cmap_cv(0.8)),Patch(color=cmap_cv(0.02))],
106.          ["Testing set", "Training set"],
107.          loc=(1.02, 0.8),)
108.        plt.tight_layout()
109.        fig.subplots_adjust(right=0.7)
110.    plt.show()
```

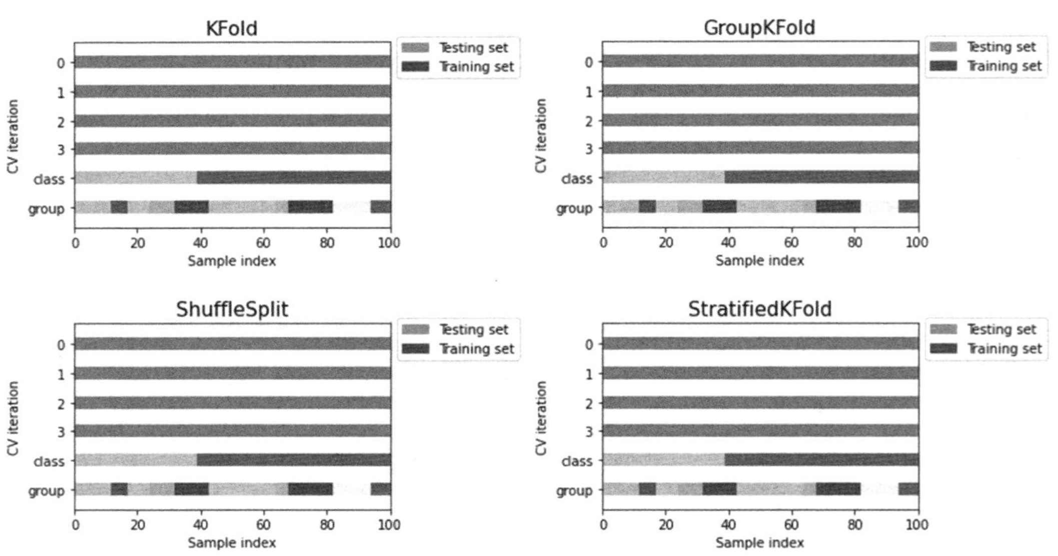

图 4-30　不同交叉验证迭代器的输出结果

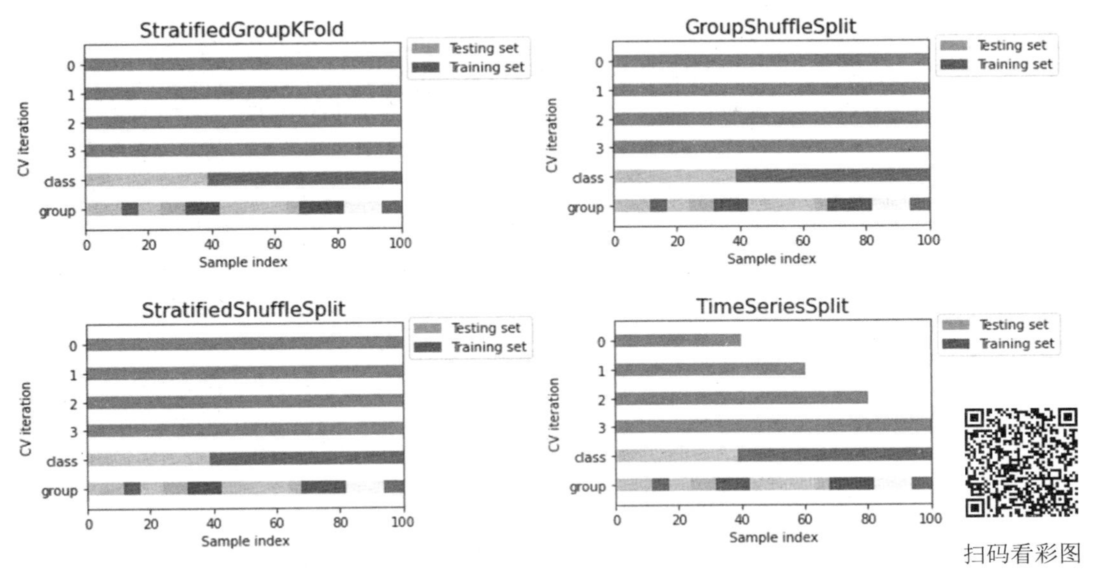

图 4-30　不同交叉验证迭代器的输出结果（续）

4.8　超参数调优

机器学习假设不仅取决于学习算法，还会受超参数（Hyper-Parameter）和特征选择的影响。那么，什么是超参数？如何进行超参数调优呢？

我们知道，学习器模型中一般有两类参数，一类是可以从数据中学习得到的，称为参数（Parameter）；还有一类是由算法事先确定的，无法在训练过程中从数据中学习得到，只能靠人的经验进行设计指定，称为超参数。由此可见，超参数是需要在模型开始学习前配置的参数，而其他参数则是在训练过程中学习得到的。

维基百科上提到，超参数优化或调优是为机器学习算法选择一组最优超参数的问题。

机器学习中最难的部分之一就是为模型寻找最优超参数。机器学习模型的性能与超参数直接相关，超参数调优越多，得到的模型就越好。

4.8.1　超参数调优概述

什么是超参数调优？为什么它如此重要？这是我们首先要理解的。

超参数调优（或超参数优化）是确定使模型性能最优的超参数正确组合的过程，其在一个训练过程中进行多次试验，每次试验都是训练程序的一次完整执行，并在指定的参数取值范围内选择超参数的值，这个过程一旦完成，就会给出一组最适合模型的超参数组合。这是机器学习项目中一个比较重要的步骤，因为其影响模型的最优性能。

选择正确的超参数组合需要对超参数和业务用例理解深刻。从组成上来讲，超参数调优方法一般由以下几部分构成：①一个学习器（回归器、估计器或分类器）；②一个参数空间；③一种搜索或采样方法，用于获得候选参数集合；④一个交叉验证机制；⑤一个评分函数。从技术上来讲，超参数调优方法主要有 4 种：①手动超参数调优；②网格搜索（GridSearchCV）；③随机搜索（RandomizedSearchCV）；④贝叶斯优化。与这 4 种超参数调优方法相对应的主要工具将在本节引入，Scikit-learn 可以实现网格搜索和随机搜索，对于这两种方法，Scikit-learn 在不同的超参数选择上，以交叉验证的方式训练和评估模型，并返回最优模型。Scikit-optimize 使用一种基于序列模型的优化算法，在较短的时间内找到超参数搜索问题的最优解，提供贝叶斯搜索策略。本节以这些工具的使用为切入点，介绍超参数调优方法。

1. 手动超参数调优

手动超参数调优包括手动检查超参数及训练算法、选择最适合目标函数的参数集。该方法需要一个强大的实验跟踪器，跟踪从图像、日志到系统指标的各种变量。

手动超参数调优的优势主要有以下两点。

（1）手动调整超参数意味着对这个过程有更多的人为控制。

（2）如果正在研究或学习调优及其是如何影响网络权重的，手动操作将是有意义的。

手动超参数调优的劣势主要有以下两点。

（1）手动超参数调优是一个烦琐的过程，可能会进行很多次试验，而且保持跟踪是比较耗时的。

（2）当有很多超参数需要考虑时，这并不是一种非常实用的方法。

手动超参数调优过程如下述代码片段所示。

```
1.  # 导入所需库
2.  from sklearn.neighbors import KNeighborsClassifier
3.  from sklearn.model_selection import train_test_split
4.  from sklearn.model_selection import KFold , cross_val_score
5.  from sklearn.datasets import load_wine
6.
7.  wine = load_wine()
8.  X = wine.data
9.  y = wine.target
10.
11. # 划分数据集为训练集和测试集
12. X_train,X_test,y_train,y_test = train_test_split(X,y,test_size = 0.3,random_state = 14)
13.
14. # 参数网络
15. k_value = list(range(2,11))
16. algorithm = ['auto','ball_tree','kd_tree','brute']
17. scores = []
18. best_comb = []
19. kfold = KFold(n_splits=5)
20.
21. # 超参数调优
```

```
22. for algo in algorithm:
23.   for k in k_value:
24.     knn = KNeighborsClassifier(n_neighbors=k,algorithm=algo)
25.     results = cross_val_score(knn,X_train,y_train,cv = kfold)
26.
27.     print(f'Score:{round(results.mean(),4)} with algo = {algo} , K = {k}')
28.     scores.append(results.mean())
29.     best_comb.append((k,algo))
30.
31. best_param = best_comb[scores.index(max(scores))]
32. print(f'\nThe Best Score : {max(scores)}')
33. print(f"['algorithm': {best_param[1]} ,'n_neighbors': {best_param[0]}]")
```

输出如下：

```
Score:0.6697 with algo = auto , K = 2
Score:0.6773 with algo = auto , K = 3
Score:0.7177 with algo = auto , K = 4
Score:0.734 with algo = auto , K = 5
Score:0.7017 with algo = auto , K = 6
Score:0.7417 with algo = auto , K = 7
Score:0.7017 with algo = auto , K = 8
Score:0.6533 with algo = auto , K = 9
Score:0.6613 with algo = auto , K = 10
Score:0.6697 with algo = ball_tree , K = 2
Score:0.6773 with algo = ball_tree , K = 3
Score:0.7177 with algo = ball_tree , K = 4
Score:0.734 with algo = ball_tree , K = 5
Score:0.7017 with algo = ball_tree , K = 6
Score:0.7417 with algo = ball_tree , K = 7
Score:0.7017 with algo = ball_tree , K = 8
Score:0.6533 with algo = ball_tree , K = 9
Score:0.6613 with algo = ball_tree , K = 10
Score:0.6697 with algo = kd_tree , K = 2
Score:0.6773 with algo = kd_tree , K = 3
Score:0.7177 with algo = kd_tree , K = 4
Score:0.734 with algo = kd_tree , K = 5
Score:0.7017 with algo = kd_tree , K = 6
Score:0.7417 with algo = kd_tree , K = 7
Score:0.7017 with algo = kd_tree , K = 8
Score:0.6533 with algo = kd_tree , K = 9
Score:0.6613 with algo = kd_tree , K = 10
Score:0.6697 with algo = brute , K = 2
```

```
Score:0.6773 with algo = brute , K = 3
Score:0.7177 with algo = brute , K = 4
Score:0.734 with algo = brute , K = 5
Score:0.7017 with algo = brute , K = 6
Score:0.7417 with algo = brute , K = 7
Score:0.7017 with algo = brute , K = 8
Score:0.6533 with algo = brute , K = 9
Score:0.6613 with algo = brute , K = 10

The Best Score : 0.7416666666666667
['algorithm': auto ,'n_neighbors': 7]
```

2. 网格搜索

网格搜索又称网格搜索交叉验证调参，是一种基本的超参数调优方法。它通过遍历传入参数的所有排列组合，以交叉验证的方式返回所有参数组合下的评价指标得分并选择最优模型。

网格搜索听起来很高大上，其实它就是“暴力搜索”。因此，网格搜索在小数据集上很有用，在大数据集上就不太适用了。考虑上面的例子，KNeighborsClassifier 有两个超参数：n_neighbors =[2,3,4,5,6,7,8,9,10]和 algorithm = ['auto','ball_tree','kd_tree','brute']，在这种情况下，它总共构建了 $9 \times 4 = 36$ 个不同的模型。由于它尝试每种超参数组合，并根据交叉验证得分选择最优组合，因此其速度极其缓慢。

下面来了解一下 Scikit-learn 的 GridSearchCV 是如何工作的。

```
1.  from sklearn.model_selection import GridSearchCV
2.  
3.  knn = KNeighborsClassifier()
4.  grid_param = { 'n_neighbors' : list(range(2,11)) ,
5.                'algorithm' : ['auto','ball_tree','kd_tree','brute'] }
6.  
7.  grid = GridSearchCV(knn,grid_param,cv = 5)
8.  grid.fit(X_train,y_train)
9.  
10. grid.best_params_                        # 最优参数组合
11. grid.best_score_                         # 最优参数组合的得分
12. grid.cv_results_['params']               # 超参数的所有组合
13. grid.cv_results_['mean_test_score']      # 交叉验证平均得分
```

输出如下：

```
array([0.66966667, 0.66933333, 0.70966667, 0.774     , 0.70966667,
       0.72566667, 0.71766667, 0.66933333, 0.66133333, 0.66966667,
       0.66933333, 0.70966667, 0.774     , 0.70966667, 0.72566667,
       0.71766667, 0.66933333, 0.66133333, 0.66966667, 0.66933333,
```

```
        0.70966667, 0.774     , 0.70966667, 0.72566667, 0.71766667,
        0.66933333, 0.66133333, 0.66966667, 0.66933333, 0.70966667,
        0.774     , 0.70966667, 0.72566667, 0.71766667, 0.66933333,
        0.66133333])
```

在上述代码片段中，属性 best_params_是一个字典，提供了最优模型的参数设置；属性 best_score_返回浮点类型的最优得分。

3. 随机搜索

在搜索超参数时，如果超参数的个数较少（三四个或更少），则可以采用网格搜索方法，这是一种穷举式的搜索方法。但是当超参数的个数较多时，如果仍然采用网格搜索方法，那么搜索所需时间将会呈指数级上升，因此有人就提出了随机搜索方法。另外，在许多情况下，所有超参数也可能并不是同等重要的。随机搜索按指定的迭代次数从超参数空间中随机选择参数组合。

在 Scikit-learn 中，RandomizedSearchCV 用于实现随机搜索，它的使用方法和 GridSearchCV 的使用方法很相似，但它不是尝试所有可能的超参数组合，而是通过选择每个超参数的特定数量的随机值并随机组合。这种方法的优点是，相比于整体参数空间，它可以选择相对较少的超参数组合数量。随机搜索探索每个超参数的不同值，可以通过指定搜索次数来控制超参数搜索的计算量，添加不影响模型性能的超参数不会降低效率。RandomizedSearchCV 以随机在参数空间中采样的方式代替 GridSearchCV 对于参数的网格搜索，在参数为连续变量时，RandomizedSearchCV 会将其当作一个分布来采样，而这是 GridSearchCV 做不到的。

下面来了解一下 Scikit-learn 的 RandomizedSearchCV 是如何工作的。

```
1. from scipy.stats import randint as sp_randint
2. from sklearn.model_selection import RandomizedSearchCV
3. from sklearn.datasets import load_digits
4. from sklearn.ensemble import RandomForestClassifier
5.
6. digits = load_digits()   # 载入数据
7. X, y = digits.data, digits.target
8. # 建立一个分类器或回归器
9. clf = RandomForestClassifier(n_estimators=20)
10. # 给定参数搜索范围：list 或 distribution
11. param_dist = {"max_depth": [3, None],
12.               "max_features": sp_randint(1, 11),
13.               "min_samples_split": sp_randint(2, 11),
14.               "bootstrap": [True, False],
15.               "criterion": ["gini", "entropy"]}
16. # 用 RandomSearch+CV 选取超参数
17. n_iter_search = 20
18. random_search = RandomizedSearchCV(clf, param_distributions=param_dist, n_iter=
    n_iter_search, cv=5)
```

```
19. random_search.fit(X, y)
20. random_search.best_params_                              # 最优参数组合
21. random_search.best_score_                               # 最优参数组合得分
22. random_search.cv_results_['params']                     # 超参数的所有组合
23. random_search.cv_results_['mean_test_score']  # 交叉验证平均得分
```

输出如下：

```
array([0.80301145, 0.80023522, 0.91487929, 0.91987929, 0.76741566,
       0.78800062, 0.81306407, 0.81301919, 0.77516094, 0.78018725,
       0.90599195, 0.92544723, 0.92378985, 0.93547354, 0.81416435,
       0.79633086, 0.80803466, 0.8058047 , 0.74235067, 0.79686939])
```

随机搜索的问题是它不能保证给出最优参数组合。随机搜索与网格搜索的不同如图 4-31 所示。两者的不同之处还有 param_distributions 参数。param_distributions 将传入模型的参数组合为一个字典，其搜索策略如下：①对于搜索范围是分布的超参数，根据指定的分布随机采样；②对于搜索范围是列表的超参数，在指定的列表中等概率采样。

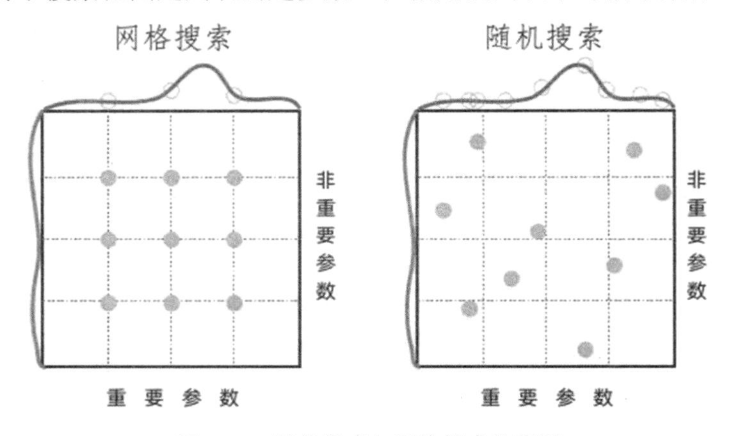

图 4-31　随机搜索与网格搜索的不同

4. 贝叶斯优化

贝叶斯优化用于机器学习调参，由 J. Snoek（2012）提出。它的主要思想：给定优化的目标函数（广义函数，只需指定输入和输出，无须知道其内部结构及数学性质），通过不断地添加样本点来更新目标函数的后验分布，这是一个高斯过程，直到后验分布基本贴合真实分布。简单地说，就是考虑上一次参数的信息，从而更好地调整当前参数。

贝叶斯优化与常规的网格搜索或随机搜索的区别如下。

（1）贝叶斯优化采用高斯过程，考虑之前的参数信息，不断更新先验；网格搜索或随机搜索未考虑之前的参数信息。

（2）贝叶斯优化的迭代次数少，速度快；网格搜索或随机搜索的速度慢，参数多时易导致“维度爆炸”。

（3）贝叶斯优化针对非凸问题依然鲁棒；网格搜索针对非凸问题易得到局部最优解。

（4）贝叶斯优化提供的框架以尽可能少的步骤找到全局最小值。

现构造一个目标函数$c(x)$，其形状如图 4-32 中的实线所示。贝叶斯优化通过代理优化方式完成调优任务，代理函数是指目标函数的近似函数，是基于采样点形成的，如图 4-32 中的虚线所示。由代理函数可以大致确定哪些点是可能的最小值点，在这些点附近做更多的采样，并随之更新代理函数。

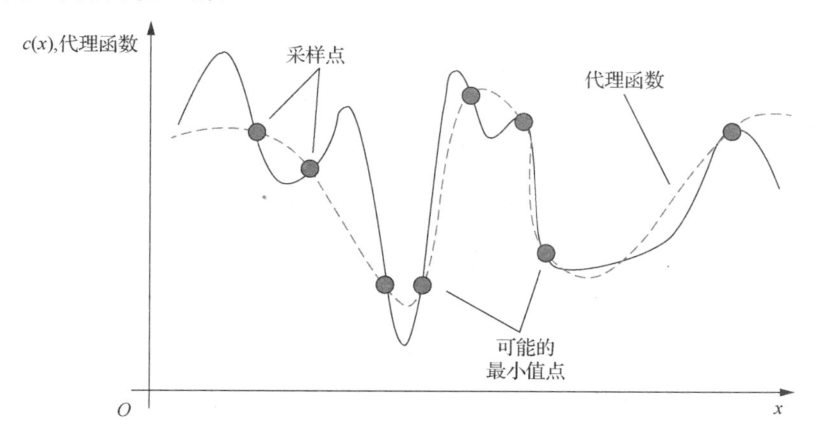

图 4-32　目标函数与代理函数

重复以上过程，在代理函数优化的每一次迭代步中，由当前代理函数（由高斯过程构建其先验分布）确定可能的最小值点，重采样以了解更多感兴趣区域，并更新代理函数，整个迭代置于贝叶斯框架中，如图 4-33 所示。需要注意的是，代理函数在数学形式上的简易性降低了计算成本。经过一定的迭代后，找到一个全局最小值。

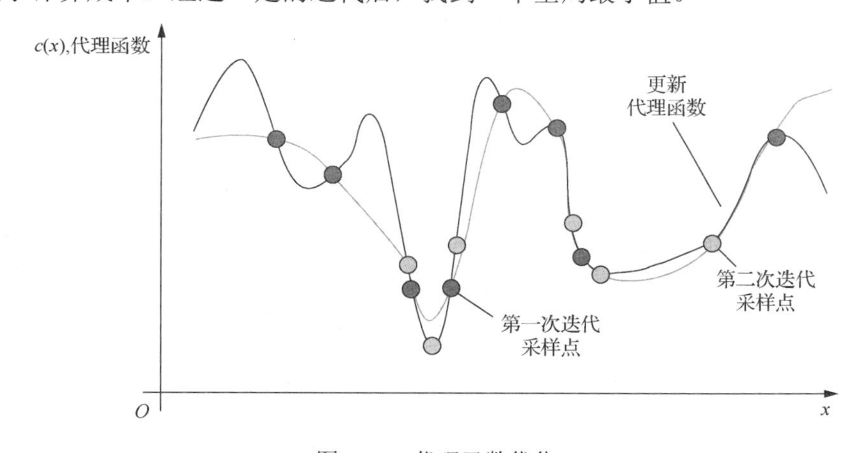

图 4-33　代理函数优化

下面用 Scikit-optimize 的 BayesSearchCV 来理解这一点。需要注意的是，只有在安装 scikit-optimize 后才能导入并使用它。

```
1. from skopt import BayesSearchCV
2. from skopt.space import Real, Categorical, Integer
3. from sklearn.datasets import load_iris
4. from sklearn.svm import SVC
```

```
5.  from sklearn.model_selection import train_test_split
6.
7.  X, y = load_iris(True)
8.  X_train, X_test, y_train, y_test = train_test_split(X, y, train_size=0.75,
    random_state=0)
9.
10. # log-uniform: 解释为通过改变x在p=exp(x)上进行搜索
11. opt = BayesSearchCV(
12.     SVC(),
13.     {
14.         'C': Real(1e-6, 1e+6, prior='log-uniform'),
15.         'gamma': Real(1e-6, 1e+1, prior='log-uniform'),
16.         'degree': Integer(1,8),
17.         'kernel': Categorical(['linear', 'poly', 'rbf']),},
18.     n_iter=32,
19.     random_state=0)
20.
21. opt.fit(X_train, y_train)                # bayesian 优化
22. print(opt.score(X_test, y_test))         # 保存模型，用于预测或评分
```

输出如下：

```
0.973
```

实现贝叶斯优化的另一个类似的库是 bayesian-optimization，它在二维或三维搜索空间中，只需十几个样本就能得到一个良好的代理曲面，增加搜索空间的维数需要更多样本。

4.8.2 超参数调优实践

在 4.8.1 节中，介绍了超参数调优的几种方法。本节以 Scikit-learn 为例来描述超参数调优的具体使用方法，读者可很容易地将其推广到其他学习框架中。另外，由于本节主要讨论超参数调优方法，参数指定为超参数，除非特别说明。

这里需要先查找一个给定学习器的所有参数的名称和当前值，可通过函数 estimator.get_params()来获得。

Scikit-learn 中提供了两种通用的参数搜索方法：①给定参数的取值范围，GridSearchCV 会详尽地考虑所有参数组合；②RandomizedSearchCV 可以从指定分布的参数空间采样给定数量的候选者。这两种方法均能较快地找到好的参数组合。

4.8.2.1 网格搜索实践

GridSearchCV 提供的网格搜索从 param_grid 参数指定的参数值网格中详尽地生成参数组合的候选者。例如，下面的 param_grid 列表指定了要探索的两个网格，每个网格都是一个字典。第一个网格具有线性核 Linear，C 值在[1,10,100,1000]中选择；第二个网格具有 RBF

核，C 值也在[1,10,1000,1000]中选择，gamma 值在[0.001,0.0001]中选择。

```
param_grid = [
  {'C': [1, 10, 100, 1000], 'kernel': ['linear']},
  {'C': [1, 10, 100, 1000], 'gamma': [0.001, 0.0001], 'kernel': ['rbf']},
 ]
```

可见，param_grid 是以参数名称（str）为键、参数取值列表为值的字典或此类字典的列表。在这种情况下，将探索列表中字典所跨越的网格，允许在任何参数设置序列中进行搜索。

GridSearchCV 对象实现了常用学习器的 API，当将其拟合到数据集上时，将评估所有可能的参数组合，并保留最优组合。GridSearchCV 类的定义如下：

```
class sklearn.model_selection.GridSearchCV(estimator, param_grid, *, scoring=None,
n_jobs=None, refit=True, cv=None, verbose=0, pre_dispatch='2*n_jobs', error_score=nan,
return_train_score=False)
```

其中，estimator 是学习器对象，实现了 Scikit-learn 学习器接口。学习器或者需要提供评价函数，或者必须传递 scoring 参数。scoring 指定评估交叉验证模型在测试集上性能的策略（得分器方法），可以是一个字符串、列表、元组、字典或返回它们的可调用函数等，其默认值为 None，表示使用学习器的得分器方法。

通过 refit 参数，可以使用找到的最优参数组合在整个数据集上重新拟合学习器。它可以是一个布尔值、字符串或可调用函数，默认值为 True。当使用多指标进行评估时，其可以是表示得分器的字符串，用于找到最优参数组合，并在最后重拟合学习器。如果在选择最优学习器时除了最高得分，还考虑其他因素，则可以将 refit 设置为返回给定 cv_results_情况下所选的 best_index_的函数。在这种情况下，将根据返回的 best_index_设置 best_estimator_和 best_params_，而 best_core_属性将不可用。重拟合学习器在 best_estimator_属性中可用，并允许在该 GridSearchCV 对象上直接使用 predict。同样，当使用多指标进行评估时，属性 best_index_、best_core_和 best_params_只有在设置 refit 的情况下才可用，并且所有属性值都将由该特定的得分器确定。

cv 指定交叉验证拆分策略，它可以是一个整数、一个交叉验证生成器或可迭代的索引数组，默认值为 None，表示 5 折交叉验证。

除了通过 GridSearchCV 构造函数进行参数设置，GridSearchCV 对象还实现了 fit()和 score()方法。如果在所使用的学习器中实现了 score_samples()、predict()、predict_proba()、decision_function()、transform()和 inverse_transform()方法，那么 GridSearchCV 也封装了这些方法。

在例 4-30 中，实现的多指标参数搜索可以将 scoring 参数设置为指标得分器名称列表，或者将得分器名称映射到可调用的得分函数的字典中。所有得分器在 cv_results_字典中都是以'_<scorer_name>'（'mean_test_precision'、'rank_test_precision_'等）为后缀的键。属性 best_estimation_、best_index_、best_core_和 best_rams_对应于设置了 refit 属性的得分器（key）。

例 4-30：基于 cross_val_score 和 GridSearchCV 的多指标评估演示。

第一步，导入库。

```
1. import numpy as np
2. from matplotlib import pyplot as plt
3.
4. from sklearn.datasets import make_hastie_10_2
5. from sklearn.metrics import accuracy_score, make_scorer
6. from sklearn.model_selection import GridSearchCV
7. from sklearn.tree import DecisionTreeClassifier
```

第二步，在多指标评估下运行 GridSearchCV。

```
8. X, y = make_hastie_10_2(n_samples=8000, random_state=42)
9.
10. # 记分器可以是预定义的指标字符串之一，也可以是一个可调用的得分器，如由 make_scorer 返
    回的得分器
11. scoring = {"AUC": "roc_auc", "Accuracy": make_scorer(accuracy_score)}
12.
13. # 设置 refit="AUC"，将具有最优交叉验证 AUC 得分的参数设置在整个数据集上，重新调整学
    习器
14. gs = GridSearchCV(
15.     DecisionTreeClassifier(random_state=42),
16.     param_grid={"min_samples_split": range(2, 403, 20)},
17.     scoring=scoring,
18.     refit="AUC",
19.     n_jobs=2,
20.     return_train_score=True,)
21. gs.fit(X, y)
22. results = gs.cv_results_
```

第三步，绘图，结果如图 4-34 所示。

```
23. plt.figure(figsize=(13, 13))
24. plt.title("GridSearchCV evaluating using multiple scorers simultaneously",
    fontsize=16)
25.
26. plt.xlabel("min_samples_split")
27. plt.ylabel("Score")
28.
29. ax = plt.gca()
30. ax.set_xlim(0, 402)
31. ax.set_ylim(0.73, 1)
32.
33. # 从 MaskedArray 中获取常规 NumPy 数组
```

```
34. X_axis = np.array(results["param_min_samples_split"].data, dtype=float)
35.
36. for scorer, color in zip(sorted(scoring), ["g", "k"]):
37.     for sample, style in (("train", "--"), ("test", "-")):
38.         sample_score_mean=results["mean_%s_%s" % (sample,scorer)]
39.         sample_score_std=results["std_%s_%s"%(sample,scorer)]
40.         ax.fill_between(
41.             X_axis,
42.             sample_score_mean - sample_score_std,
43.             sample_score_mean + sample_score_std,
44.             alpha=0.1 if sample == "test" else 0,
45.             color=color,)
46.         ax.plot(
47.             X_axis,
48.             sample_score_mean,
49.             style,
50.             color=color,
51.             alpha=1 if sample == "test" else 0.7,
52.             label="%s (%s)" % (scorer, sample),)
53.
54.     best_index = np.nonzero(results["rank_test_%s" % scorer] == 1)[0][0]
55.     best_score = results["mean_test_%s" % scorer][best_index]
56.
57.     # 在使用 x 标记的得分器的最优得分处画一条垂直虚线
58.     ax.plot(
59.         [X_axis[best_index],]
60.         * 2,
61.         [0, best_score],
62.         linestyle="-.",
63.         color=color,
64.         marker="x",
65.         markeredgewidth=3,
66.         ms=8,)
67.
68.     # 标注得分器的最优得分
69.     ax.annotate("%0.2f" % best_score, (X_axis[best_index], best_score + 0.005))
70.
71. plt.legend(loc="best")
72. plt.grid(False)
73. plt.show()
```

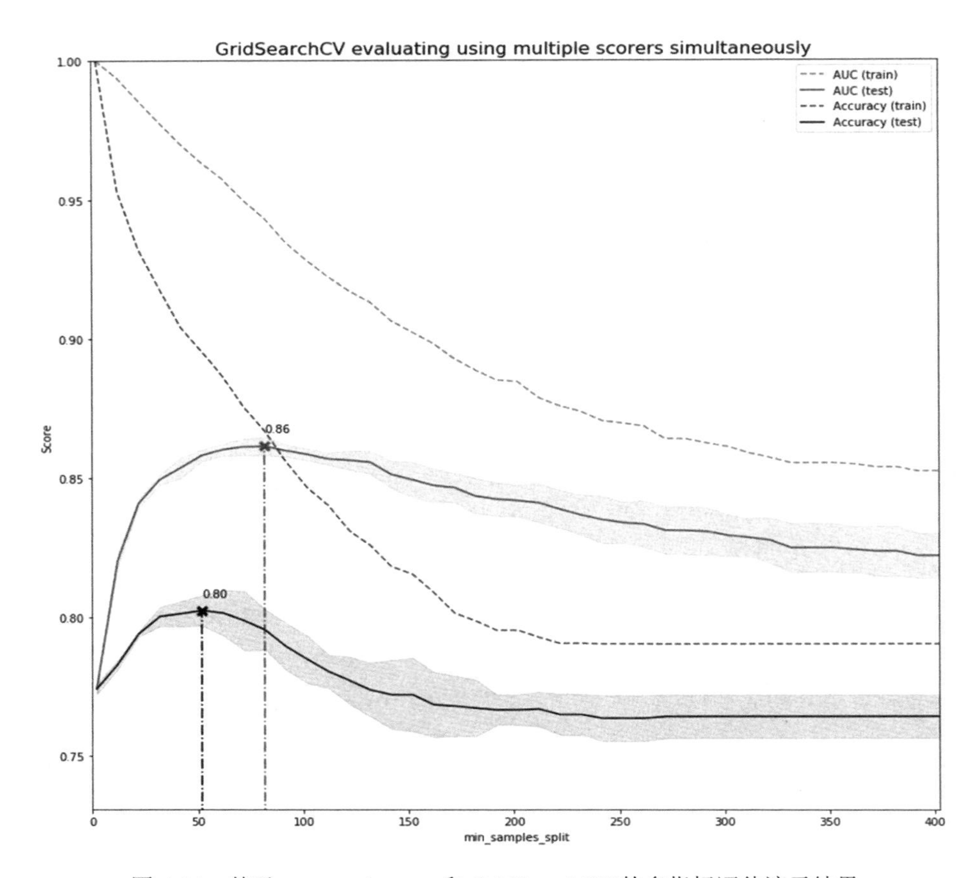

图 4-34 基于 cross_val_score 和 GridSearchCV 的多指标评估演示结果

例 4-30 展示了如何通过交叉验证优化分类器，交叉验证是在只包含一半可用标记数据的开发集上使用 GridSearchCV 对象完成的，并使用多个评估指标来评估模型的性能。

例 4-31：具有交叉验证的网格搜索的自定义 refit 策略。

第一步，加载并划分数据集。

```
1. from sklearn import datasets
2. from sklearn.model_selection import train_test_split
3.
4. digits = datasets.load_digits()
5. n_samples = len(digits.images)
6. X = digits.images.reshape((n_samples, -1))
7. y = digits.target == 8
8. print(f"The number of images is {X.shape[0]} and each image contains
   {X.shape[1]} pixels")
9.
10. X_train, X_test, y_train, y_test = train_test_split(X, y, test_size=0.5,
   random_state=0)
```

输出如下：

```
The number of images is 1797 and each image contains 64 pixels
```

这里使用数字数据集 digits，目标是对手写数字图像进行分类。为了更容易理解，将问题变换为二分类问题：目标是识别一个数字是否为 8。为了在图像上训练分类器，需要将图像展平为向量，每个 8×8（单位为像素）的图像转换为 64 像素的矢量。因此，得到形状为(n_images, n_pixels)的最终数据数组。

第二步，定义网格搜索策略。

这里通过在训练集上搜索最优超参数来选择分类器。要做到这一点，需要定义一个得分器列表以选择参数的最优候选组合。

```
11. scores = ["precision", "recall"]
```

另外，还可以定义一个传递给 GridSearchCV 对象的 refit 参数的函数，实现自定义策略，从 GridSearchCV 的 cv_results_属性中选择最优候选者。一旦选择了候选者，将由 GridSearchCV 对象自动对其进行重拟合。

在本例中，策略是列出在精确率和召回率方面最好的模型。从所选择的模型中，这里最终选择了预测速度最快的模型。请注意，这些自定义选择是完全任意的。

```
12. import pandas as pd
13.
14. def print_dataframe(filtered_cv_results):
15.     for mean_precision, std_precision, mean_recall, std_recall, params in zip(
16.         filtered_cv_results["mean_test_precision"],
17.         filtered_cv_results["std_test_precision"],
18.         filtered_cv_results["mean_test_recall"],
19.         filtered_cv_results["std_test_recall"],
20.         filtered_cv_results["params"],):
21.         print(
22.             f"precision: {mean_precision:0.3f} (±{std_precision:0.03f}),"
23.             f" recall: {mean_recall:0.3f} (±{std_recall:0.03f}),"
24.             f" for {params}")
25.     print()
26.
27. def refit_strategy(cv_results):
28.     """ 定义策略以选择最优估计器
29. 这里定义的策略是过滤掉在精确率阈值 0.98 以下的所有结果，根据召回率对剩余结果进行排名，
    并选择与召回率最优值相差一个标准偏差内的所有模型。一旦选择了这些模型，就可以选择预测速
    度最快的模型进行预测"""
30.     precision_threshold = 0.98
31.
32.     cv_results_ = pd.DataFrame(cv_results)
33.     print("All grid-search results:")
34.     print_dataframe(cv_results_)
35.
```

```
36.     # 筛选出所有低于阈值的结果
37.     high_precision_cv_results = cv_results_[cv_results_["mean_test_precision"]>
   precision_threshold]
38.
39.     print(f"Models with a precision higher than{precision_threshold}:")
40.     print_dataframe(high_precision_cv_results)
41.
42.     high_precision_cv_results=high_precision_cv_results[
43.         [
44.             "mean_score_time",
45.             "mean_test_recall",
46.             "std_test_recall",
47.             "mean_test_precision",
48.             "std_test_precision",
49.             "rank_test_recall",
50.             "rank_test_precision",
51.             "params",]]
52.
53.     # 选择召回率最高的模型（与最优值相差在一个标准偏差内）
54.     best_recall_std = high_precision_cv_results["mean_test_recall"].std()
55.     best_recall = high_precision_cv_results["mean_test_recall"].max()
56.     best_recall_threshold = best_recall - best_recall_std
57.
58.     high_recall_cv_results = high_precision_cv_results[high_precision_cv_results
   ["mean_test_recall"] > best_recall_threshold]
59.     print(
60.         "Out of the previously selected high precision models, we keep all the\n"
61.         "the models within one standard deviation of the highest recall model:")
62.     print_dataframe(high_recall_cv_results)
63.
64.     # 从最优候选者中选择预测速度最快的模型进行预测
65.     fastest_top_recall_high_precision_index = high_recall_cv_results["mean_score_time"].
   idxmin()
66.
67.     print(
68.         "\nThe selected final model is the fastest to predict out of the
   previously\n"
69.         "selected subset of best models based on precision and recall.\n"
70.         "Its scoring time is:\n\n"
71.         f"{high_recall_cv_results.loc[fastest_top_recall_high_precision_index]}"
72.     )
73.
74.     return fastest_top_recall_high_precision_index
```

第三步，调整超参数。

一旦定义了选择最优模型的策略，就可以定义超参数的取值区间，并创建网格搜索对象。

```
75. from sklearn.model_selection import GridSearchCV
76. from sklearn.svm import SVC
77.
78. tuned_parameters = [
79.     {"kernel": ["rbf"], "gamma": [1e-3, 1e-4], "C": [1, 10, 100, 1000]},
80.     {"kernel": ["linear"], "C": [1, 10, 100, 1000]},
81. ]
82.
83. grid_search = GridSearchCV(SVC(), tuned_parameters, scoring=scores, refit=
    refit_strategy)
84. grid_search.fit(X_train, y_train)
```

输出如下：

```
    All grid-search results:
    precision: 1.000 (±0.000), recall: 0.854 (±0.063), for {'C': 1, 'gamma': 0.001,
'kernel': 'rbf'}
    precision: 1.000 (±0.000), recall: 0.257 (±0.061), for {'C': 1, 'gamma': 0.0001,
'kernel': 'rbf'}
    precision: 1.000 (±0.000), recall: 0.877 (±0.069), for {'C': 10, 'gamma': 0.001,
'kernel': 'rbf'}
    precision: 0.968 (±0.039), recall: 0.780 (±0.083), for {'C': 10, 'gamma': 0.0001,
'kernel': 'rbf'}
    precision: 1.000 (±0.000), recall: 0.877 (±0.069), for {'C': 100, 'gamma': 0.001,
'kernel': 'rbf'}
    precision: 0.905 (±0.058), recall: 0.889 (±0.074), for {'C': 100, 'gamma':
0.0001, 'kernel': 'rbf'}
    precision: 1.000 (±0.000), recall: 0.877 (±0.069), for {'C': 1000, 'gamma':
0.001, 'kernel': 'rbf'}
    precision: 0.904 (±0.058), recall: 0.890 (±0.073), for {'C': 1000, 'gamma': 0.0001,
'kernel': 'rbf'}
    precision: 0.695 (±0.073), recall: 0.743 (±0.065), for {'C': 1, 'kernel':
'linear'}
    precision: 0.643 (±0.066), recall: 0.757 (±0.066), for {'C': 10, 'kernel':
'linear'}
    precision: 0.611 (±0.028), recall: 0.744 (±0.044), for {'C': 100, 'kernel':
'linear'}
    precision: 0.618 (±0.039), recall: 0.744 (±0.044), for {'C': 1000, 'kernel':
'linear'}

    Models with a precision higher than 0.98:
    precision: 1.000 (±0.000), recall: 0.854 (±0.063), for {'C': 1, 'gamma': 0.001,
```

```
'kernel': 'rbf'}
    precision: 1.000 (±0.000), recall: 0.257 (±0.061), for {'C': 1, 'gamma': 0.0001,
'kernel': 'rbf'}
    precision: 1.000 (±0.000), recall: 0.877 (±0.069), for {'C': 10, 'gamma': 0.001,
'kernel': 'rbf'}
    precision: 1.000 (±0.000), recall: 0.877 (±0.069), for {'C': 100, 'gamma': 0.001,
'kernel': 'rbf'}
    precision: 1.000 (±0.000), recall: 0.877 (±0.069), for {'C': 1000, 'gamma':
0.001, 'kernel': 'rbf'}

    Out of the previously selected high precision models, we keep all the
    the models within one standard deviation of the highest recall model:
    precision: 1.000 (±0.000), recall: 0.854 (±0.063), for {'C': 1, 'gamma': 0.001,
'kernel': 'rbf'}
    precision: 1.000 (±0.000), recall: 0.877 (±0.069), for {'C': 10, 'gamma': 0.001,
'kernel': 'rbf'}
    precision: 1.000 (±0.000), recall: 0.877 (±0.069), for {'C': 100, 'gamma': 0.001,
'kernel': 'rbf'}
    precision: 1.000 (±0.000), recall: 0.877 (±0.069), for {'C': 1000, 'gamma':
0.001, 'kernel': 'rbf'}

    The selected final model is the fastest to predict out of the previously
    selected subset of best models based on precision and recall.
    Its scoring time is:

    mean_score_time                                          0.004965
    mean_test_recall                                         0.877206
    std_test_recall                                          0.069196
    mean_test_precision                                           1.0
    std_test_precision                                            0.0
    rank_test_recall                                                3
    rank_test_precision                                             1
    params                {'C': 10, 'gamma': 0.001, 'kernel': 'rbf'}
    Name: 0, dtype: object
```

网格搜索使用自定义策略选择的参数如下：

```
grid_search.best_params_
{'C': 10, 'gamma': 0.001, 'kernel': 'rbf'}
```

在保留的评估集上评估微调后的模型：grid_search 对象已使用自定义策略选择的参数在完整的评估集上自动重拟合。

第四步，输出结果。

计算在评估集上的各分类指标值。

```
85. from sklearn.metrics import classification_report
86.
87. y_pred = grid_search.predict(X_test)
88. print(classification_report(y_test, y_pred))
```

输出如下：

```
              precision    recall  f1-score   support

       False       0.99      1.00      0.99       807
        True       1.00      0.87      0.93        92

    accuracy                           0.99       899
   macro avg       0.99      0.93      0.96       899
weighted avg       0.99      0.99      0.99       899
```

4.8.2.2　随机搜索实践

虽然通过设置参数进行网格搜索是目前使用最广泛的超参数调优方法，但其他搜索方法可能具有更有利的特性。RandomizedSearchCV 实现了对参数的随机搜索，其中每个设置都是从参数值分布中采样得来的。RandomizedSearchCV 与穷举的网格搜索相比，有两个好处：①独立于参数数量和它们可能的取值选择成本；②添加不影响模型性能的参数不会降低效率。

在 RandomizedSearchCV 中，使用一个字典指定参数应该如何采样，这类似于为 GridSearchCV 指定参数。对于每个参数，指定其取值的分布或离散选择列表（将均匀采样）。

```
{   'C': scipy.stats.expon(scale=100),
    'gamma': scipy.stats.expon(scale=.1),
    'kernel': ['rbf'],
    'class_weight':['balanced', None] }
```

上述参数网格使用 scipy.stats 模块，该模块包含许多有用的参数采样分布，如 expon、gamma、uniform、loguniform 或 randint 等。

原则上，可以传递任何能提供 rvs()（随机变量样本）方法对值进行采样的函数。调用 rvs()方法，应提供来自连续调用中可能的参数值的独立随机样本。

对于连续参数，如上面的 C，指定一个连续分布以充分利用随机化是很重要的。通过这种方式，增加 n_iter 将始终导致更精细的搜索。连续对数均匀随机变量是对数间隔参数的连续版本。例如，通过使用 loguniform(1, 100)代替[1, 10, 100]可实现上述 C 的等价取值范围。与网格搜索中的上述示例相呼应，可以指定一个连续随机变量，该变量在 1e0 和 1e3 之间对数均匀分布。

```
1. from sklearn.utils.fixes import loguniform
2. {'C': loguniform(1e0, 1e3),
3.  'gamma': loguniform(1e-4, 1e-3),
4.  'kernel': ['rbf'],
5.  'class_weight':['balanced', None]}
```

RandomizedSearchCV 实现了对参数的随机搜索，它与 GridSearchCV 非常类似，两者都通过在参数设置上进行交叉验证搜索来优化估计器的参数。与 GridSearchCV 不同的是，RandomizedSearchCV 并不是所有的参数值都会被试用，而是从指定的分布中采样固定数量的参数进行设置。如果所有参数都以列表提供，则使用不替换采样方式；如果至少有一个参数是以分布给出的，则使用带替换采样方式，建议对连续参数使用连续分布。RandomizedSearchCV 类的定义如下：

```
class sklearn.model_selection.RandomizedSearchCV(estimator, param_distributions, *, n_iter=10, scoring=None, n_jobs=None, refit=True, cv=None, verbose=0, pre_dispatch='2*n_jobs', random_state=None, error_score=nan, return_train_score=False)
```

其中，param_distributions 是以参数名称为键和尝试组合的参数设置列表或分布为值的字典或字典列表。分布必须提供一个 rvs()采样方法（如 scipy.stats.distributions 中的方法）。如果提供了列表，则会对其进行均匀采样；如果给定一个字典列表，则首先对字典进行均匀采样，然后使用该字典中设置的分布对参数进行采样。n_iter 是一个整数，其默认值为 10，它是参数设置的采样数，权衡解决方案的运行时间与质量。

超参数调优后，返回对象属性 cv_results_中的字典的示例如下：

```
{
    'param_kernel':masked_array(data=['rbf','rbf','rbf'], mask=False),
    'param_gamma' : masked_array(data = [0.1 0.2 0.3], mask = False),
    'split0_test_score'  : [0.80, 0.84, 0.70],
    'split1_test_score'  : [0.82, 0.50, 0.70],
    'mean_test_score'    : [0.81, 0.67, 0.70],
    'std_test_score'     : [0.01, 0.24, 0.00],
    'rank_test_score'    : [1, 3, 2],
    'split0_train_score' : [0.80, 0.92, 0.70],
    'split1_train_score' : [0.82, 0.55, 0.70],
    'mean_train_score'   : [0.81, 0.74, 0.70],
    'std_train_score'    : [0.01, 0.19, 0.00],
    'mean_fit_time'      : [0.73, 0.63, 0.43],
    'std_fit_time'       : [0.01, 0.02, 0.01],
    'mean_score_time'    : [0.01, 0.06, 0.04],
    'std_score_time'     : [0.00, 0.00, 0.00],
    'params'             : [{'kernel' : 'rbf', 'gamma' : 0.1}, ...],
    }
```

注意： *以'params'为前缀的键用于存储所有候选参数的参数设置字典的列表。mean_fit_time、std_fit_time、mean_score_time 和 std_score_time 均以 s 为单位。当使用多指标进行评估时，所有得分器的得分都可以通过 cv_results_字典中的键获得，该键以该得分器的名称（'_<scorer_name>'）为后缀，而不是上面显示的 _score（如'split0_test_precision'和'mean_train_precisition'等）。*

在例 4-32 中，比较随机搜索和网格搜索用于优化具有 SGD 训练的线性 SVM 的超参数，同时搜索影响学习的所有参数，两者探索完全相同的参数空间。

例 4-32：超参数估计中的随机搜索与网格搜索的比较。

第一步，加载数据集。

```
1.  from time import time
2.  import numpy as np
3.  import scipy.stats as stats
4.  from sklearn.datasets import load_digits
5.  from sklearn.linear_model import SGDClassifier
6.  from sklearn.model_selection import GridSearchCV, RandomizedSearchCV
7.
8.  X, y = load_digits(return_X_y=True, n_class=3) # 加载数据
```

第二步，构建分类器并指定参数分布。

```
9.  clf = SGDClassifier(loss="hinge", penalty="elasticnet", fit_intercept=True)
        # 构建一个分类器
10.
11.
12. def report(results, n_top=3):     # 报告最优得分的函数
13.     for i in range(1, n_top + 1):
14.         candidates=np.flatnonzero(results["rank_test_score"]==i)
15.         for candidate in candidates:
16.             print("Model with rank: {0}".format(i))
17.             print("Mean validation score: {0:.3f} (std: {1:.3f})".format(results
    ["mean_test_score"][candidate], results["std_test_score"][candidate],))
18.             print("Parameters: {0}".format(results["params"][candidate]))
19.             print("")
20.
21. # 指定取样的参数及其分布
22. param_dist = {
23.     "average": [True, False],
24.     "l1_ratio": stats.uniform(0, 1),
25.     "alpha": stats.loguniform(1e-2, 1e0),}
```

第三步，随机搜索和网格搜索。

```
26. n_iter_search = 15
27. random_search = RandomizedSearchCV(
28.     clf, param_distributions=param_dist,n_iter=n_iter_search)
29.
30. start = time()
31. random_search.fit(X, y)
32. print("RandomizedSearchCV  took  %.2f  seconds  for  %d  candidates  parameter
    settings." % ((time() - start), n_iter_search))
33. report(random_search.cv_results_)
```

```
34.
35. # 对所有参数使用完整的网格
36. param_grid = {
37.     "average": [True, False],
38.     "l1_ratio": np.linspace(0, 1, num=10),
39.     "alpha": np.power(10, np.arange(-2, 1, dtype=float)),}
40.
41. # 网格搜索
42. grid_search = GridSearchCV(clf, param_grid=param_grid)
43. start = time()
44. grid_search.fit(X, y)
45.
46. print("GridSearchCV took %.2f seconds for %d candidate parameter settings."
47.     % (time()-start, len(grid_search.cv_results_["params"])))
```

第四步，输出结果。

```
48. report(grid_search.cv_results_)
```

输出如下：

```
    RandomizedSearchCV took 1.02 seconds for 15 candidates parameter settings.
    Model with rank: 1
    Mean validation score: 0.991 (std: 0.006)
    Parameters: {'alpha': 0.05063247886572012, 'average': False, 'l1_ratio':
0.13822072286080167}

    Model with rank: 2
    Mean validation score: 0.987 (std: 0.014)
    Parameters: {'alpha': 0.010877306503748912, 'average': True, 'l1_ratio':
0.9226260871125187}

    Model with rank: 3
    Mean validation score: 0.976 (std: 0.023)
    Parameters: {'alpha': 0.7271482064048191, 'average': False, 'l1_ratio':
0.25183501383331797}

    GridSearchCV took 3.42 seconds for 60 candidate parameter settings.
    Model with rank: 1
    Mean validation score: 0.993 (std: 0.011)
    Parameters: {'alpha': 0.09999999999999999, 'average': False, 'l1_ratio':
0.1111111111111111}

    Model with rank: 2
    Mean validation score: 0.987 (std: 0.013)
```

```
Parameters: {'alpha': 0.01, 'average': False, 'l1_ratio': 0.5555555555555556}

Model with rank: 3
Mean validation score: 0.987 (std: 0.007)
Parameters: {'alpha': 0.01, 'average': False, 'l1_ratio': 0.0}
```

参数设置中的结果非常相似，而随机搜索的运行时间缩短。随机搜索的性能稍差，这可能是由于噪声效应造成的，并且不会转移到保留的测试集上。请注意，在实践中，不会使用网格搜索同时搜索这么多不同的参数，而是只选择认为最重要的参数。

4.8.2.3　贝叶斯优化实践

本节以 BayesSearchCV 为例讲述超参数的贝叶斯优化。BayesSearchCV 是 GridSearchCV 和 RandomizedSearchCV 的替代品，它利用贝叶斯优化（其中被称为“代理”的预测模型用于对搜索空间进行建模）探索搜索空间结构，并用于获得使模型性能最优的超参数组合。BayesSearchCV 类的定义如下：

```
class skopt.BayesSearchCV(estimator, search_spaces, optimizer_kwargs=None, n_iter=50, scoring=None, fit_params=None, n_jobs=1, n_points=1, iid=True, refit=True, cv=None, verbose=0, pre_dispatch='2*n_jobs', random_state=None, error_score='raise', return_train_score=False)
```

其中，search_spaces 是字典、字典列表或包含元组(dict,int)的列表。

（1）当 search_spaces 是字典时，键是参数名称，值是 skopt.space.Dimension 实例（实数、整数或类别）或定义 skopt 维度的任何其他有效值，表示所提供的估计器参数上的搜索空间。

（2）当 search_spaces 是字典列表时，每个字典都符合（1）中给出的描述，在每个参数空间上依次执行 self.n_iter 次搜索。

（3）当 search_spaces 是包含元组(dict,int)的列表时，int 是大于 0 的整数，是对（2）的扩展。其中，每个元组的第一个元素都是表示某个搜索子空间的字典，与（2）类似；第二个元素是将在该子空间上进行优化的迭代次数。

在有些应用场景中，我们希望枚举多个预测模型类，每个类具有不同的搜索空间和评估数量。例 4-33 就给出了在线性 SVM 和核 SVM 的参数上进行这种搜索的示例。

例 4-33：BayesSearchCV 应用。

```
1.  from skopt import BayesSearchCV
2.  from skopt.space import Real, Categorical, Integer
3.  from skopt.plots import plot_objective, plot_histogram
4.
5.  from sklearn.datasets import load_digits
6.  from sklearn.svm import LinearSVC, SVC
7.  from sklearn.pipeline import Pipeline
8.  from sklearn.model_selection import train_test_split
9.
```

```
10. X, y = load_digits(n_class=10, return_X_y=True)
11. X_train, X_test, y_train, y_test = train_test_split(X, y, random_state=0)
12.
13. # 管道类被用作估计器，以实现对不同模型类型的搜索
14. pipe = Pipeline([('model', SVC())])
15.
16. linsvc_search = {
17.     'model': [LinearSVC(max_iter=1000)],
18.     'model__C': (1e-6, 1e+6, 'log-uniform'),}
19.
20. svc_search = {
21.     'model': Categorical([SVC()]),
22.     'model__C': Real(1e-6, 1e+6, prior='log-uniform'),
23.     'model__gamma': Real(1e-6, 1e+1, prior='log-uniform'),
24.     'model__degree': Integer(1,8),
25.     'model__kernel': Categorical(['linear', 'poly', 'rbf']),}
26.
27. opt = BayesSearchCV(
28.     pipe,
29.     # (参数空间，评估数量 )
30.     [(svc_search, 40), (linsvc_search, 16)],
31.     cv=3)
32.
33. opt.fit(X_train, y_train)
34.
35. print("val. score: %s" % opt.best_score_)
36. print("test score: %s" % opt.score(X_test, y_test))
37. print("best params: %s" % str(opt.best_params_))
```

输出如下：

```
val. score: 0.985894580549369
test score: 0.9822222222222222
best params: OrderedDict([('model', SVC(C=0.41571471424085416, gamma=1.0560013164213486, kernel='poly')), ('model__C', 0.41571471424085416), ('model__degree', 3), ('model__gamma', 1.0560013164213486), ('model__kernel', 'poly')])
```

下述代码片段将绘制 SVC 目标函数的偏相关图，如图 4-35 所示。

```
38. _ = plot_objective(opt.optimizer_results_[0],
39.                    dimensions=["C","degree","gamma","kernel"],
40.                    n_minimum_search=int(1e8))
41. plt.show()
```

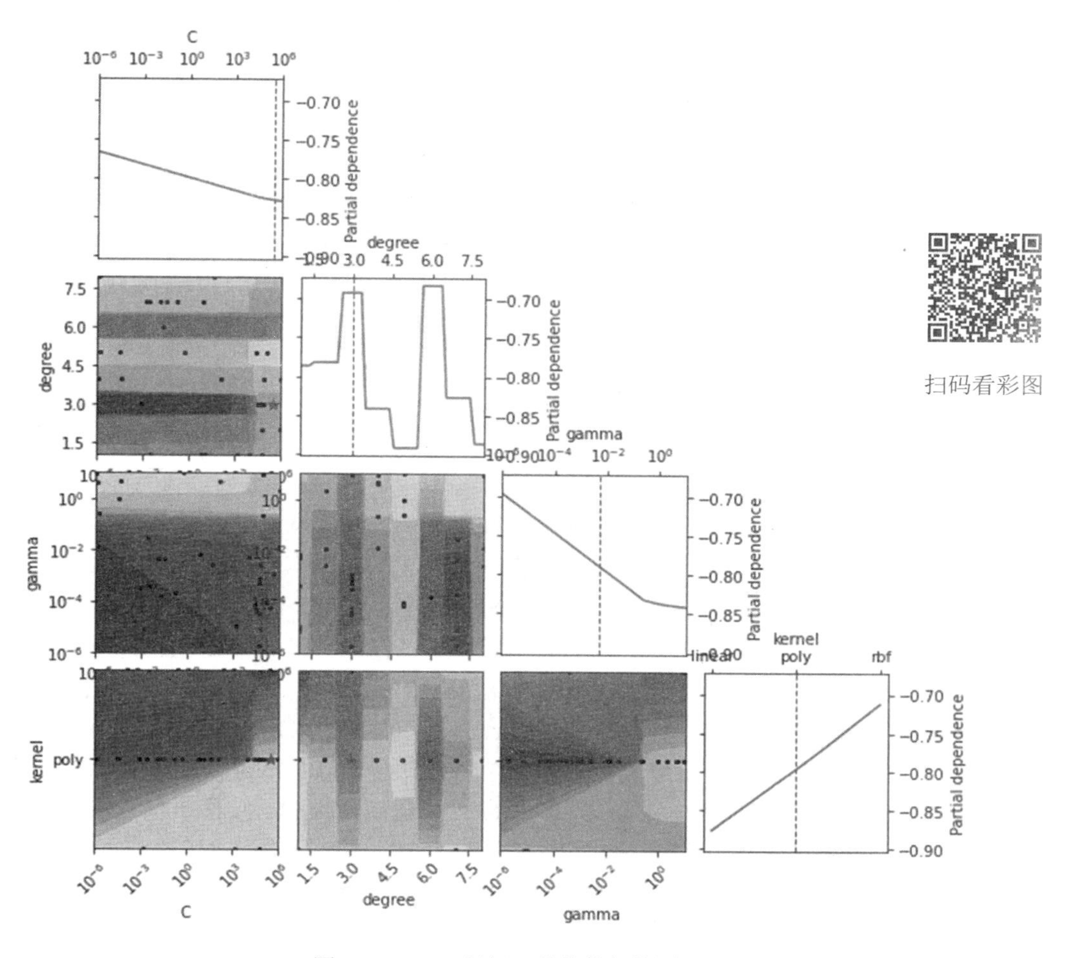

扫码看彩图

图 4-35　SVC 目标函数的偏相关图

下述代码片段将绘制 LinearSVC 的直方图，如图 4-36 所示。

```
42. _ = plot_histogram(opt.optimizer_results_[1], 1)
43. plt.show()
```

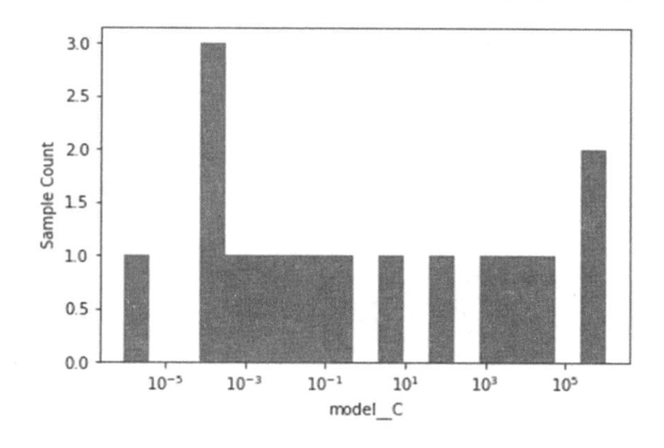

图 4-36　LinearSVC 的直方图

4.9 本章小结

本章通过分析、统计、方程拟合、计算特征量和可视化等方法从数据中提取有意义的信息，包括特征创建、维度约简、异常值检测及处理、评价函数等；并结合许多实例完成数据科学流程的建立，包括训练、测试、交叉验证、超参数调优等过程，为后期更好地进行特征工程和建立模型奠定了基础。

课后习题

1．Wine 数据集是来自 UCI 的公开数据集，这些数据是对意大利同一地区的葡萄酒进行化学分析的结果，这些葡萄酒包括 3 个不同的品种。前面提到，该数据集含有 178 个样本，分别属于 3 个类别，13 个特征变量包含酒精含量、酸度、花青素浓度等，目标变量是红酒的类别。请使用 Wine 数据集完成特征创建过程（包括加载数据集、KNN 回归、Z-score 标准化等步骤），并分别使用 PCA、LDA 进行数据降维。

2．威斯康星州乳腺癌数据集是 Scikit-learn 库中一个常用的内置数据集。该数据集共有 569 个样本，其中包含 30 个数值型特征和 2 个目标变量，这些特征描述了乳腺肿瘤的不同测量值，如肿瘤的半径、纹理、对称性等，目标变量是二分类的，代表肿瘤的良性（benign）或恶性（malignant）状态，其中，良性样本有 357 个，恶性样本有 212 个。请以该数据集作为实验数据集，对数据进行预处理（包括处理缺失值、特征缩放和特征选择等），划分数据集并使用 Scikit-learn 的逻辑回归学习器进行模型训练，完成模型评估。

第 5 章 单模型学习算法

思政教学目标：

通过单模型学习算法的学习，读者可在支持向量机的优化推导过程中树立勇于挑战的信心，强化攻坚克难的决心，培养耐心、细致、有条理的工作作风；在聚类算法的联接准则学习过程中强化社会主义核心价值观和爱国情怀，树立强烈的国家使命感和崇高的职业理想；通过对决策树的分而治之方法的理解，树立坚持不懈、精益求精和周密规划的做事风格等。

本章主要内容：

- 机器学习的步骤和要素。
- 线性回归和逻辑回归。
- 朴素贝叶斯分类。
- 最近邻算法。
- 支持向量机。
- 决策树。
- 聚类。

5.1 概述

关于机器学习的定义，不同专家从不同角度给出了阐述。在此，给出机器学习的定义。

机器学习主要是设计和分析一些让计算机可以自动“学习”的算法，即分析数据、获得规律，并利用规律对未知数据进行预测的算法，其目的是使计算机成为一种实时的模拟人类学习和思维方式的工具。

生活中常用的网易云音乐、淘宝等上面的内容推荐就是机器学习中的一种。这些软件通过获取人们听歌的曲风、时长、节奏或浏览的物品类别、评价好坏等来获取人们的一些使用习惯，这些使用习惯被统称为特征；每个人都有若干这样或那样的特征，这些特征组成了这个人的样本数据，再加上这个人对应的标签。后台程序获取这些数据（特征和标签）进行机器学习，得出一个模型。当人们再次登录这类软件时，后台会向人们推送其可能感兴趣的内容。此外，后台获取的数据越多，模型的准确性越高，推荐的内容越符合人们的兴趣。

下面讨论机器学习涉及的若干概念、要素及其解决问题的步骤等。

5.1.1 分类模型和回归模型

在机器学习中，通常将机器学习模型定义为一个函数 f，其接收一定的输入并生成一个输出。根据其输出的类型将机器学习模型进一步划分为分类（Classification）模型和回归（Regression）模型。机器学习模型的输出如果是离散值，如布尔值，就称其为分类模型；如果是连续值，就称其为回归模型。本节先讨论分类模型，再引入回归模型。

图 5-1（a）中的示例就是一个典型的二分类问题：判断图像中的人物是男士还是女士。该问题输入的一个样本数据是一幅图像，表示为矩阵 $\boldsymbol{M}$，尺寸为 $H \times W$（单位为像素）。矩阵中的每个元素值是[0, 255]区间的整数，是图像中每个像素的灰度值。该问题的输出：1 表示男士，0 表示女士。

综上所述，男女图像识别模型 f 可形式化为式（5-1）。

$$f\left(\boldsymbol{M}\right)=1|0 \tag{5-1}$$

其中，$M_{i,j} \in \left[0,255\right]$，$0 \leqslant i \leqslant H$，$0 \leqslant j \leqslant W$。

机器学习的目标是找出一个尽可能通用的、对未见过数据能给出正确答案的映射。

下面考虑一个用于估算房产价格的模型，其特征包括房产面积、房产类型（如住宅、公寓）、地理位置等。在这种情况下，可以将预期输出看作一个实数 $\text{price} \in \mathbf{R}$，这就是一个回归模型。注意：在本例中，我们所拥有的原始数据并非全部是数值，其中某些数据是离散的分类值，如房地产类型。在现实世界中，情况往往就是这样的。

使用一个元组 T 来表示房产特征，其中的元素要么是数值，要么是表示其属性值之一的分类值。在很多情况下，这些元素统称为特征（Features）。

综上所述，我们建立的房产价格估算模型如式（5-2）所示。

$$F\left(T\right)=\text{price} \tag{5-2}$$

其中，$\text{price} \in \mathbf{R}$，特征元组记为 $T=\left(\text{storey,space,type,location,year\_of\_construction}\right)$。

在图 5-1（b）中，展示了一个以房产面积为唯一变量、房产价格为输出的回归模型示例。

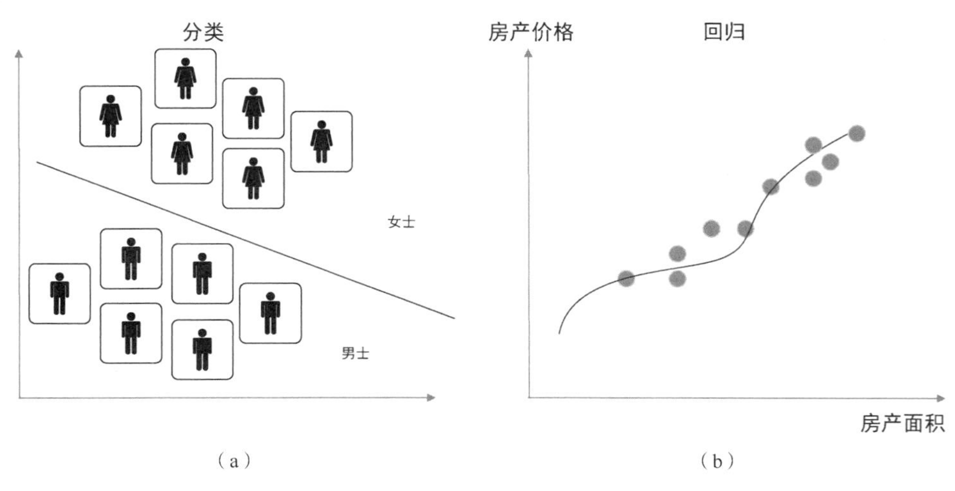

图 5-1　分类和回归示例

说起特征，还要提到的一点是，一些机器学习模型（如决策树）可以直接处理非数值特征，而更多时候，人们必须以某种方式将这些非数值特征转换为数值特征。

我们可以很容易地将一个现实世界的问题表述出来并将其归结为一个分类问题或回归问题。但有时这两类问题之间的边界并不清晰，人们可以将分类问题转化为回归问题，反之亦然。

在上述房产价格估算的例子中，似乎很难预测房产的确切价格。如果将问题重新表述为预测房产的价格范围，而不是单一的价格标签，则可能获得一个更鲁棒的模型。此时，将该问题转化为分类问题（而不是回归问题）应该是一个不错的选择。

对于上述男女图像识别问题，也可以将其由分类问题转换为回归问题。通过构建一个模型，其输出值是$[0\%,100\%]$区间的概率，描述图像中的人物是男士的可能性，而不是给出一个二进制值作为输出。由此，就可以比较两个模型之间的细微差别，并进一步优化模型。例如，对于有男士的图像，模型 A 给出的概率为 1%，而模型 B 则对相同的图像给出了 49%的概率。虽然这两个模型都没有给出正确答案，但可以看出，模型 B 给出的结果更接近事实。

5.1.2　机器学习的步骤和要素

由上述示例可以看到，机器学习的主要步骤如下。

（1）提出问题。

首先应梳理问题逻辑，根据其输出确定其是分类问题还是回归问题。

（2）理解数据及其预处理。

非常重要的一步是梳理问题中可能出现的特征数据、数据的分布等属性。通常数据的类型、规模不同会影响后面的模型构建。

（3）构建模型。

针对数据特点、应用场景等选择合适的机器学习方法并完成训练过程。

（4）评估。

评估模型的有效性和鲁棒性，以及模型的泛化能力，还有那些需要改进的地方等。

由上可知，机器学习涉及的要素主要包括数据集、模型和目标函数等。下面简述各要素，以便于在后续的学习中从这几个角度理解和认识机器学习的步骤。通过对这些要素的比较来梳理不同算法的特点。

（1）数据集。

根据所使用的样本数据中是否有标签，机器学习方法可分为有监督和无监督学习方法。有监督学习方法的数据集可进一步划分为训练集、测试集和验证集。

（2）模型。

一般而言，方法不同，模型也不同。模型是指给定输入x_i，预测输出y_i。一般而言，一个模型需要使用相应的参数来描述，经过训练数据集学习到的就是这些模型参数。下面以线性模型$\hat{y}_i=\sum_j w_j x_{ij}$为例进行说明。此处的$\hat{y}_i$可以有不同的解释，如它可作为回归目标的输出或进行 Sigmoid 变换得到概率，或者作为排序的指标等；描述该线性模型的参数是w_j。

（3）目标函数。

目标函数有时也称成本函数，在训练过程中，优化的目标是使目标函数达到最小或在两次相继迭代中，目标函数值的差满足停止要求。模型和参数描述了给定输入及如何做出预测，但是没有告诉我们如何寻找一个比较好的参数，这时就需要一个目标函数。一般的目标函数包含误差函数项和正则化项，如式（5-3）所示。

$$\mathrm{Obj}(\theta)=\underbrace{L(\theta)}_{\text{误差函数项}}+\underbrace{\Omega(\theta)}_{\text{正则化项}} \tag{5-3}$$

其中，$L(\theta)$为误差函数，描述模型拟合数据的好坏；$\Omega(\theta)$为正则化项，惩罚模型的复杂度。

机器学习问题的类型不同，采用的误差函数不同。如果是回归问题，则通常采用均方误差损失函数$L(y,\hat{y})=\frac{1}{n}\sum_{i=1}^{n}(y-\hat{y}_i)^2$。简单来说，均方误差的含义是求一个批次中$n$个样本的预测输出与其期望输出的差的平方的平均值。如果是分类问题，则通常采用交叉熵（Cross-Entropy）损失函数$L(y,\hat{y})=-\sum_{i=0}^{C-1}y_i\log(p_i)$，其中$p_i$表示样本属于第$i$类的概率。交叉熵是用来评估当前训练得到的概率分布与真实分布的差异情况的。它刻画的是实际输出（概率）与期望输出（概率）的距离，即交叉熵的值越小，两个概率分布就越接近；细节详见进阶 A。

为什么加入正则化项呢？因为模型是在训练集上进行训练的，其评估指标在训练集上一般较优异。但训练集中的样本毕竟有限，不可能覆盖整个样本空间。模型在训练集上表现优异并不代表在测试集上会表现优异。在训练集上，模型越复杂，模型过拟合越严重。此外，采用的正则化项的实质就是一种对过多模型参数采取惩罚措施以减小过拟合风险的技术。当然，我们还得确定惩罚强度以让模型在欠拟合和过拟合之间达到平衡。总而言之，加入正则化项是为了增强模型的泛化能力，使其在未知数据集上同样表现优异。常见的正则化项有 L1 正则和 L2 正则。

5.2 节将介绍一种被称为逻辑回归的学习模型，该模型将连续的概率作为输出，但用于解决分类问题。

5.2 线性回归和逻辑回归

本节引入逻辑回归方法，该方法简单、实用、高效，在业界应用十分广泛。需要注意的是，此处的“逻辑”是音译“Logistic”的缩写，并不是说这个算法具有怎样的逻辑性。逻辑回归通常用于解决分类问题，如经常用它来预测客户是否会购买某商品，借款人是否会违约等。

实际上，分类是应用逻辑回归的目的和结果。逻辑回归本质上是寻找一个用来解决分类问题的决策面，其中间过程依旧是回归。通过逻辑回归模型，得到的结果是 0～1 之间的连续数字，称其为可能性（概率）。例如，使用逻辑回归方法为客户购买某商品的可能性或借款人违约的可能性建模等，并给这个可能性加一个阈值，就成了分类。如果使用该模型计算出某借款人违约的可能性>0.5，则可将该借款人预判为“坏客户”。

5.2.1　从线性回归到逻辑回归

下面先考虑只有一个自变量的最简单的线性回归问题。例如，广告投入金额 x 和销售量 y 的关系，其散点图如图 5-2（a）所示，这是一个线性回归问题。假设现在有这样一组数据，给不同的用户投放不同金额的广告费用，记录他们购买广告商品的行为，1 代表购买，0 代表未购买，其中因变量 y（是否购买）是二分类类型，这是一个逻辑回归问题，如图 5-2（b）所示。

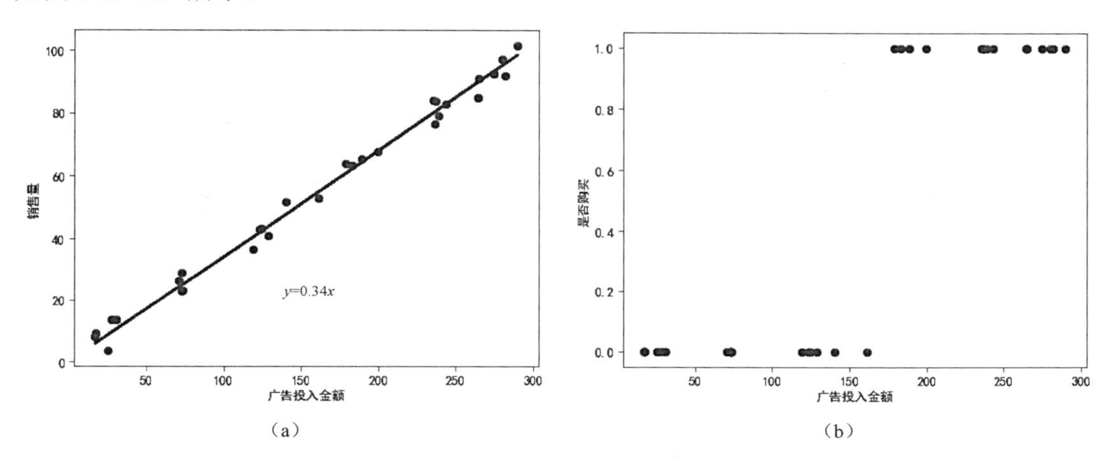

（a）　　　　（b）

图 5-2　分类和回归示例

在例 5-1 中，将展示在一个合成数据集上，线性回归和逻辑回归的关系，基于阈值 0.5，逻辑回归模型将逻辑曲线值分为 0 或 1，如图 5-3 所示。在例 5-1 中，首先导入 LinearRegression 和 LogisticRegression，前者针对线性回归模型，后者针对逻辑回归模型。这也是使用线性回归和逻辑回归的第一步。关于 LinearRegression()和 LogisticRegression()的具体使用，将在后面的例子中进行解释。

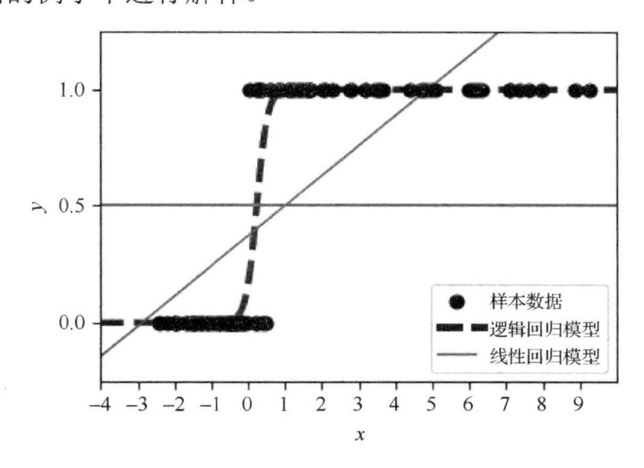

图 5-3　线性回归和逻辑回归的关系

例 5-1：线性回归和逻辑回归的关系。

```
1.  import matplotlib.pyplot as plt
2.  import numpy as np
3.  from scipy.special import expit
4.
5.  from sklearn.linear_model import LinearRegression
6.  from sklearn.linear_model import LogisticRegression
7.
8.  # 构建一个数据集，它是一条直线，附加高斯噪声
9.  xmin, xmax = -5, 5
10. n_samples = 100
11. np.random.seed(0)
12. X = np.random.normal(size=n_samples)
13. y = (X > 0).astype(float)
14. X[X > 0] *= 4
15. X += 0.3 * np.random.normal(size=n_samples)
16. X = X[:, np.newaxis]
17. # 拟合分类器
18. clf = LogisticRegression(C=1e5)
19. clf.fit(X, y)
20. # 绘制
21. plt.figure(1, figsize=(4, 3))
22. plt.clf()
23. plt.scatter(X.ravel(), y, label="样本数据", color="black", zorder=20)
24. X_test = np.linspace(-5, 10, 300)
25.
26. loss = expit(X_test * clf.coef_ + clf.intercept_).ravel()
27. plt.plot(X_test, loss,
28.             label="逻辑回归模型", color="red", linewidth=3)
29.
30. ols = LinearRegression()
31. ols.fit(X, y)
32. plt.plot(X_test, ols.coef_ * X_test + ols.intercept_,
33.             label="线性回归模型", linewidth=1,)
34. plt.axhline(0.5, color=".5")
35.
36. plt.ylabel("y")
37. plt.xlabel("X")
38. plt.xticks(range(-5, 10))
39. plt.yticks([0, 0.5, 1])
40. plt.ylim(-0.25, 1.25)
41. plt.xlim(-4, 10)
42. plt.legend(loc="lower right", fontsize="small",)
```

```
43. plt.tight_layout()
44. plt.show()
```

5.2.2　线性回归实践

下面通过使用 LinearRegression()函数来求解一个线性回归问题并给出其注意事项。该示例回归方程为$Y = kX + b$，其中，b 为截距；k 为回归系数，也称斜率。如何求得k 和b 呢？

例 5-2：LinearRegression()函数的使用。

```
1.  from sklearn import linear_model
2.  reg = linear_model.LinearRegression()
3.  reg.fit([[0, 0], [1, 1], [2, 2]], [0, 1, 2])
4.  reg.coef_
```

输出如下：

```
Out[1]:array([0.5, 0.5])
```

在例 5-2 中，首先，通过 LinearRegression()创建线性回归模型对象 reg，该对象名可由用户依据自己的习惯修改；然后，使用该对象的 fit()方法拟合数组 X 和 Y 。在多维情况下，LinearRegression()通过最小化观测到的目标值与线性近似预测值间的残差的平方和拟合出一个具有系数$W = \left(w_1, w_2, \cdots, w_p\right)$的线性回归模型。

回归模型对象 reg 的方法 fit(X,y[,sample_weight])根据给定的训练数据拟合模型，其中，X 是训练数据，y 是目标值，sample_weight 是每个样本的独立权重。在模型拟合过程中，采用了最小二乘法。普通最小二乘法的系数估计依赖特征的独立性。当特征间具有近似线性相关性时，该模型效果较好。该方法返回拟合后的线性估计器。

回归模型对象 reg 的属性 coef_返回的是线性回归问题估计的系数数组。如果在拟合期间有多个目标，则其形状是(n_targets,n_features)的二维数组；如果仅有一个目标，则其形状是长度为 n_feature 的一维数组。

例 5-3：LinearRegression()常见属性的使用。

```
1.  import numpy as np
2.  from sklearn.linear_model import LinearRegression
3.  X = np.array([[1, 1], [1, 2], [2, 2], [2, 3]])
4.  y = np.dot(X, np.array([1, 2])) + 3   # y=1*x_0+2*x_1+3
5.  reg = LinearRegression().fit(X, y)
6.  print('reg.score(X, y):',reg.score(X, y)) # 1.0
7.  print('reg.coef_:',reg.coef_)   # array([1., 2.])
8.  print('reg.intercept_:',reg.intercept_)   # 3.0...
9.  reg.predict(np.array([[3, 5]]))
10.
```

输出如下：

```
reg.score(X, y): 1.0
reg.coef_: [1. 2.]
```

```
reg.intercept_: 3.0000000000000018
Out[5]:array([16.])
```

在例 5-3 中，通过 fit()方法拟合训练数据。由拟合后线性回归模型对象 reg 的方法 score(X,y[,sample_weight])返回预测的决定系数 $R^2 = 1 - \frac{SS_{res}}{SS_{tot}}$，其参数同 fit()中的参数。其中，$SS_{res}$ 描述模型带来的误差，即回归数据与平均值的误差；SS_{tot} 是真实数据与平均值之间的误差。R^2 的取值为 0～1，其数值大小反映了回归贡献的相对程度，即在因变量 y 的总变异中，回归关系所能解释的百分比。R^2 是最常用的评价回归模型优劣程度的指标之一。

这里使用 predict(X)方法实现未知量 X 的线性回归模型估计，并返回其预测值。

在 LinearRegression()中，如果设置 fit_intercept=True，则通过属性 intercept_可返回拟合后线性回归模型的截距；如果设置 fit_intercept = False，则在计算中将不使用截距，属性 intercept_返回 0.0；属性 intercept_的返回值类型为 float 或(n_targets,)，后者针对多个拟合目标值的情况。

在例 5-4 中，仅使用糖尿病数据集（diabetes 数据集）的第一个特征说明如何最小化数据集中观测值与线性近似预测值之间的残差平方和，并计算其系数和决定系数。为了计算残差平方和与决定系数，需要导入 mean_squared_error 和 r2_score 包。

例 5-4：模型系数、残差平方和和决定系数的计算。

```
1.
2.  import matplotlib.pyplot as plt
3.  import numpy as np
4.
5.  from sklearn import datasets, linear_model
6.  from sklearn.metrics import mean_squared_error, r2_score
7.  # 加载 diabetes 数据集
8.  diabetes_X, diabetes_y = datasets.load_diabetes(return_X_y=True)
9.  diabetes_X = diabetes_X[:, np.newaxis, 2]    # 仅使用一个特征
10.
11. diabetes_X_train = diabetes_X[:-20]      # 划分数据为训练集和测试集
12. diabetes_X_test = diabetes_X[-20:]
13. diabetes_y_train = diabetes_y[:-20]      # 划分目标值为训练集和测试集
14. diabetes_y_test = diabetes_y[-20:]
15.
16. regr = linear_model.LinearRegression()              # 创建线性回归对象
17. regr.fit(diabetes_X_train, diabetes_y_train)       # 使用训练集训练模型
18.
19. diabetes_y_pred = regr.predict(diabetes_X_test)    # 使用测试集进行预测
20.
21. print("Coefficients: \n", regr.coef_)               # 系数
22. print("Mean  squared  error:  %.2f"  %  mean_squared_error(diabetes_y_test,
   diabetes_y_pred)) #均方误差
```

```
23.  print("Coefficient of determination: %.2f" % r2_score(diabetes_y_test, diabetes_y_pred))
24.
```

```
Coefficients:
 [938.23786125]
Mean squared error: 2548.07
Coefficient of determination: 0.47
```

通过上述几个例子，读者已经理解和学会应用线性回归模型了；在后面的章节中，将按照这个思路介绍各种机器学习算法，通过一些例子逐步引入一些使用方法和技巧。由于篇幅的原因，本书并没有给出相应函数的详细说明。

现回到本节开始的“广告投入金额 x 和销售量 y 的关系”的问题。在计算出预测值 $\hat{y}$ 后，加一个条件，如果 $\hat{y}>0.5$，就认为其属于 1 类，即购买了商品，否则认为未购买商品，即

$$\hat{y}=\begin{cases}1 & f(x)>0.5\\0 & f(x)\leqslant 0.5\end{cases}$$

设拟合后的回归模型为 $\hat{y}=0.34x$，附加条件 $\hat{y}>0.5$ 后，等价于 $\hat{y}=\begin{cases}1 & x>1.47\\0 & x\leqslant 1.47\end{cases}$，其在形式上类似于单位阶跃函数 $y=\begin{cases}0 & x<0\\0.5 & x=0\\1 & x>0\end{cases}$。阶跃函数的图像如图 5-4 所示。

可以发现，将阶跃函数向右平移一下，就可以较好地拟合“广告投入金额-销售量”数据，但阶跃函数有个问题，即它不是连续函数。在理想情况下，x 和 y 之间的关系希望用一个单调可导的函数来描述。

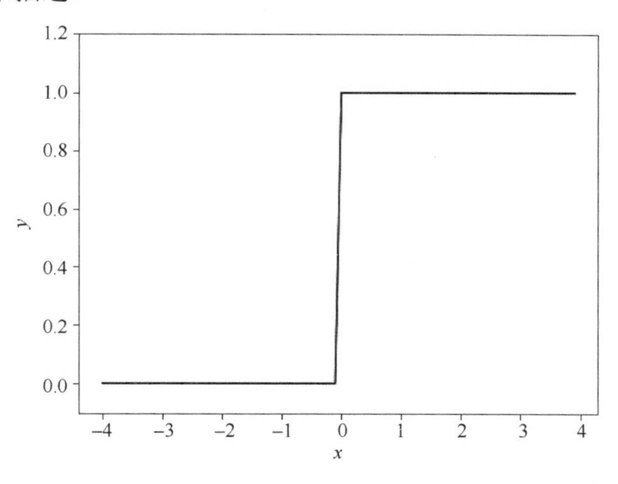

图 5-4　阶跃函数的图像

5.2.3　Sigmoid 函数

逻辑回归中使用的 Sigmoid 函数的定义为 $S(x)=\dfrac{1}{1+\mathrm{e}^{-x}}$，其图像如图 5-5 所示。Sigmoid

函数是一个 s 形曲线，就像阶跃函数的温和版，阶跃函数在 0 和 1 之间突然“起跳”，而 Sigmoid 函数有一个平滑的过渡过程。

由图 5-5 可见，Sigmoid 函数将取值范围$(-\infty,+\infty)$映射到$(0,1)$，更适宜表示预测的概率，即事件发生的可能性。

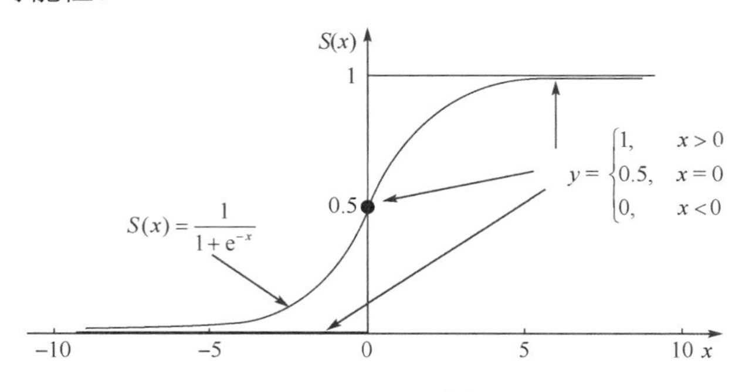

图 5-5　Sigmoid 函数的图像

5.2.4　推广至多元场景

在理解了一元情况后，现推广至多元线性回归方程：

$$y = \beta_0 + \beta_1 x_1 + \beta_2 x_2 + \cdots + \beta_p x_p \tag{5-4}$$

其矩阵形式为

$$\boldsymbol{Y} = \boldsymbol{X\beta} \tag{5-5}$$

其中，$\boldsymbol{Y} = \begin{bmatrix} y_1 \\ y_2 \\ \vdots \\ y_n \end{bmatrix}$；$\boldsymbol{X} = \begin{bmatrix} 1 & x_{11} & x_{12} & \cdots & x_{1p} \\ 1 & x_{21} & x_{22} & \cdots & x_{2p} \\ \vdots & \vdots & & & \vdots \\ 1 & x_{n1} & x_{n2} & \cdots & x_{np} \end{bmatrix}$；$\boldsymbol{\beta} = \begin{bmatrix} \beta_0 \\ \beta_1 \\ \vdots \\ \beta_p \end{bmatrix}$。

将式(5-5)的特征加权和$\boldsymbol{X\beta}$代入 Sigmoid 函数，令其预测为正样本的概率为$P(\boldsymbol{Y}=1)$，则为逻辑回归，形式如式（5-6）所示。

$$P(\boldsymbol{Y}=1) = \frac{1}{1+\mathrm{e}^{-\boldsymbol{X\beta}}} \tag{5-6}$$

下一步就是通过最小化损失函数来求解式（5-6）中的未知参数向量$\boldsymbol{\beta}$。通常来讲，该损失函数值越小，模型预测效果越好。举个极端的例子，如果预测完全精确，则损失函数值为 0。在线性回归中，我们使用的损失函数是残差平方和损失，如式（5-7）所示。

$$L = \sum_{i=1}^{n}\left(y_i - \hat{y}_i\right)^2 = \sum_{i=1}^{n}\left(y_i - x_i\boldsymbol{\beta}\right)^2 \tag{5-7}$$

式（5-7）是一个凸函数，具有全局最优解。

如果逻辑回归中使用残差平方和损失$L = \sum_{i=1}^{n}\left(y_i - \frac{1}{1+\mathrm{e}^{-x_i\boldsymbol{\beta}}}\right)^2$，那么很遗憾，它不是凸函数，不易优化，容易陷入局部极值点。在逻辑回归问题中，我们使用的损失函数是对数损失函数，如式（5-8）所示。

$$J(\boldsymbol{\beta}) = -\log L(\boldsymbol{\beta}) = -\sum_{i=1}^{n}\left[y_i \log p(y_i) + (1-y_i)\log(1-p(y_i))\right] \quad (5\text{-}8)$$

下面通过一个例子来理解式（5-8），其是用于二分类的交叉熵损失函数，其详细推导见进阶 A。

假设需要针对 A 和 B 两组样本建立逻辑回归模型 $P(y=1)=f(x)$。样本 A 的情况：假设公司花费 $x=1000$ 元做广告定向投放，某用户看到该广告后购买商品，此时真值 $y=1$。$f(x=1000)$ 的结果是 0.6，有−0.4 的偏差。在逻辑回归中，没有采用差值作为其偏差，而是采用对数损失，其偏差定义为 $\log(0.6)$（其实也很好理解为什么取对数，因为我们计算的是 $P(y=1)$，如果预测值正好等于 1，那么 $\log(1)=0$，偏差为 0）。样本 B 的情况：$x=500$，$y=0$，$f(x=500)=0.3$，偏差为 $\log(1-0.3)=\log(0.7)$。根据对数函数的特性，该示例中的自变量的取值区间是[0,1]，结果是负值，而损失一般用正值表示，因此取相反数。于是样本 A 和 B 上的总损失是 $-\log(0.6)-\log(0.7)$。

5.2.5　逻辑回归实践

由于逻辑回归与线性回归的关系，两者的调用方式、参数、属性和方法有很多相似之处。下面仅给出两者常用的不同之处。

下面通过例 5-5 来描述逻辑回归函数 LogisticRegression()的调用过程。读者需要特别关注一些常用的属性、方法的使用。

例 5-5：LogisticRegression()的使用。

```
1. >>> from sklearn.datasets import load_iris
2. >>> from sklearn.linear_model import LogisticRegression
3. >>> X, y = load_iris(return_X_y=True)
4. >>> clf = LogisticRegression(random_state=0).fit(X, y)
5. >>> clf.predict(X[:2, :])
6. array([0, 0])
7. >>> clf.predict_proba(X[:2, :])
8. array([[9.8...e-01, 1.8...e-02, 1.4...e-08],
9.        [9.7...e-01, 2.8...e-02, ...e-08]])
10. >>> clf.score(X, y)
11. 0.97...
```

在例 5-5 中，首先导入逻辑回归包 LogisticRegression，应用逻辑回归拟合 Iris 数据集后的模型是 clf，其方法 predict()和 predict_proba()分别计算预测值与预测的概率值。模型对象 clf 的方法 predict(X)用于预测 X 中样本的类别标签，其中 X 是形状为(n_samples,n_features)的数组或稀疏矩阵；返回形状为(n_samples,)的数组 y_pred，包含每个样本的类别标签。方法 predict_proba(X)返回形状为(n_samples,n_classes)的数组，描述了每个样本在每个类别上的概率值，其中，类别按照属性 self.classes_中的顺序排列。同样，其输入是形状为(n_samples, n_features)的数组或稀疏矩阵 X。属性 self.classes_是形状为(n_classes,)的数组，保存了分类器已知的类别标签列表。predict_log_proba(X)与

predict_proba(X)主要的不同之处是计算估计概率的对数。score(X, y[, sample_weight])返回给定测试数据和标签的平均精度。

例 5-6：逻辑回归 3 分类器。

图 5-6 显示的是使用 Iris 数据集的前两个特征（萼片长度和萼片宽度）实现的逻辑回归分类器决策边界，数据点根据其标签着色。

```
1.  import matplotlib.pyplot as plt
2.
3.  from sklearn import datasets
4.  from sklearn.inspection import DecisionBoundaryDisplay
5.  from sklearn.linear_model import LogisticRegression
6.
7.  iris = datasets.load_iris() # 加载 iris 数据集
8.  X = iris.data[:, :2]  # 仅取前两个特征
9.  Y = iris.target
10.
11. # 构建一个逻辑回归分类器示例并拟合数据
12. logreg = LogisticRegression(C=1e5)
13. logreg.fit(X, Y)
14.
15. _, ax = plt.subplots(figsize=(4, 3))
16. DecisionBoundaryDisplay.from_estimator(
17.     logreg,
18.     X,
19.     cmap=plt.cm.Paired,
20.     ax=ax,
21.     response_method="predict",
22.     plot_method="pcolormesh",
23.     shading="auto",
24.     xlabel="Sepal length",
25.     ylabel="Sepal width",
26.     eps=0.5,
27. )
28.
29. plt.scatter(X[:, 0], X[:, 1], c=Y, edgecolors="k",
30.                  cmap=plt.cm.Paired) # 绘制数据点及结果
31.
32. plt.xticks(())
33. plt.yticks(())
34.
35. plt.show()
```

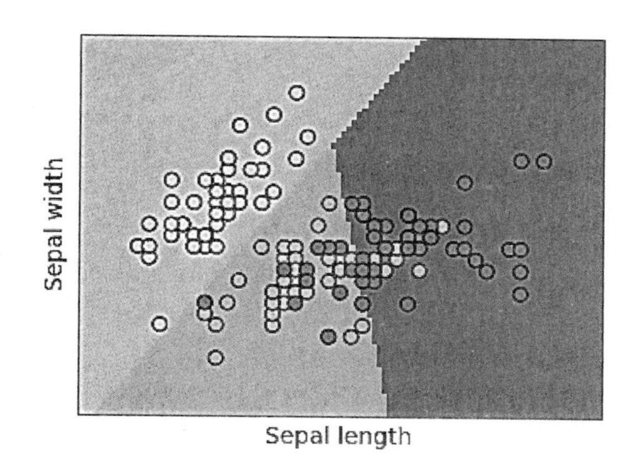

图 5-6　逻辑回归分类器决策边界

在例 5-6 中，为了绘制决策边界，导入 DecisionBoundaryDisplay 包并使用 DecisionBoundaryDisplay.from_estimator（estimator, X, *[, ...]）方法，其中，estimator 是经过训练的估计器，用于绘制其决策边界；X 是形状为(n_samples, 2)的输入数据。

至此，完成了线性回归和逻辑回归的简单描述，下面给出两者的优/缺点。

5.2.6　算法小结

线性回归和逻辑回归的使用场景及优/缺点如下。

（1）线性回归（正则化）的优/缺点。优点：线性回归的理解与解释十分直观，并可通过正则化项降低过拟合的风险。另外，线性回归模型很容易使用随机梯度下降和新数据更新模型权重。缺点：线性回归在变量间是非线性关系时表现很差，并且不够灵活，难以捕捉更复杂的模式，添加正确的交互项或使用多项式很困难并需要大量的时间。

（2）逻辑回归（正则化）的优/缺点。优点：逻辑回归是与线性回归相对应的一种分类方法，且其基本概念由线性回归推导而出，具有与线性回归类似的优点。逻辑回归通过 Logistic 函数（Sigmoid 函数）将预测值映射至$[0,1]$，可看作某个类别的概率。缺点：逻辑回归模型仍然是线性的，因此只有在样本是线性可分（数据可被一个超平面完全分离）时，算法才能有优秀的表现。同样，逻辑回归模型可通过正则化惩罚模型系数。

进阶 A　交叉熵损失函数和平方差损失函数

下面先理解交叉熵损失函数，再讨论交叉熵和平方差的区别，以及为什么通常前者用于分类而后者则用于回归。记训练集$T=\{(x_1,y_1),(x_2,y_2),\cdots,(x_N,y_N)\}$，其中，$x_i\in\mathbf{R}^n$，$y_i\in\{0,1\}$，用于模型学习。

在大多数情况下，二分类交叉熵损失函数$L=-[y\log\hat{y}+(1-y)\log(1-\hat{y})]$都是直接拿来使用的。但是它是怎么来的呢？为什么它能表征真实样本标签和预测标签之间的差值呢？上面的交叉熵损失函数是否有其他变种？本节将解答上面这几个问题。

在二分类问题中，真实样本标签记为$\{0,1\}$，分别表示负样本和正样本。模型的最后一步通常会经过一个 Sigmoid 函数，输出一个概率值，该概率值反映了样本被预测为正样本的可能性，概率值越大，可能性越大。

Sigmoid 函数在 5.2.3 节已经介绍过，其表达式如（5-9）所示。

$$S(x)=\frac{1}{1+\mathrm{e}^{-x}} \tag{5-9}$$

其中，x是模型上一层的输出。由图 5-5 可知，Sigmoid 函数的特点如下：

$$\begin{cases} x \gg 0 & S(x) \approx 1 \\ x = 0 & S(x) = 0.5 \\ x \ll 0 & S(x) \approx 0 \end{cases}$$

显然，$S(x)$将前一级的线性输出映射到区间$[0,1]$的概率值上，表征当前样本标签为 1 的概率$\hat{y}=P(y=1|x)$。很明显，当前样本标签为 0 的概率是$1-\hat{y}=P(y=0|x)$。如果从极大似然性的角度出发，把上述两种情况整合到一起，则有

$$P(y|x)=\hat{y}^{y}(1-\hat{y})^{1-y} \tag{5-10}$$

由此，当真实样本标签$y=0$时，$\hat{y}^{y}=1$，概率等式转化为$P(y=0|x)=1-\hat{y}$；当真实样本标签$y=1$时，$(1-\hat{y})^{1-y}=1$，概率等式转化为$P(y=1|x)=\hat{y}$。两种情况下的概率表达式与之前的完全一致。

首先，对$P(y|x)$引入对数函数，因为对数运算并不会影响函数本身的单调性，所以有

$$\log P(y|x)=\log\left[\hat{y}^{y}(1-\hat{y})^{1-y}\right]=y\log\hat{y}+(1-y)\log(1-\hat{y})$$

我们希望概率表达式$P(y|x)$的值越大越好，反过来，$-\log P(y|x)$的值越小越好。由此，引入单样本损失函数$L=-\log P(y|x)=-\left[y\log\hat{y}+(1-y)\log(1-\hat{y})\right]$。如果要计算$N$个样本的总损失函数，则只需对$N$个单样本$L$求和即可，即

$$L=\sum_{i=1}^{N}-\log P(y_i|x_i)=\sum_{i=1}^{N}-\left[y_i\log\hat{y}_i+(1-y_i)\log(1-\hat{y}_i)\right]$$

上述内容就是交叉熵损失函数完整的推导过程。

虽然已知交叉熵损失函数的推导过程，但是能不能从更直观的角度理解这个表达式呢？下面从图形的方式分析交叉熵损失函数。

已知单样本的交叉熵损失函数$L=-\log P(y|x)=-\left[y\log\hat{y}+(1-y)\log(1-\hat{y})\right]$。当$y=1$时，有$L=-\log\hat{y}$，如图 5-7 所示。显然，预测值越接近真实样本标签 1，交叉熵损失函数L越小；预测值越接近 0，L越大。函数的变化趋势完全符合实际需要。当$y=0$时，有$L=-\log(1-\hat{y})$，如图 5-8 所示。同样，预测值越接近真实样本标签 0，交叉熵损失函数L越小；预测值越接近真实样本标签 1，L越大。函数的变化趋势也完全符合实际需要。上述两种图形帮助读者对交叉熵损失函数有了更直观的理解。无论真实样本标签y是 0 还是 1，L都表征了预测值$\hat{y}$与y之间的差距。

另外，预测值$\hat{y}$与y之间的差距越大，L越大，即对当前模型的惩罚越大，而且呈非线性的类指数规律增大，这是由对数函数本身的特性决定的。这样做的好处是模型会倾向于让预测值$\hat{y}$更接近真实样本标签y。

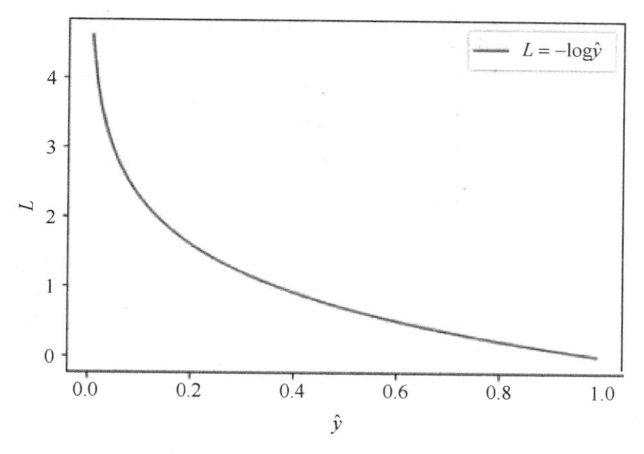

图 5-7　函数 $L=-\log\hat{y}$ 的图像

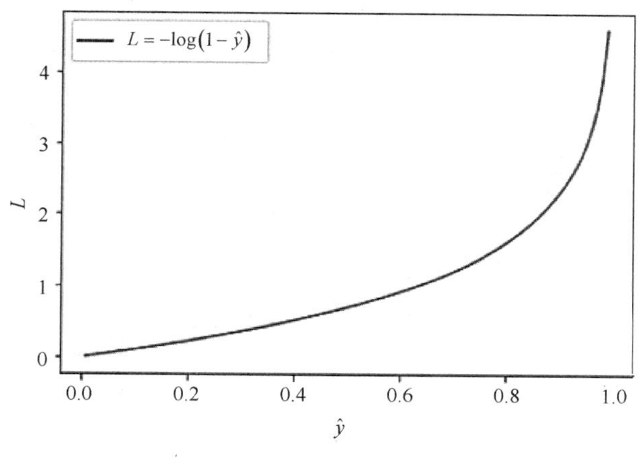

图 5-8　函数 $L=-\log(1-\hat{y})$ 的图像

至此，简单介绍了交叉熵损失函数的数学原理和推导过程。还有一个问题：为什么分类问题使用交叉熵损失函数而不像回归问题那样直接使用平方差损失函数呢？有以下两个主要原因。

原因 1：交叉熵损失函数权重更新更快。

在逻辑回归模型中，定义平方差损失函数 $C(w,b)=\frac{1}{N}\sum_{i=1}^{N}\frac{(y_i-\hat{y}_i)^2}{2}$，其中，$y_i$ 是期望输出（真实值），$\hat{y}_i$ 是该模型的实际输出（预测值），即 $z_i=wx_i+b$，$\hat{y}_i=s(z_i)$，其中，s 是 Sigmoid 函数 $s(x)=\frac{1}{1+\mathrm{e}^{-x}}$，其导数满足 $s'(x)=s(x)[1-s(x)]$。

在训练学习过程中，计算平方差损失函数 C 关于 w 和 b 的导数：

$$\frac{\partial C}{\partial w}=\frac{1}{N}\sum_{i=1}^{N}(\hat{y}_i-y_i)s'(z_i)x_i=\frac{1}{N}\sum_{i=1}^{N}(\hat{y}_i-y_i)\hat{y}_i(1-\hat{y}_i)x_i \tag{5-11}$$

$$\frac{\partial C}{\partial b}=\frac{1}{N}\sum_{i=1}^{N}(\hat{y}_i-y_i)s'(z_i)=\frac{1}{N}\sum_{i=1}^{N}(\hat{y}_i-y_i)\hat{y}_i(1-\hat{y}_i)$$

其中，x_i 和 y_i 是已知量；N 是样本数量。

下面使用梯度下降算法更新 w 和 b：

$$w = w - \eta\frac{\partial C}{\partial w} = w - \eta\left(\hat{y} - y\right)s'\left(z\right)x$$

$$b = b - \eta\frac{\partial C}{\partial b} = b - \eta\left(\hat{y} - y\right)s'\left(z\right)$$

由图 5-5 可知，Sigmoid 函数图像的两端几近平坦，导致其导数 $s'(z)$ 在 z 取大部分值时会很小，$\eta(\hat{y} - y)s'(z)$ 很小，使得 w 和 b 更新较慢。因此，平方差损失函数的更新较慢。

为了克服上述平方差损失函数的不足，引入二分类交叉熵损失函数：

$$L = -\frac{1}{N}\sum_{i=1}^{N}\left[y_i \log s\left(z_i\right) + \left(1 - y_i\right)\log\left(1 - s\left(z_i\right)\right)\right]$$

同样，可得二分类交叉熵损失函数关于 w 和 b 的导数：

$$\frac{\partial L}{\partial w} = \frac{1}{N}\sum_{i=1}^{N}\left(\hat{y}_i - y_i\right)x_i，\quad \frac{\partial L}{\partial b} = \frac{1}{N}\sum_{i=1}^{N}\left(\hat{y}_i - y_i\right) \tag{5-12}$$

证明：

$$\begin{aligned}\frac{\partial L}{\partial w} &= \frac{\partial L}{\partial \hat{y}}\frac{\partial \hat{y}}{\partial z}\frac{\partial z}{\partial w}\\ &= -\frac{1}{N}\sum_{i=1}^{N}\left(\frac{y_i}{s\left(z_i\right)} - \frac{1 - y_i}{1 - s\left(z_i\right)}\right)\frac{\partial \hat{y}_i}{\partial z_i}\frac{\partial z_i}{\partial w_i}\\ &= -\frac{1}{N}\sum_{i=1}^{N}\left(\frac{y_i}{s\left(z_i\right)} - \frac{1 - y_i}{1 - s\left(z_i\right)}\right)s\left(z_i\right)\left[1 - s\left(z_i\right)\right]x_i\\ &= -\frac{1}{N}\sum_{i=1}^{N}\left[y_i - s\left(z_i\right)y_i - s\left(z_i\right) + s\left(z_i\right)y_i\right]x_i\\ &= \frac{1}{N}\sum_{i=1}^{N}\left[s\left(z_i\right) - y_i\right]x_i = \frac{1}{N}\sum_{i=1}^{N}\left(\hat{y}_i - y_i\right)x_i\end{aligned}$$

将式（5-12）与式（5-11）进行比较，发现式（5-12）中没有 $s'(z_i)$，权重更新受 $(\hat{y}_i - y_i)$ 项的影响（表示真实值和预测值之间的误差），即受误差的影响，因此当误差大时，权重更新快；当误差小时，权重更新慢。

原因 2：平方差损失函数优化是非凸优化，而交叉熵损失函数优化则是凸优化。

由前可知，线性回归模型中使用的损失函数为

$$C\left(w,b\right) = \frac{1}{2N}\sum_{i=1}^{N}\left(y_i - \hat{y}_i\right)^2 = \frac{1}{2N}\sum_{i=1}^{N}\left(y_i - wx_i - b\right)^2$$

其中，$C(w,b)$ 是凸函数，令其导数为零，即可求出解析解。

如果在逻辑回归中也采用平方差损失函数，则有

$$\begin{aligned}L\left(w,b\right) &= \frac{1}{2N}\sum_{i=1}^{N}\left(y_i - \hat{y}_i\right)^2\\ &= \frac{1}{2N}\sum_{i=1}^{N}\left[y_i - s\left(wx_i - b\right)\right]^2\end{aligned}$$

$$=\frac{1}{2N}\sum_{i=1}^{N}\left[y_i-\frac{1}{1+e^{-(wx_i-b)}}\right]^2$$

由于 $L(w,b)$ 是非凸函数，因此不能直接求解析解，且不易优化，易陷入局部最优，即使使用梯度下降算法也很难得到全局最优解。

交叉熵损失函数优化是一个凸优化问题。

逻辑回归模型在学习时，记训练集 $T=\{(x_1,y_1),(x_2,y_2),\cdots,(x_N,y_N)\}$，其中，$x_i\in\mathbf{R}^n$，$y_i\in\{0,1\}$，应用极大似然法估计模型参数，从而得到具体的逻辑回归模型。

设 $P(Y=1|x)=\pi(x)$，$P(Y=0|x)=1-\pi(x)$，则对数似然函数为

$$L(w)=\log\left[\prod_{i=1}^{N}\left[\pi(x_i)\right]^{y_i}\left[1-\pi(x_i)\right]^{1-y_i}\right]$$

$$=\sum_{i=1}^{N}y_i\log\pi(x_i)+(1-y_i)\log\left[1-\pi(x_i)\right]$$

此时，求解 $L(w)$ 关于 w 的极大值的问题就变成了以对数似然函数为目标函数的最优化问题，取相反数，并对所有样本取平均，即得到逻辑回归的损失函数：

$$L(w)=-\frac{1}{N}\sum_{i=1}^{N}y_i\log\pi(x_i)+(1-y_i)\log\left[1-\pi(x_i)\right]$$

该损失函数是凸函数，便于优化。

证明函数是凸函数不是本书的重点，这里不再赘述，读者可查阅相关资料。

5.3　朴素贝叶斯分类

贝叶斯分类是一类分类算法的总称，这类算法均以贝叶斯定理为基础，故统称为贝叶斯分类。朴素贝叶斯分类是贝叶斯分类中最简单、最常见的一种分类算法。

5.3.1　朴素贝叶斯分类算法

在日常生活中，人们每天都进行各种各样的分类。例如，当你看到一个人时，你的脑子下意识判断他是否是你熟悉的人；你可能经常会走在路上对身旁的朋友说“这个人一看就很有钱”之类的话，其实这就是一种分类操作。

本节首先给出分类问题的形式化定义，然后引入贝叶斯分类算法的基础——贝叶斯定理，最后通过实例讨论朴素贝叶斯分类。

定义 5-1：记训练集 $T=\{(x_1,y_1),(x_2,y_2),\cdots,(x_N,y_N)\}$，$x_i\in I$，$y_i\in C$，其中，$C=\{c_1,c_2,\cdots,c_m\}$ 是类别集合，c_i 是类别项；$I=[a_1,a_2,\cdots,a_n]$ 是特征集合，a_i 是一个分类特征或属性；确定映射规则 $y_i=f(x_i)$，$f(\cdot)$ 称为分类器。

分类算法的任务就是构造分类器 $f(\cdot)$。这里需要强调的是，分类问题往往采用经验性方法构造映射规则，即一般情况下的分类问题缺少足够的信息来构造100%正确的映射规则；而通过对经验数据的学习实现一定概率意义上正确的分类。因此，训练出的分类器并

不一定能够将每个待分类样本准确映射到其类别。分类器的质量与分类器的构造方法、待分类数据的特性，以及训练样本数量等诸多因素有关。

例如，医生对患者进行诊断就是一个典型的分类过程。医生观察患者表现出的症状和各种化验数据推断病情，这时医生就好比一个分类器，而这个医生诊断的准确率与其当初受到的教育方式（分类器的构造方法）、患者的症状是否突出（待分类数据的特性），以及医生的经验多少（训练样本数量）都有密切关系。

由上述可知，分类算法是在给定特征的情况下，求出对应的类别，这是所有分类问题的关键，不同的分类算法对应着不同的核心思想。

下面通过一个题名为“嫁或不嫁”的示例来描述朴素贝叶斯分类过程，引入贝叶斯公式 $P(B|A)=\dfrac{P(A|B)P(B)}{P(A)}$，如表 5-1 所示。针对分类问题，贝叶斯公式可表示为

$$P(\text{class}|\text{features})=\frac{P(\text{features}|\text{class})P(\text{class})}{P(\text{features})}$$

此时的求解目标是 $P(\text{class}|\text{features})$。

问题描述：一对男女朋友，男生向女生求婚。男生的 4 个特点分别是不帅、性格不好、身高矮、不上进，请你判断一下女生是嫁还是不嫁。

这是一个典型的分类问题，表示成数学问题就是比较 $P(\text{嫁}|\text{不帅,性格不好,身高矮,不上进})$ 与 $P(\text{不嫁}|\text{不帅,性格不好,身高矮,不上进})$ 的概率，哪个概率大，就选哪个。由此就能给出嫁或不嫁的答案。

先求解 $P(\text{嫁}|\text{不帅,性格不好,身高矮,不上进})$。通过朴素贝叶斯公式可以将其转化为 $P(\text{不帅,性格不好,身高矮,不上进}|\text{嫁})$、$P(\text{不帅,性格不好,身高矮,不上进})$ 和 $P(\text{嫁})$ 3 个量的简单运算，如式（5-13）所示。

$$P(\text{嫁}|\text{不帅,性格不好,身高矮,不上进})=\frac{P(\text{不帅,性格不好,身高矮,不上进}|\text{嫁})\times P(\text{嫁})}{P(\text{不帅,性格不好,身高矮,不上进})} \tag{5-13}$$

表 5-1 “嫁或不嫁”示例

是否帅	性格是否好	身高如何	是否上进	嫁或不嫁
帅	不好	矮	不上进	不嫁
不帅	好	矮	上进	不嫁
帅	好	矮	上进	嫁
不帅	好	高	上进	嫁
帅	不好	矮	上进	不嫁
帅	不好	矮	上进	不嫁
帅	好	高	不上进	嫁
不帅	好	中	上进	嫁
帅	好	中	上进	嫁
不帅	不好	高	上进	嫁

续表

是 否 帅	性格是否好	身 高 如 何	是 否 上 进	嫁 或 不 嫁
帅	好	矮	不上进	不嫁
帅	好	矮	不上进	不嫁

首先要解决的问题是式（5-13）等号右边的 3 个量是如何求得的？它们一般是根据已知训练数据统计得来的。下面详细给出该示例的求解过程。

现假设特征之间是相互独立的，即

$$P(\text{不帅,性格不好,身高矮,不上进}\mid\text{嫁})=P(\text{不帅}\mid\text{嫁})\times P(\text{性格不好}\mid\text{嫁})\times P(\text{矮}\mid\text{嫁})\times P(\text{不上进}\mid\text{嫁}) \tag{5-14}$$

朴素贝叶斯分类算法假设各个特征之间相互独立。这是为什么呢？

假如没有上述假设，则式（5-14）等号右边这些概率的估计其实是不可能做到的。在“嫁或不嫁”示例中有 4 个特征，其中“帅”包括{帅,不帅}，“性格”包括{不好,好}，“身高”包括{高,矮,中}，“上进”包括{不上进,上进}，4 个特征的联合概率分布属于四维空间，总组合数为$2\times3\times3\times2=36$。在这样一个小的问题中，计算机扫描统计还可以；但是在现实生活中，往往有非常多的特征，每个特征的取值也非常多，通过统计估算各概率值变得几乎不可能。这就是假设特征之间相互独立的原因。

朴素贝叶斯分类算法对条件概率分布做了条件独立性假设，这是一个较强的假设，朴素贝叶斯也由此得名。这一假设使得朴素贝叶斯分类算法变得简单，但有时会牺牲一定的分类准确率。

现将式（5-13）重整理如下：

$$P(\text{嫁}\mid\text{不帅,性格不好,身高矮,不上进})=\frac{P(\text{不帅}\mid\text{嫁})\times P(\text{性格不好}\mid\text{嫁})\times P(\text{身高矮}\mid\text{嫁})\times P(\text{不上进}\mid\text{嫁})\times P(\text{嫁})}{P(\text{不帅})\times P(\text{性格不好})\times P(\text{身高矮})\times P(\text{不上进})} \tag{5-15}$$

在数据量很大时，根据中心极限定理，频率是等于概率的。下面对其中的各分量进行逐一统计计算。

首先，梳理训练数据集，样本总数是 12，“嫁”样本数是 6，在“嫁”条件下，“不帅”样本数是 3，有$P(\text{嫁})=\frac{6}{12}=1/2$和$P(\text{不帅}\mid\text{嫁})=3/6=1/2$。依次类推，统计各相关的样本数，有

$$P(\text{性格不好}\mid\text{嫁})=1/6$$

$$P(\text{身高矮}\mid\text{嫁})=1/6$$

$$P(\text{不上进}\mid\text{嫁})=1/6$$

$$P(\text{不帅})=\frac{4}{12}=1/3$$

$$P(\text{性格不好})=\frac{4}{12}=1/3$$

$$P(\text{身高矮})=7/12$$

$$P(\text{不上进})=\frac{4}{12}=1/3$$

至此，计算$P(\text{嫁}\mid\text{不帅,性格不好,身高矮,不上进})$的所需项全部求出，代入式（5-15）可得

$$P(\text{嫁}\mid\text{不帅,性格不好,身高矮,不上进})=\frac{\frac{1}{2}\times\frac{1}{6}\times\frac{1}{6}\times\frac{1}{6}\times\frac{1}{2}}{\frac{1}{3}\times\frac{1}{3}\times\frac{7}{12}\times\frac{1}{3}} \tag{5-16}$$

利用同样的方法，可得

$$P(\text{不嫁}\mid\text{不帅,性格不好,身高矮,不上进})=\frac{\frac{1}{6}\times\frac{1}{2}\times1\times\frac{1}{2}}{\frac{1}{3}\times\frac{1}{3}\times\frac{7}{12}\times\frac{1}{3}} \tag{5-17}$$

根据式（5-16）和式（5-17）的分子，显然有$P(\text{不嫁}\mid\text{不帅,性格不好,身高矮,不上进})>P(\text{嫁}\mid\text{不帅,性格不好,身高矮,不上进})$。

根据朴素贝叶斯分类算法，可以给这个女生答案，是不嫁。

通过“嫁或不嫁”示例可知，朴素贝叶斯分类是一种十分简单的分类算法。朴素贝叶斯分类求解在待分类项出现的条件下各个类别出现的概率，哪个类别出现的概率最大，就认为此待分类项属于哪个类别，这就是朴素贝叶斯分类的思想基础，其步骤如算法 5-1 所示。

算法 5-1　朴素贝叶斯分类算法步骤

Step1　记$x=\{a_1,a_2,\cdots,a_m\}$为一个待分类项，其中a_i是x的一个特征项；类别集合$C=\{y_1,y_2,\cdots,y_n\}$

Step2　$P(y_1\mid x),P(y_2\mid x),\cdots,P(y_n\mid x)$的计算由贝叶斯定理

$$P(y_i\mid x)=\frac{P(x\mid y_i)P(y_i)}{P(x)}$$

转换为$P(x\mid y_i)P(y_i)$的计算。$P(y_i\mid x)$的分母$P(x)$为常数，故只需将分子最大化即可。

首先，在训练样本集上，统计在各类别下各特征属性的条件概率估计，即

$$P(a_1\mid y_1),P(a_2\mid y_1),\cdots,P(a_m\mid y_1);P(a_1\mid y_2),P(a_2\mid y_2),\cdots,P(a_m\mid y_2);\cdots;$$
$$P(a_1\mid y_n),P(a_2\mid y_n),\cdots,P(a_m\mid y_n)$$

因为各特征相互独立，所以有

$$P(x\mid y_i)P(y_i)=P(a_1\mid y_i)P(a_2\mid y_i)\cdots P(a_m\mid y_i)P(y_i)=P(y_i)\prod_{j=1}^{m}P(a_j\mid y_i)$$

Step3　$P(y_k\mid x)=\max\{(y_1\mid x),P(y_2\mid x),\cdots,P(y_n\mid x)\}$，　$x\in y_k$

5.3.2　朴素贝叶斯实践

由前述已知，朴素贝叶斯分类是一种基于贝叶斯定理和特征条件独立假设的分类算法。

本质上，朴素贝叶斯模型就是一个概率表，其通过训练数据更新表中的概率。为了预测一个新的观测值，朴素贝叶斯分类算法根据待分类样本的特征值，在概率表中寻找概率最大的那个类别。之所以称之为“朴素”，是因为该算法的核心就是特征条件独立性假设（特征对之间相互独立），而这一假设在现实世界中基本是不现实的。下面通过一个示例来说明如何使用朴素贝叶斯分类算法。

例 5-7：朴素贝叶斯分类算法的应用。

```
1. >>> from sklearn.datasets import load_iris
2. >>> from sklearn.model_selection import train_test_split
3. >>> from sklearn.naive_bayes import GaussianNB
4. >>> X, y = load_iris(return_X_y=True)
5. >>> X_train, X_test, y_train, y_test = train_test_split(X, y, test_size=0.5,
   random_state=0)
6. >>> gnb = GaussianNB()
7. >>> y_pred = gnb.fit(X_train, y_train).predict(X_test)
8. >>> print("Number of mislabeled points out of a total %d points : %d" %
   (X_test.shape[0], (y_test != y_pred).sum()))
9. Number of mislabeled points out of a total 75 points : 4
```

为了使用朴素贝叶斯分类算法，首先需要导入 GaussianNB 包，并由 GaussianNB()函数生成模型对象 gnb；然后依次通过 fit(X_train, y_train)方法实现模型训练，predict(X_test)方法实现对测试数据集中样本类别的预测。

在例 5-8 中，高斯朴素贝叶斯分类算法通过 partial_fit()方法对模型参数进行在线更新。模型方法 partial_fit(X,y[,classes,sample_weight])增量拟合一个批次的样本，该方法可在数据集的不同块上连续调用多次，以实现在线学习。当整个数据集太大而无法同时放入内存时，这一点尤其有用。高斯朴素贝叶斯分类算法还可以通过属性 var_和 theta_返回训练后每个类别在每个特征上的方差与平均值，两者的形状均为(n_classes, n_features)。

例 5-8 高斯朴素贝叶斯分类算法的 partial_fit()方法的应用。

```
1. >>> import numpy as np
2. >>> X = np.array([[-1, -1], [-2, -1], [-3, -2], [1, 1], [2, 1], [3, 2]])
3. >>> Y = np.array([1, 1, 1, 2, 2, 2])
4. >>> from sklearn.naive_bayes import GaussianNB
5. >>> clf = GaussianNB()
6. >>> clf.fit(X, Y)
7. GaussianNB()
8. >>> print(clf.predict([[-0.8, -1]]))
9. [1]
10. >>> clf_pf = GaussianNB()
11. >>> clf_pf.partial_fit(X, Y, np.unique(Y))
12. GaussianNB()
13. >>> print(clf_pf.predict([[-0.8, -1]]))
14. [1]
```

5.3.3 算法小结

朴素贝叶斯分类算法的优/缺点。优点：①算法逻辑简单，易于实现；②分类过程中时空开销小。缺点：理论上，朴素贝叶斯分类算法与其他分类算法相比具有较低的误差率。但是实际上并非总是如此，这是因为朴素贝叶斯分类算法假设特征之间相互独立，这个假设在实际应用中往往是不成立的，在特征个数比较多或特征之间相关性较大时，分类效果不好。当特征之间的相关性较小时，朴素贝叶斯分类算法的性能最好。关于这一点，有半朴素贝叶斯之类的算法，通过考虑部分关联性适度对其进行改进。

5.4 最近邻算法

最近邻算法是基于实例的算法，这就意味着其需要保留每个训练样本的观测值。最近邻算法通过搜寻最相似的训练样本来预测新观测样本的值。这种算法是内存密集型算法，对高维数据的处理效果并不理想，并且还需要高效的距离函数来度量样本间的相似度。

最近邻算法常用的两种不同的最近邻学习器：①基于每个查询点的 k 近邻实现学习，其中 k 是用户指定的整数值，称之为 k 近邻学习；②根据每个查询点固定半径 r 内的近邻数量实现学习，其中 r 是用户指定的浮点值，称之为 r 半径近邻学习。鉴于两种学习器的思想差异不大，这里主要讨论 k 近邻算法。k 近邻算法是一种基本的分类和回归方法。

5.4.1 k 近邻算法的概念及原理

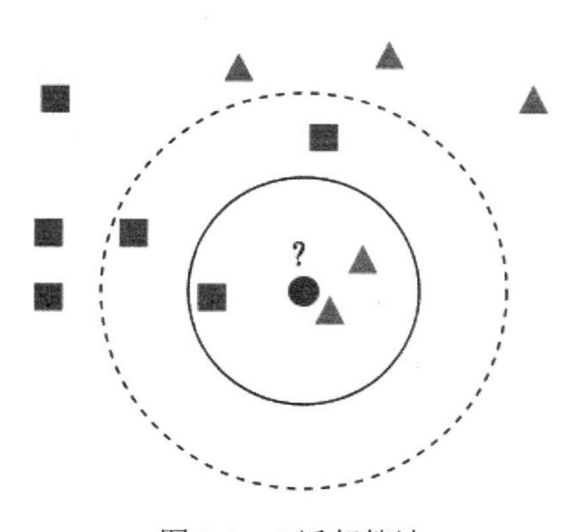

图 5-9 k 近邻算法

k 近邻算法，即给定一个训练集，对于新的输入实例，在训练集中找到与该实例最邻近的 k 个样本，这 k 个样本的多数属于某个类，就把该输入实例分类到这个类中，这类似于现实生活中少数服从多数的思想。

如图 5-9 所示，有两类不同的样本，分别用正方形和三角形表示，圆形表示待分类样本。我们的目的就是输入一个新样本，求其所属类别。下面根据 k 近邻算法的思想对圆形进行分类。

如果 k=3，则圆形最邻近的 3 个图形中有 2 个三角形和 1 个正方形，少数服从多数，判定圆形属于三角形类。如果 k=5，则圆形最邻近的 5 个图形中有 2 个三角形和 3 个正方形，基于统计判定圆形属于正方形类。

从上述示例中可以看出，k 近邻算法的分类决策通俗来讲就是多数表决规则，那么，其背后的数学形式是什么呢？

多数表决规则都有如下解释：如果分类的损失函数为 0-1 损失函数，分类函数为 $f:\mathbf{R}^n \to c_1,c_2,\cdots,c_K$，其中 $c_1,c_2,\cdots,c_K$ 是候选类别，则误分类率 $P\left[y_i \neq f\left(x_i\right)\right]=1-P\left[y_i = f\left(x_i\right)\right]$。

给定一个样本 $x_i \in X$，其最邻近的 k 个训练样本点构成集合 $N_k(x)$。如果 $N_k(x)$ 中的多数样本为 c_j 类，则误分类率为

$$\frac{1}{k}\sum_{x_i \in N_k(x)} I\left(y_i \notin c_j\right) = 1 - \frac{1}{k}\sum_{x_i \in N_k(x)} I\left(y_i = c_j\right)$$

如果要使误分类率最小，即经验风险最小（经验风险通俗来讲就是训练数据的错误值），就要使 $\sum_{x_i \in N_k(x)} I\left(y_i = c_j\right)$ 最大。也就是说，需要 $N_k(x)$ 中的样本属于 c_j 类的最多（样本类别预测值和真实值一样的越多，正确的可能性就越大，经验风险就越小）。由此，多数表决规则等价于经验风险最小化，这说明了 k 近邻算法中采用的多数表决规则的正确性。

k 近邻算法的思想简单且易于理解，但需要注意的因素也不少，如如何确定 k 值？k 取多大效果最优？所谓的最近邻又是如何来判断的？下面逐一进行解答。

5.4.2　k 值的选取及特征归一化的重要性

5.4.2.1　k 值的选取及其影响

应该怎么选取 k 近邻算法的 k 值呢？如果选取较小的 k 值，则意味着整体模型会变得相对复杂，且易发生过拟合。假设选取 k=1 这种极端情况，怎么就使得模型变得复杂，且易过拟合了呢？

假设有训练数据和待分类样本，如图 5-10 所示，其中有两个类别，一个是圆形类，一个是长方形类，待分类样本是五边形。由图 5-10 可知，五边形应当归长方形类，五边形旁边的圆形是圆形类的噪声。

在 k=1 的情况下，k 近邻算法决定待分类样本应该归为哪一类。由图 5-10 可知，圆形离五边形最近。由此，最终判定待分类样本归圆形类。在该处理过程中，很容易感觉到出问题了。

如果 k 值太小，如等于 1，那么模型就太复杂了，很容易学习到噪声，也就非常容易将待分类样本判定为噪声数据所属类别。在图 5-10 中，设置 k 值大一点，如 k=8，把长方形都包括进来，很容易得到正确分类应该是长方形类。

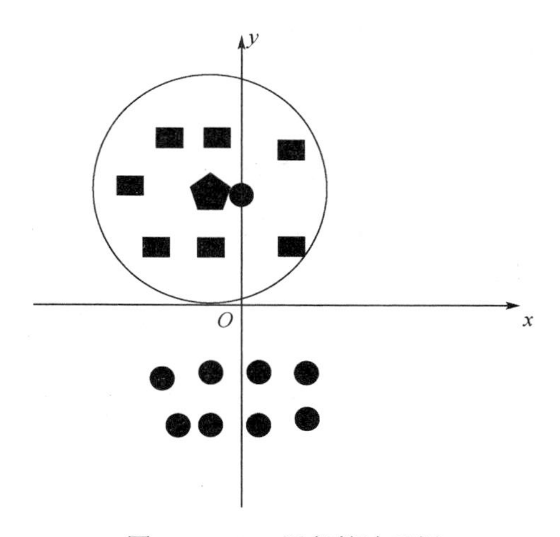

图 5-10　k=1 近邻算法示例

所谓过拟合，就是指在训练集上，模型的准确率非常高；而在测试集上，模型的准确率较低。经过上述示例可以得出，如果 k 值太小，则可能导致过拟合，很容易将一些噪声（如图 5-10 中距离五边形很近的圆形）学习到模型中，而忽略数据真实的分布。

如果 k 值较大，则相当于用较大邻域中的训练数据进行预测，这时与待分类样本相距较远的（不相似）训练样本也会对预测起作用，使预测发生错误，k 值的增大意味着整体模型变得相对简单。

如果 k=N（N 为训练样本数量），那么无论待分类样本是什么，都将简单地将其所属类

别预测为训练样本中最多的那个类别。这时，模型是不是非常简单，相当于没有训练模型，直接统计训练数据集中各个数据的类别，找出所含最多样本的类别即可。如图 5-11 所示，训练数据集中有 9 个圆形，7 个长方形，如果 k=N，则可得出结论：五边形属于圆形类（这明显是错误的分类）。此时的模型过于简单，完全忽略训练样本中还存在大量有用信息，因此是不可取的。

可见，k 值既不能过大，又不能过小。在当前示例中，k 值的选取在两个圆形边界之间这个范围是最好的，如图 5-12 所示。

通常采取交叉验证方法选取最优的 k 值。也就是说，选取 k 值是实验调参，通过调整超参数得到一个较好的结果。

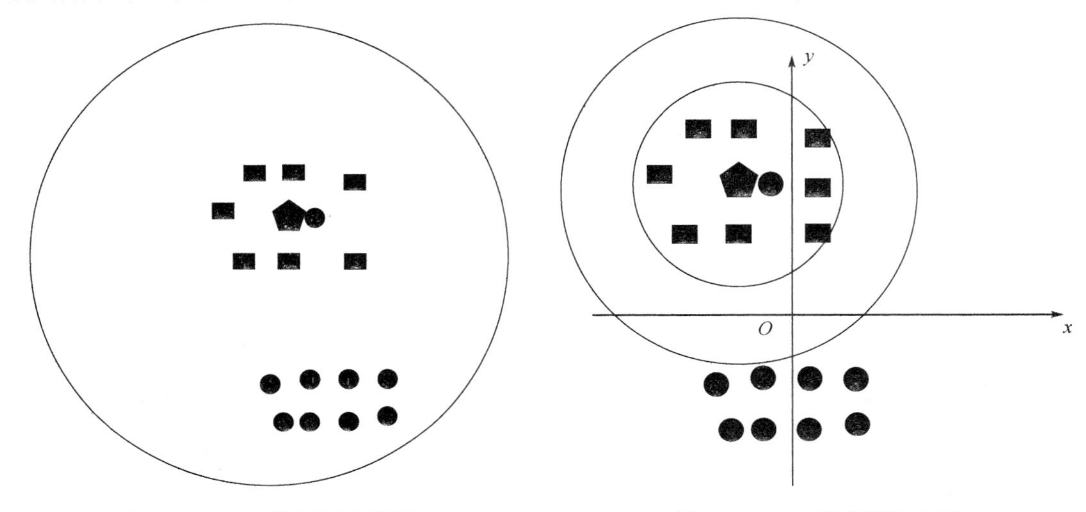

图 5-11　k=N 近邻算法示例

图 5-12　k=N 近邻算法示例

5.4.2.2　距离度量和特征归一化的必要性

本节讨论 k 近邻算法中所说的最近邻是如何度量的？现引出几种度量两点间距离的标准。

设特征空间 $\boldsymbol{X}$ 是 n 维实数向量空间 $\mathbf{R}^n$，$\boldsymbol{x}_i,\boldsymbol{x}_j \in \boldsymbol{X}$，$\boldsymbol{x}_i=\left(x_i^{(1)},x_i^{(2)},\ldots,x_i^{(n)}\right)^{\mathrm{T}}$，$\boldsymbol{x}_j=\left(x_j^{(1)},x_j^{(2)},\ldots,x_j^{(n)}\right)^{\mathrm{T}}$，定义 $\boldsymbol{x}_i$ 和 $\boldsymbol{x}_j$ 间的距离 L_p 为

$$L_p\left(\boldsymbol{x}_i,\boldsymbol{x}_j\right)=\left(\sum_{l=1}^{n}\left|x_i^{(l)}-x_j^{(l)}\right|^p\right)^{\frac{1}{p}},\quad p\geqslant 1$$

当 $p=2$ 时，这是最常见的 n 维空间中两点间的欧几里得距离，即

$$L_2\left(\boldsymbol{x}_i,\boldsymbol{x}_j\right)=\left(\sum_{l=1}^{n}\left|x_i^{(l)}-x_j^{(l)}\right|^2\right)^{\frac{1}{2}}$$

当 $p=1$ 时，称为曼哈顿距离，即

$$L_1\left(\boldsymbol{x}_i,\boldsymbol{x}_j\right)=\left(\sum_{l=1}^{n}\left|x_i^{(l)}-x_j^{(l)}\right|\right)$$

当 $p=\infty$ 时，这是各个维度坐标距离的最大值，即

$$L_\infty\left(\boldsymbol{x}_i,\boldsymbol{x}_j\right)=\max_l\left|x_i^{(l)}-x_j^{(l)}\right|$$

在实际应用中，距离函数的选择应该根据数据的特性和分析的需要而定。

距离度量已了解了，下面说一下各个维度归一化的必要性。

下面通过一个示例来说明特征归一化的必要性。该示例使用一个人的身高（cm）与脚码（尺码）作为特征值进行分类，类别为男性或女性。现有 5 个训练样本 A [(179,42),男]、B [(178,43),男]、C [(165,36)女]、D [(177,42),男]、E [(160,35),女]。对于上述训练样本，看出问题了吗？很容易看到第一维身高特征是第二维脚码特征的 4 倍左右，在进行距离度量时，会偏向于第一维身高特征。由此造成两个特征并不是等价重要的，最终可能导致距离计算错误，从而导致预测错误。

现输入一个测试样本 F(167,43)，预测其类别是男性还是女性，现采取 k=3 进行预测。

首先，用欧几里得距离分别计算出 F 与各训练样本之间的欧几里得距离，然后选取最近的 3 个训练样本，多数类别就是最终的结果。计算如下：

$$AF=\sqrt{(167-179)^2+(43-42)^2}=\sqrt{145}$$

$$BF=\sqrt{(167-178)^2+(43-43)^2}=\sqrt{121}$$

$$CF=\sqrt{(167-165)^2+(43-36)^2}=\sqrt{53}$$

$$DF=\sqrt{(167-177)^2+(43-42)^2}=\sqrt{101}$$

$$EF=\sqrt{(167-160)^2+(43-35)^2}=\sqrt{113}$$

由上述计算可知，最近的 3 个训练样本分别是 C、D、E，由于 C、E 为女性，D 为男性，女性数多于男性数，因此预测结果是女性。

这样问题就来了，女性的脚码是 43 码的可能性远远小于男性的脚码是 43 码的可能性，那么为什么算法还是会预测 F 为女性呢？这是因为由于各个特征的量纲的不同，导致身高的重要性远大于脚码的重要性，这是不客观的。所以，应该让每个特征都是同等重要的，这也正是归一化的原因。

设 k 近邻算法使用的样本特征是 $\left\{\left(x_i^{(1)},x_i^{(2)},\cdots,x_i^{(n)}\right)\right\}_{i=1}^m$，取每个坐标上的最大值和最小值，并相减可得

$$M_j=\max_{i=1,2,\cdots,m}x_i^{(j)}-\min_{i=1,2,\cdots,m}x_i^{(j)}$$

在计算两点间的距离时，在每个坐标轴上除以相应的 M_j，以进行归一化，即

$$d\left(\left(x_i^{(1)},x_i^{(2)},\cdots,x_i^{(n)}\right),\left(x_j^{(1)},x_j^{(2)},\cdots,x_j^{(n)}\right)\right)=\sqrt{\sum_{k=1}^n\left(\frac{x_i^{(k)}}{M_k}-\frac{x_j^{(k)}}{M_k}\right)^2}$$

至此，k 近邻算法的基本内容已经讲完。为了提高查找效率而提出的 kd 树等详见进阶 B。

5.4.3　最近邻算法实践

sklearn.neighbors 为无监督和有监督基于近邻的学习方法提供了函数。无监督最近邻学

习是很多其他学习方法的基础，特别是基于流形的学习和谱聚类。有监督最近邻学习有两种风格：有离散标签的数据分类和有连续标签的数据回归。

在最近邻算法中，样本数量可以是用户定义的常数（k近邻学习），也可以基于点的局部密度而变化（r半径近邻学习）。一般来说，距离可以是任何度量，标准欧几里得距离是最常见的选择。基于最近邻的方法称为非泛化机器学习方法，因为它只是“记住”其所有训练数据（可能转换为快速索引结构，如 ball 树或 kd 树）。尽管它很简单，但最近邻算法在大量分类和回归问题上都取得了成功，包括手写数字和卫星图像场景。该方法作为一种非参数方法，通常在决策边界非常不规则的分类情况下是成功的。

5.4.3.1 无监督最近邻学习

NearestNeighbors 实现了无监督最近邻学习。在 NearestNeighbors 中设置参数 n_neighbors=2，实现 2 近邻算法；通过设置 algorithm='ball_tree' 来控制最近邻搜索算法的选择，algorithm 的取值必须是['auto', 'ball_tree', 'kd_tree', 'brute']中的一个，当传递其默认值'auto'时，算法会尝试从训练数据中确定最优方法。

注意事项：关于最近邻算法，如果两个近邻 $k+1$ 和 k 具有相同的距离但标签不同，那么结果将取决于训练数据的次序。

例 5-9 描述了一个在两组数据间寻找最近邻的简单任务，其中使用了 sklearn.neighbors 中的无监督学习算法。

例 5-9：NearestNeighbors 的使用。

```
1.  >>> from sklearn.neighbors import NearestNeighbors
2.  >>> import numpy as np
3.  >>> X = np.array([[-1, -1], [-2, -1], [-3, -2], [1, 1], [2, 1], [3, 2]])
4.  >>> nbrs = NearestNeighbors(n_neighbors=2, algorithm='ball_tree').fit(X)
5.  >>> distances, indices = nbrs.kneighbors(X)
6.  >>> indices
7.  array([[0, 1],
8.         [1, 0],
9.         [2, 1],
10.        [3, 4],
11.        [4, 3],
12.        [5, 4]]...)
13. >>> distances
14. array([[0.        , 1.        ],
15.        [0.        , 1.        ],
16.        [0.        , 1.41421356],
17.        [0.        , 1.        ],
18.        [0.        , 1.        ],
19.        [0.        , 1.41421356]])
```

在例 5-9 中，由于查询集与训练集一样，因此每个点的最近邻是距离为零的点本身。还可以通过 kneighbors_graph(X)方法生成相邻点间连接的稀疏矩阵。

```
1. >>> nbrs.kneighbors_graph(X).toarray()
2. array([[1., 1., 0., 0., 0., 0.],
3.        [1., 1., 0., 0., 0., 0.],
4.        [0., 1., 1., 0., 0., 0.],
5.        [0., 0., 0., 1., 1., 0.],
6.        [0., 0., 0., 1., 1., 0.],
7.        [0., 0., 0., 0., 1., 1.]])
```

数据集的结构使得在索引顺序上相邻的点在参数空间中也相邻，从而得到 k 近邻的近似块对角矩阵。这种稀疏图在利用点之间的空间关系进行无监督学习的各种情况下都很有用。

在例 5-10 中，通过使用 KDTree 类或 BallTree 类设置最近邻算法。这是 NearestNeighbors 类封装的功能。BallTree 类和 KDTree 类具有相同的接口。

例 5-10：最近邻算法中 KDTree 类和 BallTree 类的设置。

```
1. >>> from sklearn.neighbors import KDTree
2. >>> import numpy as np
3. >>> X = np.array([[-1, -1], [-2, -1], [-3, -2], [1, 1], [2, 1], [3, 2]])
4. >>> kdt = KDTree(X, leaf_size=30, metric='euclidean')
5. >>> kdt.query(X, k=2, return_distance=False)
6. array([[0, 1],
7.        [1, 0],
8.        [2, 1],
9.        [3, 4],
10.       [4, 3],
11.       [5, 4]]...)
```

5.4.3.2　最近邻分类

最近邻分类是一种基于实例的学习或非泛化学习，它不试图构建通用的内部模型，而是简单地存储训练数据实例。分类是根据每个点最近邻的简单多数投票计算的：为查询点分配在其最近邻中具有最多代表性的数据类别。

Scikit-learn 实现了两种不同的最近邻分类器：KNeighborsClassifier，基于每个查询点的 k 近邻实现学习；RadiusNeighborsClassifier，根据每个查询点固定半径 r 内的最近邻数量实现学习。

KNeighborsClassifier 是最常用的技术。k 值的最优选择依赖数据。通常，较大的 k 值会抑制噪声的影响，但会使分类边界不那么明显。

在数据采样不均匀的情况下，RadiusNeighborsClassifier 可能是一个更好的选择。用户指定一个固定的半径 r，以便在稀疏邻域中使用较少的最近邻进行分类。但在高维参数空间，由于所谓的“维数诅咒”，其变得不那么有效。

基本的最近邻分类使用了统一权重，即分配给查询点的值是根据最近邻的简单多数投票计算得出的。在某些情况下，最好对近邻进行加权，距离较近的邻居对拟合的贡献较大。这可通过设置参数 weights 来实现，当 weights="uniform"（默认值）时，为每个邻居指定统一的权重；当 weights="distance" 时，指定与查询点距离的倒数成正比的权重。也可以使用提供距离的用户自定义函数来计算权重。

例 5-11 展示了如何使用 KNeighborsClassifier。在 Iris 数据集上训练分类器，并观察相对于参数 weights 所获得决策边界的差异，如图 5-13 所示。

例 5-11：最近邻分类 KNeighborsClassifier 的使用。

通过设置 n_neighbors=11 来考虑 11 个数据点近邻的 k 近邻分类器。由于 k 近邻模型采用欧几里得距离寻求最近邻，因此提前缩放数据是很重要的。在使用分类器之前，需要使用 Pipeline 来串接缩放器 StandardScaler()。

```
1.  from sklearn.datasets import load_iris
2.  from sklearn.model_selection import train_test_split
3.
4.  # 加载数据，并将数据拆分为训练数据集和测试数据集
5.  iris = load_iris(as_frame=True)
6.  X = iris.data[["sepal length (cm)", "sepal width (cm)"]]
7.  y = iris.target
8.  X_train, X_test, y_train, y_test = train_test_split(X, y, stratify=y,
    random_state=0)
9.
10. from sklearn.neighbors import KNeighborsClassifier
11. from sklearn.pipeline import Pipeline
12. from sklearn.preprocessing import StandardScaler
13. # k 近邻分类器
14. clf = Pipeline(steps=[("scaler", StandardScaler()), ("knn", KNeighborsClassifier
    (n_neighbors=11))])
```

下面通过拟合两个具有不同 weights 的分类器绘制每个分类器的决策边界及原始数据集，以观察它们之间的差异。

```
15. import matplotlib.pyplot as plt
16. from sklearn.inspection import DecisionBoundaryDisplay
17.
18. _, axs = plt.subplots(ncols=2, figsize=(12, 5))
19.
20. for ax, weights in zip(axs, ("uniform", "distance")):
21.     clf.set_params(knn__weights=weights).fit(X_train, y_train)
22.     disp = DecisionBoundaryDisplay.from_estimator(
23.         clf,
24.         X_test,
25.         response_method="predict",
26.         plot_method="pcolormesh",
27.         xlabel=iris.feature_names[0],
28.         ylabel=iris.feature_names[1],
29.         shading="auto",
30.         alpha=0.5,
```

```
31.         ax=ax,
32.     )
33.     scatter = disp.ax_.scatter(X.iloc[:, 0], X.iloc[:, 1], c=y, edgecolors="k")
34.     disp.ax_.legend(
35.         scatter.legend_elements()[0],
36.         iris.target_names,
37.         loc="lower left",
38.         title="Classes",
39.     )
40.     _ = disp.ax_.set_title(f"3-Class classification\n(k={clf[-1].n_neighbors},
   weights={weights!r})")
41.
42. plt.show()
```

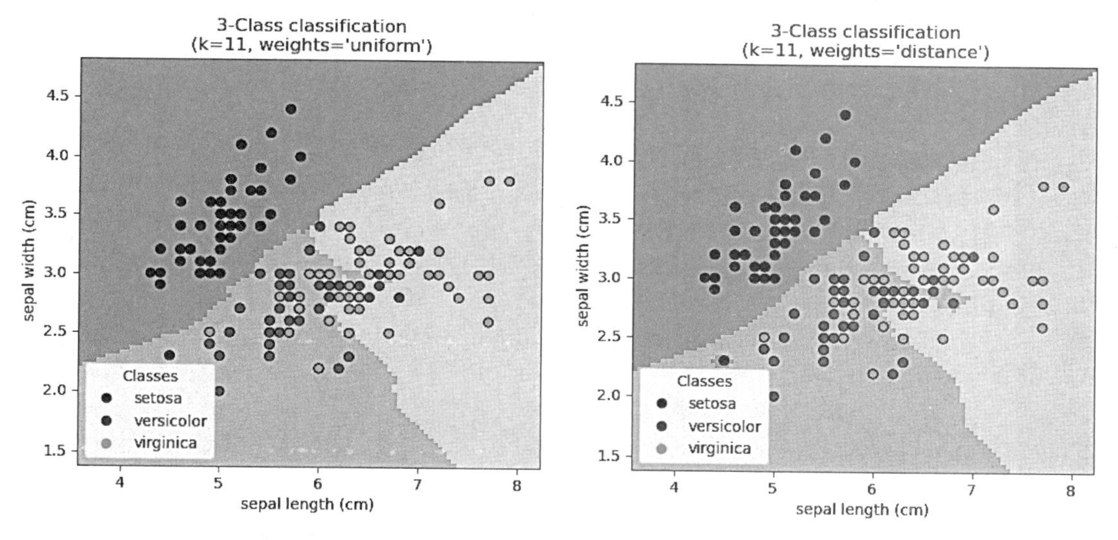

图 5-13　参数 weights 对决策边界的影响

观察到，参数 weights 对决策边界有影响。当 weights="unifom"时，所有近邻将对决策边界产生相同的影响；而当 weights="distance"时，给每个近邻的权重与从该近邻到查询点的距离的倒数成比例。在某些情况下，考虑距离可能会改进模型。

5.4.3.3　最近邻回归

在标签是连续变量而不是离散变量的情况下，可使用最近邻回归。分配给查询点的标签是基于其最近邻的标签的平均值计算得到的。Scikit-learn 实现了两个不同的最近邻回归器：KNeighborsRegressor，基于每个查询点的 k 近邻实现学习；RadiusNeighborProgsor，基于查询点的固定半径 r 内的近邻实现学习。

例 5-12 演示了一个 k 最近邻回归问题的解决方案，其中使用了重心和恒定权重对目标值进行插值，如图 5-14 所示。

例 5-12：k 最近邻回归。

```
1.  import matplotlib.pyplot as plt
2.  import numpy as np
3.  from sklearn import neighbors
4.  # 生成样本数据
5.  np.random.seed(0)
6.  X = np.sort(5 * np.random.rand(40, 1), axis=0)
7.  T = np.linspace(0, 5, 500)[:, np.newaxis]
8.  y = np.sin(X).ravel()
9.
10. y[::5] += 1 * (0.5 - np.random.rand(8))  # 添加噪声到目标值
11.
12. n_neighbors = 5
13. for i, weights in enumerate(["uniform", "distance"]):
14. knn = neighbors.KNeighborsRegressor(n_neighbors,
15.      weights=weights)
16.     y_ = knn.fit(X, y).predict(T)
17.
18.     plt.subplot(2, 1, i + 1)
19.     plt.scatter(X, y, color="darkorange", label="data")
20.     plt.plot(T, y_, color="navy", label="prediction")
21.     plt.axis("tight")
22.     plt.legend()
23.     plt.title("KNeighborsRegressor (k = %i, weights = '%s')" % (n_neighbors,
    weights))
24.
25. plt.tight_layout()
26. plt.show()
```

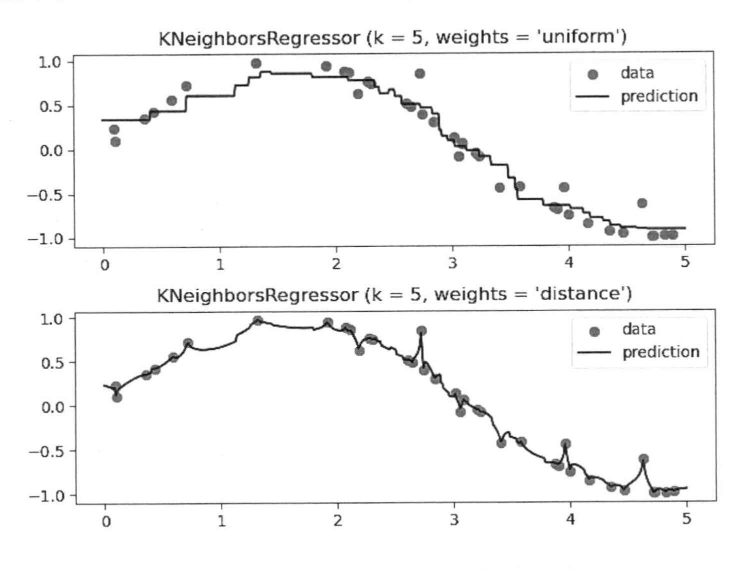

图 5-14　不同 weights 下的 k 最近邻回归

5.4.3.4　邻域成分分析

邻域成分分析（Neighborhood Components Analysis，NCA）是一种距离度量学习算法，旨在与标准欧几里得距离相比，提高最近邻分类的准确性。该算法可以学习到数据的低维线性投影，用于数据可视化和快速分类。

例 5-13 展示了一个最大化最近邻分类精度的可学习的距离度量。该度量的视觉表示如图 5-15 所示。

例 5-13：邻域成分分析显示。

```
1.  import matplotlib.pyplot as plt
2.  import numpy as np
3.  from matplotlib import cm
4.  from scipy.special import logsumexp
5.
6.  from sklearn.datasets import make_classification
7.  from sklearn.neighbors import NeighborhoodComponentsAnalysis
```

首先，创建一个来自 3 个类别的 9 个样本组成的数据集，并在原始空间中绘制样本点。在例 5-13 中，重点讨论 3 号点的分类。

```
8.  X, y = make_classification(
9.      n_samples=9,
10.     n_features=2,
11.     n_informative=2,
12.     n_redundant=0,
13.     n_classes=3,
14.     n_clusters_per_class=1,
15.     class_sep=1.0,
16.     random_state=0,
17. )
18.
19. plt.figure(1)
20. ax = plt.gca()
21. for i in range(X.shape[0]):
22.     ax.text(X[i, 0], X[i, 1], str(i), va="center", ha="center")
23.     ax.scatter(X[i, 0], X[i, 1], s=300, c=cm.Set1(y[[i]]), alpha=0.4)
24.
25. ax.set_title("Original points")
26. ax.axes.get_xaxis().set_visible(False)
27. ax.axes.get_yaxis().set_visible(False)
28. ax.axis("equal")  # 以便将边界正确地显示为圆形
29.
30.
31. def link_thickness_i(X, i):
32.     diff_embedded = X[i] - X
```

```
33.     dist_embedded = np.einsum("ij,ij->i", diff_embedded, diff_embedded)
34.     dist_embedded[i] = np.inf
35.
36.     # 计算指数距离（使用 log-sum-exp 技巧避免数值不稳定性）
37.     exp_dist_embedded = np.exp(-dist_embedded - logsumexp(-dist_embedded))
38.     return exp_dist_embedded
39.
40.
41. def relate_point(X, i, ax):
42.     pt_i = X[i]
43.     for j, pt_j in enumerate(X):
44.         thickness = link_thickness_i(X, i)
45.         if i != j:
46.             line = ([pt_i[0], pt_j[0]], [pt_i[1], pt_j[1]])
47.             ax.plot(*line, c=cm.Set1(y[j]), linewidth=5 * thickness[j])
48.
49.
50. i = 3
51. relate_point(X, i, ax)
52. plt.show()
```

使用 NeighborhoodComponentsAnalysis 学习嵌入并绘制转换后的点，在转换后的样本点集中找到最近邻。

```
53. nca = NeighborhoodComponentsAnalysis(max_iter=30, random_state=0)
54. nca = nca.fit(X, y)
55.
56. plt.figure(2)
57. ax2 = plt.gca()
58. X_embedded = nca.transform(X)
59. relate_point(X_embedded, i, ax2)
60.
61. for i in range(len(X)):
62.     ax2.text(X_embedded[i, 0], X_embedded[i, 1], str(i), va="center", ha="center")
63.     ax2.scatter(X_embedded[i, 0], X_embedded[i, 1], s=300, c=cm.Set1(y[[i]]),
    alpha=0.4)
64.
65. ax2.set_title("NCA embedding")
66. ax2.axes.get_xaxis().set_visible(False)
67. ax2.axes.get_yaxis().set_visible(False)
68. ax2.axis("equal")
69. plt.show()
```

在图 5-15 中，考虑了随机生成数据集中的一些点。现在关注 3 号点的随机 k 近邻分类。3 号点和其他点之间的连接线的厚度与它们的距离成比例，并且可以被视为随机最近邻预测规则将分配给该点的相对权重（或概率）。在原始空间中，3 号点有许多来自不同类别的随机近邻，因此正确分类不太可能。然而，在邻域成分分析学习的投影空间中，唯一具有不可忽略权重的随机近邻 2 号点和 8 号点与 3 号点来自同一类，这保证了后者将被很好地分类。

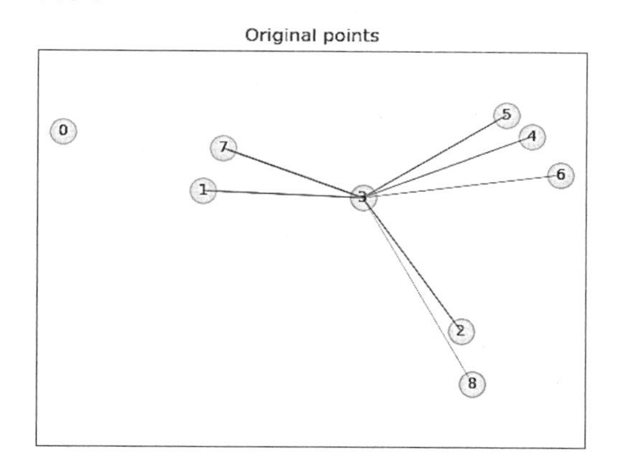

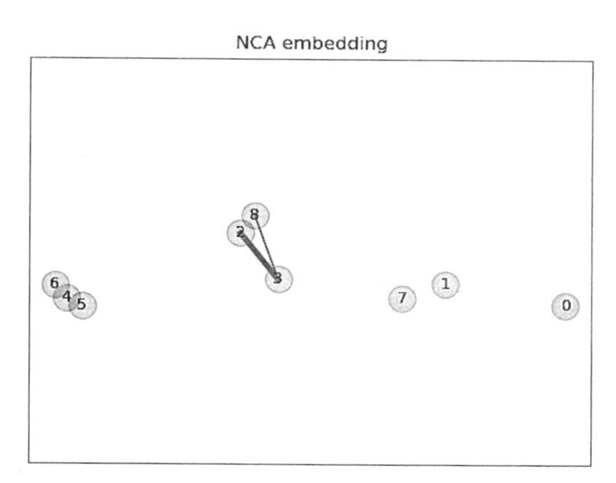

图 5-15　可学习的距离度量的展示

1. 分类

邻域成分分析与最近邻分类器（KNeighborsClassifier）相结合对分类很有吸引力，因为它可以在不增加模型大小的情况下自然地处理多分类问题，并且不会引入需要用户微调的额外参数。

邻域成分分析分类已被证明在实践中对不同大小和难度的数据集有效。与线性判别分析等相关方法相比，邻域成分分析不对类别分布进行任何假设。最近邻分类可以自然地产生高度不规则的决策边界。

为了使用此模型进行分类，需要将学习最优变换的 NeighborhoodComponentsAnalysis 实例与在投影空间中执行分类的 KNeighborsClassifier 实例相结合。下面是使用这两个类的示例。

```
1.  >>> from sklearn.neighbors import (NeighborhoodComponentsAnalysis, KNeighborsClassifier)
2.  >>> from sklearn.datasets import load_iris
3.  >>> from sklearn.model_selection import train_test_split
4.  >>> from sklearn.pipeline import Pipeline
5.  >>> X, y = load_iris(return_X_y=True)
6.  >>> X_train, X_test, y_train, y_test = train_test_split(X, y, stratify=y,
    test_size=0.7, random_state=42)
7.  >>> nca = NeighborhoodComponentsAnalysis(random_state=42)
8.  >>> knn = KNeighborsClassifier(n_neighbors=3)
9.  >>> nca_pipe = Pipeline([('nca', nca), ('knn', knn)])
10. >>> nca_pipe.fit(X_train, y_train)
11. Pipeline(...)
12. >>> print(nca_pipe.score(X_test, y_test))
13. 0.96190476...
```

例 5-14 将给出一个使用和不使用邻域成分分析的最近邻分类的例子，结果如图 5-16 所示。当在原始特征上使用欧几里得距离时，它将绘制最近邻分类器给出的分类决策边界，如图 5-16（a）所示；使用邻域成分分析学习到的欧几里得距离，执行最近邻分类，如图 5-16（b）所示。后者旨在找到一种线性变换，使得在训练集上的（随机）最近邻分类精度最大化。

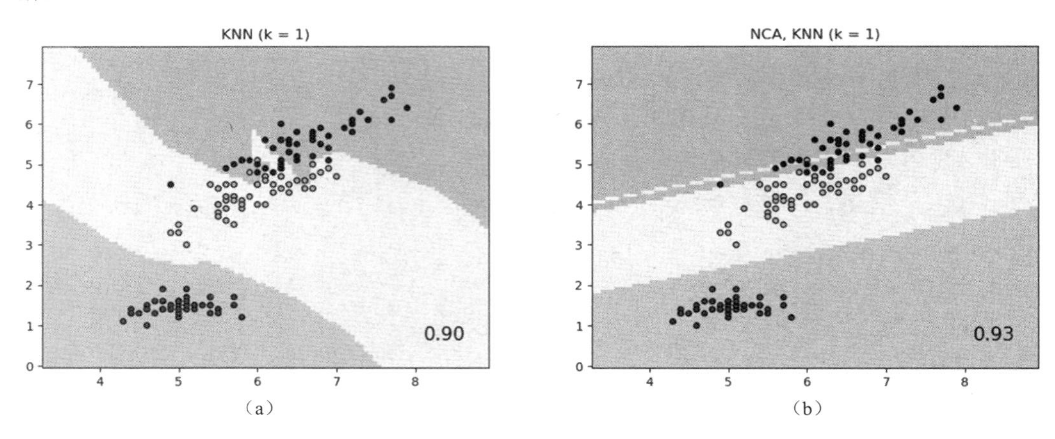

（a）　（b）

图 5-16　使用和不使用邻域成分分析的最近邻分类比较

例 5-14：使用和不使用邻域成分分析的最近邻分类比较。

```
1.  import matplotlib.pyplot as plt
2.  from matplotlib.colors import ListedColormap
3.
4.  from sklearn import datasets
5.  from sklearn.inspection import DecisionBoundaryDisplay
6.  from sklearn.model_selection import train_test_split
7.  from sklearn.neighbors import KNeighborsClassifier, NeighborhoodComponentsAnalysis
8.  from sklearn.pipeline import Pipeline
9.  from sklearn.preprocessing import StandardScaler
10.
11. n_neighbors = 1
12. dataset = datasets.load_iris()
13. X, y = dataset.data, dataset.target
14.
15. X = X[:, [0, 2]]  # 仅取两个特征
16. X_train, X_test, y_train, y_test = train_test_split(X, y, stratify=y, test_size=0.7,
    random_state=42)
17.
18. h = 0.05  # 网格中的步长
19.
20. # 构建颜色图
21. cmap_light = ListedColormap(["#FFAAAA", "#AAFFAA", "#AAAAFF"])
22. cmap_bold = ListedColormap(["#FF0000", "#00FF00", "#0000FF"])
```

```
23.
24. names = ["KNN", "NCA, KNN"]
25. classifiers = [
26.     Pipeline([("scaler", StandardScaler()), ("knn", KNeighborsClassifier(n_neighbors=
    n_neighbors)),]),
27.     Pipeline(
28.         [
29.             ("scaler", StandardScaler()),
30.             ("nca", NeighborhoodComponentsAnalysis()),
31.             ("knn", KNeighborsClassifier(n_neighbors=n_neighbors)),
32.         ]
33.     ),
34. ]
35.
36. for name, clf in zip(names, classifiers):
37.     clf.fit(X_train, y_train)
38.     score = clf.score(X_test, y_test)
39.
40.     _, ax = plt.subplots()
41.     DecisionBoundaryDisplay.from_estimator(
42.         clf,
43.         X,
44.         cmap=cmap_light,
45.         alpha=0.8,
46.         ax=ax,
47.         response_method="predict",
48.         plot_method="pcolormesh",
49.         shading="auto",
50.     )
51.
52.     # 绘制训练和测试用样本点
53.     plt.scatter(X[:, 0], X[:, 1], c=y, cmap=cmap_bold, edgecolor="k", s=20)
54.     plt.title("{} (k = {})".format(name, n_neighbors))
55.     plt.text(0.9, 0.1, "{:.2f}".format(score), size=15, ha="center", va="center",
    transform=plt.gca().transAxes,)
56.
57. plt.show()
```

图 5-16 显示了 Iris 数据集上最近邻分类和邻域成分分析后分类的决策边界。由于可视化目的，我们仅使用两个特征进行训练和评估。

2．降维

邻域成分分析还可以用于实现监督降维。输入数据被投影到由最小化邻域成分分析目标的方向组成的线性子空间上。可以使用参数 n_components 设置期望的维度。例如，图 5-17 显示了在 Digits 数据集上，主成分分析（PCA）、线性判别分析（Linear Discriminant Analysis，LDA）和邻域成分分析的降维比较。该数据集的大小为 $n_{\text{samples}} = 1797$ 和 $n_{\text{features}} = 64$ 。数据集被划分为大小相等的训练集和测试集，并进行标准化。为了评估，在每种方法找到的二维投影点上计算 3 近邻分类精度。每个数据样本属于 10 个类别中的一个。

例 5-15 给出了邻域成分分析用于降维的示例用法。本例比较了应用于 Digits 数据集的不同（线性）降维算法。数据集包含从 0 到 9 的图像，每个类别大约有 180 个样本，每幅图像的大小为 8×8=64（单位为像素），且被简化为二维数据点。

例 5-15：邻域成分分析的降维算法。

主成分分析应用于该数据集确定了数据中方差最大的属性组合（主成分或特征空间中的方向），在前两个主成分上绘制不同的样本。线性判别分析试图识别类别之间差异最大的属性。特别地，线性判别分析与主成分分析相比，是一种使用已知类标签的有监督学习方法。邻域成分分析试图找到一个特征空间，使得随机最近邻算法给出最优精度。邻域成分分析与线性判别分析一样，也是一种有监督学习方法。可以看出，邻域成分分析强制对数据进行聚类，尽管维度大幅降低，但在视觉上是有意义的。

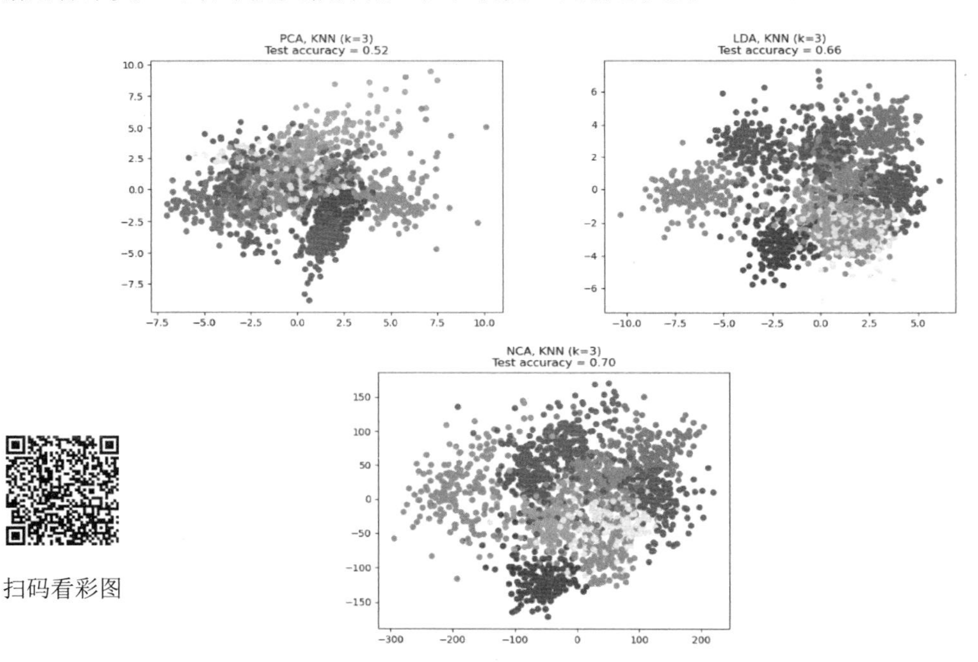

图 5-17　主成分分析、线性判别分析和邻域成分分析的降维比较

```
1.  import matplotlib.pyplot as plt
2.  import numpy as np
3.
4.  from sklearn import datasets
5.  from sklearn.decomposition import PCA
6.  from sklearn.discriminant_analysis import LinearDiscriminantAnalysis
```

```
7.  from sklearn.model_selection import train_test_split
8.  from sklearn.neighbors import KNeighborsClassifier, NeighborhoodComponentsAnalysis
9.  from sklearn.pipeline import make_pipeline
10. from sklearn.preprocessing import StandardScaler
11.
12. n_neighbors = 3
13. random_state = 0
14.
15. # 加载 Digits 数据集，并划分训练集和测试集
16. X, y = datasets.load_digits(return_X_y=True)
17. X_train,  X_test,  y_train,  y_test  =  train_test_split(X,  y,  test_size=0.5,
    stratify=y, random_state=random_state)
18.
19. dim = len(X[0])
20. n_classes = len(np.unique(y))
21. # 使用主成分分析降成 2 个维度
22. pca = make_pipeline(StandardScaler(), PCA(n_components=2, random_state=random_state))
23. # 使用线性判别分析降成 2 个维度
24. lda = make_pipeline(StandardScaler(), LinearDiscriminantAnalysis(n_components=2))
25. # 使用邻域成分分析降成 2 个维度
26. nca = make_pipeline(StandardScaler(), NeighborhoodComponentsAnalysis(n_components=2,
    random_state=random_state),)
27. # 使用一个最近邻分类器评估方法
28. knn = KNeighborsClassifier(n_neighbors=n_neighbors)
29.
30. dim_reduction_methods = [("PCA", pca), ("LDA", lda), ("NCA", nca)] # 比较的降维
    算法列表
31.
32. for i, (name, model) in enumerate(dim_reduction_methods):
33.     plt.figure()
34.     model.fit(X_train, y_train)   # 拟合模型
35.     # 在嵌入训练集上拟合最近邻分类器
36.     knn.fit(model.transform(X_train), y_train)
37.     # 在嵌入测试集上计算最近邻精度
38.     acc_knn = knn.score(model.transform(X_test), y_test)
39.     # 使用拟合模型实现数据集到二维空间的嵌入
40.     X_embedded = model.transform(X)
41.     # 绘制投影点并显示评估分数
42.     plt.scatter(X_embedded[:, 0], X_embedded[:, 1], c=y, s=30, cmap="Set1")
43.     plt.title("{}, KNN (k={})\nTest accuracy = {:.2f}".format(name, n_neighbors,
    acc_knn))
44. plt.show()
```

5.4.4 算法小结

通过前面的讲解，读者已经知道了 k 近邻方法分为 k 近邻分类方法和 k 近邻回归方法，两者理论基础一致，这里以 k 近邻分类方法为例对近邻方法的优/缺点进行总结。k 近邻分类方法是一种非参数分类技术，只需计算预测点和各训练数据点之间的距离，挑选前 k 个最小距离数据点即可，非常简单直观。这 k 个数据点的多数属于某个类，预测点就归属为这个类。该方法的特点主要有：①最近邻可通过不同的距离函数来定义，最常用的是欧几里得距离；②为了保证每个特征同等重要，应当对每个特征进行归一化；③k 值的选取既不能太大，又不能太小，需要通过实验来确定；④k 近邻分类方法是一种在线技术，新数据可以直接加入数据集而不必重新进行训练。

k 近邻分类方法的缺点及其改进如下。

（1）当数据集中的样本类别不平衡时，即一个类别的样本数量很大，其他类别的样本数量很小，当输入一个新样本时，其 k 邻近值大概率是大样本数量的那个类，可能会导致分类错误。针对样本类别不平衡情况的改进方法是对邻近点进行加权，即距离近的邻近点的权重大，距离远的邻近点的权重小。

（2）计算量较大，需要计算预测样本点与每个训练数据点之间的距离，时间复杂度为 $O(n)$，只有根据距离排序才能求得 k 个邻近点。针对计算量大的改进方法是采取 kd 树及其他高级搜索方法等减少搜索时间。

进阶 B kd 树

B.1 kd 树的构建

kd 树是一个二叉树结构，其每个节点记录(特征坐标,切分轴,左子树指针,右子树指针)。其中，特征坐标是线性空间 $\mathbf{R}^n$ 中的一个点 $X=(x_1,x_2,\cdots,x_n)$，切分轴是一个整数 r（$1\leqslant r\leqslant n$），表示在 n 维空间中沿第 r 维进行的一次分割。节点 X 的左子树和右子树分别是 kd 树，且满足如果 y 是左子树中一个节点的特征坐标，则有 $y_r\leqslant x_r$；如果 z 是右子树中一个节点的特征坐标，则有 $z_r\geqslant x_r$。

给定一个样本特征数据集 $S\subseteq\mathbf{R}^n$ 和切分轴 r，算法 5-2 递归构建了一个基于该数据集的 kd 树，每次循环将生成一个节点，记 $|S|$ 为集合 S 中元素的数量。

算法 5-2 构建 kd 树

输入：样本特征数据集 $S\subseteq\mathbf{R}^n$，其中 n 是特征向量维度

输出：kd 树

Step1 if $|S|$=1 then

设 S 中的唯一元素为当前节点的特征数据，并设左子树和右子树为空

else #$|S|$>1

Step2 将 S 内的所有元素按照第 r 个坐标值的大小排序

Step3　选取排序后序列的中位元素作为当前节点的特征坐标，并且记录切分轴 r

Step4　当前节点的左子树是以 S_L 为数据集、r 为切分轴生成的 kd 树，当前节点的右子树是以 S_R 为数据集、r 为切分轴生成的 kd 树。其中，S_L 为 S 中所有排列在中位元素之前的元素，S_R 为 S 中所有排列在中位元素之后的元素

Step5　$r \leftarrow (r+1) \bmod n$

注 1：在选取中位元素时，如果有偶数个元素，那么选择中位元素之前或之后的元素均可。

注 2：Step5 表示轮流沿着每个维度进行分割，共有 n 个维度，mod n 表示在沿着最后一个维度进行分割之后，重新回到第一个维度进行分割。

下面给出一个二维空间上数据集的平衡 kd 树的构建示例。记 $T=\{A(2,3),B(5,4),C(9,6),D(4,7),E(8,1),F(7,2)\}$ 为数据集。

设初始值 $r=0$，对应 x 轴，表示沿 x 坐标值进行分割。样本点按 x 坐标值排序得 $A(2,3)$、$D(4,7)$、$B(5,4)$、$F(7,2)$、$E(8,1)$、$C(9,6)$，并选出该序列的中位点 B 或 F。此时，选择 F 为根节点并进行分割（得到左、右子树），如图 5-18（a）所示。

根据 Step5，$r+1 \to r$，对应 y 轴。此时，$|S_L|>1$ 和 $|S_R|>1$ 分别在 F 点的左、右子集上进行分割，得中位点分别为 B 点和 C 点，如图 5-18（b）所示，对应树结构如图 5-19 所示。

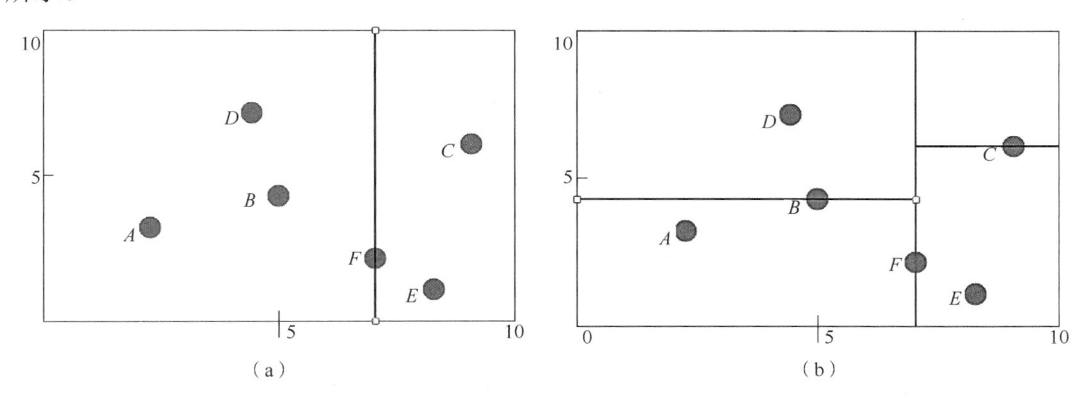

图 5-18　数据集在 x 轴和 y 轴上的分割

依次类推，B 点的左子节点为 A 点、右子节点为 D 点，C 点的左子节点为 E 点，均满足 $|S|=1$。此时，$r \leftarrow (r+1) \bmod n = 0$，按 x 轴进行排序并分割。至此，给定数据集的 kd 树构建完成，所有的数据点均可在树上找到。根据上面构建 kd 树的过程，很容易知道，当输入一个新数据点时，在对应某层的指定维数上，通过比较大小，便可知道向左（预测点对应维度的数据小于当前节点对应维度的数据）还是向右（预测点对应维度的数据大于当前节点对应维度的数据）。

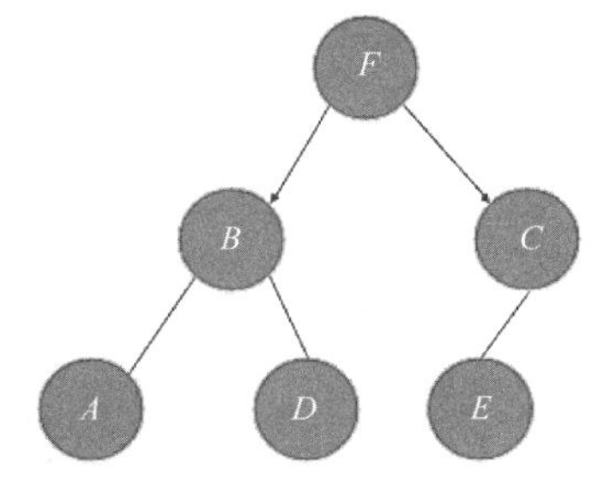

图 5-19　kd 树的结构

B.2 kd 树的搜索

算法 5-3 在 kd 树中找出目标点 x 的最近邻，同样的方法可以拓展到 k 近邻。

算法 5-3 基于 kd 树的最近邻搜索算法

输入：已构建的 kd 树，目标点 x

输出：x 的最近邻

Step1 在 kd 树中找出包含目标点 x 的叶子节点。从根节点出发，递归地向下访问 kd 树，若目标点 x 当前维度的坐标值小于切分点的对应坐标值，则将其移动至左子节点，否则移动至右子节点；直到子节点为叶子节点

Step2 设此叶子节点为“当前最近点”，递归地向上回退，并在每个节点处执行以下操作

Step2.1 如果当前节点保存的样本点比当前最近点距离目标点更近，则设该样本点为“当前最近点”

Step2.2 “当前最近点”一定存在于当前节点的一个子节点对应的区域中。检查该子节点的兄弟节点（父节点的另一个子节点）对应的区域内是否有更近的点。具体操作为，检查兄弟节点对应的区域是否与以目标点为球心、目标点与“当前最近点”间为半径的超球体相交。如果不相交，则向上回退

Step3 当回退到根节点时，搜索结束。最后的“当前最近点”为最近邻

下面通过一个示例来逐步执行算法 5-3 的步骤。

记 $T=\{A(2,3),B(5,4),C(9,6),D(4,7),E(8,1),F(7,2)\}$ 为二维空间上的数据集，T 的 kd 树如图 5-20 所示。设目标点为 $K(8.5,1)$，求 K 的最近邻。

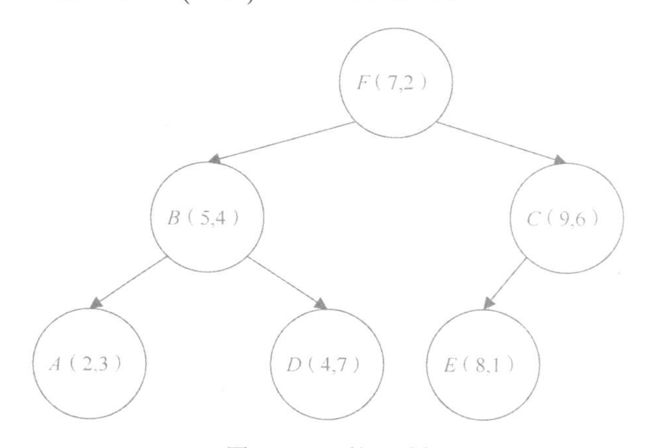

图 5-20 T 的 kd 树

kd 树搜索过程示例如图 5.21 所示。

由算法 5-3 的 Step1 可得，kd 树的第一层对应 x 坐标值，K 点的 x 坐标值为 8.5，大于 F 点的 x 坐标值 7，故进入 $F(7,2)$ 的右子树，即图 5-21（a）中的斜线条区域。进入第二层，分割平面为 y 轴，K 点的 y 坐标值为 1，小于 C 点的 y 坐标值 6，故进入 $C(9,6)$ 的左子树，即图 5-21（b）中的斜线条区域。此时，算法 5-3 的 Step1 执行完成，找到叶子节点 $E(8,1)$。

在算法 5-3 的 Step2 中，设 $E(8,1)$ 为“当前最近点”，K、E 两点间的距离为 0.5。kd 树搜索回退过程如图 5-22 所示。递归地向上回退，在每个节点处执行相同的步骤，现从 E 点回退到 C 点，如图 5-22（a）所示。

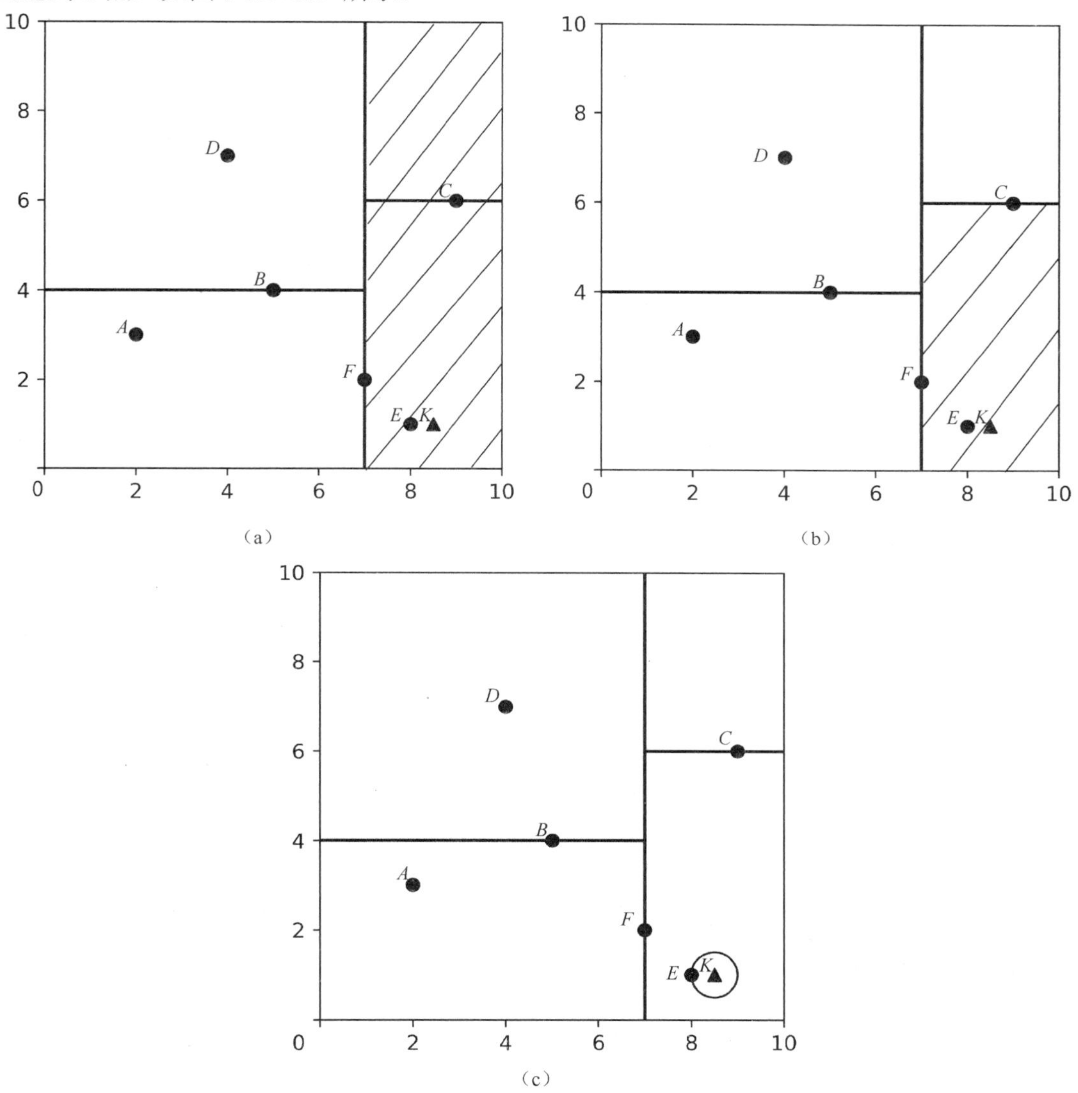

图 5-21　kd 树搜索过程示例 1

此时，在 C 点执行 Step2.1 操作，比较 K、C 两点间的距离与保存的最近邻距离（此时是 K、E 两点间的距离 0.5），K、C 两点间的距离 $\sqrt{25.25}$ 大于最近邻距离 0.5，故不更新最近邻点。在 C 点执行 Step2.2 操作，判断以当前最近邻距离为半径画一个圆是否与 C 点切割面相交，如图 5-21（c）所示。很容易看到，该圆与 C 点切割面不相交，执行由 C 点回退到其父节点 F 点的操作，如图 5-22（b）所示。

在 F 点执行 Step2.1 操作，F、K 两点间的距离 $\sqrt{3.25}$ 大于最近邻距离 0.5，因此不改变最近邻距离。在 F 点执行 Step2.2 操作，看以当前最近邻距离为半径所画的圆是否与 F 点切割面相交，判断 F 点的另一半区域是否存在距离更小的点。

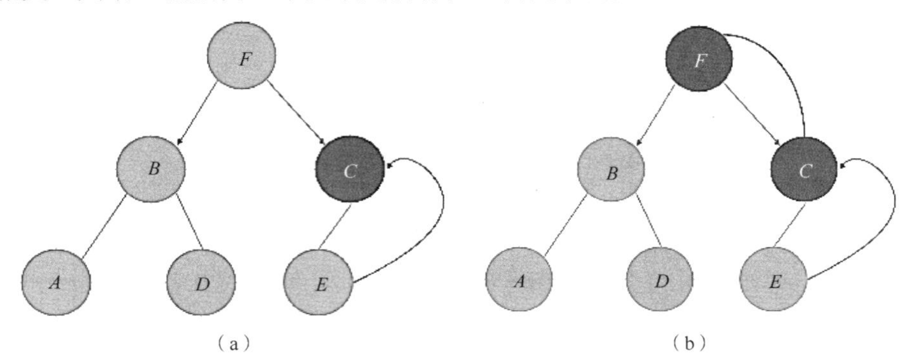

图 5-22　kd 树搜索回退过程

由图 5-21（c）可知，该圆与 F 点切割面不相交，即回退；但此时 F 点已是根节点，无法回退，故保留的当前最近邻距离点 E 点就是我们要找的最近邻点，算法结束。

根据算法流程，我们并没有遍历所有数据点，F 点的左子树没有遍历，节省时间。当然，并不是所有的 kd 树都能达到这样的效果。

B.3　kd 树的不足

现通过一个示例来说明 kd 树的不足。记 $T=\{A(2,3),B(5,4),C(9,6),D(4,7),E(8,1),F(7,2)\}$ 是一个二维空间上的数据集，T 的 kd 树如图 5-20 所示。输入的目标点为 $K(8,3)$，求 K 的最近邻。

在算法 5-3 的 Step1 中，第一层的切分轴为 x 轴，K 点的 x 坐标值为 8，大于 F 点的 x 坐标值 7，进入 $F(7,2)$ 的右子树，表示为图 5-23（a）中的斜线条区域。第二层的切分轴为 y 轴，K 点的 y 坐标值为 3，小于 C 点的 y 坐标值 6，向左走，表示为图 5-23（b）中的斜线条区域。由此找到了叶子节点 $E(8,1)$。

在算法 5-3 的 Step2.1 中，$E(8,1)$ 为最近邻点，设 $KE=2$ 为当前最近邻距离。在算法 5-3 的 Step2.2 中，递归地向上回退，在每个节点处执行相同的步骤，现从 E 点回退到 C 点，如图 5-22（a）所示。

在 C 点执行算法 5-3 的 Step2.1 操作，$KC=\sqrt{10}$，大于保存的最近邻距离（KE），不更新最近邻点。在 C 点执行算法 5-3 的 Step2.2 操作，判断以当前最近邻距离为半径画的圆是否与 C 点切割面相交，如图 5-23（c）所示。可以看到，该圆与 C 点切割面不相交，于是由 C 点回退到它的父节点 F 点，如图 5-22（b）所示。

在 F 点执行算法 5-3 的 Step2.1 操作，$FK=\sqrt{2}$，小于当前保存的最近邻距离 2，故将最近邻距离替换为 FK。在 F 点执行算法 5-3 的 Step2.2 操作，判断 F 点的另一半区域是否存在距离更小的点，通过以当前最近邻距离为半径画的圆是否与 F 点切割面相交进行判断。此时，该圆与 F 点切割面相交，说明 F 点左侧有可能存在与 K 点距离更小的点，一定要进行搜索。

我们需要在 F 点的左子树中进行搜索，一直搜索到叶子节点 A，并执行算法 5-3 的 Step2 操作，回退到其父节点 B。依次类推，最后回退至 F 点，最终的最近邻样本点是 F

点。该搜索过程几乎遍历了所有样本点，时间复杂度退化为$O(n)$，此为 kd 树最差的情况，导致搜索低效。

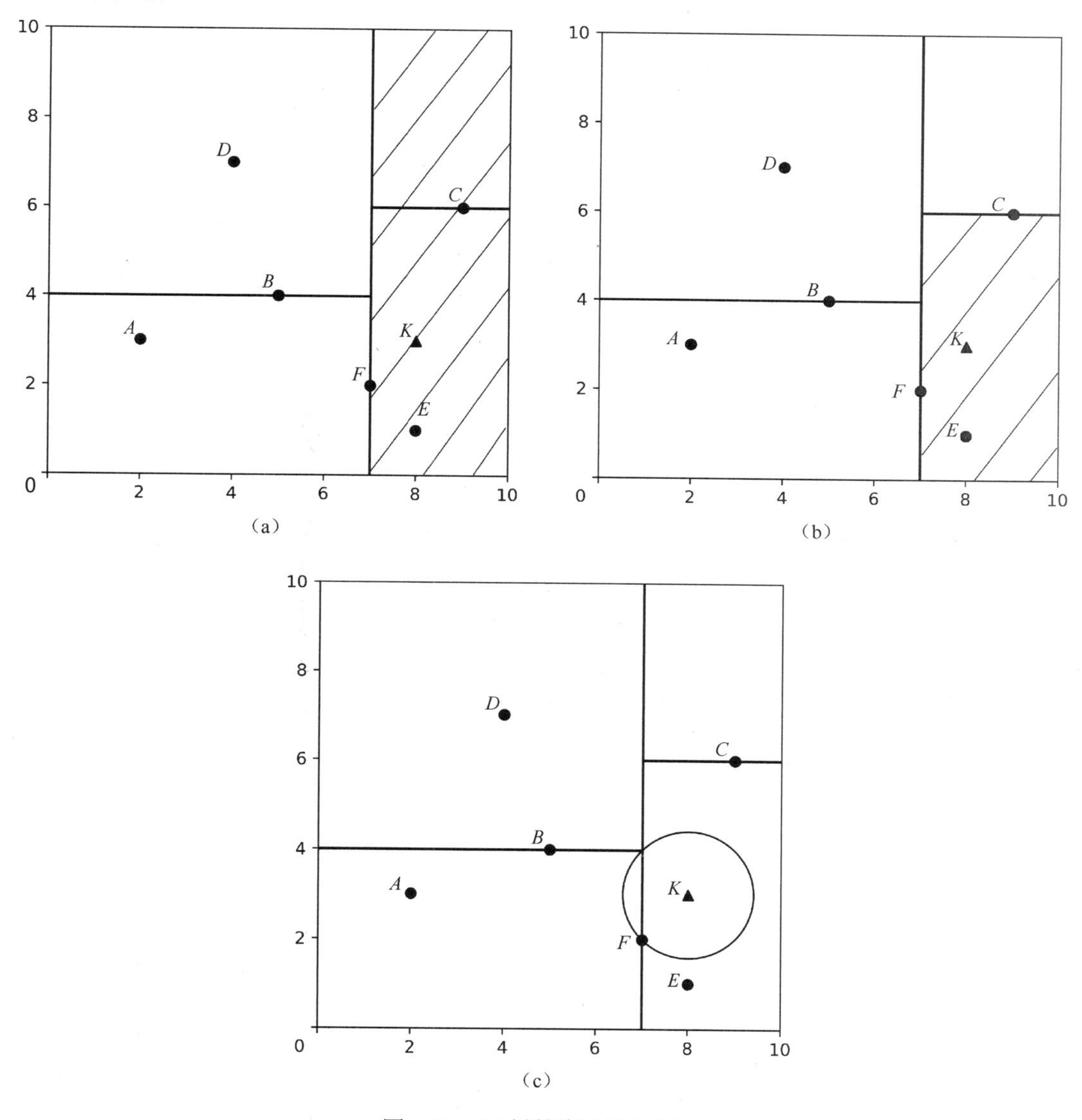

图 5-23　kd 树搜索过程示例 2

5.5　支持向量机

支持向量机（SVM）是一组用于分类、回归和异常值检测的有监督学习算法，具有完善的数学理论，用于处理线性可分和线性不可分的数据集。支持向量机通过一个超平面将数据分为两类，以最大化两类之间的边界。该算法在处理小样本、非线性及高维模式的识别问题时表现出许多特有的优势。

5.5.1 支持向量机基础

为了理解支持向量机，首先需要知道什么是线性可分。在二维空间，两类点被一条直线完全分开称为线性可分，如图 5-24 所示。

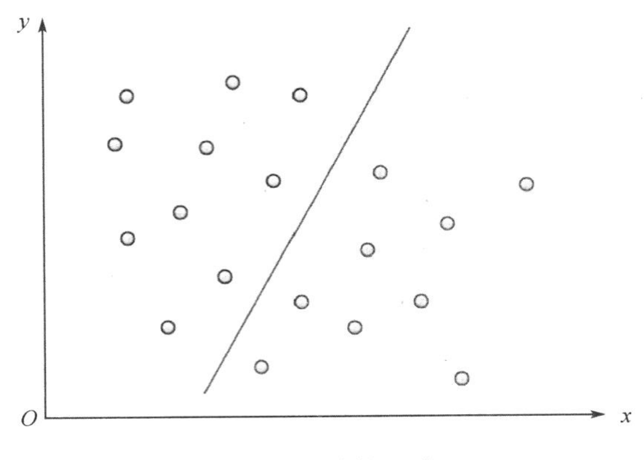

图 5-24 线性可分

定义 5-2：设 D_0 和 D_1 是 n 维欧几里得空间中的两个点集。如果存在 n 维向量 $\boldsymbol{w}$ 和实数 b，使得 $x_i \in D_0$ 有 $\boldsymbol{w}x_i + b > 0$，而 $x_j \in D_1$ 有 $\boldsymbol{w}x_j + b < 0$，则称 D_0 和 D_1 是线性可分的。

从二维空间扩展到多维空间，将 D_0 和 D_1 完全正确分开的 $\boldsymbol{w}x + b = 0$ 就变成了一个超平面。为了使该超平面更具鲁棒性，要找到以最大间隔将两类样本分开的超平面，称为最大间隔超平面，如图 5-25 所示。

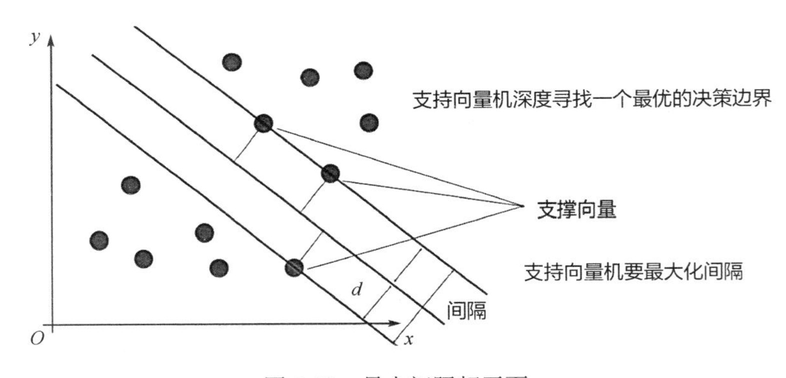

图 5-25 最大间隔超平面

如图 5-25 所示，两类样本分别位于该超平面的两侧，距离超平面最近的样本点到超平面的距离被最大化。样本集中距离该超平面最近的这些点称为支持向量。

由上述可知，支持向量机的目标就是要各类样本点到超平面的距离最远，即找到最大间隔超平面。超平面定义为 $\boldsymbol{w}^{\mathrm{T}}\boldsymbol{x} + b = 0$。在 n 维空间中，点 $\boldsymbol{x} = (x_1, x_2, \cdots, x_n)$ 到直线 $\boldsymbol{w}^{\mathrm{T}}\boldsymbol{x} + b = 0$ 的距离为 $\dfrac{|\boldsymbol{w}^{\mathrm{T}}\boldsymbol{x} + b|}{\|\boldsymbol{w}\|}$，其中 $\|\boldsymbol{w}\| = \sqrt{w_1^2 + w_2^2 + \cdots + w_n^2}$。

如图 5-25 所示，由支持向量的定义可知，支持向量到超平面的距离记为 d，其他样本点到超平面的距离大于 d，有

$$\begin{cases} \dfrac{\boldsymbol{w}^{\mathrm{T}}\boldsymbol{x}+b}{\|\boldsymbol{w}\|} \geqslant d & y=1 \\ \dfrac{\boldsymbol{w}^{\mathrm{T}}\boldsymbol{x}+b}{\|\boldsymbol{w}\|} \leqslant -d & y=-1 \end{cases} \tag{5-18}$$

其中，y 是标签变量。将式（5-18）中的不等式两边同时除以 d，得

$$\begin{cases} \dfrac{\boldsymbol{w}^{\mathrm{T}}\boldsymbol{x}+b}{\|\boldsymbol{w}\|d} \geqslant 1 & y=1 \\ \dfrac{\boldsymbol{w}^{\mathrm{T}}\boldsymbol{x}+b}{\|\boldsymbol{w}\|d} \leqslant -1 & y=-1 \end{cases}$$

其中，$\|\boldsymbol{w}\|d$ 是正数。为了方便推导和优化，暂令 $\|\boldsymbol{w}\|d$ 为 1，如此做对目标函数的优化没有影响，故

$$\begin{cases} \boldsymbol{w}^{\mathrm{T}}\boldsymbol{x}+b \geqslant 1 & y=1 \\ \boldsymbol{w}^{\mathrm{T}}\boldsymbol{x}+b \leqslant -1 & y=-1 \end{cases} \tag{5-19}$$

将式（5-19）中两个方程合二为一，简写为 $y\left(\boldsymbol{w}^{\mathrm{T}}x+b\right)\geqslant 1$。

由 $y\left(\boldsymbol{w}^{\mathrm{T}}\boldsymbol{x}+b\right)\geqslant 1>0$ 可得 $y\left(\boldsymbol{w}^{\mathrm{T}}\boldsymbol{x}+b\right)=\left|\boldsymbol{w}^{\mathrm{T}}\boldsymbol{x}+b\right|$，每个支持向量到超平面的距离为 $d=\dfrac{y\left(\boldsymbol{w}^{\mathrm{T}}\boldsymbol{x}+b\right)}{\|\boldsymbol{w}\|}$。我们的任务就是最大化支持向量机的目标函数，即

$$\max 2\frac{y\left(\boldsymbol{w}^{\mathrm{T}}\boldsymbol{x}+b\right)}{\|\boldsymbol{w}\|} \tag{5-20}$$

式(5-20)中引入常数因子 2 是为了便于后面的推导，这样做对目标函数没有影响。已得到支持向量 $y\left(\boldsymbol{w}^{\mathrm{T}}\boldsymbol{x}+b\right)=1$，目标函数可表示为 $\max\dfrac{2}{\|\boldsymbol{w}\|}$，如图 5-26 所示。

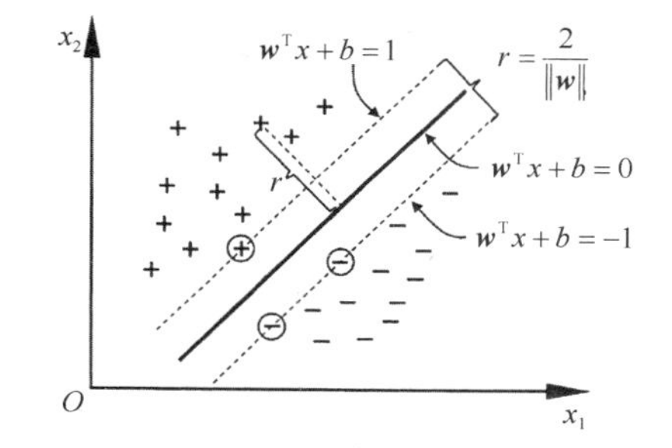

图 5-26　支持向量机目标函数

将式（5-20）中的最大化变换为最小化，有

$$\min\frac{1}{2}\|\boldsymbol{w}\|$$

为了方便计算，需要消除 $\|\cdot\|$ 中的根号，有

$$\min\frac{1}{2}\|\boldsymbol{w}\|^2$$

最终得到的支持向量机的最优化问题为

$$\min\frac{1}{2}\|\boldsymbol{w}\|^2 \ \text{s.t.}\ y\left(\boldsymbol{w}^{\mathrm{T}}\boldsymbol{x}+b\right)\geqslant 1 \tag{5-21}$$

通过拉格朗日乘子法，该优化问题可进一步表示为

$$\min_{\lambda}\left[\frac{1}{2}\sum_{i=1}^{n}\sum_{j=1}^{n}\lambda_i y_i \lambda_j y_j\left(x_i x_j\right)-\sum_{j=1}^{n}\lambda_i\right] \quad \text{s.t.}\sum_{i=1}^{n}\lambda_i y_i=0,\ \lambda_i\geqslant 0 \tag{5-22}$$

式（5-21）和式（5-22）的推导过程详见进阶 C。

5.5.2 软间隔

在实际应用中，完全线性可分的情况是很少出现的。当遇到完全线性不可分的情况时，应如何解决呢？如图 5-27（a）所示。为此，引入软间隔的概念，相比于硬间隔的苛刻条件，其允许个别样本点出现在间隔带内，如图 5-27（b）所示。

也就是说，软间隔允许部分样本不满足约束条件

$$1-\boldsymbol{y}_i\left(\boldsymbol{w}^{\mathrm{T}}\boldsymbol{x}_i+b\right)\leqslant 0$$

为了度量这个间隔软到何种程度，为每个样本引入一个松弛变量 ξ_i；令 $\xi_i\geqslant 0$ 且 $1-\boldsymbol{y}_i\left(\boldsymbol{w}^{\mathrm{T}}\boldsymbol{x}_i+b\right)-\xi_i\leqslant 0$，如图 5-27（c）所示。

引入软间隔后，优化问题变为

$$\min_{w}\frac{1}{2}\|\boldsymbol{w}\|^2+C\sum_{i=1}^{m}\xi_i\ \ \text{s.t.}\ g_i\left(\boldsymbol{w},b\right)=1-\boldsymbol{y}_i\left(\boldsymbol{w}^{\mathrm{T}}\boldsymbol{x}_i+b\right)-\xi_i\leqslant 0,\ \ \xi_i\geqslant 0,\ \ i=1,2,\cdots,n \tag{5-23}$$

其中，$C>0$ 是常数，可以将其理解为错误样本的惩罚程度。若 C 为无穷大，则 ξ_i 必然无穷小，式（5-23）退化为线性可分支持向量机问题式（5-21）；只有当 C 为有限值时，才允许部分样本不满足约束条件。

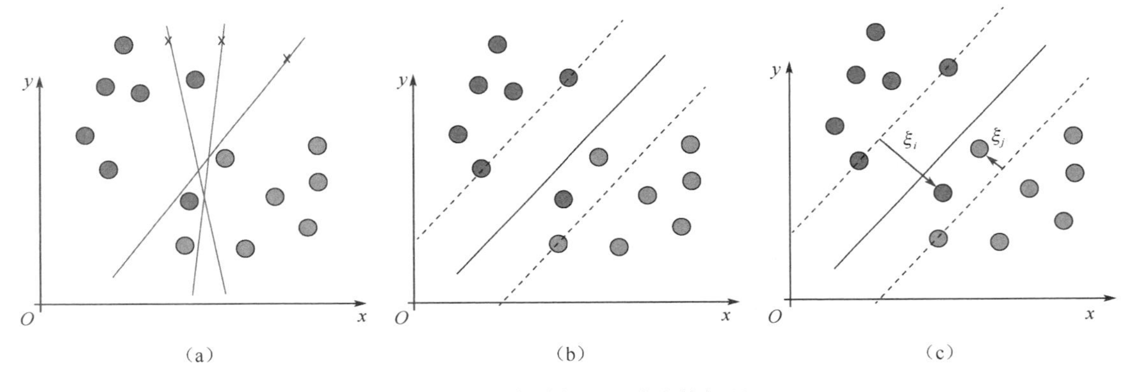

图 5-27　完全线性不可分和软间隔

5.5.3 核函数

前面在样本点是完全线性可分或大部分样本点是线性可分的情况下引入了硬间隔和软间隔。在多数实际问题中，样本点通常是线性不可分的，如图 5-28（a）所示。这种情况的一种解决方法就是将低维线性不可分样本点映射到高维空间，让样本点在高维空间是线性可分的，如图 5-28（b）所示。通过间隔最大化方法，学习得到支持向量，即非线性支持向量机。

记 x 为原始样本点，$\boldsymbol{\phi}(\boldsymbol{x})$ 为将 $\boldsymbol{x}$ 映射到高维特征空间后的新向量，则分割超平面表示为 $\boldsymbol{f}(\boldsymbol{x})=\boldsymbol{w}\boldsymbol{\phi}(\boldsymbol{x})+b$。非线性支持向量机的对偶问题表示为

$$\min_{\lambda}\left[\frac{1}{2}\sum_{i=1}^{n}\sum_{j=1}^{n}\lambda_i\boldsymbol{y}_i\lambda_j\boldsymbol{y}_j\left[\boldsymbol{\phi}(x_i)\boldsymbol{\phi}(x_j)\right]-\sum_{j=1}^{n}\lambda_i\right]\ \text{s.t.}\sum_{j=1}^{n}\lambda_i\boldsymbol{y}_i=0,\ \ \lambda_i\geqslant 0,\ \ C-\lambda_i-\xi_i=0 \tag{5-24}$$

通过式（5-24）和式（5-22）可知，两式的不同之处是将式（5-22）中的$\left(\boldsymbol{x}_i\boldsymbol{x}_j\right)$替换成了$\left(\boldsymbol{\phi}\left(\boldsymbol{x}_i\right)\boldsymbol{\phi}\left(\boldsymbol{x}_j\right)\right)$。

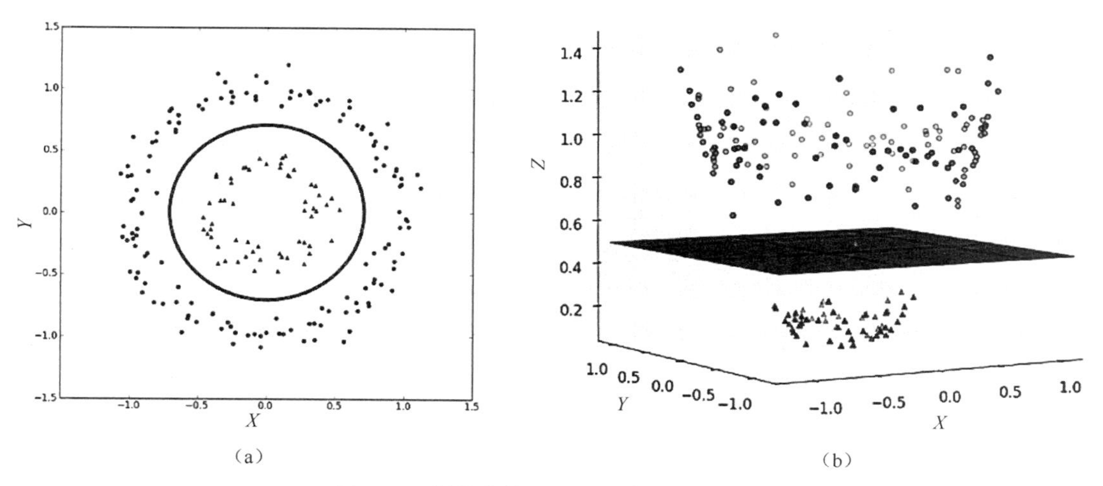

图 5-28 低维线性不可分和高维线性可分

这里还有一个疑问：式（5-24）中执行的内积运算为什么要用核函数呢？样本点经过低维空间至高维空间的映射后，维度可能会较大，如果将全部样本点的内积运算都计算好，那么计算量会相当大。为了缓解计算量大等问题，构建核函数$k\left(\boldsymbol{x},\boldsymbol{y}\right)=\left(\phi\left(\boldsymbol{x}_i\right),\phi\left(\boldsymbol{x}_j\right)\right)$，使得$\boldsymbol{x}_i$与$\boldsymbol{x}_j$在高维空间中的内积等于它们在原始样本空间中通过函数$\boldsymbol{k}\left(\boldsymbol{x},\boldsymbol{y}\right)$计算得到的结果，这样就不需要计算高维甚至无穷维空间中的内积了。

下面通过一个示例来说明核函数的作用。假设有一个多项式核函数$k\left(\boldsymbol{x},\boldsymbol{y}\right)=\left(\boldsymbol{x}^{\mathrm{T}}\boldsymbol{y}+1\right)^2$，代入样本点后变为$k\left(\boldsymbol{x},\boldsymbol{y}\right)=\left(\sum_{i=1}^{n}\left(\boldsymbol{x}_i\boldsymbol{y}_i\right)+1\right)^2$，其展开项是$\sum_{i=1}^{n}\boldsymbol{x}_i^2\boldsymbol{y}_i^2+\sum_{i=2}^{n}\sum_{j=1}^{i-1}\left(\sqrt{2}\boldsymbol{x}_i\boldsymbol{x}_j\right)\left(\sqrt{2}\boldsymbol{y}_i\boldsymbol{y}_j\right)+\sum_{i=1}^{n}\left(\sqrt{2}\boldsymbol{x}_i\right)\left(\sqrt{2}\boldsymbol{y}_i\right)+1$。如果不使用核函数，则需要首先将向量映射为$\boldsymbol{x}'=\left(x_1^2,x_2^2,\cdots,x_n^2,\cdots,\sqrt{2}x_1,\sqrt{2}x_2,\cdots,\sqrt{2}x_n,1\right)$；然后执行内积计算，只有这样才能与多项式核函数达到相同的效果。由此可见，核函数的引入一方面减小了计算量，另一方面减小了存储数据的内存使用量。

通常情况下，常用的核函数主要有以下 3 类。

（1）线性核函数：

$$k\left(\boldsymbol{x},\boldsymbol{y}\right)=\boldsymbol{x}^{\mathrm{T}}\boldsymbol{y}$$

（2）多项式核函数：

$$k\left(\boldsymbol{x},\boldsymbol{y}\right)=\left(a\boldsymbol{x}^{\mathrm{T}}\boldsymbol{y}+c\right)^d$$

（3）高斯核函数

$$k\left(\boldsymbol{x},\boldsymbol{y}\right)=\exp\left(-\frac{\left\|\boldsymbol{x}-\boldsymbol{y}\right\|^2}{2\sigma^2}\right)$$

在这 3 个常用的核函数中，只有高斯核函数是需要调参的。

5.5.4　支持向量机实践

Scikit-learn 中的支持向量机支持稠密或稀疏样本向量作为输入。

5.5.4.1　支持向量分类

1. 二分类

支持向量分类（SVC）、NuSVC 和 LinearSVC 是 Scikit-learn 中对数据集实现二分类与多分类的算法类。与其他分类器一样，SVC、NuSVC 和 LinearSVC 采用两个数组作为输入，一个是保存训练样本的形状为(n_samples,n_features)的数组 *X*，另一个是保存类别标签（字符串或整数）的形状为(n_amples,)的数组 *y*。首先导入 svm 包，通过 SVC()函数构建模型对象 clf；然后通过 fit(X,y)方法拟合训练数据集。

```
1.  >>> from sklearn import svm
2.  >>> X = [[0, 0], [1, 1]]
3.  >>> y = [0, 1]
4.  >>> clf = svm.SVC()
5.  >>> clf.fit(X, y)
6.  SVC()
```

在拟合训练数据集之后，该模型就可以用于预测新的值。

```
1.  >>> clf.predict([[2., 2.]])
2.  array([1])
```

支持向量机决策函数（详见前面的数学公式）取决于被称为支持向量的训练数据的某个子集。这些支持向量可通过属性 support_vectors_、support_和 n_support_来查看。

```
1.  >>> # 取得支持向量
2.  >>> clf.support_vectors_
3.  array([[0., 0.],
4.         [1., 1.]])
5.  >>> # 取得支持向量的索引
6.  >>> clf.support_
7.  array([0, 1]...)
8.  >>> #获取每个数据类别的支持向量数
9.  >>> clf.n_support_
10. array([1, 1]...)
```

下面给出一个具有线性核的支持向量机分类器用于两类可分离数据集，并绘制其最大间隔超平面，如图 5-29 所示。

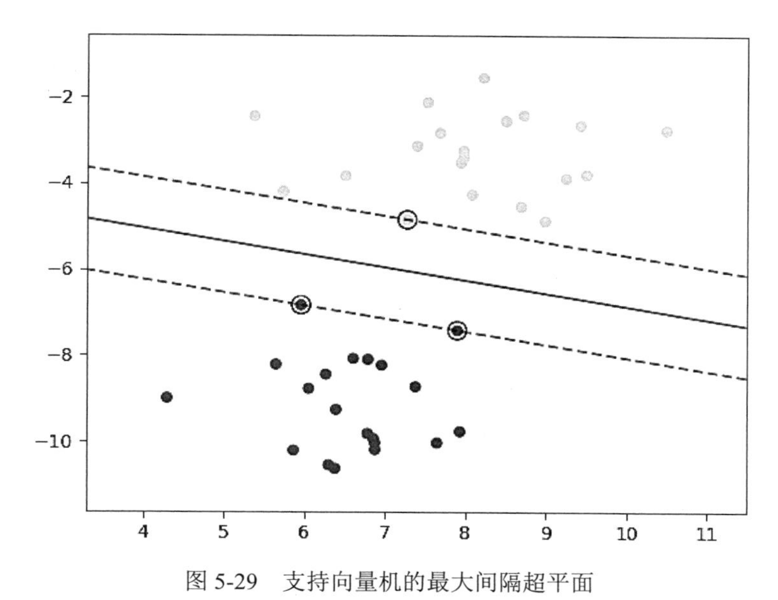

图 5-29　支持向量机的最大间隔超平面

例 5-16：支持向量机的最大间隔超平面。

```
1.  import matplotlib.pyplot as plt
2.
3.  from sklearn import svm
4.  from sklearn.datasets import make_blobs
5.  from sklearn.inspection import DecisionBoundaryDisplay
6.  # 构建 40 个可分离的样本点
7.  X, y = make_blobs(n_samples=40, centers=2, random_state=6)
8.  # 拟合模型，为了展示没有正则化
9.  clf = svm.SVC(kernel="linear", C=1000)
10. clf.fit(X, y)
11.
12. plt.scatter(X[:, 0], X[:, 1], c=y, s=30, cmap=plt.cm.Paired)
13.
14. # 绘制决策函数
15. ax = plt.gca()
16. DecisionBoundaryDisplay.from_estimator(
17.     clf,
18.     X,
19.     plot_method="contour",
20.     colors="k",
21.     levels=[-1, 0, 1],
22.     alpha=0.5,
23.     linestyles=["--", "-", "--"],
24.     ax=ax,)
25. # 绘制支持向量
26. ax.scatter(
```

```
27.     clf.support_vectors_[:, 0],
28.     clf.support_vectors_[:, 1],
29.     s=100,
30.     linewidth=1,
31.     facecolors="none",
32.     edgecolors="k",)
33. plt.show()
```

在例 5-16 中，为了绘制一个给定分类器的决策边界，使用了 DecisionBoundaryDisplay. from_estimator()函数，其详细内容可参阅相关用户手册。

例 5-17：非线性 SVC。

在本例中，使用一个具有 RBF 核的非线性 SVC 进行二分类，其预测目标是输入数据的 XOR。图 5-30 展示了 SVC 学习的决策函数。

```
1.  import matplotlib.pyplot as plt
2.  import numpy as np
3.  
4.  from sklearn import svm
5.  
6.  xx, yy = np.meshgrid(np.linspace(-3, 3, 500), np.linspace(-3, 3, 500))
7.  np.random.seed(0)
8.  X = np.random.randn(300, 2)
9.  Y = np.logical_xor(X[:, 0] > 0, X[:, 1] > 0)
10. 
11. clf = svm.NuSVC(gamma="auto")
12. clf.fit(X, Y)   # 拟合模型
13. 
14. # 绘制网格上每个数据点的决策函数
15. Z = clf.decision_function(np.c_[xx.ravel(), yy.ravel()])
16. Z = Z.reshape(xx.shape)
17. 
18. plt.imshow(
19.     Z,
20.     interpolation="nearest",
21.     extent=(xx.min(), xx.max(), yy.min(), yy.max()),
22.     aspect="auto",
23.     origin="lower",
24.     cmap=plt.cm.PuOr_r,)
25. contours = plt.contour(xx, yy, Z, levels=[0], linewidths=2, linestyles="dashed")
26. plt.scatter(X[:, 0], X[:, 1], s=30, c=Y, cmap=plt.cm.Paired, edgecolors="k")
27. plt.xticks(())
28. plt.yticks(())
29. plt.axis([-3, 3, -3, 3])
30. plt.show()
```

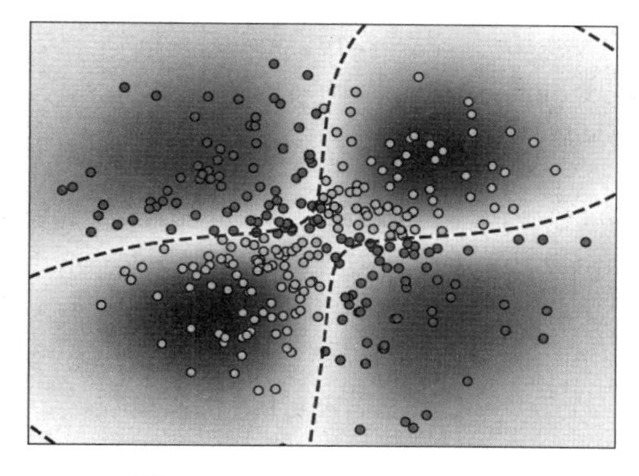

扫码看彩图

图 5-30　SVC 学习的决策函数

例 5-18 显示如何在运行 SVC 之前执行单变量特征选择以提高分类得分。这里使用 Iris 数据集（4 个特征），并添加了 36 个非信息性特征。当选择大约 10%的特征时，该模型实现了最优性能，其结果如图 5-31 所示。

例 5-18：SVM-Anova——具有单变量特征选择的支持向量机。

```
1.  import numpy as np
2.  from sklearn.datasets import load_iris
3.  X, y = load_iris(return_X_y=True) # 加载数据集
4.  rng = np.random.RandomState(0)
5.  # 添加非信息性特征
6.  X = np.hstack((X, 2 * rng.random((X.shape[0], 36))))
7.
8.  from sklearn.feature_selection import SelectPercentile, f_classif
9.  from sklearn.pipeline import Pipeline
10. from sklearn.preprocessing import StandardScaler
11. from sklearn.svm import SVC
12.
13. #  创建一个由特征选择变换、缩放器和支持向量机实例组成的管道
14. clf = Pipeline([("anova", SelectPercentile(f_classif)), ("scaler", StandardScaler()),
    ("svc", SVC(gamma="auto")),])
15.
16. import matplotlib.pyplot as plt
17. from sklearn.model_selection import cross_val_score
18.
19. score_means = list()
20. score_stds = list()
21. percentiles = (1, 3, 6, 10, 15, 20, 30, 40, 60, 80, 100)
22.
23. # 将交叉验证得分绘制为特征百分比的函数
24. for percentile in percentiles:
25.     clf.set_params(anova__percentile=percentile)
```

```
26.     this_scores = cross_val_score(clf, X, y)
27.     score_means.append(this_scores.mean())
28.     score_stds.append(this_scores.std())
29.
30. plt.errorbar(percentiles, score_means, np.array(score_stds))
31. plt.title("Performance of the SVM-Anova varying the percentile of features
    selected")
32. plt.xticks(np.linspace(0, 100, 11, endpoint=True))
33. plt.xlabel("Percentile")
34. plt.ylabel("Accuracy Score")
35. plt.axis("tight")
36. plt.show()
```

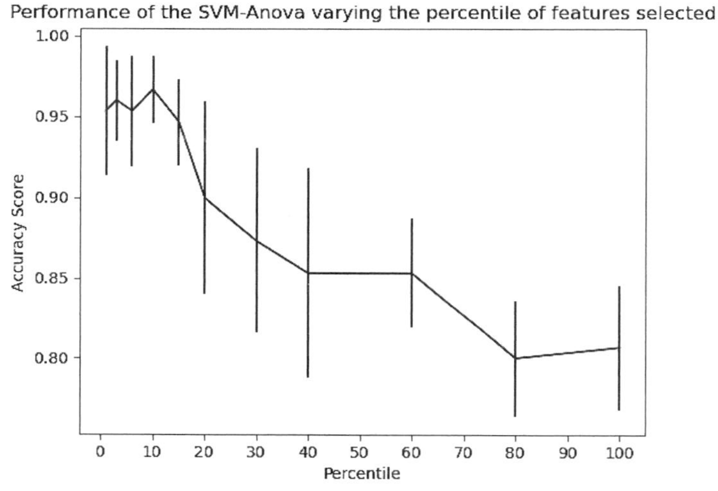

图 5-31　具有单变量特征选择的支持向量机

2. 多类别分类

在支持向量机中，多类别分类主要有“一对一”（ovo）和“一对其他”（ovr）两种方法。SVC 和 NuSVC 实现了多类别分类的 ovo 方法，总共构造了 $n\_classes \times (n\_classes - 1) / 2$ 个分类器，每个分类器拟合来自两个类别的数据。为了提供与其他分类器一致的界面，通过设置 decision_function_shape='ovr'，将 ovo 分类器结果单调转换为形状为(n_samples, n_classes)的 ovr 决策函数。

```
1. >>> X = [[0], [1], [2], [3]]
2. >>> Y = [0, 1, 2, 3]
3. >>> clf = svm.SVC(decision_function_shape='ovo')
4. >>> clf.fit(X, Y)
5. SVC(decision_function_shape='ovo')
6. >>> dec = clf.decision_function([[1]])
7. >>> dec.shape[1] # 4 个类别: 4×3/2 = 6
8. 6
```

```
9.  >>> clf.decision_function_shape = "ovr"
10. >>> dec = clf.decision_function([[1]])
11. >>> dec.shape[1] # 4 个类别
12. 4
```

LinearSVC 实现了 ovr 的多类别分类策略，从而训练了 n_classes 个模型。

```
1.  >>> lin_clf = svm.LinearSVC(dual="auto")
2.  >>> lin_clf.fit(X, Y)
3.  LinearSVC(dual='auto')
4.  >>> dec = lin_clf.decision_function([[1]])
5.  >>> dec.shape[1]
6.  4
```

例 5-19：不同 SVC 在 Iris 数据集上的多类别分类比较。

```
1.  import matplotlib.pyplot as plt
2.  from sklearn import datasets, svm
3.  from sklearn.inspection import DecisionBoundaryDisplay
4.
5.  iris = datasets.load_iris()# 导入数据
6.  X = iris.data[:, :2] # 取前两个特征
7.  y = iris.target
8.
9.  C = 1.0  # 支持向量机正则化参数
10. models = (
11.     svm.SVC(kernel="linear", C=C),
12.     svm.LinearSVC(C=C, max_iter=10000, dual="auto"),
13.     svm.SVC(kernel="rbf", gamma=0.7, C=C),
14.     svm.SVC(kernel="poly", degree=3, gamma="auto", C=C),)
15. models = (clf.fit(X, y) for clf in models)
16.
17. titles = (  # 绘制的子图标题
18.     "SVC with linear kernel",
19.     "LinearSVC (linear kernel)",
20.     "SVC with RBF kernel",
21.     "SVC with polynomial (degree 3) kernel",)
22.
23. fig, sub = plt.subplots(2, 2)  # 配置 2×2 网格用于绘制
24. plt.subplots_adjust(wspace=0.4, hspace=0.4)
25.
26. X0, X1 = X[:, 0], X[:, 1]
27.
28. for clf, title, ax in zip(models, titles, sub.flatten()):
29.     disp = DecisionBoundaryDisplay.from_estimator(
30.         clf,
```

```
31.         X,
32.         response_method="predict",
33.         cmap=plt.cm.coolwarm,
34.         alpha=0.8,
35.         ax=ax,
36.         xlabel=iris.feature_names[0],
37.         ylabel=iris.feature_names[1],)
38.     ax.scatter(X0, X1, c=y, cmap=plt.cm.coolwarm, s=20, edgecolors="k")
39.     ax.set_xticks(())
40.     ax.set_yticks(())
41.     ax.set_title(title)
42.
43. plt.show()
```

在例 5-19 中，展示了 4 个具有不同核的 SVC 的决策面。由图 5-32 可知，线性模型 LinearSVC()和 SVC(kernel='linear')产生的决策边界略有不同。这可能是由以下差异导致的：①LinearSVC 最小化 hinge 损失的平方，而 SVC 则最小化常规 hinge 损失；②LinearSVC 使用 ovr 多类别缩减策略，而 SVC 则使用 ovo 多类别缩减策略。两个线性模型都具有线性决策边界（超平面相交），而非线性核模型（多项式或高斯 RBF）具有更灵活的非线性决策边界，其形状取决于核的类型及其参数。

这里通过 SVC 和 NuSVC 的 decision_function()方法提供每个样本属于每个类别的得分。当将构造函数的 probability 选项设置为 True 时，将启用类属成员概率估计方法（包括的方法有 predict_proba()和 predict_log_proba()）。如果需要的是置信度分数，则建议设置 probability=False，并使用 decision_function()而不是 predict_proba()。

虽然图 5-32 绘制的是拟合 Iris 数据集投影后二维数据集的各分类器的决策函数，可以帮助读者较为直观地理解它们各自的表达能力，但需要注意的是，这些直觉并不总适用于更现实的高维问题。

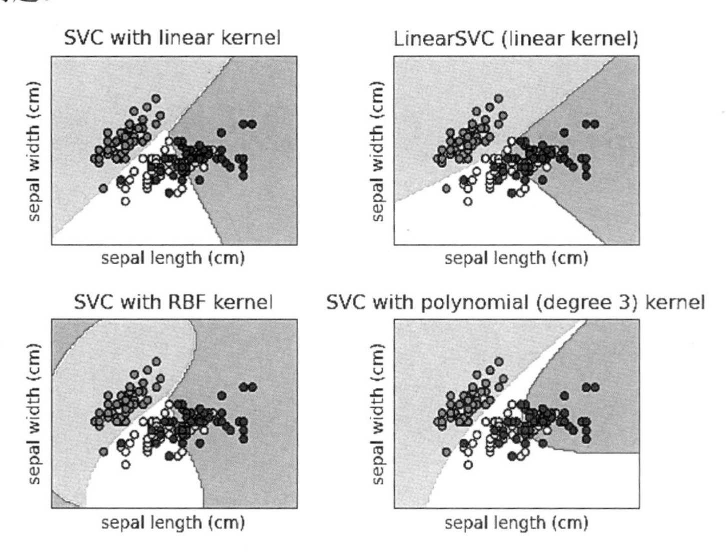

图 5-32　不同支持向量机分类器在 Iris 数据集上的多类别分类比较

3. 不平衡类别问题

在希望某些类别或某些单独样本更具有重要性的问题中，可以使用 SVC 中的参数 class_weight 和 sample_weight 来解决。同样，对于不平衡类别问题，也可以使用 SVC 找到最大间隔超平面。

SVC 在 fit()方法中通过参数 class_weight 实现类别加权。它是一个形式为 {class_label : value} 的字典，其中，value 是一个大于 0 的浮点数，用于将 class_label 标注的类别参数 C 设置为 C*value。图 5-33 展示了一个不平衡类别问题的决策边界，包括有权重（weighted）校正和无权重（non weighted）校正的情况。

首先使用一个简单的 SVC 求得最大间隔超平面，然后绘制针对不平衡类别问题进行自动校正的最大间隔超平面。

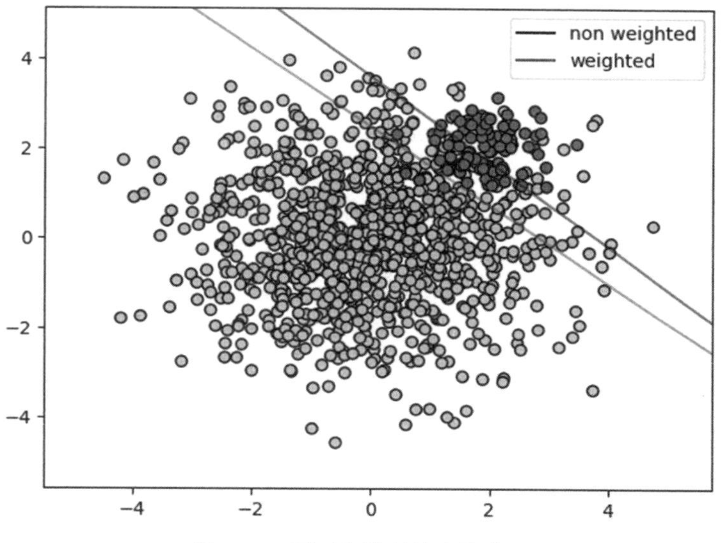

扫码看彩图

图 5-33　不平衡类别的决策边界

例 5-20：支持向量机分离不平衡类别的超平面。

```
1.  import matplotlib.pyplot as plt
2.
3.  from sklearn import svm
4.  from sklearn.datasets import make_blobs
5.  from sklearn.inspection import DecisionBoundaryDisplay
6.
7.  # 构建两个簇的随机点
8.  n_samples_1 = 1000
9.  n_samples_2 = 100
10. centers = [[0.0, 0.0], [2.0, 2.0]]
11. clusters_std = [1.5, 0.5]
12. X, y = make_blobs(
13.     n_samples=[n_samples_1, n_samples_2],
14.     centers=centers,
```

```
15.     cluster_std=clusters_std,
16.     random_state=0,
17.     shuffle=False,)
18. # 拟合模型并取得最大间隔超平面
19. clf = svm.SVC(kernel="linear", C=1.0)
20. clf.fit(X, y)
21. #拟合模型并取得类别加权的最大间隔超平面
22. wclf = svm.SVC(kernel="linear", class_weight={1: 10})
23. wclf.fit(X, y)
24.
25. plt.scatter(X[:, 0], X[:, 1], c=y,
26.             cmap=plt.cm.Paired, edgecolors="k") # 绘制样本
27.
28. # 绘制两个分类器的决策函数
29. ax = plt.gca()
30. disp = DecisionBoundaryDisplay.from_estimator(
31.     clf,
32.     X,
33.     plot_method="contour",
34.     colors="k",
35.     levels=[0],
36.     alpha=0.5,
37.     linestyles=["-"],
38.     ax=ax,)
39.
40. # 绘制类别加权的决策边界和间隔
41. wdisp = DecisionBoundaryDisplay.from_estimator(
42.     wclf,
43.     X,
44.     plot_method="contour",
45.     colors="r",
46.     levels=[0],
47.     alpha=0.5,
48.     linestyles=["-"],
49.     ax=ax,)
50.
51. plt.legend(
52. [disp.surface_.collections[0],
53. wdisp.surface_.collections[0]], ["non weighted", "weighted"],
54. loc="upper right",
55. )
56. plt.show()
```

SVC、NuSVC、SVR、NuSVR、LinearSVC、LinearSVR 和 OneClassSVM 通过参数

sample_weight 在拟合方法中实现单个样本的权重设置。与 class_weight 类似，将第 i 个样本的参数 C 设置为 C*sample_weight[i]，这将鼓励分类器正确获得这些样本。

例 5-21：支持向量机中的样本加权。

```
1.  import matplotlib.pyplot as plt
2.  import numpy as np
3.  from sklearn import svm
4.
5.
6.  def plot_decision_function(classifier,sample_weight,axis, title):
7.    xx,yy=np.meshgrid(np.linspace(-4,5,500),np.linspace(4,5,500))
8.
9.    Z=classifier.decision_function(np.c_[xx.ravel(), yy.ravel()])
10.   # 绘制决策函数
11.   Z = Z.reshape(xx.shape)
12.
13.   # 绘制直线、点和与平面最近的矢量
14.   axis.contourf(xx, yy, Z, alpha=0.75, cmap=plt.cm.bone)
15.   axis.scatter(
16.         X[:, 0],
17.         X[:, 1],
18.         c=y,
19.         s=100 * sample_weight,
20.         alpha=0.9,
21.         cmap=plt.cm.bone,
22.         edgecolors="black",)
23.
24.   axis.axis("off")
25.   axis.set_title(title)
26.
27. np.random.seed(0)
28. # 构建 20 个点
29. X = np.r_[np.random.randn(10, 2)+[1, 1], np.random.randn(10, 2)]
30. y = [1] * 10 + [-1] * 10
31. sample_weight_last_ten = abs(np.random.randn(len(X)))
32. sample_weight_constant = np.ones(len(X))
33. # 局外点具有更大的权重
34. sample_weight_last_ten[15:] *= 5
35. sample_weight_last_ten[9] *= 15
36. # 拟合无样本加权模型
37. clf_no_weights = svm.SVC(gamma=1)
38. clf_no_weights.fit(X, y)
39.
40. clf_weights = svm.SVC(gamma=1) # 拟合样本加权模型
41. clf_weights.fit(X, y, sample_weight=sample_weight_last_ten)
```

```
42.
43. fig, axes = plt.subplots(1, 2, figsize=(14, 6))
44. plot_decision_function(clf_no_weights, sample_weight_constant, axes[0], "Constant
    weights")
45. plot_decision_function(clf_weights, sample_weight_last_ten, axes[1], "Modified
    weights")
46.
47. plt.show()
```

在例 5-21 中，图 5-34 说明了样本权重对决策边界的影响，其中圆圈的大小与样本权重成正比。

样本权重重缩放 C 参数，意味着分类器更加强调正确地获取这些点。这种影响往往是很微妙的。为了强调这种影响，我们特别对异常值进行加权，使决策边界的变形非常明显。

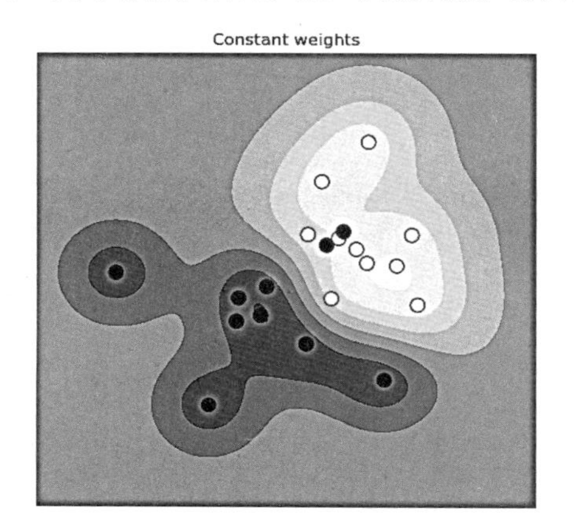

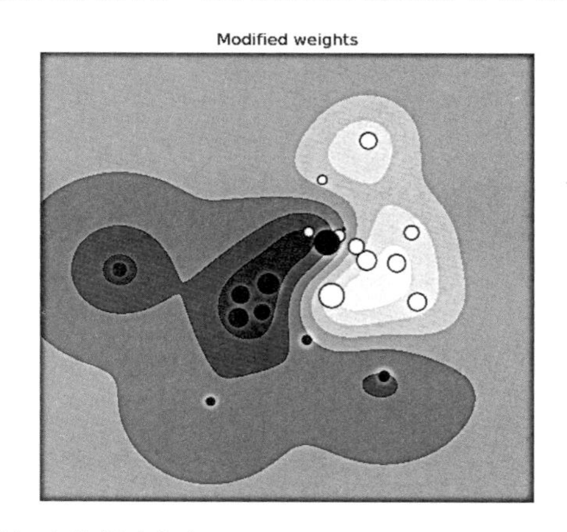

图 5-34　支持向量机中的样本加权

5.5.4.2　支持向量回归

支持向量方法可以推广至回归问题，称为支持向量回归（SVR）。SVG 模型仅取决于训练数据的子集，因为用于构建模型的成本函数不关心超出间隔的训练点。类似地，支持向量产生的模型也只依赖训练数据的子集，因为成本函数忽略了预测接近其目标值的样本。

Scikit-learn 中的支持向量回归有 3 种不同的实现：SVR、NuSVR 和 LinearSVR。与分类方法一样，fit(X, y)将 X 和 y 作为自变量，在回归情况下，y 应是浮点值，而不是整数值。

```
1. >>> from sklearn import svm
2. >>> X = [[0, 0], [2, 2]]
3. >>> y = [0.5, 2.5]
4. >>> regr = svm.SVR()
5. >>> regr.fit(X, y)
6. SVR()
7. >>> regr.predict([[1, 1]])
8. array([1.5])
```

例 5-22 给出使用线性核、多项式核和 RBF 核的一维支持向量回归示例，如图 5-35 所示。

例 5-22：使用线性和非线性核的支持向量回归。

```
1. import matplotlib.pyplot as plt
2. import numpy as np
3. from sklearn.svm import SVR
4. #生成样本数据
5. X = np.sort(5 * np.random.rand(40, 1), axis=0)
6. y = np.sin(X).ravel()
7. # 附加噪声到目标值
8. y[::5] += 3 * (0.5 - np.random.rand(8))
9. # 拟合回归模型
10. svr_rbf = SVR(kernel="rbf", C=100, gamma=0.1, epsilon=0.1)
11. svr_lin = SVR(kernel="linear", C=100, gamma="auto")
12. svr_poly  =  SVR(kernel="poly",  C=100,  gamma="auto",  degree=3,  epsilon=0.1,
    coef0=1)
13.
14. lw = 2
15. svrs = [svr_rbf, svr_lin, svr_poly]
16. kernel_label = ["RBF", "Linear", "Polynomial"]
17. model_color = ["m", "c", "g"]
18. # 绘制结果
19. fig, axes = plt.subplots(nrows=1, ncols=3, figsize=(15, 10), sharey=True)
20. for ix, svr in enumerate(svrs):
21.   axes[ix].plot(X, svr.fit(X, y).predict(X),
22.                 color=model_color[ix], lw=lw,
23.                 label="{} model".format(kernel_label[ix]),)
24.   axes[ix].scatter(
25.         X[svr.support_], y[svr.support_],
26.         facecolor="none", edgecolor=model_color[ix],
27.         s=50,
28.         label="{} support vectors".format(kernel_label[ix]),)
29.   axes[ix].scatter(
30.         X[np.setdiff1d(np.arange(len(X)), svr.support_)],
31.          y[np.setdiff1d(np.arange(len(X)), svr.support_)],
32.         facecolor="none", edgecolor="k",
33.         s=50,
34.         label="other training data",)
35.   axes[ix].legend(loc="upper center",
36.                   bbox_to_anchor=(0.5, 1.1),
37.                   ncol=1, fancybox=True, shadow=True,)
38.
39. fig.text(0.5, 0.04, "data", ha="center", va="center")
40. fig.text(0.06, 0.5, "target", ha="center", va="center", rotation="vertical")
41. fig.suptitle("Support Vector Regression", fontsize=14)
42. plt.show()
```

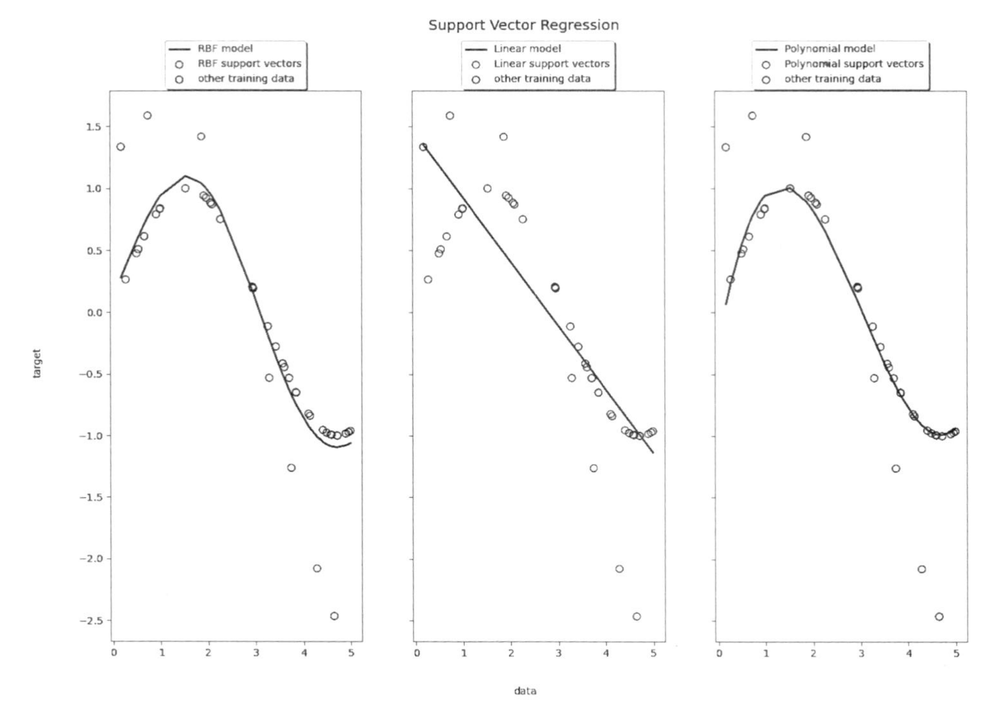

图 5-35 使用线性核、多项式核和 RBF 核的一维支持向量回归示例

5.5.4.3 异常值检测

支持向量机方法不仅可用于分类、回归，还可用于异常值检测。关于异常值检测，在数据预处理阶段已经进行了详细的讨论，在此，通过例 5-23 展示如何使用 One-Class SVM 类实现异常值检测，如图 5-36 所示。One-Class SVM 是一种无监督学习方法，学习用于异常值检测的决策函数，将新数据分类为与训练集相似或不同。

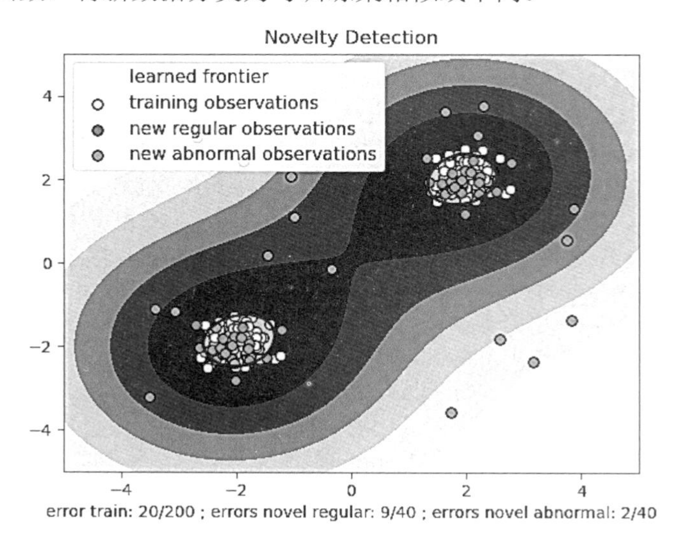

图 5-36 不同核的支持向量回归

例 5-23：非线性核（RBF 核）One-class SVM。

```
1.  import matplotlib.font_manager
2.  import matplotlib.pyplot as plt
3.  import numpy as np
4.
5.  from sklearn import svm
6.
7.  xx, yy = np.meshgrid(np.linspace(-5, 5, 500), np.linspace(-5, 5, 500))
8.
9.  X = 0.3 * np.random.randn(100, 2)
10. X_train = np.r_[X + 2, X - 2] # 生成训练数据
11. X = 0.3 * np.random.randn(20, 2)
12. X_test = np.r_[X + 2, X - 2] # 生成一些常规的新观测值
13. # 生成一些异常的新观测值
14. X_outliers = np.random.uniform(low=-4, high=4, size=(20, 2))
15.
16. clf = svm.OneClassSVM(nu=0.1, kernel="rbf", gamma=0.1)
17. clf.fit(X_train)  # 拟合模型
18. y_pred_train = clf.predict(X_train)
19. y_pred_test = clf.predict(X_test)
20. y_pred_outliers = clf.predict(X_outliers)
21. n_error_train = y_pred_train[y_pred_train == -1].size
22. n_error_test = y_pred_test[y_pred_test == -1].size
23. n_error_outliers = y_pred_outliers[y_pred_outliers == 1].size
24.
25. # 绘制直线、点和与平面最近的矢量
26. Z = clf.decision_function(np.c_[xx.ravel(), yy.ravel()])
27. Z = Z.reshape(xx.shape)
28.
29. plt.title("Novelty Detection")
30. plt.contourf(xx, yy, Z, levels=np.linspace(Z.min(), 0, 7), cmap=plt.cm.PuBu)
31. a = plt.contour(xx,yy,Z,levels=[0],linewidths=2,colors="darkred")
32. plt.contourf(xx, yy, Z,levels=[0,Z.max()],colors="palevioletred")
33.
34. s = 40
35. b1 = plt.scatter(X_train[:, 0], X_train[:, 1], c="white", s=s, edgecolors="k")
36. b2 = plt.scatter(X_test[:, 0], X_test[:, 1], c="blueviolet", s=s, edgecolors="k")
37. c = plt.scatter(X_outliers[:, 0], X_outliers[:, 1], c="gold", s=s, edgecolors="k")
38. plt.axis("tight")
39. plt.xlim((-5, 5))
40. plt.ylim((-5, 5))
```

```
41. plt.legend(
42.     [a.collections[0], b1, b2, c],
43.     ["learned frontier", "training observations", "new regular observations",
    "new abnormal observations",],
44.     loc="upper left",
45.     prop=matplotlib.font_manager.FontProperties(size=11),)
46. plt.xlabel("error train: %d/200 ; errors novel regular: %d/40 ; errors novel
    abnormal: %d/40" % (n_error_train, n_error_test, n_error_outliers))
47. plt.show()
```

5.5.4.4 Scikit-learn 中核函数的设置

在 Scikit-learn 中，通过 kernel 参数指定不同的核，其取值可以是以下任意一种。

（1）linear：$\langle x,x'\rangle$。

（2）polynomial：$\left(\gamma\langle x,x'\rangle+r\right)^d$，其中，$d$ 由参数 degree 指定，r 由参数 coef0 指定。

（3）rbf：$\exp\left(-\gamma\|x-x'\|^2\right)$，其中，$\gamma$ 由参数 gamma 指定，其一定大于 0。

（4）sigmoid：$\tanh\left(\gamma\langle x,x'\rangle+r\right)$，其中，$r$ 由参数 coef0 指定。

```
1. >>> linear_svc = svm.SVC(kernel='linear')
2. >>> linear_svc.kernel
3. 'linear'
4. >>> rbf_svc = svm.SVC(kernel='rbf')
5. >>> rbf_svc.kernel
6. 'rbf'
```

当使用 RBF 核训练一个支持向量机时，必须仔细考虑两个参数：C 和 gamma。参数 C 是样本正确分类与决策函数间隔最大化之间的折中。当设置较大的 C 值时，决策函数更倾向于正确地对所有训练点进行分类，可以接受较小的间隔；当设置较小的 C 值时，将以训练准确性为代价，鼓励更大的间隔，从而实现更简单的决策函数。换句话说，参数 C 在支持向量机中表现为正则化参数。gamma 参数定义了单训练样本的影响达到的程度，较小的值表示“远”，较大的值表示“近”。gamma 参数可以看作由模型选择作为支持向量的样本的影响半径的倒数。

参数 C 和 gamma 的正确选择对于支持向量机的性能是至关重要的，建议使用 GridSearchCV，其中，C 和 gamma 按指数间隔排列，以选择好的参数值。

例 5-24：RBF 核的参数 gamma 和 C 的影响。

图 5-37 展示了各种 gamma 和 C 对一个分类问题的决策函数的影响的可视化结果。为了便于显示，该简化的分类问题仅涉及两个输入特征和两个可能的目标类别。请注意，对于具有更多输入特征或目标类别的问题，这种绘图是不可能的。

模型的行为对 gamma 参数非常敏感。图 5-37 的第 1 列，当 gamma 非常小时，模型过于受限，无法捕捉数据的复杂性或形状。任何选定的支持向量的影响区域都将包括整个训练集，所得到的模型类似于具有一组超平面的线性模型，该超平面分离任何两类的高密度中心。图 5-37 的第 2 列对应 gamma 的中间值，可以在图 5-38 中看到，在 C 和 gamma 的对角线上可以找到好的模型。通过增加正确分类每个样本点的重要性（较大的 C 值），可以使平滑模型（较大的 gamma 值）变得更加复杂。图 5-37 的第 3 列，如果 gamma 太大，则支持向量的影响区域的半径仅包括支持向量本身，并且用参数 C 进行的任何正则化都不能防止过拟合。

另外，从图 5-37 中还可以观察到，对于 gamma 的一些中间值，当 C 变得非常大时，可以得到性能相同的模型。这表明支持向量集不再发生变化。RBF 核的半径单独起到良好的结构正则化项的作用。此时，进一步增大 C 并没有帮助，这可能是因为没有更多的违规训练点（在边界内或分类错误），或者至少找不到更好的解决方案。当得分相等时，使用较小的 C 可能是有意义的，因为非常大的 C 通常会增加拟合时间。但是，较小的 C 通常导致更多的支持向量，这可能增加预测时间。因此，减小 C 是拟合时间和预测时间之间的一种权衡。

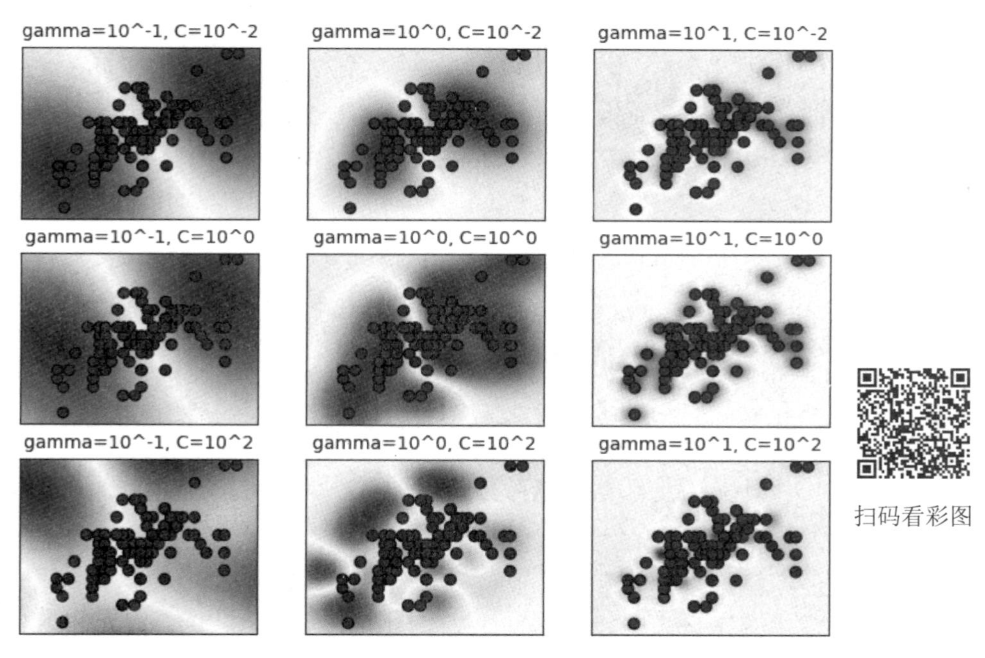

图 5-37　RBF 核的参数 gamma 和 C 的影响

图 5-38 所示为交叉验证精度热力图，交叉验证精度是 C 和 gamma 的函数。在例 5-24 中，为了展示，探索了一个相对较大的网格。在实践中，从 10^{-3} 到 10^{3} 的对数网格通常就足够了。如果最优参数位于网格的边界上，则可以在随后的搜索中沿该方向做进一步扩展。

还应注意到，得分的微小差异是由交叉验证程序的随机划分造成的。可以以计算时间为代价增加 CV 的迭代次数 n_splits 来平滑这些杂散变化。增加 C_range 和 gamma_range 步数量将提高超参数热力图的分辨率。

扫码看彩图

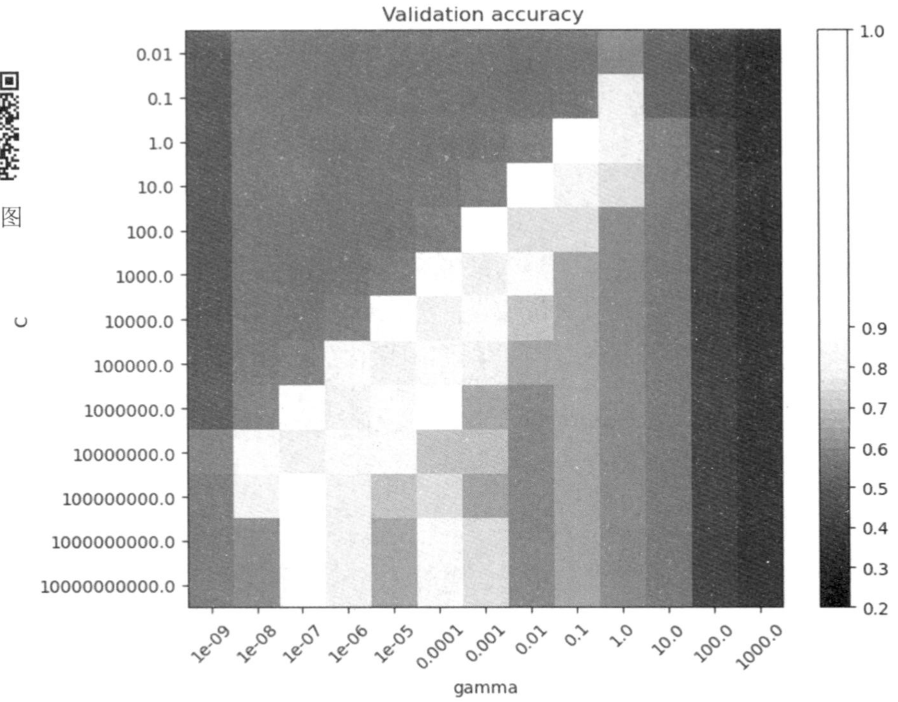

图 5-38　交叉验证精度热力图

```
1.  import numpy as np
2.  from matplotlib.colors import Normalize
3.
4.
5.  class MidpointNormalize(Normalize):
6.      def __init__(self, vmin=None, vmax=None, midpoint=None, clip=False):
7.          self.midpoint = midpoint
8.          Normalize.__init__(self, vmin, vmax, clip)
9.
10.     def __call__(self, value, clip=None):
11.         x, y = [self.vmin, self.midpoint, self.vmax], [0, 0.5, 1]
12.         return np.ma.masked_array(np.interp(value, x, y))
13.
14.
15. from sklearn.datasets import load_iris
16.
17. iris = load_iris()  # 加载数据集
18. X = iris.data
19. y = iris.target
```

为了决策函数的可视化，这里只保留 X 的前两个特征，并对数据集进行子采样，只保留两个类，使其成为二分类问题。

```
20. X_2d = X[:, :2]
21. X_2d = X_2d[y > 0]
22. y_2d = y[y > 0]
23. y_2d -= 1
```

针对支持向量机训练用的数据进行缩放通常是一个好方法。在例 5-24 中，对所有数据进行缩放，而不仅仅在训练集上拟合转换，还将其应用于测试集。

```
24. from sklearn.preprocessing import StandardScaler
25.
26. scaler = StandardScaler()
27. X = scaler.fit_transform(X)
28. X_2d = scaler.fit_transform(X_2d)
```

初始搜索中设置以 10 为基数的对数网格通常是有用的。如果以 2 为基数，则可以实现更精细的微调，但时间成本要高得多。

```
29. from sklearn.model_selection import GridSearchCV, StratifiedShuffleSplit
30. from sklearn.svm import SVC
31.
32. C_range = np.logspace(-2, 10, 13)
33. gamma_range = np.logspace(-9, 3, 13)
34. param_grid = dict(gamma=gamma_range, C=C_range)
35. cv = StratifiedShuffleSplit(n_splits=5, test_size=0.2, random_state=42)
36. grid = GridSearchCV(SVC(), param_grid=param_grid, cv=cv)
37. grid.fit(X, y)  # 训练分类器
38.
39. print("The best parameters are %s with a score of %0.2f" % (grid.best_params_,
    grid.best_score_))
40. #The best parameters are {'C': 1.0, 'gamma': 0.09999999999999999} with a score
    of 0.97
```

现在需要为这个二维数据版本中的所有参数拟合分类器（这里使用一个较小的参数集，因为训练需要一段时间）。

```
41. C_2d_range = [1e-2, 1, 1e2]
42. gamma_2d_range = [1e-1, 1, 1e1]
43. classifiers = []
44. for C in C_2d_range:
45.     for gamma in gamma_2d_range:
46.         clf = SVC(C=C, gamma=gamma)
47.         clf.fit(X_2d, y_2d)
48.         classifiers.append((C, gamma, clf))
49.
50. # 参数效果的可视化
51. import matplotlib.pyplot as plt
52.
```

```
53. plt.figure(figsize=(8, 6))
54. xx, yy = np.meshgrid(np.linspace(-3, 3, 200), np.linspace(-3, 3, 200))
55. for k, (C, gamma, clf) in enumerate(classifiers):
56.     Z = clf.decision_function(np.c_[xx.ravel(), yy.ravel()])  # 评估决策函数，以网络化
57.     Z = Z.reshape(xx.shape)
58. 
59.     # 可视化这些参数的决策函数
60.     plt.subplot(len(C_2d_range), len(gamma_2d_range), k + 1)
61.     plt.title("gamma=10^%d, C=10^%d" % (np.log10(gamma), np.log10(C)), size="medium")
62. 
63.     # 可视化参数在决策函数上的效果
64.     plt.pcolormesh(xx, yy, -Z, cmap=plt.cm.RdBu)
65.     plt.scatter(X_2d[:, 0], X_2d[:, 1], c=y_2d, cmap=plt.cm.RdBu_r, edgecolors="k")
66.     plt.xticks(())
67.     plt.yticks(())
68.     plt.axis("tight")
69. 
70. scores = grid.cv_results_["mean_test_score"].reshape(len(C_range), len(gamma_range))
```

交叉验证精度作为gamma和C的函数，绘制其热力图。交叉验证精度得分被编码为热力图中的颜色，热力图的颜色从暗红色到亮黄色不等。由于最感兴趣的得分均位于0.92～0.97内，因此使用自定义归一化函数MidpointNormalize()将中点设置为0.92，以便更容易地可视化感兴趣范围内的得分的微小变化，同时不会将所有低的得分折叠为相同的颜色。

```
71. plt.figure(figsize=(8, 6))
72. plt.subplots_adjust(left=0.2, right=0.95, bottom=0.15, top=0.95)
73. plt.imshow(scores, interpolation="nearest", cmap=plt.cm.hot, norm=MidpointNormalize
    (vmin=0.2, midpoint=0.92),)
74. plt.xlabel("gamma")
75. plt.ylabel("C")
76. plt.colorbar()
77. plt.xticks(np.arange(len(gamma_range)), gamma_range, rotation=45)
78. plt.yticks(np.arange(len(C_range)), C_range)
79. plt.title("Validation accuracy")
80. plt.show()
```

5.5.5 算法小结

支持向量机通过使用一个被称为核函数的技巧扩展到非线性问题，而该算法本质上就是计算两类被称为支持向量的观测数据之间的距离。支持向量机算法寻找的决策边界是最大化两类样本间隔的边界，因此支持向量机又被称为最大间隔分类器。

支持向量机的优/缺点。优点：①支持向量机在高维空间有效，即在维度大于样本数量的情况下有效；②在决策函数中使用支持向量，因此支持向量机具有内存效率；③可以为

决策函数指定不同的核函数，核函数可以是通用核，也可以是自定义核；④最终的决策函数只由少数支持向量确定，计算的复杂度取决于支持向量的数量，而不是样本空间的维度，这在某种意义上避免了“维度灾难”。缺点：①如果特征数量远大于样本数量，则在选择核函数和正则化项时，避免过度拟合是至关重要的；②支持向量机并没有直接提供概率估计，这些估计是使用费时的五折交叉验证计算得到的；③训练时间较长，时间复杂度为$O\left(N^2\right)$，其中，N为训练样本数量；④当采用核函数技巧时，如果需要存储核矩阵，则支持向量机算法的空间复杂度为$O\left(N^2\right)$；⑤在模型预测时，预测时间与支持向量的数量成正比。当支持向量的数量较大时，预测时间较长。因此，支持向量机目前只适合小批量样本任务，无法适应百万级甚至上亿级样本任务。

进阶 C　对偶问题

C.1　拉格朗日乘子法

C.1.1　等式约束优化问题

使用拉格朗日乘子法求解的等式约束优化问题为

$$\min f\left(x_1,x_2,\cdots,x_n\right) \text{ s.t. } h_k\left(x_1,x_2,\cdots,x_n\right)=0,\ k=1,2,\cdots,l$$

记$L(x,\lambda)=f(x)+\sum_{k=1}^{l}\lambda_k h_k(x)$为拉格朗日函数，其中，$\lambda$为拉格朗日乘子，没有非负要求。$L(x,\lambda)$关于$x_i$和$\lambda_k$求导取 0 是求得可能的极值点的必要条件，如式（5-25）所示。

$$\begin{cases}\dfrac{\partial L}{\partial x_i}=0 & i=1,2,\cdots,n\\ \dfrac{\partial L}{\partial \lambda_k}=0 & k=1,2,\cdots,l\end{cases} \tag{5-25}$$

具体是否为极值点需要根据问题本身的具体情况进行检验。

等式约束下的拉格朗日乘子法引入了l个拉格朗日乘子，将x_i与λ_k一视同仁，把λ_k也看作优化变量，即共有$(n+l)$个优化变量。

C.1.2　不等式约束优化问题

当我们面对的是不等式约束优化问题时，需要将不等式约束条件转变为等式约束条件，引入松弛变量，并将其视为优化变量。

下面以支持向量机的不等式约束优化问题为示例进行求解：

$$\min f(\boldsymbol{w})=\frac{1}{2}\|\boldsymbol{w}\|^2 \text{ s.t. } g_i(\boldsymbol{w})=1-y_i\left(\boldsymbol{w}^{\mathrm{T}}x_i+b\right)\leqslant 0 \tag{5-26}$$

在式（5-26）中，通过引入松弛变量a_i^2得到$h_i\left(\boldsymbol{w},a_i\right)=g_i(\boldsymbol{w})+a_i^2=0$，引入平方项$a_i^2$的主要原因是不再引入新的约束条件。如果引入任意数$a_i$，则必须保证$a_i\geqslant 0$，只有这样，才能保证$h_i\left(\boldsymbol{w},a_i\right)=0$，这不符合我们的意愿。

由此，将式（5-26）中的不等式约束转化为等式约束，可得拉格朗日函数，如式（5-27）所示，其中 $f(\boldsymbol{w})=\frac{1}{2}\|\boldsymbol{w}\|^2$。

$$L(\boldsymbol{w},\lambda,a)=f(\boldsymbol{w})+\sum_{i=1}^{n}\lambda_i h_i(\boldsymbol{w})=f(\boldsymbol{w})+\sum_{i=1}^{n}\lambda_i\left[g_i(\boldsymbol{w})+a_i^2\right]\quad \lambda_i\geqslant 0 \tag{5-27}$$

由等式约束优化问题极值的必要条件对式（5-27）进行求解，得以下联立方程：

$$\begin{cases}\dfrac{\partial L}{\partial w_i}=\dfrac{\partial f}{\partial w_i}+\sum_{i=1}^{n}\lambda_i\dfrac{\partial g_i}{\partial w_i}=0 & i=1,2,\cdots,n\\ \dfrac{\partial L}{\partial a_i}=2\lambda_i a_i=0 & k=1,2,\cdots,l\\ \dfrac{\partial L}{\partial \lambda_i}=g_i(\boldsymbol{w})+a_i^2=0 & i=1,2,\cdots,n\\ \lambda_i\geqslant 0 & k=1,2,\cdots,l\end{cases} \tag{5-28}$$

在式（5-28）中，为什么取 $\lambda_i\geqslant 0$ 呢？这可以通过几何性质来解释，有兴趣的读者可以查询其证明过程。

式（5-28）中的约束 $\lambda_i a_i=0$ 可分为以下两种情况。

（1）$\lambda_i=0$，$a_i\neq 0$。

由于 $\lambda_i=0$，因此约束条件 $g_i(\boldsymbol{w})$ 不起作用，且 $g_i(\boldsymbol{w})<0$。

（2）$\lambda_i\neq 0$，$a_i=0$。

此时，$g_i(\boldsymbol{w})=0$ 且 $\lambda_i>0$，可理解为约束条件 $g_i(\boldsymbol{w})$ 起作用了。

综合可得，$\lambda_i g_i(\boldsymbol{w})=0$，且在约束条件起作用时，$\lambda_i>0$，$g_i(\boldsymbol{w})=0$；当约束条件不起作用时，$\lambda_i=0$，$g_i(\boldsymbol{w})<0$。

由此，式（5-28）可转换为

$$\begin{cases}\dfrac{\partial L}{\partial w_i}=\dfrac{\partial f}{\partial w_i}+\sum_{i=1}^{n}\lambda_i\dfrac{\partial g_i}{\partial w_i}=0 & i=1,2,\cdots,n\\ \lambda_i g_i(\boldsymbol{w})=0 & k=1,2,\cdots,l\\ g_i(\boldsymbol{w})\leqslant 0 & i=1,2,\cdots,n\\ \lambda_i\geqslant 0 & k=1,2,\cdots,l\end{cases} \tag{5-29}$$

式（5-29）便是不等式约束优化问题（Karush-Kuhn-Tucker，KKT）的条件，λ_i 称为 KKT 乘子。

式（5-28）告诉了我们什么事情呢？直观来讲，就是支持向量 $g_i(\boldsymbol{w})=0$，因此 λ_i>0 即可。而对于其他向量，$g_i(\boldsymbol{w})<0$，$\lambda_i=0$。

此时，原优化问题转换为

$$L(\boldsymbol{w},\lambda,a)=f(\boldsymbol{w})+\sum_{i=1}^{n}\lambda_i\left[g_i(\boldsymbol{w})+a_i^2\right]=f(\boldsymbol{w})+\sum_{i=1}^{n}\lambda_i g_i(\boldsymbol{w})+\sum_{i=1}^{n}\lambda_i a_i^2 \tag{5-30}$$

由于 $\sum_{i=1}^{n}\lambda_i a_i^2\geqslant 0$，因此将极小化式（5-30）转换为 $\min L(\boldsymbol{w},\lambda)$：

$$L(\boldsymbol{w},\lambda)=f(\boldsymbol{w})+\sum_{i=1}^{n}\lambda_i g_i(\boldsymbol{w})$$

假设找到了最优参数，使得目标函数取得最小值 p，即 $\frac{1}{2}\|\boldsymbol{w}\|^2=p$。根据 $\lambda_i\geqslant 0$，可知 $\sum_{i=1}^{n}\lambda_i g_i(\boldsymbol{w})\leqslant 0$，因此 $L(\boldsymbol{w},\lambda)\leqslant p$。为了找到最优参数 λ，使得 $L(\boldsymbol{w},\lambda)$ 接近 p，原优化问题可转换为 $\max_{\lambda} L(\boldsymbol{w},\lambda)$。

此时，最优化问题转换为

$$\min_{\boldsymbol{w}}\max_{\lambda} L(\boldsymbol{w},\lambda)\quad \text{s.t.}\ \lambda_i\geqslant 0 \tag{5-31}$$

式（5-31）的对偶问题实质上就是将 $\min_{\boldsymbol{w}}\max_{\lambda} L(\boldsymbol{w},\lambda)$ s.t. $\lambda_i\geqslant 0$ 变换为 $\max_{\lambda}\min_{\boldsymbol{w}} L(\boldsymbol{w},\lambda)$ s.t. $\lambda_i\geqslant 0$。假设函数 f 满足 $\min\max f\geqslant\max\min f$，即从最大值中挑出来的最小值要比从最小值中挑出来的最大值大，这是弱对偶关系；强对偶关系是指等号成立，即 $\min\max f=\max\min f$。

如果 f 是凸优化问题，则强对偶关系成立，而前面描述的 KKT 条件是强对偶关系成立的充要条件。

C.2　支持向量机优化

已知支持向量机优化问题为

$$\min_{\boldsymbol{w}}\frac{1}{2}\|\boldsymbol{w}\|^2\quad \text{s.t.}\ g_i(\boldsymbol{w},b)=1-y_i\left(\boldsymbol{w}^{\mathrm{T}}x_i+b\right)\leqslant 0\quad i=1,2,\cdots,n$$

线性可分的支持向量机的求解步骤如下。

步骤 1，构造拉格朗日函数：

$$\min_{\boldsymbol{w},b}\max_{\lambda} L(\boldsymbol{w},b,\lambda)=\frac{1}{2}\|\boldsymbol{w}\|^2+\sum_{i=1}^{n}\lambda_i\left[1-y_i\left(\boldsymbol{w}^{\mathrm{T}}x_i+b\right)\right]\quad \text{s.t.}\ \lambda_i\geqslant 0$$

步骤 2，利用强对偶关系将上式转化为

$$\max_{\lambda}\min_{\boldsymbol{w},b} L(\boldsymbol{w},b,\lambda) \tag{5-32}$$

对目标函数 $L(\boldsymbol{w},b,\lambda)$ 关于参数 $\boldsymbol{w}$ 和 b 求偏导数并取值为 0：

$$\frac{\partial L}{\partial \boldsymbol{w}}=\boldsymbol{w}-\sum_{i=1}^{n}\lambda_i x_i y_i=0 \tag{5-33}$$

$$\frac{\partial L}{\partial b}=\sum_{i=1}^{n}\lambda_i y_i=0$$

可得

$$\boldsymbol{w}=\sum_{i=1}^{n}\lambda_i x_i y_i$$

$$\sum_{i=1}^{n}\lambda_i y_i=0$$

将上述结果代入目标函数，可得

$$L\left(\boldsymbol{w},b,\lambda\right)=\frac{1}{2}\sum_{i=1}^{n}\sum_{j=1}^{n}\lambda_i\lambda_j y_i y_j\left(x_i x_j\right)+\sum_{j=1}^{n}\lambda_i-\sum_{i=1}^{n}\lambda_i y_i\left(\sum_{j=1}^{n}\lambda_j y_j\left(x_i x_j\right)+b\right)$$
$$=\frac{1}{2}\sum_{i=1}^{n}\sum_{j=1}^{n}\lambda_i\lambda_j y_i y_j\left(x_i x_j\right)+\sum_{j=1}^{n}\lambda_i-\sum_{i=1}^{n}\sum_{j=1}^{n}\lambda_i y_i\lambda_j y_j\left(x_i x_j\right)-\sum_{j=1}^{n}\lambda_i y_i b$$
$$=\sum_{j=1}^{n}\lambda_i-\frac{1}{2}\sum_{i=1}^{n}\sum_{j=1}^{n}\lambda_i y_i\lambda_j y_j\left(x_i x_j\right)$$

即

$$\min_{\boldsymbol{w},b}L\left(\boldsymbol{w},b,\lambda\right)=\sum_{j=1}^{n}\lambda_i-\frac{1}{2}\sum_{i=1}^{n}\sum_{j=1}^{n}\lambda_i y_i\lambda_j y_j\left(x_i x_j\right)$$

步骤 3，由步骤 2 中的式（5-32）可得

$$\max_{\lambda}\left[\sum_{j=1}^{n}\lambda_i-\frac{1}{2}\sum_{i=1}^{n}\sum_{j=1}^{n}\lambda_i y_i\lambda_j y_j\left(x_i x_j\right)\right]\quad \text{s.t.}\sum_{i=1}^{n}\lambda_i y_i=0,\ \lambda_i\geqslant 0 \tag{5-34}$$

式（5-34）是一个二次规划问题，问题规模正比于训练样本数量，常用序列最小优化（Sequential Minimal Optimization，SMO）算法进行求解，其核心思想是每次只优化少量参数，其他参数保持不变，仅求解目标函数关于当前正优化参数的极值。SMO 算法的细节超出本书范围，读者可参阅相关资料。

步骤 4，根据步骤 2 中的式（5-33），有 $\boldsymbol{w}=\sum_{i=1}^{n}\lambda_i x_i y_i$。由步骤 3 求得 λ 并代入，可得 $\boldsymbol{w}$。

已知 $\lambda_i>0$ 对应的样本点是支持向量，满足方程 $y_s\left(\boldsymbol{w}^{\mathrm{T}}x_s+b\right)=1$，方程两边同乘 y_s，可得 $y_s^2\left(\boldsymbol{w}^{\mathrm{T}}x_s+b\right)=y_s$。因为 $y_s^2=1$，所以有

$$b=y_s-\boldsymbol{w}^{\mathrm{T}}x_s$$

为了使支持向量机更具鲁棒性，可以关于所有支持向量求平均值：

$$b=\frac{1}{|S|}\sum_{s\in S}\left(y_s-wx_s\right)$$

步骤 5，求得 $\boldsymbol{w}$ 和 b 后，构造最大间隔超平面 $\boldsymbol{w}^{\mathrm{T}}x+b=0$ 及相应的分类决策函数：

$$f\left(x\right)=\operatorname{sign}\left(\boldsymbol{w}^{\mathrm{T}}x+b\right)$$

其中，sign()为阶跃函数：

$$\operatorname{sign}\left(x\right)=\begin{cases}-1 & x<0\\ 0 & x=0\\ 1 & x>0\end{cases}$$

将新样本点代入决策函数，即可得到样本的分类。

进阶 D　软间隔情况下的最优化问题及其求解

步骤 1，构造拉格朗日函数：

$$\min_{w,b,\xi}\max_{\lambda,\mu} L(\boldsymbol{w},b,\xi,\lambda,\mu)$$
$$=\frac{1}{2}\|\boldsymbol{w}\|^2+C\sum_{i=1}^{m}\xi_i+\sum_{i=1}^{n}\lambda_i\left[1-\xi_i-y_i\left(\boldsymbol{w}^{\mathrm{T}}x_i+b\right)\right]-\sum_{i=1}^{n}\mu_i\xi_i \quad \text{s.t.}\ \lambda_i\geqslant 0,\ \mu_i\geqslant 0$$

其中，λ_i 和 μ_i 是拉格朗日乘子；$\boldsymbol{w}$、b 和 ξ_i 是问题的主参数。

根据强对偶关系，将上式转化为

$$\max_{\lambda,\mu}\min_{w,b,\xi} L(\boldsymbol{w},b,\xi,\lambda,\mu)$$

步骤 2，目标函数 $L(\boldsymbol{w},b,\xi,\lambda,\mu)$ 分别关于主参数 $\boldsymbol{w}$、b 和 ξ_i 求偏导数并取值为 0，可得

$$\boldsymbol{w}=\sum_{i=1}^{n}\lambda_i x_i y_i$$

$$\sum_{i=1}^{n}\lambda_i y_i=0$$

$$\lambda_i+\mu_i=C$$

将上述等式代入拉格朗日函数，可得

$$\min_{w,b,\xi} L(\boldsymbol{w},b,\xi,\lambda,\mu)=\sum_{j=1}^{n}\lambda_i-\frac{1}{2}\sum_{i=1}^{n}\sum_{j=1}^{n}\lambda_i y_i\lambda_j y_j\left(x_i x_j\right)$$

最小化问题中只有 λ 没有 μ，因此现在只需最大化 λ 即可：

$$\max_{\lambda}\left[\sum_{j=1}^{n}\lambda_i-\frac{1}{2}\sum_{i=1}^{n}\sum_{j=1}^{n}\lambda_i y_i\lambda_j y_j\left(x_i x_j\right)\right] \quad \text{s.t.}\sum_{j=1}^{n}\lambda_i y_i=0,\ \lambda_i\geqslant 0,\ C-\lambda_i-\xi_i=0$$

可以看到，软间隔和硬间隔中的最大化问题是一样的，只是多了约束条件。同样，采用 SMO 算法求解得到拉格朗日乘子 λ^*。

步骤 3，通过以下两个式子求出 $\boldsymbol{w}$ 和 b，最终可得最大间隔超平面 $\boldsymbol{w}^{\mathrm{T}}x+b=0$：

$$\boldsymbol{w}=\sum_{i=1}^{n}\lambda_i x_i y_i$$

$$b=\frac{1}{|S|}\sum_{s\in S}\left(y_s-\boldsymbol{w}x_s\right)$$

注意： 间隔内的那部分样本点是不是支持向量呢？由上面求参数 $\boldsymbol{w}$ 的式子可看出，只要是 $\lambda_i>0$ 的样本点，就都能够影响超平面，因此间隔内的那部分样本点是支持向量。

5.6　决策树

决策树是一种基本的分类与回归方法，本节主要讨论用于分类的决策树。为了更深入地理解决策树，需要学习一些信息论知识。

5.6.1　信息论知识

本节主要引入信息熵、条件熵、相对熵及互信息的概念及它们之间的关系。

1. 信息熵

定义 5-3：设离散型随机变量 X 的取值为 $x_1, x_2, \dots, x_n$，其发生概率分别为 $p_1, p_2, \dots, p_n$，则信息熵定义为

$$H(X) = -\sum_{i=1}^{n} p_i \log(p_i)$$

一般对数的底数是 2，当然也可以换成 e，当对数的底数是 2 时，信息熵的单位为 bit，信息熵也称香农熵。当对数的底数不是 2 而是其他大于 2 的整数 r 时，称信息熵为 r -进制熵，记为 $H_r(X)$，它与信息熵的变换公式为

$$H_r(X) = H(X) / \log(r)$$

信息熵用来描述信源的不确定性，概率越大，可能性越大，但是信息量越小，不确定性越小，熵越小。

2. 条件熵

设随机变量 (X,Y) 具有联合概率分布 $P(X = x_i, Y = y_j) = p_{ij}$，$i = 1, 2, \cdots, n$，$j = 1, 2, \cdots, m$，条件熵 $H(Y \mid X)$ 表示在已知随机变量 X 的条件下随机变量 Y 的不确定性。可以这样理解条件熵：(X,Y) 发生所包含的熵减去 X 单独发生的熵就是在 X 发生的前提下，Y 发生新带来的熵，即 $H(Y \mid X) = H(X,Y) - H(X)$。

条件熵的推导过程如下：

$$\begin{aligned}
H(X,Y) - H(X) &= -\sum_{x,y} p(x,y)\log p(x,y) + \sum_{x} p(x)\log p(x) \\
&= -\sum_{x,y} p(x,y)\log p(x,y) + \sum_{x}\left(\sum_{y} p(x,y)\right)\log p(x) \\
&= -\sum_{x,y} p(x,y)\log p(x,y) + \sum_{x,y} p(x,y)\log p(x) \\
&= -\sum_{x,y} p(x,y)\log \frac{p(x,y)}{p(x)} \\
&= -\sum_{x,y} p(x,y)\log p(y \mid x)
\end{aligned}$$

3. 相对熵

相对熵描述使用概率分布 $Q(x)$ 拟合真实分布 $P(x)$ 时产生的信息损耗，其中，$P(x)$ 和 $Q(x)$ 是随机变量 X 的两个概率分布，$P(x)$ 关于 $Q(x)$ 的相对熵定义为

$$D(P \parallel Q) = \sum_{x} P(x)\log \frac{P(x)}{Q(x)} \tag{5-35}$$

由此可见，相对熵是表示两个概率分布 $P(x)$ 和 $Q(x)$ 差异的非对称性度量，也称为 KL 散度。KL 散度不是对称的，即 $D(P \parallel Q) \neq D(Q \parallel P)$。

在信息论中，相对熵用于衡量两个概率分布之间的差异。式（5-35）的意义就是求 $P(x)$ 与 $Q(x)$ 之间的对数差在 $P(x)$ 上的期望，即

$$\mathrm{KL}(P\|Q)=-\sum_{x\in X}P(x)\log\frac{1}{P(x)}+\sum_{x\in X}P(x)\log\frac{1}{Q(x)}=\sum_{x\in X}P(x)\log\frac{P(x)}{Q(x)}$$

4. 互信息

两个随机变量 X 和 Y 的互信息定义为 X 和 Y 的联合分布与独立分布乘积的相对熵，即

$$I(X,Y)=\mathrm{KL}\big(P(X,Y)\|P(X)P(Y)\big)$$

根据相对熵的定义，互信息可表示为

$$I(X,Y)=\sum_{x,y}P(x,y)\log\left[\frac{P(x,y)}{P(x)P(y)}\right]$$

将其代入下式：

$$\begin{aligned}H(Y)-I(X,Y)&=-\sum_{y}P(y)\log P(y)-\sum_{x,y}P(x,y)\log\left[\frac{P(x,y)}{P(x)P(y)}\right]\\&=-\sum_{y}\left(\sum_{x}P(x,y)\right)\log P(y)-\sum_{x,y}P(x,y)\log\left[\frac{P(x,y)}{P(x)P(y)}\right]\\&=-\sum_{x,y}P(x,y)\log P(y)-\sum_{x,y}P(x,y)\log\left[\frac{P(x,y)}{P(x)P(y)}\right]\\&=-\sum_{x,y}P(x,y)\log\left[\frac{P(x,y)}{P(x)}\right]\\&=-\sum_{x,y}P(x,y)\log P(y\mid x)\\&=H(Y\mid X)\end{aligned}$$

最终可得 $I(X,Y)=H(Y)-H(X\mid Y)$。

前面介绍了熵和互信息的概念，那么，它们之间的关系是什么样的呢？

5. 熵和互信息之间的关系

联立求解下述条件熵的两个等式：

$$\begin{cases}H(Y\mid X)=H(Y)-I(X,Y)\\H(Y\mid X)=H(X,Y)-H(X)\end{cases}$$

可得

$$I(X,Y)=H(Y)+H(X)-H(X,Y)$$

由条件熵的定义可得下面两个不等式：

$$H(X\mid Y)\leqslant H(X)$$
$$H(Y\mid X)\leqslant H(Y)$$

这两个不等式告诉我们，对于一个与 X 相关的随机变量 Y，只要知道一点关于 Y 的信息，X 的不确定性就会减小。这里借助图 5-39 中的韦恩图表示熵和互信息之间的关系。

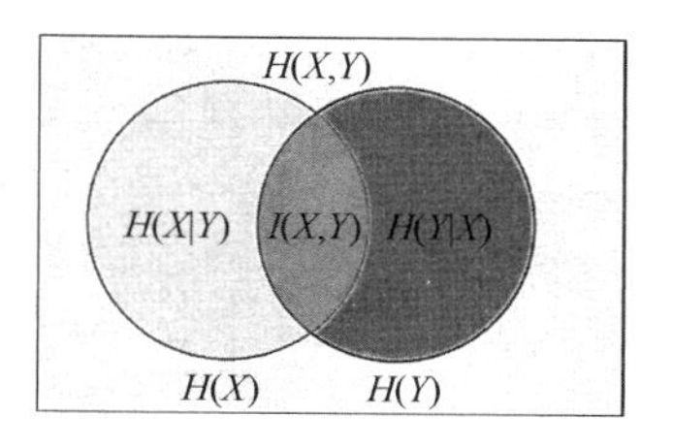

图 5-39　熵和互信息之间的关系

5.6.2 决策树基础

在现实生活中，我们可能会面临各种抉择。例如，图 5-40 就描述了一个相亲的抉择过程，可以发现，该过程是一个树状模型。(年龄,长相,收入)是描述一个人的特征向量，我们做出的抉择基于特征分量在一个节点进一步解析成多个新的节点。

根据节点所处的位置，一棵决策树通常由根节点、叶子节点和内部节点组成。其中，根节点是树顶端的节点，即图 5-40 中的“年龄”特征分量；叶子节点是树底端的节点，描述了本决策过程的结果，即图 5-40 中的“见”还是“不见”这两个类别；除了叶子节点，其他节点都是内部节点，每个内部节点均表示在一个特征分量上的测试，每个分支代表一个测试输出。

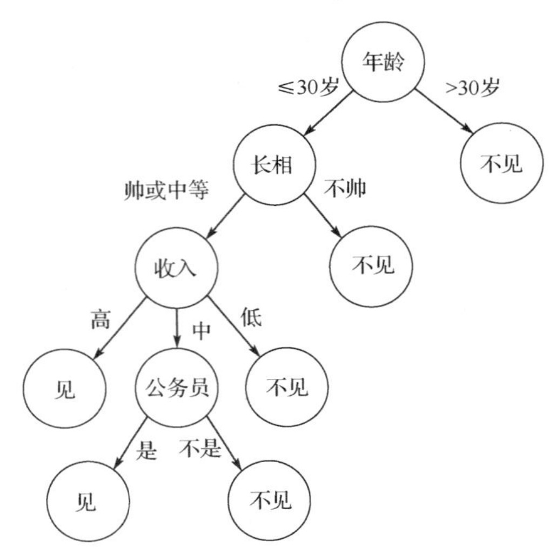

图 5-40 相亲决策树

下面以(天气,温度,风级)为特征向量、结论是“是否打球”的一个实例来讲述决策树，如表 5-2 所示。

表 5-2 “是否打球”实例

日期	天气	温度	风级	是否打球
1	晴	高	弱	否
2	晴	高	强	否
3	阴	高	弱	是
4	雨	高	弱	是
5	雨	正常	强	是
6	雨	正常	强	否
7	阴	正常	强	是
8	晴	高	弱	否
9	晴	正常	弱	是
10	雨	正常	弱	是
11	晴	正常	强	是

续表

日　期	天　气	温　度	风　级	是否打球
12	阴	高	强	是
13	阴	正常	弱	是
14	雨	高	强	否

如图 5-41 所示，第一层根节点以天气作为分类依据，它有 3 个分支。共 14 个样本，依据是否打球被分成 9 是/5 否，总体信息熵为 $H_0=-\left[\left(\frac{5}{14}\right)\log\left(\frac{5}{14}\right)+\left(\frac{9}{14}\right)\log\left(\frac{9}{14}\right)\right]\approx 0.9403$。

第二层中的第一个分支“晴”节点处共 5 个样本，依据是否打球被分为 2 是/3 否，信息熵为 $H_1=-\left[\left(\frac{2}{5}\right)\log\left(\frac{2}{5}\right)+\left(\frac{3}{5}\right)\log\left(\frac{3}{5}\right)\right]\approx 0.9701$。依次类推，在“阴”节点处有 4 个样本，分为 4 是/0 否，信息熵为 $H_2=-\left[\log(1)\right]=0$。在“雨”节点处有 5 个样本，分为 3 是/2 否，信息熵为 $H_3=-\left[\left(\frac{2}{5}\right)\log\left(\frac{2}{5}\right)+\left(\frac{3}{5}\right)\log\left(\frac{3}{5}\right)\right]\approx 0.9701$。由此可得，第二层的加权信息熵定义为 $H'=\frac{5}{14}H_1+\frac{4}{14}H_2+\frac{5}{14}H_3$。

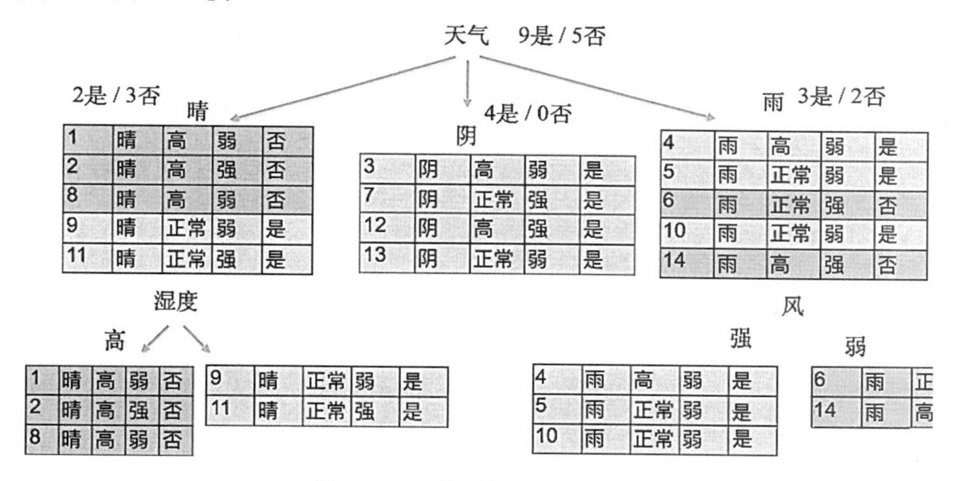

图 5-41　“是否打球”决策树

规定 H' 比 H_0 小，即随着决策的进行，其不确定性要减小，要不然就没有决策的意义了。有效决策肯定要有一个由不确定状态到确定状态的转变。计算求得 $H'\approx 0.6929< H_0\approx 0.9403$，符合要求。

事实上，随着分类的进行，越来越多的信息将被知道，总体的熵肯定是会下降的。

同理，在“晴”节点处，以湿度作为分类依据，它的两个叶子节点的熵均为 0，得到决策结果。

因此，决策树采用自顶向下的递归方法，其基本思想是以信息熵为度量构造一棵熵值下降最快的树，叶子节点的熵为 0，此时每个叶子节点中的实例均属于同一类。

5.6.2.1 决策树生成算法

首先，选择一个根节点，但选择哪个特征当作根节点呢？在“是否打球”实例中，有天气 f_1、湿度 f_2 及风级 f_3 三个特征，只能三选一。分别以 f_1、f_2、f_3 为根节点生成三棵树（从第一层到第二层），而究竟选择哪个特征作为根节点有以下几个准则。

1. 信息增益与 ID3 算法

定义 5-4：记 H_0 是一个样本集 D 划分前的熵，H_1 是依据某个特征 A 对其进行划分后的数据子集的加权熵，称 $H_0 - H_1$ 为信息增益，也可以表示为 $g(D,A)=H(D)-H(D|A)=I(D,A)$。

在没有选择特征 f_1 为根节点前，“是否打球”的信息熵为 0.9403。在选择天气为根节点并一分为三后，信息熵下降为 0.6929，信息熵下降了 0.2474，即信息增益为 0.2474（$g(D,f_1)=H_0-H'$=0.9403−0.6929=0.2474）。

结论 5-1：信息增益的局限性在于其偏向取值较多的特征。

结论 5-1 是显而易见的，样本集划分前的熵是一定的，当特征的取值较多时，根据此特征划分更容易得到纯度更高的子集，子集划分后的熵更低，信息增益更大，因此信息增益偏向取值较多的特征。

一种极端的情况是假设有一个特征，依据该特征可以将训练集的每个样本划分为一个分支，有 n 个样本，决策树为 n 叉树，划分后的熵变为 0。此时，信息增益最大。

以信息增益为选择指标生成决策树的算法称为 ID3 算法。

2. 信息增益率与 C4.5 算法

为了打破信息增益的局限性，引入信息增益率的概念。分支过多容易过拟合。假设原来的熵为 0.9，选择 f_1 特征划分后的加权熵变成 0.1，信息增益为 0.8；而选择 f_2 特征划分后的加权熵变为 0.3，信息增益为 0.6。

信息增益率定义为

$$g_r(D,A)=g(D,A)/H(A)$$

其中，$g(D,A)$ 是样本集依据特征 A 划分后的信息增益；$H(A)$ 是特征 A 的熵。依据特征 f_1 划分后，决策树分支较多，即特征 f_1 本身的熵较高，一个较大的数除以一个较大的数正好可以中和一下。

现在以信息增益率为准则选择根节点。

样本集 D 未划分前的熵为 $H_0 \approx 0.9403$，选择天气为根节点，如图 5-41 所示，在“晴”节点处共 5 个样本，信息熵 $H_1 \approx 0.9701$。依次类推，在“阴”节点处有 4 个样本，分为 4 是/0 否，信息熵 $H_2 = 0$。在“雨”节点处有 5 个样本，分为 3 是/2 否，信息熵 $H_3 \approx 0.9701$。

当选择天气作为分类依据后，总体加权熵为 $H'=\frac{5}{14}H_1+\frac{4}{14}H_2+\frac{5}{14}H_3$=0.6929，信息增益为 $g(D,f_1)=H_0-H'=0.2474$，天气特征的熵为 $H(f_1)=-\left[\frac{5}{14}\log\frac{5}{14}+\frac{4}{14}\log\frac{4}{14}+\frac{5}{14}\log\frac{5}{14}\right]\approx$

1.5774，信息增益率为$g_r(D,f_1)=\frac{g(D,f_1)}{H(f_1)}=\frac{0.2474}{1.557}\approx 0.1589$。

以信息增益率为选择指标生成决策树的算法称为 C4.5 算法。

3. 基尼系数与 CART 算法

在有K个类别的样本集D中，一个随机选中的样本被错分的概率是$1-p_k$，其中，C_k是D中属于k类别的样本子集，$p_k=\frac{|C_k|}{|D|}$表示随机选中的样本属于k类别的概率。基尼系数（基尼不纯度）是另一种衡量不确定性的指标，其定义如下：

$$\text{Gini}(p)=\sum_{k=1}^{K}p_k(1-p_k)=1-\sum_{k=1}^{K}p_k^2$$

当样本属于每个类别的概率都相等，即均为$1/K$时，基尼系数最大，此时的不确定性最大。如果D根据特征A是否取某一可能值a被分割成D_1和D_2两部分，则在给定特征A的条件下，D的基尼系数为

$$\text{Gini}(D,A)=\frac{|D_1|}{|D|}\text{Gini}(D_1)+\frac{|D_2|}{|D|}\text{Gini}(D_2)$$

容易证明，基尼系数越大，样本的不确定性越大，特征A的区分度越差。在决策树的生成过程中，优先选择基尼系数最小的特征对样本集进行划分，称之为 CART 算法。

关于基尼系数，有一种说法更直观易懂。比较信息熵的定义$H(X)=-\sum_{i=1}^{n}p_i\log(p_i)$和基尼系数的定义$\text{Gini}(p)=\sum_{k=1}^{K}p_k(1-p_k)$。可见，基尼系数是用$1-p_i$代替$-\log(p_i)$，如图 5-42 所示。

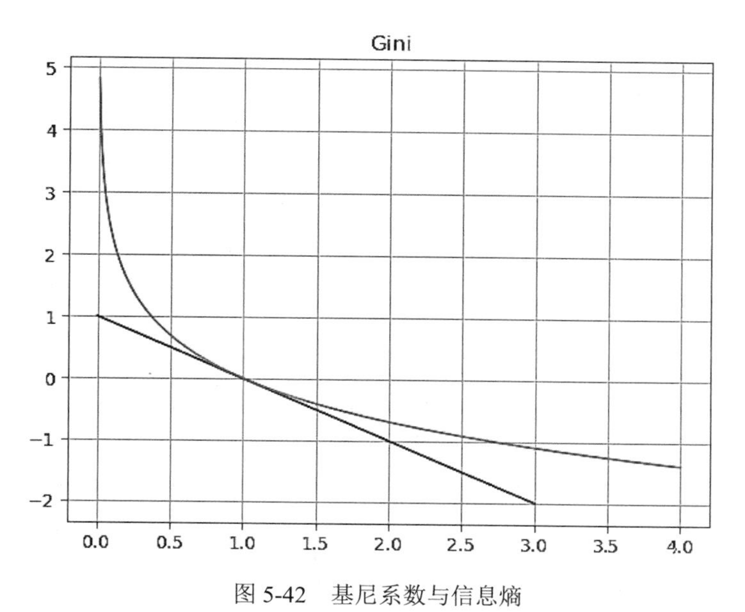

图 5-42　基尼系数与信息熵

查看$[0,1]$区间上的图像，基尼系数相对于信息熵，就是用近似的切线来代替对数函数。信息熵可以表述不确定性，基尼系数自然也可以，只不过存在一些误差。

CART 决策树又称分类回归树，当数据集的因变量为连续性数值时，该树是一棵回归树，可以用叶子节点观测到的平均值作为预测值；当数据集的因变量为离散型数值时，该树就是一棵分类树。当 CART 决策树是分类树时，采用基尼系数作为节点分裂的依据；当 CART 决策树是回归树时，采用 MSE 作为节点分裂的依据。

5.6.2.2 决策树评估

假定样本类别数量为K，决策树的某个叶子节点包含的样本数量为n，其中k类别的样本数量为n_k，$k=1,2,\cdots,K$。这里有两种极端情况，第一种极端情况是某类别样本数量为n，其他类别样本数量均为 0，即该叶子节点中的所有样本均属于同一类，称该节点为纯节点，其熵为 0；第二种极端情况是某叶子节点中包含所有类别的样本且各类别样本数量相同，称该节点为均节点，其熵为$\log K$。对所有叶子节点的熵求和，该值越小，说明决策树分类越准确。

由于各叶子节点包含的样本数量不同，因此通常采用加权熵和定义决策树的损失函数。

假设树T有$|T|$个叶子节点，某个叶子节点t上有N_t个样本，其中，k类别的样本有N_{tk}个，叶子节点t的熵为$H_t(T)=-\sum_k \frac{N_{tk}}{N_t}\log\frac{N_{tk}}{N_t}$，$\alpha \geqslant 0$是参数，则决策树的损失函数为

$$C(T)=\sum_{t\in \mathrm{leaf}} N_t H_t(T)+\alpha|T|$$

损失函数越小，说明决策树效果越好，损失函数的第一项为训练误差，第二项为模型复杂度，用参数α来衡量二者的比重。

5.6.2.3 决策树过拟合

上述决策树生成算法递归地生成一棵决策树，直到结束划分。那么，什么时候结束呢？有两种情况：①叶子节点内的样本属于同一类；②没有特征可进一步划分。如此得到的决策树通常对训练数据的分类非常精准，但是对于未知数据，其表现较差，原因在于基于训练集构造的决策树过于复杂，易产生过拟合。因此需要对决策树进行简化，砍掉多余的分支，增强其泛化能力。

决策树剪枝一般有两种方法：①预剪枝，在决策树的生成过程中基于贪心策略进行剪枝操作，一般会导致局部最优；②后剪枝，在决策树全部生成后剪枝，运算量较大，比较精准。

通过极小化决策树整体的损失函数实现剪枝。由样本完全树T_0开始，先剪枝部分节点得树T_1，再剪枝部分节点得树T_2。依次类推，直到仅剩树根的T_k。使用验证数据集对这k棵树分别进行评价，选择损失函数最小的树T_α。

5.6.3 决策树实践

决策树是一种用于分类和回归的非参数有监督学习方法。该方法的目标是创建一个模型，通过对数据特征进行推断的简单决策规则的学习来预测目标变量值。通常而言，树越

深，决策规则就越复杂，模型越合适。

5.6.3.1　分类

Scikit-learn 中的 DecisionTreeClassifier 是能够在一个数据集上执行多类别分类的类。与其他分类器一样，DecisionTreeClassifier 采用两个数组作为输入，一个是稀疏或密集的数组 X，其形状为(n_samples, n_features)，用于保存训练样本；另一个是整数值的数组 Y，其形状为(n_samples,)，用于存储训练样本的类别标签。这里通过调用构造函数 DecisionTreeClassifier()生成模型对象 clf，使用其 fit(X, Y)方法进行拟合。

```
1.  >>> from sklearn import tree
2.  >>> X = [[0, 0], [1, 1]]
3.  >>> Y = [0, 1]
4.  >>> clf = tree.DecisionTreeClassifier()
5.  >>> clf = clf.fit(X, Y)
```

拟合后，该模型对象 clf 可用于预测样本类别。

```
1.  >>> clf.predict([[2., 2.]])
2.  array([1])
```

在预测的多个类别具有相同概率的情况下，分类器将优先返回这些类别中具有最小索引的类别。除了输出样本所属类别，这里还通过 predict_proba()方法预测样本属于每个类别的概率。

```
1.  >>> clf.predict_proba([[2., 2.]])
2.  array([[0., 1.]])
```

DecisionTreeClassifier 既能进行二分类（标签为$[-1,1]$），又能进行多分类（标签为$[0,1,\cdots,k-1]$）。下面使用 Iris 数据集来构建并拟合决策树。

```
1.  >>> from sklearn.datasets import load_iris
2.  >>> from sklearn import tree
3.  >>> iris = load_iris()
4.  >>> X, y = iris.data, iris.target
5.  >>> clf = tree.DecisionTreeClassifier()
6.  >>> clf = clf.fit(X, y)
```

模型训练完成后，可以使用 plot_tree()函数绘制决策树，如图 5-43 所示。

```
1.  >>> tree.plot_tree(clf)
2.  [...]
```

另外，还可以使用 export_graphviz 导出器以 Graphviz 格式导出树。下面在整个 Iris 数据集上训练的决策树以 Graphviz 格式导出树并将结果保存在输出文件 iris.pdf 中。

```
1.  >>> import graphviz
2.  >>> dot_data = tree.export_graphviz(clf, out_file=None)
3.  >>> graph = graphviz.Source(dot_data)
4.  >>> graph.render("iris")
```

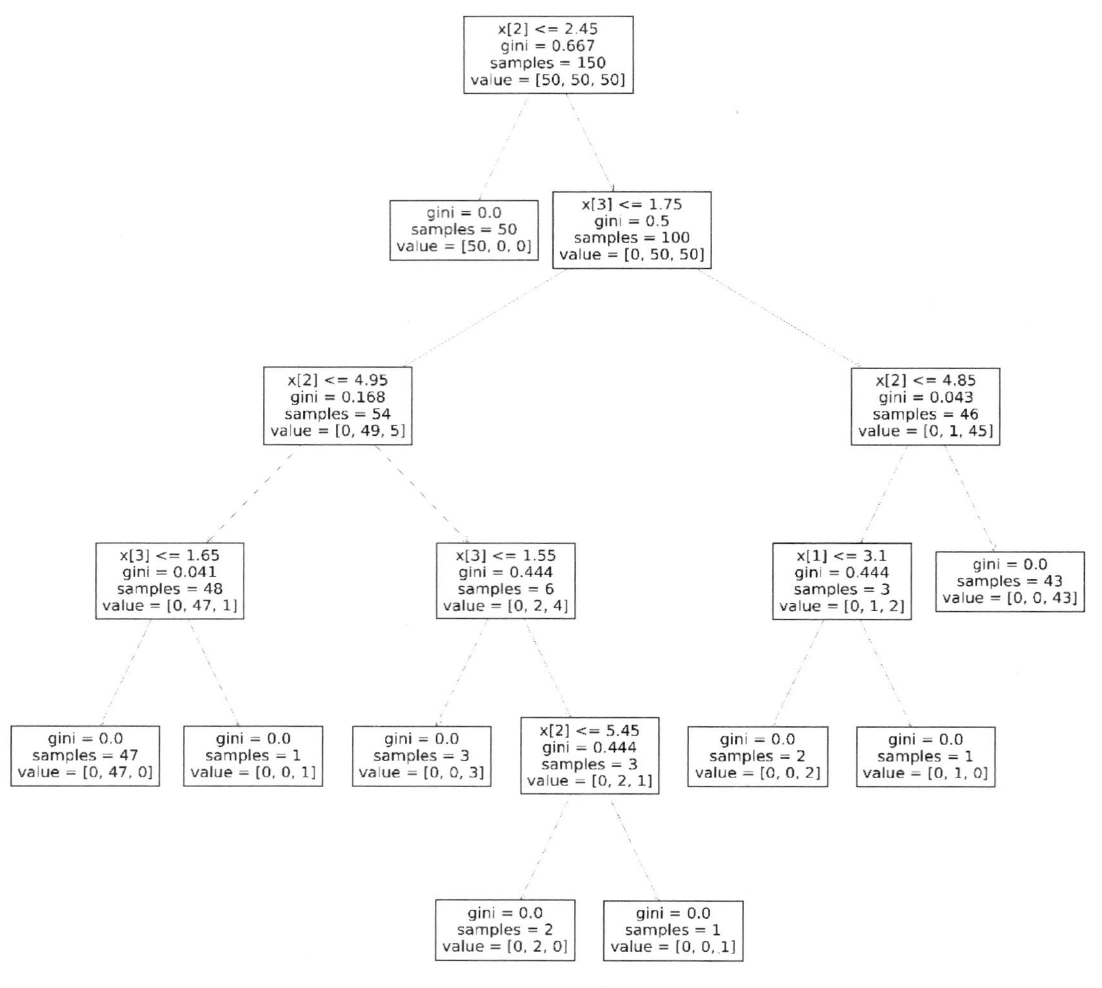

图 5-43　Iris 数据集决策树

export_graphviz 导出器还有支持美化的各种选项，包括按节点的类别（或回归值）为节点着色，以及根据需要使用显式变量和类名。Jupyter Notebook 可以自动在线渲染这类绘图。

```
1.  >>> dot_data = tree.export_graphviz(
2.     clf,
3.     out_file=None,
4.     feature_names=iris.feature_names,
5.     class_names=iris.target_names,
6.     filled=True,
7.     rounded=True,
8.     special_characters=True)
9.  >>> graph = graphviz.Source(dot_data)
10. >>> graph
```

或者，也可以使用 export_text()函数以文本格式导出树。这种方法不需要安装外部库，而且更紧凑。

```
1. >>> from sklearn.datasets import load_iris
2. >>> from sklearn.tree import DecisionTreeClassifier
3. >>> from sklearn.tree import export_text
4. >>> iris = load_iris()
5. >>> decision_tree = DecisionTreeClassifier(random_state=0, max_depth=2)
6. >>> decision_tree = decision_tree.fit(iris.data, iris.target)
7. >>> r = export_text(decision_tree, feature_names=iris['feature_names'])
8. >>> print(r)
```

输出如下：

```
|--- petal width (cm) <= 0.80
|   |--- class: 0
|--- petal width (cm) >  0.80
|   |--- petal width (cm) <= 1.75
|   |   |--- class: 1
|   |--- petal width (cm) >  1.75
|   |   |--- class: 2
```

上述任务的完整代码整理在例 5-25 中。这里绘制了在 Iris 数据集的成对特征上训练的决策树的决策面，如图 5-44 所示。另外，还展示了基于数据集的所有特征构建的模型的树结构，如图 5-43 所示。

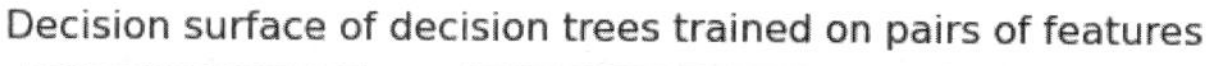

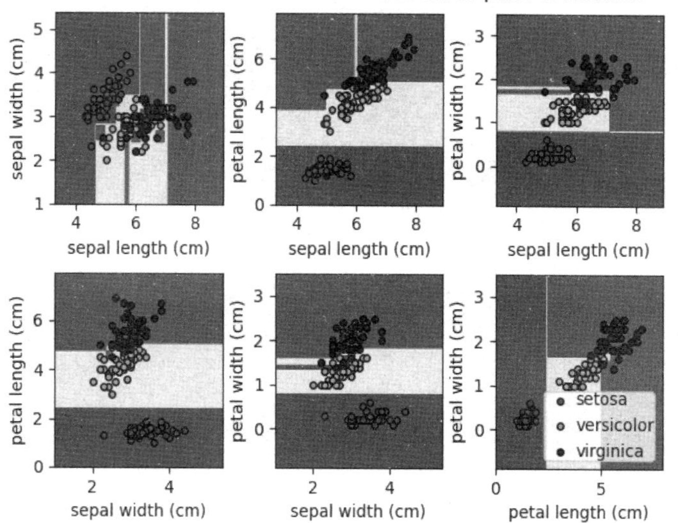

扫码看彩图

图 5-44　在 Iris 数据集的成对特征上训练的决策树的决策面

例 5-25：绘制在 Iris 数据集的成对特征上训练的决策树的决策面。

首先加载 Scikit-learn 附带的 Iris 数据集。

```
1. from sklearn.datasets import load_iris
2. iris = load_iris()
```

显示在所有成对特征上训练的决策树的决策函数。

```
3.  import matplotlib.pyplot as plt
4.  import numpy as np
5.
6.  from sklearn.datasets import load_iris
7.  from sklearn.inspection import DecisionBoundaryDisplay
8.  from sklearn.tree import DecisionTreeClassifier
9.
10. # 参数
11. n_classes = 3
12. plot_colors = "ryb"
13. plot_step = 0.02
14.
15. for pairidx, pair in enumerate([[0, 1], [0, 2], [0, 3], [1, 2], [1, 3], [2,
    3]]):
16.     X = iris.data[:, pair]  # 仅取两个相应的特征
17.     y = iris.target
18.
19.     clf = DecisionTreeClassifier().fit(X, y) # 训练
20.
21.     # 绘制决策边界
22.     ax = plt.subplot(2, 3, pairidx + 1)
23.     plt.tight_layout(h_pad=0.5, w_pad=0.5, pad=2.5)
24.     DecisionBoundaryDisplay.from_estimator(
25.         clf,
26.         X,
27.         cmap=plt.cm.RdYlBu,
28.         response_method="predict",
29.         ax=ax,
30.         xlabel=iris.feature_names[pair[0]],
31.         ylabel=iris.feature_names[pair[1]],
32.     )
33.
34.     # 绘制训练点
35.     for i, color in zip(range(n_classes), plot_colors):
36.         idx = np.where(y == i)
37.         plt.scatter(
38.             X[idx, 0],
39.             X[idx, 1],
40.             c=color,
41.             label=iris.target_names[i],
42.             cmap=plt.cm.RdYlBu,
43.             edgecolor="black",
```

```
44.              s=15,
45.         )
46.
47. plt.suptitle("Decision surface of decision trees trained on pairs of features")
48. plt.legend(loc="lower right", borderpad=0, handletextpad=0)
49. _ = plt.axis("tight")
```

显示在所有特征上训练的单棵决策树的结构。

```
50. from sklearn.tree import plot_tree
51.
52. plt.figure()
53. clf = DecisionTreeClassifier().fit(iris.data, iris.target)
54. plot_tree(clf, filled=True)
55. plt.title("Decision tree trained on all the iris features")
56. plt.show()
```

例 5-26：了解决策树的结构。

可以对决策树的结构进行分析，以进一步了解特征与要预测的目标之间的关系。在本例中，展示了如何检索以下内容。

（1）二叉树的结构。

（2）每个节点的深度，以及判断它是否为叶子节点。

（3）由一个样本通过 decision_path()方法可到达的节点。

（4）由一个样本通过 apply()方法可到达的叶子节点。

（5）用于预测一个样本的规则。

（6）一组样本共享的决策路径。

首先，使用 Iris 数据集训练 DecisionTreeClassifier。

```
1.  import numpy as np
2.  from matplotlib import pyplot as plt
3.
4.  from sklearn import tree
5.  from sklearn.datasets import load_iris
6.  from sklearn.model_selection import train_test_split
7.  from sklearn.tree import DecisionTreeClassifier
8.
9.  iris = load_iris()
10. X = iris.data
11. y = iris.target
12. X_train, X_test, y_train, y_test = train_test_split(X, y, random_state=0)
13.
14. clf = DecisionTreeClassifier(max_leaf_nodes=3, random_state=0)
15. clf.fit(X_train, y_train)
```

为了检索树的结构，决策分类器设有一个名为 tree_的属性，通过它可访问一些低级别属性，如节点总数 node_count 和树的最大深度 max_depth 等。tree_属性还存储了整棵二叉树的结构，表示为多个数组。每个数组的第 *i* 个元素保存关于节点 *i* 的信息，节点 0 是树根。某些数组仅适用于叶子节点或拆分节点。在这种情况下，其他类型的节点值是任意的。例如，数组 feature 和 threshold 仅适用于拆分节点，因此，这些数组中的叶子节点值是任意的。

通过 tree_属性可访问的数组如下。

（1）children_left[i]：节点 i 的左子节点的 id，如果节点 i 为叶子节点，则返回-1。

（2）children_right[i]：节点 i 的右子节点的 id，如果节点 i 为叶子节点，则返回-1。

（3）feature[i]：用于拆分节点 i 的特征。

（4）threshold[i]：节点 i 的阈值。

（5）n_node_samples[i]：到达节点 i 的训练样本数。

（6）impurity[i]：节点 i 的杂质不纯度。

使用上述数组可以遍历树的结构来计算各种属性。下面计算每个节点的深度，放入数组 node_depth，并判断它是否为叶子节点，若是，则放入数组 is_leaves。

```
1.  n_nodes = clf.tree_.node_count
2.  children_left = clf.tree_.children_left
3.  children_right = clf.tree_.children_right
4.  feature = clf.tree_.feature
5.  threshold = clf.tree_.threshold
6.
7.  node_depth = np.zeros(shape=n_nodes, dtype=np.int64)
8.  is_leaves = np.zeros(shape=n_nodes, dtype=bool)
9.  stack = [(0, 0)]  # 从根节点 id（0）及其深度（0）开始
10. while len(stack) > 0:
11.     node_id, depth = stack.pop()  # `pop`确保每个节点只访问一次
12.     node_depth[node_id] = depth
13.
14.     # 如果一个节点的左、右子节点不相同，就得到一个拆分节点
15.     is_split_node = children_left[node_id] != children_right[node_id]
16.     # 如果是拆分节点，则将左、右子节点和深度附加到 `stack`上，以便循环遍历它
17.     if is_split_node:
18.         stack.append((children_left[node_id], depth + 1))
19.         stack.append((children_right[node_id], depth + 1))
20.     else:
21.         is_leaves[node_id] = True
22.
23. print("The binary tree structure has {n} nodes and has the following tree
    structure:\n".format(n=n_nodes))
24. for i in range(n_nodes):
25.     if is_leaves[i]:
26.         print("{space}node={node} is a leaf node.".format(space=node_depth[i] *
    "\t", node=i))
```

```
27.     else:
28.         print(
29.             "{space}node={node} is a split node: go to node {left} if X[:, {feature}] <= {threshold} "
30.             "else to node {right}.".format(
31.                 space=node_depth[i] * "\t",
32.                 node=i,
33.                 left=children_left[i],
34.                 feature=feature[i],
35.                 threshold=threshold[i],
36.                 right=children_right[i],
37.             )
38.         )
```

输出的二叉树有 5 个节点，并具有以下结构：

```
node=0 is a split node: go to node 1 if X[:, 3] <= 0.800000011920929 else to node 2.
	node=1 is a leaf node.
	node=2 is a split node: go to node 3 if X[:, 2] <= 4.950000047683716 else to node 4.
		node=3 is a leaf node.
		node=4 is a leaf node.
```

可以将上面的输出与如图 5-45 所示的决策树的结构做比较，两者一致。

```
1. tree.plot_tree(clf)
2. plt.show()
```

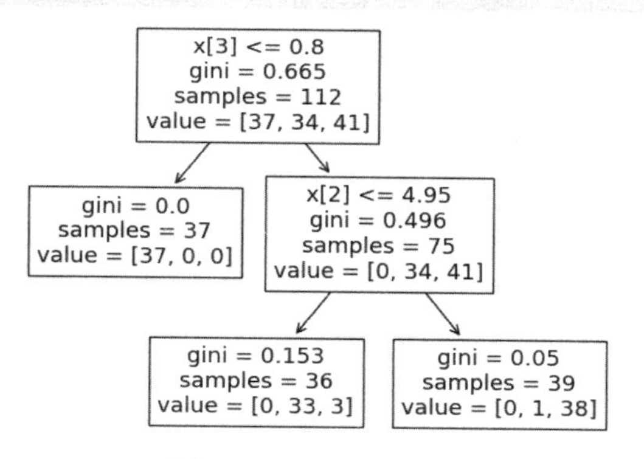

图 5-45　决策树的结构

我们还可以检索感兴趣的样本的决策路径。通过 decision_path()方法返回一个指示符矩阵，该矩阵允许检索感兴趣的样本穿过的节点。在指示符矩阵中，在位置(i,j)处的非零元素指示样本 i 经过节点 j。或者，对于一个样本 i，指示符矩阵的第 i 行中的非零元素的位置指定样本经过的节点 id。

通过 apply()方法可以获得感兴趣的样本所到达的叶子节点的 id。这将返回每个感兴趣的样本所到达的叶子节点 id 的数组。通过使用叶子节点 id 和 decision_path 可以获得用于预测一个样本或一组样本的分裂条件。

首先，对一个样本进行测试。注意：node_index 是一个稀疏矩阵。

```
1.  node_indicator = clf.decision_path(X_test)
2.  leaf_id = clf.apply(X_test)
3.
4.  sample_id = 0
5.  # 获取“sample_id”经过的节点 id，即行“sample_id”`
6.  node_index    =    node_indicator.indices[node_indicator.indptr[sample_id]    :
    node_indicator.indptr[sample_id + 1]]
7.
8.  print("Rules used to predict sample {id}:\n".format(id=sample_id))
9.  for node_id in node_index:
10.  # 如果是一个叶子节点，则继续到下一个节点
11.     if leaf_id[sample_id] == node_id:
12.         continue
13.
14.     if X_test[sample_id, feature[node_id]] <= threshold[node_id]: # 检查样本 0 的
    分裂特征的值是否小于阈值
15.         threshold_sign = "<="
16.     else:
17.         threshold_sign = ">"
18.
19.     print("decision  node  {node}  :  (X_test[{sample},  {feature}]  =  {value})
    {inequality} {threshold})".format(
20.             node=node_id,
21.             sample=sample_id,
22.             feature=feature[node_id],
23.             value=X_test[sample_id, feature[node_id]],
24.             inequality=threshold_sign,
25.             threshold=threshold[node_id],
26.         )
27.     )
```

输出结果如下：

```
Rules used to predict sample 0:

decision node 0 : (X_test[0, 3] = 2.4) > 0.800000011920929)
decision node 2 : (X_test[0, 2] = 5.1) > 4.950000047683716)
```

对于一组样本，可以确定样本经过的公共节点。

```
1.  sample_ids = [0, 1]
2.  # boolean 数组，指示两个样本经过的节点
3.  common_nodes = node_indicator.toarray()[sample_ids].sum(axis=0) == len(sample_ids)
4.  # 使用数组中的位置获取节点 id
```

```
5.  common_node_id = np.arange(n_nodes)[common_nodes]
6.
7.  print("The following samples {samples} share the node(s) {nodes} in the
    tree.".format(
8.          samples=sample_ids, nodes=common_node_id))
9.  print("This is {prop}% of all nodes.".format(prop=100 * len(common_node_id) /
    n_nodes))
```

输出结果如下：

```
The following samples [0, 1] share the node(s) [0 2] in the tree.
This is 40.0% of all nodes.
```

5.6.3.2　回归

通过使用 DecisionTreeRegressor 类，决策树也可用于回归问题。与分类设置一样，拟合方法将采用数组 X 和 y 作为参数，只是在这种情况下，y 才应具有浮点值而不是整数值。

```
1.  >>> from sklearn import tree
2.  >>> X = [[0, 0], [2, 2]]
3.  >>> y = [0.5, 2.5]
4.  >>> clf = tree.DecisionTreeRegressor()
5.  >>> clf = clf.fit(X, y)
6.  >>> clf.predict([[1, 1]])
7.  array([0.5])
```

例 5-27 给出一个使用决策树实现一维回归的示例，结果如图 5-46 所示。构建具有附加噪声的、可观测的正弦曲线，决策树学习局部线性回归用于近似正弦曲线。可以看到，如果树的最大深度（由 max_depth 参数控制）设置得太大，则决策树学习训练数据的太多细节，并从噪声中学习，即会过拟合。

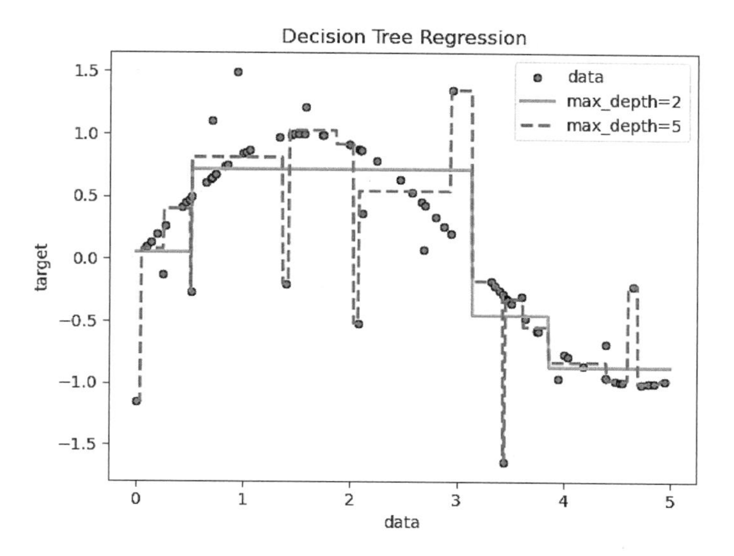

扫码看彩图

图 5-46　决策树回归示例

例 5-27：决策树回归。

```
1. # 导入必要的模块和库
2. import matplotlib.pyplot as plt
3. import numpy as np
4. from sklearn.tree import DecisionTreeRegressor
5.
6. rng = np.random.RandomState(1) # 创建一个随机数据集
7. X = np.sort(5 * rng.rand(80, 1), axis=0)
8. y = np.sin(X).ravel()
9. y[::5] += 3 * (0.5 - rng.rand(16))
10.
11. regr_1 = DecisionTreeRegressor(max_depth=2) # 拟合回归模型
12. regr_2 = DecisionTreeRegressor(max_depth=5)
13. regr_1.fit(X, y)
14. regr_2.fit(X, y)
15.
16. X_test = np.arange(0.0, 5.0, 0.01)[:, np.newaxis] # 预测
17. y_1 = regr_1.predict(X_test)
18. y_2 = regr_2.predict(X_test)
19.
20. # 绘制结果
21. plt.figure()
22. plt.scatter(X, y, s=20, edgecolor="black", c="darkorange", label="data")
23. plt.plot(X_test, y_1, color="cornflowerblue", label="max_depth=2", linewidth=2)
24. plt.plot(X_test, y_2, color="yellowgreen", label="max_depth=5", linewidth=2)
25. plt.xlabel("data")
26. plt.ylabel("target")
27. plt.title("Decision Tree Regression")
28. plt.legend()
29. plt.show()
```

5.6.3.3 多输出问题

多输出问题是一个有监督学习问题，且有多个输出要预测，即 Y 是一个形状为(n_samples,n_outputs)的二维数组。

当多输出之间没有相关性时，解决这类问题的一种简单方法就是建立 n 个独立的模型，即每个输出对应一个模型，使用这些模型独立预测每个输出。由于与同一输入相关的多输出之间很可能是相关的，因此，一种更好的方法是建立一个能够同时预测所有输出的单模型。首先，构建了一个估计器，它需要较少的训练时间；其次，估计器的泛化精度通常可以增加。关于决策树，这种策略可以很容易地用于支持多输出问题，但需要进行以下更改：①将 n 个输出存储在叶子节点中，而不仅是 1 个输出；②使用分割标准计算 n 个输出的平均减小量。

Scikit-learn 在 DecisionTreeClassifier 类和 DecisionTreeRegressor 类中均实现该策略，为

多输出问题提供支持。如果决策树适用于形状为(n_samples,n_outputs)的输出阵列，则所得估计器将在使用 predict()方法时，输出 n_outputs 个预测值；在使用 predict_proba()方法时，输出具有 n_outputs 个类别概率的数组列表。

例 5-28 演示如何使用多输出决策树实现回归，如图 5-47 所示。其中，输入是单个实数，输出是输入的正弦和余弦。构建一个圆的、含噪声的输入和输出观测值，决策树同时预测正/余弦，学习近似圆的局部线性回归。

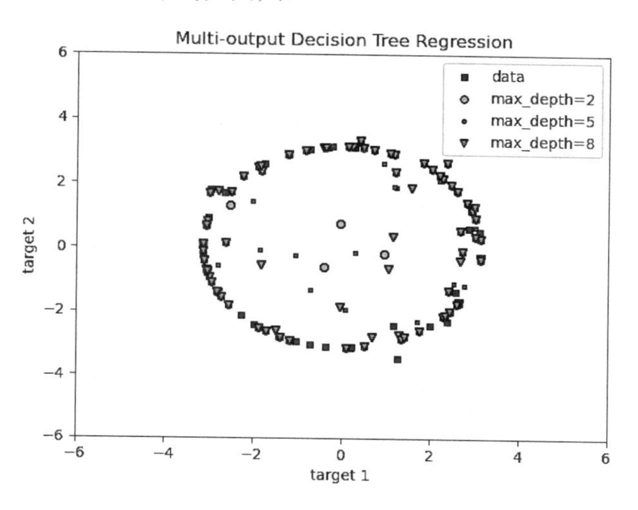

扫码看彩图

图 5-47　多输出决策树回归

例 5-28：多输出决策树回归。

```
1.  import matplotlib.pyplot as plt
2.  import numpy as np
3.
4.  from sklearn.tree import DecisionTreeRegressor
5.
6.  rng = np.random.RandomState(1)  # 构建一个随机数据集
7.  X = np.sort(200 * rng.rand(100, 1) - 100, axis=0)
8.  y = np.array([np.pi * np.sin(X).ravel(), np.pi * np.cos(X).ravel()]).T
9.  y[::5, :] += 0.5 - rng.rand(20, 2)
10.
11. regr_1 = DecisionTreeRegressor(max_depth=2) # 拟合回归模型
12. regr_2 = DecisionTreeRegressor(max_depth=5)
13. regr_3 = DecisionTreeRegressor(max_depth=8)
14. regr_1.fit(X, y)
15. regr_2.fit(X, y)
16. regr_3.fit(X, y)
17.
18. X_test = np.arange(-100.0, 100.0, 0.01)[:, np.newaxis]  # 预测
19. y_1 = regr_1.predict(X_test)
```

```
20. y_2 = regr_2.predict(X_test)
21. y_3 = regr_3.predict(X_test)
22.
23. plt.figure()  # 绘制结果
24. s = 25
25. plt.scatter(y[:, 0], y[:, 1], marker=',', c="navy", s=s, edgecolor="black",
    label="data")
26. plt.scatter(y_1[:, 0],y_1[:, 1], c="cornflowerblue", s=s, edgecolor="black",
    label="max_depth=2",)
27. plt.scatter(y_2[:, 0], y_2[:, 1], marker='.', c="red", s=s, edgecolor="black",
    label="max_depth=5")
28. plt.scatter(y_3[:,   0],   y_3[:,   1],   ,marker=   'v',   c="orange",   s=s,
    edgecolor="black", label="max_depth=8")
29. plt.xlim([-6, 6])
30. plt.ylim([-6, 6])
31. plt.xlabel("target 1")
32. plt.ylabel("target 2")
33. plt.title("Multi-output Decision Tree Regression")
34. plt.legend(loc="best")
35. plt.show()
```

5.6.3.4 缺失值支持

在 DecisionTreeClassifier 类和 DecisionTreeRegistor 类的构造函数中，可以通过 splitter 参数选择每个节点的拆分策略，有两种策略{"best","random"}，默认值为"best"。同样，还有用于度量节点拆分质量的参数 criterion。在设置 splitter="best" 且节点拆分质量参数 criterion 或者在分类问题中设为'gini'、'entropy'或'log _ loss'，或者在回归问题中设为'squared _ error'、'friedman _ mse'或'poisson'时，DecisionTreeClassifier 类和 DecisionTreeRegistor 类均内置了对缺失值的支持。对于非缺失数据的每个潜在阈值，拆分器将评估拆分，所有缺失值都将转到左节点或右节点上。

预测时，在默认情况下，具有缺失值的样本会按照在训练期间发现的拆分中使用的类别进行分类。

```
1.  >>> from sklearn.tree import DecisionTreeClassifier
2.  >>> import numpy as np
3.
4.  >>> X = np.array([0, 1, 6, np.nan]).reshape(-1, 1)
5.  >>> y = [0, 0, 1, 1]
6.
7.  >>> tree = DecisionTreeClassifier(random_state=0).fit(X, y)
8.  >>> tree.predict(X)
9.  array([0, 0, 1, 1])
```

如果两个节点的评估标准相同，则拆分器检查拆分，其中所有缺失值都将转到一个子项中，而非缺失值则将转到另一个子项中。

```
1. >>> from sklearn.tree import DecisionTreeClassifier
2. >>> import numpy as np
3.
4. >>> X = np.array([np.nan, -1, np.nan, 1]).reshape(-1, 1)
5. >>> y = [0, 0, 1, 1]
6.
7. >>> tree = DecisionTreeClassifier(random_state=0).fit(X, y)
8.
9. >>> X_test = np.array([np.nan]).reshape(-1, 1)
10. >>> tree.predict(X_test)
11. array([1])
```

如果在给定特征的训练过程中没有发现缺失值，那么在预测过程中，缺失值将映射到具有最多样本的子项中。

```
1. >>> from sklearn.tree import DecisionTreeClassifier
2. >>> import numpy as np
3.
4. >>> X = np.array([0, 1, 2, 3]).reshape(-1, 1)
5. >>> y = [0, 1, 1, 1]
6.
7. >>> tree = DecisionTreeClassifier(random_state=0).fit(X, y)
8.
9. >>> X_test = np.array([np.nan]).reshape(-1, 1)
10. >>> tree.predict(X_test)
11. array([1])
```

5.6.3.5 最小成本复杂性剪枝

最小成本复杂性剪枝是一种用于修剪树以避免过拟合的算法。此算法由一个被称为复杂性的参数$\alpha \geqslant 0$进行参数化。复杂性参数用于定义树T的成本复杂性指标$R_\alpha(T)=R(T)+\alpha|\tilde{T}|$，其中，$|\tilde{T}|$是$T$中的叶子节点数量，$R(T)$是叶子节点的总错分率或Scikit-learn中使用的叶子节点的加权杂质。最小成本复杂性剪枝找到T的子树以最大限度地减小$R_\alpha(T)$。

单个节点的成本复杂性指标为$R_\alpha(T)=R(T)+\alpha$。分支T_t定义为以节点t为根的子树。通常节点的杂质大于其叶子节点的加权杂质，即$R(T_t)<R(t)$。然而，节点t及其分支T_t的成本复杂性指标是可以相等的，这取决于α。定义一个节点的有效α值，使得$R_\alpha(T_t)=R_\alpha(t)$或$\alpha_{\text{eff}}(t)=\dfrac{R(t)-R(T_t)}{|T|-1}$。具有最小$\alpha_{\text{eff}}$值的非叶子节点是最薄弱的环节，将被剪枝。当树的最小α_{eff}值大于预先设定的ccp_alpha参数值时，剪枝过程停止。

例5-29展示最小成本复杂性剪枝算法的执行效果及其各参数的影响。

例5-29：使用最小成本复杂性剪枝算法的后剪枝决策树。

DecisionTreeClassifier类提供了min_samples_leaf和max_depth等参数，以防止树过拟合。成本复杂性剪枝为控制树的大小提供了另一种选择，在DecisionTreeClassifier类中，此剪枝技术由成本复杂性参数 ccp_alpha 进行参数化。ccp_alpha 的值越大，修剪的节点越多。此处只展示 ccp_alpha 对正则化树的影响，以及如何根据验证分数选择一个 ccp_alpha。

首先导入 DecisionTreeClassifier 类。

```
1. import matplotlib.pyplot as plt
2.
3. from sklearn.datasets import load_breast_cancer
4. from sklearn.model_selection import train_test_split
5. from sklearn.tree import DecisionTreeClassifier
```

最小成本复杂性剪枝算法递归地找到具有最薄弱环节的节点。最薄弱环节以一个有效的 α 值为特征，首先修剪具有最小有效 α 值的节点。要判断 ccp_alpha 的值是否合适，Scikit-learn 提供了 DecisionTreeClassifier.cost_complexity_pruning_path()方法，它在剪枝过程的每个步骤返回有效的 α 值和相应的叶子节的加权点杂质。随着 α 值的增大，更多的子树被修剪，这增加了树叶子节点的加权杂质，如图 5-48 所示。

```
6. X, y = load_breast_cancer(return_X_y=True)
7. X_train, X_test, y_train, y_test = train_test_split(X, y, random_state=0)
8.
9. clf = DecisionTreeClassifier(random_state=0)
10. path = clf.cost_complexity_pruning_path(X_train, y_train)
11. ccp_alphas, impurities = path.ccp_alphas, path.impurities
12.
13. fig, ax = plt.subplots()
14. ax.plot(ccp_alphas[:-1], impurities[:-1], marker="o", drawstyle="steps-post")
15. ax.set_xlabel("effective alpha")
16. ax.set_ylabel("total impurity of leaves")
17. ax.set_title("Total Impurity vs effective alpha for training set")
```

输出如下：

```
Text(0.5, 1.0, 'Total Impurity vs effective alpha for training set')
```

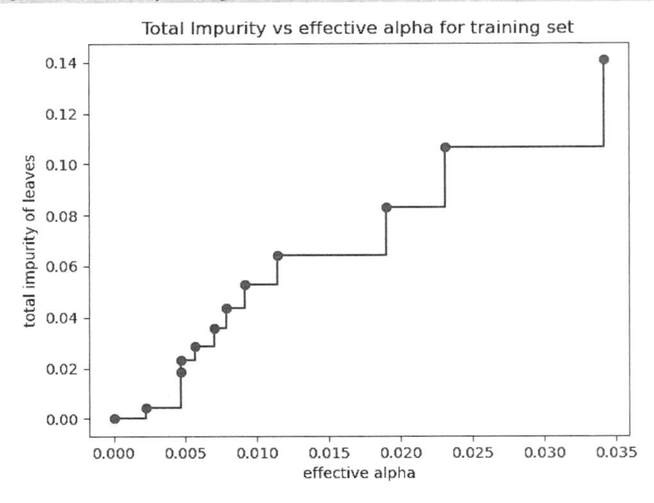

图 5-48　剪枝后树的有效 α 值和树的叶子节点的加权杂质

接下来，使用有效的 α 值训练决策树。ccp_alphas 中的最后一个值是剪枝整棵树的 α 值，使树 clfs[-1]只剩下一个节点。

```
18. clfs = []
19. for ccp_alpha in ccp_alphas:
20.     clf = DecisionTreeClassifier(random_state=0, ccp_alpha=ccp_alpha)
21.     clf.fit(X_train, y_train)
22.     clfs.append(clf)
23. print("Number of nodes in the last tree is: {} with ccp_alpha: {}".format(clfs[-
    1].tree_.node_count, ccp_alphas[-1]))
```

输出如下：

```
Number of nodes in the last tree is: 1 with ccp_alpha: 0.3272984419327777
```

对于本例的其余部分，删除 clfs 和 ccp_alphas 中的最后一个元素，因为它是只有一个节点的平凡树。在此展示节点数量和树的深度随着 α 的增大而减小，如图 5-49 所示。

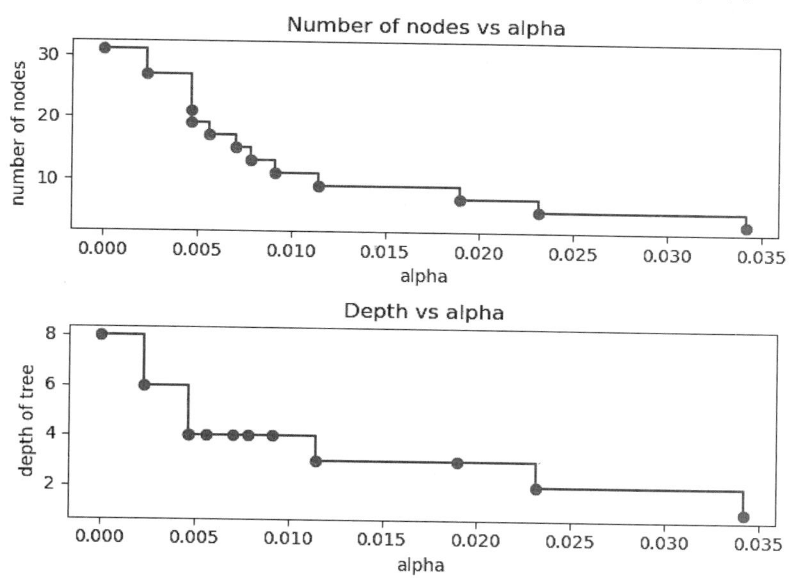

图 5-49 节点数量和树的深度随着 α 的增大而减小

```
24. clfs = clfs[:-1]
25. ccp_alphas = ccp_alphas[:-1]
26.
27. node_counts = [clf.tree_.node_count for clf in clfs]
28. depth = [clf.tree_.max_depth for clf in clfs]
29. fig, ax = plt.subplots(2, 1)
30. ax[0].plot(ccp_alphas, node_counts, marker="o", drawstyle="steps-post")
31. ax[0].set_xlabel("alpha")
32. ax[0].set_ylabel("number of nodes")
33. ax[0].set_title("Number of nodes vs alpha")
34. ax[1].plot(ccp_alphas, depth, marker="o", drawstyle="steps-post")
```

```
35. ax[1].set_xlabel("alpha")
36. ax[1].set_ylabel("depth of tree")
37. ax[1].set_title("Depth vs alpha")
38. fig.tight_layout()
```

训练集和测试集的准确率与 α 值。当设置 ccp_alpha=0 并保持 DecisionTreeClassifier 类的其他默认参数时，树将过拟合，导致 100%的训练准确率和 88%的测试准确率。随着 α 值的增大，修剪更多子树，从而创建一棵更通用的决策树。在本例中，设置 ccp_alpha=0.015 可最大限度地提高测试准确率，如图 5-50 所示。

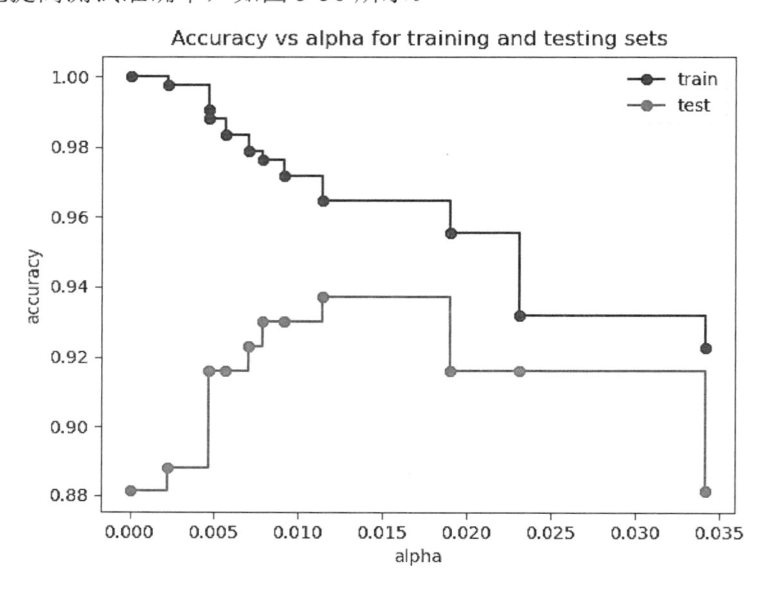

图 5-50 准确率和 α 值

```
39. train_scores = [clf.score(X_train, y_train) for clf in clfs]
40. test_scores = [clf.score(X_test, y_test) for clf in clfs]
41.
42. fig, ax = plt.subplots()
43. ax.set_xlabel("alpha")
44. ax.set_ylabel("accuracy")
45. ax.set_title("Accuracy vs alpha for training and testing sets")
46. ax.plot(ccp_alphas, train_scores,
47.  marker="o",
48.  label="train",
49.  drawstyle="steps-post")
50. ax.plot(ccp_alphas, test_scores,
51.  marker="o",
52.  label="test",
53.  drawstyle="steps-post")
54. ax.legend()
55. plt.show()
```

5.6.3.6 实用技巧

决策树作为一个有效的分类器或预测器，为了发挥其最大效能，还需要一些实用技巧。

（1）决策树通常对具有大量特征的数据过拟合。样本数量与特征数量的正确比例是很重要的，因为在高维空间，样本较少的树很可能会过拟合。

（2）通过提前执行降维（PCA、ICA 或特征选择）操作可以使树有更好的机会找到具有判别力的特征。

（3）了解决策树的结构将有助于深入了解决策树如何进行预测，这对于理解数据中的重要特征非常重要。

（4）通过使用 export()函数，在训练时将树可视化。首先通过设置 max_depth=3 为初始树深度来了解树如何拟合数据，然后增加深度。

（5）树每增长一个额外层，填充树所需的样本数量就会翻倍。使用 max_depth 来控制树的大小，以防止其过拟合。

（6）通过参数 min_samples_split 或 min_samples_leaf 来控制分裂将被考虑，确保多个样本用于训练树中的每个决策。如果该值是一个非常小的数，则通常意味着树将过拟合；而一个较大的数将阻止树学习数据。试着将 min_samples_leaf=5 作为初始值。如果样本数量变化很大，则可以使用这两个参数的百分比来描述。虽然 min_samples_split 可以创建任意小的叶子节点，但 min_samples_leaf 则可以保证每个叶子节点都有最小的样本数量，避免了回归问题中的低方差、过拟合叶子节点。对于类别较少的分类，min_samples_leaf=1 通常是最优选择。请注意，如果规定具有 m 个加权样本的节点仍然被视为正好具有 m 个样本，那么 min_samples_split 直接考虑样本，并且独立于 sample_weight。如果拆分时需要考虑样本权重，则请考虑 min_weight_fraction_leaf 或 min_impurity_drease 的取值。

（7）在训练前平衡数据集，以防止树偏向于占主导数量的类别。类别平衡可以通过从每个类别中采样相等数量的样本来实现，或者优先通过将每个类别的样本权重（sample_weight）之和归一化来实现。还要注意的是，与不知道样本权重的标准（如 min_samples_leaf）相比，基于权重的预修剪标准（如 min_weight_fraction_leaf）对样本数量占优的类别的偏见较小。

（8）如果对样本进行加权，则使用基于权重的预修剪标准更容易优化树的结构，该标准确保叶子节点至少包含样本权重总和的一小部分。

（9）所有决策树内部都使用 np.float32 数组。

（10）如果输入矩阵非常稀疏，则建议在调用 fit()之前将其转换为稀疏 csc_matrix，且在调用 predict()之前转换。当特征在大多数样本中具有零值时，与密集矩阵相比，稀疏矩阵输入的训练时间可以快几个数量级。

5.6.4 算法小结

通过本节的学习，读者可以了解信息论中几个关键的概念，理解决策树生成算法、决策树评估和通过剪枝消除决策树过拟合等方法，并将这些理论和方法体现在决策树实践中。决策树方法的主要优点有：①易于理解和解释，决策树可以被可视化；②应用决策树的时间成本是用于训练决策树的数据点数量的对数；③能够处理数值型数据和分类数据；④能够处理多输出问题；⑤采用白盒模型，如果给定的情况在模型中是可观察的，那么对于条件，很容易用布尔逻辑来解释，相比之下，在黑盒模型（如人工神经网络）中，结果可能较难解释；⑥可以使用统计测试验证模型。这样就可以考虑模型的可靠性。

决策树方法的缺点及其改进如下。

（1）可以创建较复杂的树，这些树不能很好地概括数据，而过多地学习了噪声信息，这被称为过拟合。修剪、设置叶子节点所需的最小样本数量或设置树的最大深度等机制对于避免此问题是必要的。

（2）决策树可能不稳定，因为数据的微小变化可能导致生成完全不同的树。通过后面的集成学习训练多棵树来缓解这个问题。

（3）决策树的预测既不是平滑的，又不是连续的，而与如图 5-46 所示的分段常数近似。因此，它不擅长外推。

（4）学习最优决策树的问题都是 NP 完全的。因此，实际的决策树学习算法是基于启发式的算法，如贪心算法，其在每个节点做出局部最优决策。这样的算法不能保证返回全局最优的决策树。该问题可通过在集成学习器中训练多棵树来缓解，其中，特征和样本是通过随机采样替换的。

（5）如果某些类的样本数量占样本总量的大多数，则决策树学习会创建有偏的树。因此，建议在进行决策树拟合前，先平衡数据集。

5.7 聚类

聚类是一种无监督学习任务（数据没有标注），该算法基于数据的内部结构寻求观察样本的自然族群（簇）。该算法案例包括细分客户、新闻聚类、文章推荐等。

5.7.1 K 均值聚类

K 均值（记为 KMeans）聚类是一种通用目的的算法，聚类的度量基于样本点间的几何距离。簇是围绕在聚类中心的族群，而簇呈现出类球状并具有相似的大小。聚类算法不仅十分简单，还足够灵活，能够在面对大多数问题时给出合理的结果。在本节中，簇是具有近似性质的样本族群，是一种数据存在的形态；而聚类是一个过程，有时也表示该过程的结果。因此，簇和聚类这两个概念不再加以细分，读者可根据上下文理解。

根据最大限度地减小聚类内平方和准则，KMeans 算法尝试将样本分为 n 组方差大致相等的样本簇实现数据聚类。此类算法需要指定簇的数量，能够较好地扩展到具有大样本量的问题，并已在很多不同领域得到广泛应用。

KMeans 算法将一个具有 N 个样本的集合 X 划分为 K 个不相交的簇 C 。每个簇使用簇内样本的平均值 μ_j 来描述，其通常被称为聚类的质心。请注意，质心通常不是来自 X 的样本，尽管它们在同一个空间里。

KMeans 算法旨在选择最小化簇内平方和的质心，如式（5-36）所示。

$$\sum_{i=0}^{n}\min_{\mu_j \in C}\left(x_i - \mu_j\right)^2 \qquad (5\text{-}36)$$

式（5-36）中的准则可被认为是衡量簇内一致性程度的一种指标。它具有以下缺点。

（1）该准则假设簇是凸的和各向同性的，但实际数据情况并非总是如此。它对于细长的簇或形状不规则的流形效果不佳。

（2）该准则不是一个规则化的指标，我们只知道其值越小越好，零值情况是最优的。但在高维空间，欧几里得距离通常会膨胀（这就是所谓的“维度诅咒”）。在 KMeans 聚类之前，运行诸如主成分分析之类的降维算法可以缓解这个问题并加快计算。

KMeans 算法通常被称为 Lloyd 算法，主要有 3 个步骤。

第一步：选择初始化质心，基本方法是从数据集 X 中选择 k 个样本。

第二步：将每个样本分配到离其最近的质心所属的簇。

第三步：获取分配给每个质心的所有样本并求平均值为新质心。重复最后两步，计算新、旧质心的差，直到该值小于一个预先给定的阈值，即质心没有明显移动。

只要有足够的时间，KMeans 算法就总能收敛，但可能收敛到局部最小值，这在很大程度上取决于质心的初始化。因此，我们通常多次执行算法，每次质心的初始化不同。在 Scikit-learn 中，设置参数 init="k-means++"以实现 k-means++初始化方案，通常会将质心初始化为彼此相距较远，可能会产生比随机初始化更好的结果。k-means++也可以独立调用，为其他聚类算法选择种子，有关其详细信息和示例用法请参阅 sklearn.cluster.keans_plusplus。

KMeans 算法支持样本权重，样本权重可由参数 sample_weight 来设定。这允许在计算簇中心和准则值时为一些样本分配更大的权重。例如，将权重 2 分配给某样本相当于将该样本的一个备份添加到数据集 X 中。KMeans 算法还支持并行处理小块数据（256 个样本），这将节省内存的占用。

例 5-30：KMeans 算法假设的展示。

本例展示 KMeans 算法产生的非直觉的和可能不想要的聚类情况。

第一步，生成数据集。

使用 make_blobs()函数生成各向同性（球形）、服从高斯分布的数据集，为了获得各向异性（椭圆）、服从高斯分布的数据集，必须定义一个线性 transformation。

```
1. import numpy as np
2. from sklearn.datasets import make_blobs
3.
4. n_samples = 1500
5. random_state = 170
6. transformation = [[0.60834549, -0.63667341], [-0.40887718, 0.85253229]]
7.
8. X, y = make_blobs(n_samples=n_samples, random_state=random_state)
9. X_aniso = np.dot(X, transformation)  # Anisotropic blobs
10. X_varied,  y_varied  =  make_blobs(n_samples=n_samples,  cluster_std=[1.0,  2.5,
   0.5], random_state=random_state)
11. X_filtered = np.vstack((X[y == 0][:500], X[y == 1][:100], X[y == 2][:10])) # 不
   平衡
12. y_filtered = [0] * 500 + [1] * 100 + [2] * 10
```

生成数据可视化，不同情况下的样本数据如图 5-51 所示。

```
13. import matplotlib.pyplot as plt
14.
15. fig, axs = plt.subplots(nrows=2, ncols=2, figsize=(12, 12))
16.
17. axs[0, 0].scatter(X[:, 0], X[:, 1], c=y)
18. axs[0, 0].set_title("Mixture of Gaussian Blobs")
19. axs[0, 1].scatter(X_aniso[:, 0], X_aniso[:, 1], c=y)
20. axs[0, 1].set_title("Anisotropically Distributed Blobs")
21. axs[1, 0].scatter(X_varied[:, 0], X_varied[:, 1], c=y_varied)
22. axs[1, 0].set_title("Unequal Variance")
23.
24. axs[1, 1].scatter(X_filtered[:, 0], X_filtered[:, 1], c=y_filtered)
25. axs[1, 1].set_title("Unevenly Sized Blobs")
26.
27. plt.suptitle("Ground truth clusters").set_y(0.95)
28. plt.show()
```

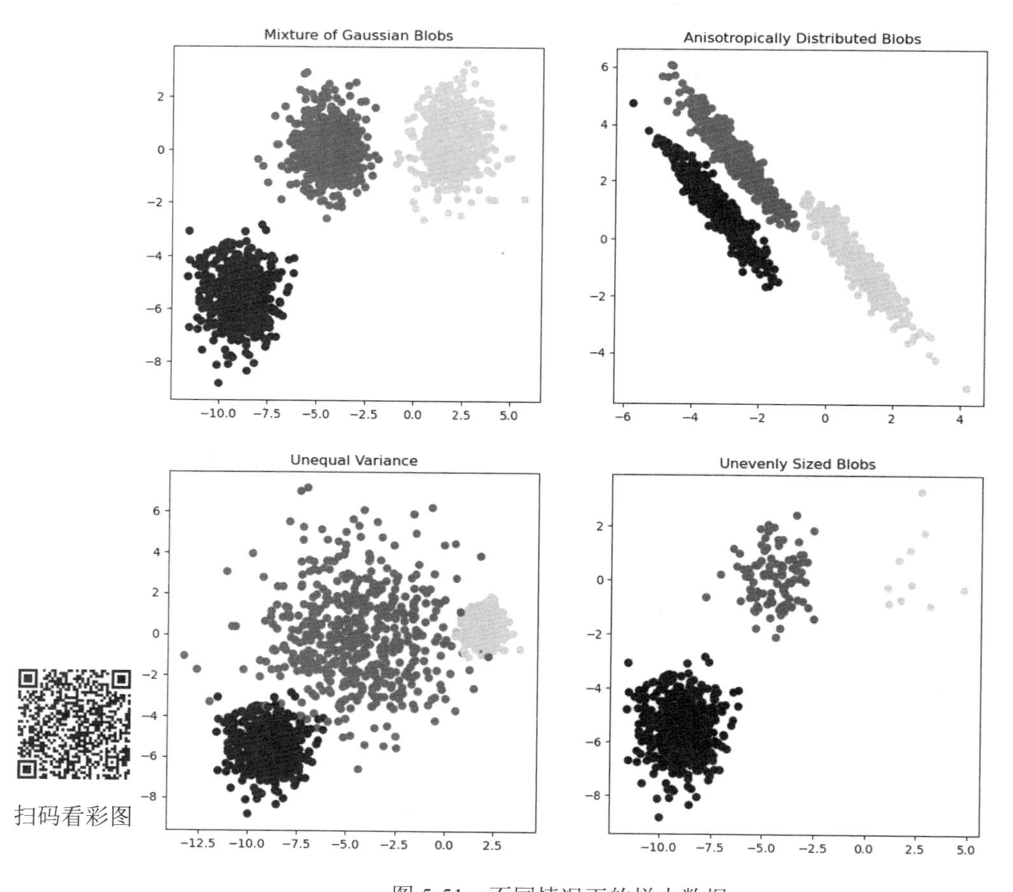

图 5-51　不同情况下的样本数据

第二步，拟合模型并绘制结果。

如图 5-51 所示，第一步生成的数据现被用于展示 KMean 算法在不同数据集情况下的执行效果。

（1）非最优簇数量：必须根据对数据的标准和预期目标的了解来确定适当的簇数量。

（2）各向异性分布数据集：KMeans 算法包括最小化样本到其所分配簇质心的欧几里得距离的操作。因此，KMeans 算法更适用于各向同性和正态分布的聚类（球形高斯）。

（3）不等方差：KMeans 相当于对具有相同方差但可能具有不同平均值的 K 个高斯分布的“混合物”进行最大似然估计。

（4）类别样本数量不平衡的数据集：没有相关理论表明 KMeans 算法需要相似的聚类大小才能表现良好，但最小化欧几里得距离确实意味着问题的样本集越稀疏和高维，就越需要使用不同的质心种子运行算法。

```
29. from sklearn.cluster import KMeans
30.
31. common_params = {"n_init": "auto", "random_state": random_state,}
32. fig, axs = plt.subplots(nrows=2, ncols=2, figsize=(12, 12))
33.
34. y_pred = KMeans(n_clusters=2, **common_params).fit_predict(X)
35. axs[0, 0].scatter(X[:, 0], X[:, 1], c=y_pred)
36. axs[0, 0].set_title("Non-optimal Number of Clusters")
37.
38. y_pred = KMeans(n_clusters=3, **common_params).fit_predict(X_aniso)
39. axs[0, 1].scatter(X_aniso[:, 0], X_aniso[:, 1], c=y_pred)
40. axs[0, 1].set_title("Anisotropically Distributed Blobs")
41.
42. y_pred = KMeans(n_clusters=3, **common_params).fit_predict(X_varied)
43. axs[1, 0].scatter(X_varied[:, 0], X_varied[:, 1], c=y_pred)
44. axs[1, 0].set_title("Unequal Variance")
45.
46. y_pred = KMeans(n_clusters=3, **common_params).fit_predict(X_filtered)
47. axs[1, 1].scatter(X_filtered[:, 0], X_filtered[:, 1], c=y_pred)
48. axs[1, 1].set_title("Unevenly Sized Blobs")
49.
50. plt.suptitle("Unexpected KMeans clusters").set_y(0.95)
51. plt.show()
```

上述代码片段描述了在簇数量不对、各向异性分布、方差不相等和簇大小不均匀情况下，KMeans 算法的运行结果，如图 5-52 所示。

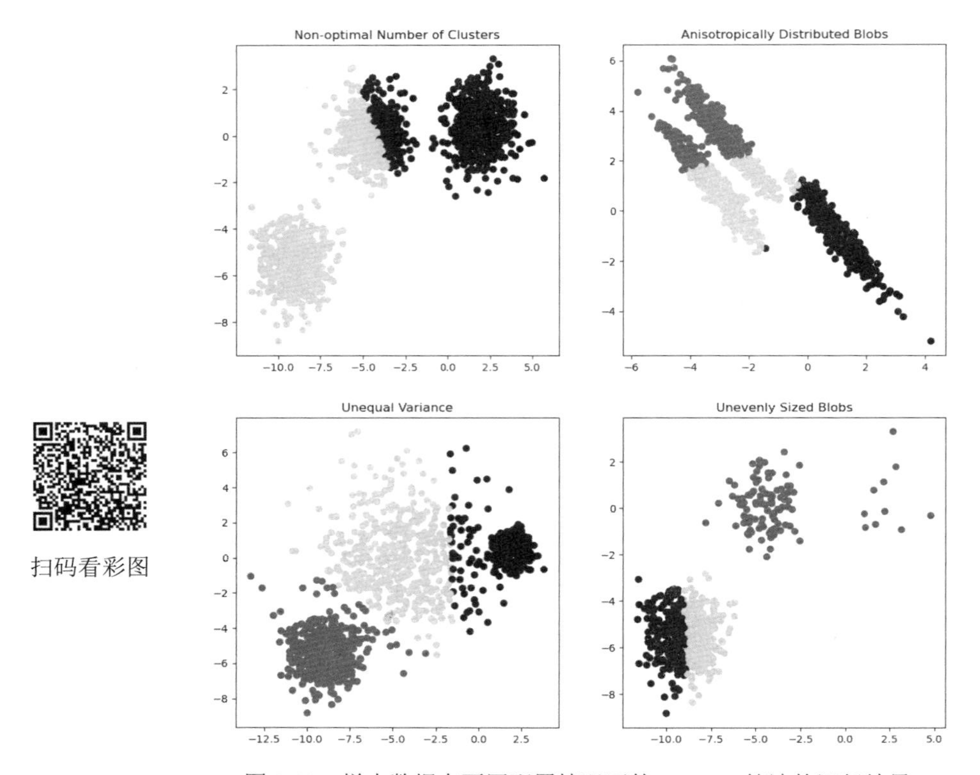

扫码看彩图

图 5-52　样本数据在不同配置情况下的 KMeans 算法的运行结果

第三步，可能的解决方案。

簇数量设置不同的效果如图 5-53 所示，其中 n_clusters=3；图 5-52 的左上子图是簇数量设置为 2 的结果。两者相比，前者更准确。

```
52. y_pred = KMeans(n_clusters=3, **common_params).fit_predict(X)
53. plt.scatter(X[:, 0], X[:, 1], c=y_pred)
54. plt.title("Optimal Number of Clusters")
55. plt.show()
```

扫码看彩图

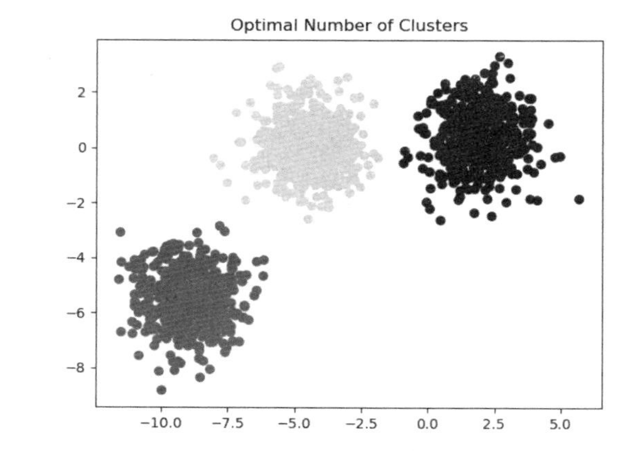

图 5-53　簇数量设置不同的效果

为了处理不同类别样本数量不均匀的簇，可以增加随机初始化的次数。在这种情况下，设置 n_init=10 以避免找到次优局部最小值，如图 5-54 所示。

```
56. y_pred = KMeans(n_clusters=3, n_init=10, random_state=random_state).fit_predict
    (X_filtered)
57. plt.scatter(X_filtered[:, 0], X_filtered[:, 1], c=y_pred)
58. plt.title("Unevenly Sized Blobs \nwith several initializations")
59. plt.show()
```

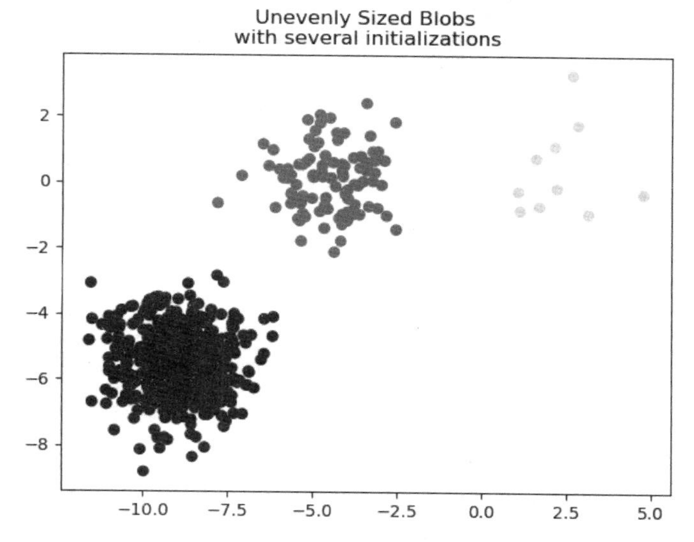

扫码看彩图

图 5-54　设置 n_init=10 以避免找到次优局部最小值

由于各向异性和方差不相等是 KMeans 算法的实际限制，因此建议使用 GaussianMixture，它也假设了高斯聚类，但不对样本方差施加任何约束，如图 5-55 所示。请注意，此时仍然需要找到数据集的正确类别数量。

```
60. from sklearn.mixture import GaussianMixture
61.
62. fig, (ax1, ax2) = plt.subplots(nrows=1, ncols=2, figsize=(12, 6))
63.
64. y_pred = GaussianMixture(n_components=3).fit_predict(X_aniso)
65. ax1.scatter(X_aniso[:, 0], X_aniso[:, 1], c=y_pred)
66. ax1.set_title("Anisotropically Distributed Blobs")
67.
68. y_pred = GaussianMixture(n_components=3).fit_predict(X_varied)
69. ax2.scatter(X_varied[:, 0], X_varied[:, 1], c=y_pred)
70. ax2.set_title("Unequal Variance")
71.
72. plt.suptitle("Gaussian mixture clusters").set_y(0.95)
73. plt.show()
```

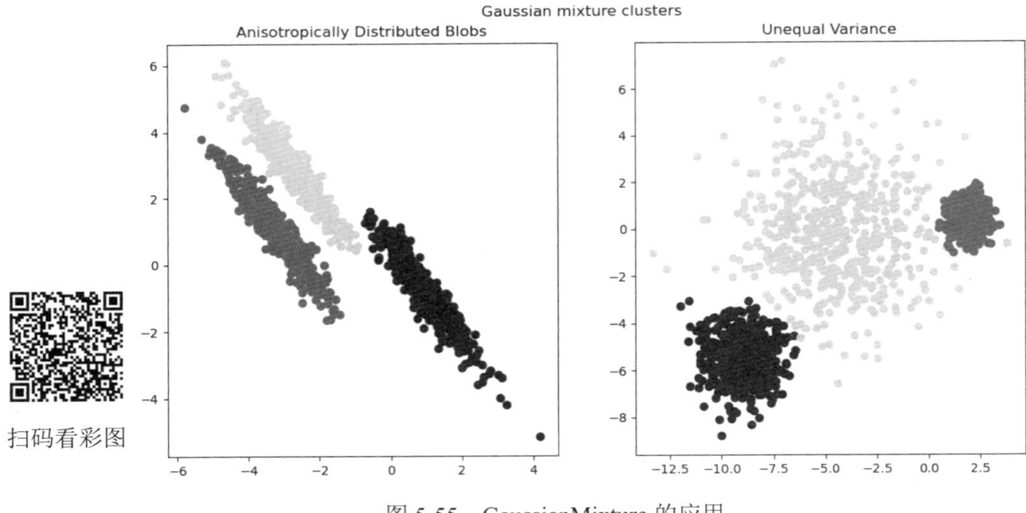

图 5-55 GaussianMixture 的应用

在高维空间，欧几里得距离往往会膨胀。在 KMeans 聚类之前运行降维算法可以缓解这个问题并加快计算速度。

由例 5-30 可知，在已知聚类是各向同性、具有相似方差且不太稀疏的情况下，KMeans 算法是非常有效的，并且是可用的最快的聚类算法之一。如果需要多次执行该算法以避免收敛到局部最小值，那么它的这种优势可能会丧失。

例 5-31 在运行时间和结果质量方面比较 KMeans 算法的各种初始化策略。

例 5-31：手写数字数据集上的 KMeans 聚类演示。

由于本例中数据的真实值是已知的，因此这里还应用了不同的聚类质量指标来判断聚类方法的拟合优度。

本例中用于评估聚类质量的指标如表 5-3 所示。

表 5-3 本例中用于评估聚类质量指标

简　写	名　称
homo	homogeneity score
compl	completeness score
v-meas	V measure
ARI	adjusted Rand index
AMI	adjusted mutual information
silhouette	silhouette coefficient

第一步，加载数据集。

需要加载的手写数字数据集包含从 0 到 9 的手写数字图像。我们希望对图像进行分组，使得每组图像上的手写数字相同。

```
1. import numpy as np
2. from sklearn.datasets import load_digits
3.
4. data, labels = load_digits(return_X_y=True)
```

```
5.  (n_samples, n_features), n_digits = data.shape, np.unique(labels).size
6.
7.  print(f"# digits: {n_digits}; # samples: {n_samples}; # features {n_features}")
```

第二步，定义评估基准。

首先确定要使用的评估基准。在评估期，我们打算比较 KMean 算法的不同初始化方法，使用的基准有：①创建一个管道，其中使用 StandardScaler 归一化数据；②训练并计时管道；③通过不同指标度量获得的聚类性能。

```
8.  from time import time
9.
10. from sklearn import metrics
11. from sklearn.pipeline import make_pipeline
12. from sklearn.preprocessing import StandardScaler
13.
14.
15. def bench_k_means(kmeans, name, data, labels):
16.     """评估 KMeans 的初始化方法的基准
17.
18.     kmeans：KMeans 已初始化的 `~sklearn.cluster.KMeans` 实例
19.     name：str，策略名称，用于在表格中显示结果
20.     data：形状为 (n_samples, n_features) 的数组，是要聚类的数据
21.     labels：形状为 (n_samples,) 的数组，是用于计算聚类度量的标签，这需要一些监督
22.     """
23.     t0 = time()
24.     estimator = make_pipeline(StandardScaler(), kmeans).fit(data)
25.     fit_time = time() - t0
26.     results = [name, fit_time, estimator[-1].inertia_]
27.
28.     # 定义只需真实标签和估计器标签的指标
29.     clustering_metrics = [
30.         metrics.homogeneity_score,
31.         metrics.completeness_score,
32.         metrics.v_measure_score,
33.         metrics.adjusted_rand_score,
34.         metrics.adjusted_mutual_info_score,
35.     ]
36.     results += [m(labels, estimator[-1].labels_) for m in clustering_metrics]
37.
38.     # silhouette 得分，需要完整的数据集
39.     results    +=    [metrics.silhouette_score(data,    estimator[-1].labels_,
    metric="euclidean", sample_size=300,)]
40.
41.     # 显示结果
```

```
42.     formatter_result = ("{:9s}\t{:.3f}s\t{:.0f}\t{:.3f}\t{:.3f}\t{:.3f}\t{:.3f}\t
    {:.3f}\t{:.3f}")
43.     print(formatter_result.format(*results))
```

第三步，运行基准程序。

这里比较 3 种方法。

（1）使用 k-means++获取初始簇中心。该方法是随机的，这里将进行 4 次初始化。

（2）随机初始化簇中心。该方法是随机的，这里将进行 4 次初始化。

（3）基于 PCA（主成分分析）投影初始化簇中心。实际上，这里使用 pca.components_来初始化 KMean 算法。该方法是确定的，进行 1 次初始化就足够。

```
44. from sklearn.cluster import KMeans
45. from sklearn.decomposition import PCA
46.
47. print(82 * "_")
48. print("init\t\ttime\tinertia\thomo\tcompl\tv-meas\tARI\tAMI\tsilhouette")
49.
50. kmeans    =    KMeans(init="k-means++",    n_clusters=n_digits,    n_init=4,
    random_state=0)
51. bench_k_means(kmeans=kmeans, name="k-means++", data=data, labels=labels)
52.
53. kmeans = KMeans(init="random", n_clusters=n_digits, n_init=4, random_state=0)
54. bench_k_means(kmeans=kmeans, name="random", data=data, labels=labels)
55.
56. pca = PCA(n_components=n_digits).fit(data)
57. kmeans = KMeans(init=pca.components_, n_clusters=n_digits, n_init=1)
58. bench_k_means(kmeans=kmeans, name="PCA-based", data=data, labels=labels)
59.
60. print(82 * "_")
```

输出如下：

```
init            time     inertia homo     compl    v-meas   ARI      AMI      silhouette
k-means++       0.034s   69545   0.598    0.645    0.621    0.469    0.617    0.152
random          0.041s   69735   0.681    0.723    0.701    0.574    0.698    0.170
PCA-based       0.012s   72686   0.636    0.658    0.647    0.521    0.643    0.142
```

第四步，在 PCA 降维后的数据上训练结果的可视化。

PCA 将数据从原始 64 维空间投影到较低维空间。下面使用 PCA 将数据投影到二维空间，并在这个新空间中绘制数据和聚类，如图 5-56 所示。

```
61. import matplotlib.pyplot as plt
62.
63. reduced_data = PCA(n_components=2).fit_transform(data)
64. kmeans = KMeans(init="k-means++", n_clusters=n_digits, n_init=4)
65. kmeans.fit(reduced_data)
```

```
66.
67. h = 0.02          # 网格的步长
68.
69. # 绘制决策边界。为此，将为每个簇赋值一个颜色
70. x_min, x_max = reduced_data[:, 0].min() - 1, reduced_data[:, 0].max() + 1
71. y_min, y_max = reduced_data[:, 1].min() - 1, reduced_data[:, 1].max() + 1
72. xx, yy = np.meshgrid(np.arange(x_min, x_max, h), np.arange(y_min, y_max, h))
73.
74. # 获取网格中每个点的标签。使用上次训练的模型
75. Z = kmeans.predict(np.c_[xx.ravel(), yy.ravel()])
76.
77. # 将结果放入彩色图像中
78. Z = Z.reshape(xx.shape)
79. plt.figure(1)
80. plt.clf()
81. plt.imshow(
82.     Z,
83.     interpolation="nearest",
84.     extent=(xx.min(), xx.max(), yy.min(), yy.max()),
85.     cmap=plt.cm.Paired,
86.     aspect="auto",
87.     origin="lower",
88. )
89.
90. plt.plot(reduced_data[:, 0], reduced_data[:, 1], "k.", markersize=2)
91. # 将质心绘制为白色 X 标记符
92. centroids = kmeans.cluster_centers_
93. plt.scatter(centroids[:, 0], centroids[:, 1], marker="x", s=169, linewidths=3,
    color="w", zorder=10,)
94. plt.title("KMeans clustering on the digits dataset (PCA-reduced data)\n
    Centroids are marked with white cross")
95. plt.xlim(x_min, x_max)
96. plt.ylim(y_min, y_max)
97. plt.xticks(())
98. plt.yticks(())
99. plt.show()
```

由上述若干示例可知，KMeans 算法是最流行的聚类算法之一，因为该算法足够快速、简单，并且如果预处理数据和特征工程十分有效，那么该聚类算法将拥有令人惊叹的灵活性。但该算法需要指定簇的数量，而 K 值的选择通常不是那么容易的。另外，如果训练数据中的真实簇并不是类球状的，那么 KMeans 算法会得出一些效果比较差的簇。

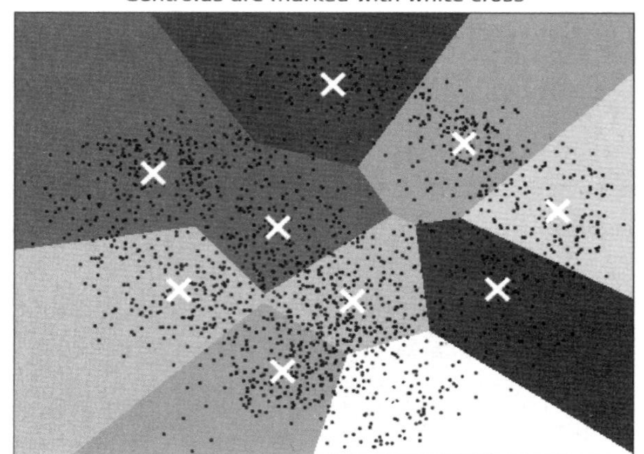

扫码看彩图

图 5-56　手写数字数据集上的 KMeans 聚类展示

5.7.2　小批量 KMeans

MiniBatchKMeans 是 KMeans 算法的一个变体，它使用小批量来减少计算时间，但依然试图优化相同的目标函数。小批量是输入数据的子集，在每次训练迭代中随机采样。这些小批量大大减小了收敛到局部解所需的计算量。与其他减少收敛时间的算法相比，MiniBatchKMeans 算法产生的结果通常只比标准算法产生的结果略差。

类似于最初的 KMeans，MiniBatchKMeans 算法也是在两步间迭代。第一步，首先从数据集中随机抽取 K 个样本，形成一个小批量；然后，将它们指定给最近的质心。第二步，针对于小批量中的每个样本，通过获取样本和所有先前分配至该质心的样本的流式平均值更新质心。迭代执行这两步，直到收敛或达到预定的迭代次数。

MiniBatchKMeans 比 KMeans 收敛得更快，但其结果的质量会降低。在实践中，这种质量差异可能非常小。

例 5-32：KMeans 和 MiniBatchKMeans 算法的比较。

通过比较 MiniBatchKMeans 和 KMeans 算法的性能可知，MiniBatchKMean 的收敛速度更快，但它给出的结果略有不同。

下面使用 KMeans 和 MiniBatchKMeans 算法对同一组数据进行聚类，并绘制结果，绘制两种算法标记的不同点。

第一步，生成数据。

首先生成要聚类的数据块。

```
1.  import numpy as np
2.  from sklearn.datasets import make_blobs
3.
4.  np.random.seed(0)
5.
6.  batch_size = 45
7.  centers = [[1, 1], [-1, -1], [1, -1]]
```

```
8.  n_clusters = len(centers)
9.  X, labels_true = make_blobs(n_samples=3000, centers=centers, cluster_std=0.7)
```

第二步，KMeans 聚类。

```
10. import time
11. from sklearn.cluster import KMeans
12.
13. k_means = KMeans(init="k-means++", n_clusters=3, n_init=10)
14. t0 = time.time()
15. k_means.fit(X)
16. t_batch = time.time() - t0
```

第三步，MiniBatchKMeans 聚类。

```
17. from sklearn.cluster import MiniBatchKMeans
18.
19. mbk = MiniBatchKMeans(
20.     init="k-means++",
21.     n_clusters=3,
22.     batch_size=batch_size,
23.     n_init=10,
24.     max_no_improvement=10,
25.     verbose=0,
26. )
27. t0 = time.time()
28. mbk.fit(X)
29. t_mini_batch = time.time() - t0
```

第四步，在聚类间建立奇偶校验。

我们希望 MiniBatchKMeans 和 KMeans 算法中的同一聚类的样本点具有相同的颜色。下面将最接近的聚类中心配对。

```
30. from sklearn.metrics.pairwise import pairwise_distances_argmin
31.
32. k_means_cluster_centers = k_means.cluster_centers_
33. order = pairwise_distances_argmin(k_means.cluster_centers_, mbk.cluster_centers_)
34. mbk_means_cluster_centers = mbk.cluster_centers_[order]
35.
36. k_means_labels = pairwise_distances_argmin(X, k_means_cluster_centers)
37. mbk_means_labels = pairwise_distances_argmin(X, mbk_means_cluster_centers)
```

第五步，绘制结果，如图 5-57 所示。

```
38. import matplotlib.pyplot as plt
39.
40. fig = plt.figure(figsize=(8, 3))
41. fig.subplots_adjust(left=0.02, right=0.98, bottom=0.05, top=0.9)
```

```
42. colors = ["#4EACC5", "#FF9C34", "#4E9A06"]
43.
44. # KMeans
45. ax = fig.add_subplot(1, 3, 1)
46. for k, col in zip(range(n_clusters), colors):
47.     my_members = k_means_labels == k
48.     cluster_center = k_means_cluster_centers[k]
49.     ax.plot(X[my_members, 0], X[my_members, 1], "w", markerfacecolor=col,
    marker=".")
50.     ax.plot(cluster_center[0], cluster_center[1], "o", markerfacecolor=col,
    markeredgecolor="k", markersize=6,)
51. ax.set_title("KMeans")
52. ax.set_xticks(())
53. ax.set_yticks(())
54. plt.text(-3.5, 1.8, "train time: %.2fs\ninertia: %f" % (t_batch, k_means.inertia_))
55.
56. # MiniBatchKMeans
57. ax = fig.add_subplot(1, 3, 2)
58. for k, col in zip(range(n_clusters), colors):
59.     my_members = mbk_means_labels == k
60.     cluster_center = mbk_means_cluster_centers[k]
61.     ax.plot(X[my_members, 0], X[my_members, 1], "w", markerfacecolor=col, marker=".")
62.     ax.plot(cluster_center[0], cluster_center[1], "o", markerfacecolor=col,
    markeredgecolor="k", markersize=6,)
63. ax.set_title("MiniBatchKMeans")
64. ax.set_xticks(())
65. ax.set_yticks(())
66. plt.text(-3.5, 1.8, "train time: %.2fs\ninertia: %f" % (t_mini_batch, mbk.inertia_))
67.
68.
69. different = mbk_means_labels == 4
70. ax = fig.add_subplot(1, 3, 3)
71.
72. for k in range(n_clusters):
73.     different += (k_means_labels == k) != (mbk_means_labels == k)
74.
75. identical = np.logical_not(different)
76. ax.plot(X[identical, 0], X[identical, 1], "w", markerfacecolor="#bbbbbb",
    marker=".")
77. ax.plot(X[different, 0], X[different, 1], "w", markerfacecolor="m", marker=".")
78. ax.set_title("Difference")
79. ax.set_xticks(())
80. ax.set_yticks(())
```

```
81.
82. plt.show()
```

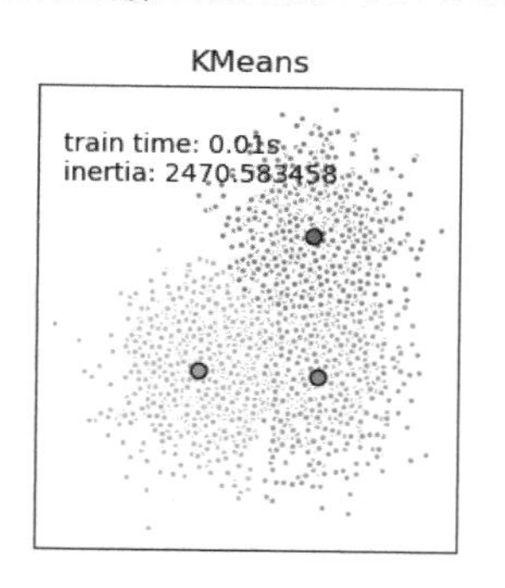

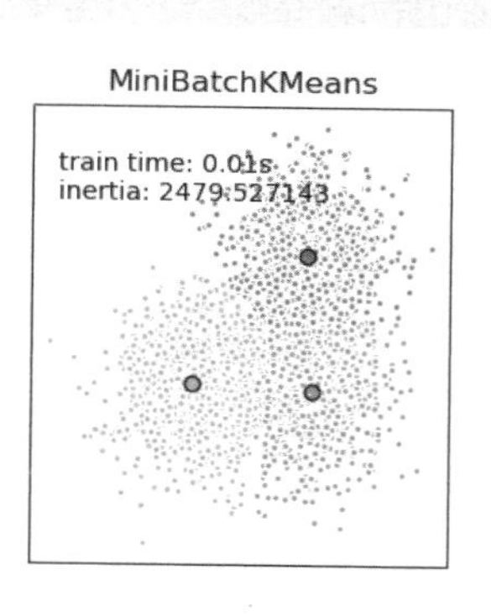

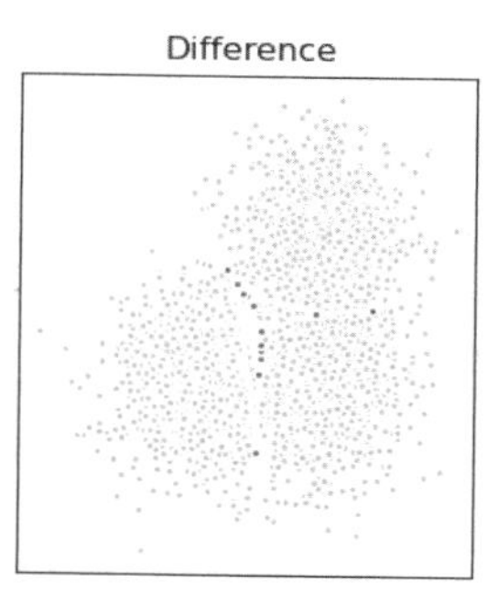

扫码看彩图

图 5-57　KMeans 和 MiniBatchKMeans 算法的比较

5.7.3　Affinity Propagation 聚类算法

Affinity Propagation 聚类算法（简称 AP 算法）是一种相对较新的聚类算法，该聚类算法基于两个样本点之间的图形距离（Graph Distances）确定簇。使用该聚类算法的簇具有更小和类别不均衡等特点。

AP 算法通过在样本对之间发送消息实现聚类，直到收敛；使用少量样本描述数据集，这些样本被确定为最具代表性样本。样本对之间发送的消息表示一个样本是否适合作为另一个样本的典型代表，并根据其他样本对的值进行更新。这种更新迭代一直进行，直到收敛，在收敛点上选择最终样本，从而给出最终的聚类。

AP 算法根据提供的数据选择聚类数量。为此，它有两个重要的参数，一个是 preference，用于控制使用多少样本；另一个是阻尼因子（Damping Factor），用于抑制责任和可用性消息，以避免在更新这些消息时出现数值振荡。

AP 算法的主要缺点是它的复杂性。该算法的时间复杂度为$O\left(N^2T\right)$，其中，N是样本数量，T是直到收敛的迭代次数。此外，如果使用稠密的相似性矩阵，则空间复杂度为$O\left(N^2\right)$；但如果使用稀疏的相似性矩阵，则 AP 算法是可简化的。这使得 AP 算法最适合中小型数据集。

在 AP 算法中，样本对之间发送的消息有两类。其中，第一类消息是责任$r(i,k)$，为样本k应该是样本i的代表的累积证据。第二类消息是可用性$a(i,k)$，为样本i应该选择样本k作为其代表的累积证据，并通过考虑所有其他样本值，样本k应该是一个典范。通过这种方式，如果某一样本与很多样本都足够相似，且有很多其他样本选择它代表自身，则选择该样本为典范。

样本k成为样本i的典范的责任$r(i,k)$形式化为

$$r(i,k) \leftarrow s(i,k) - \max_{\forall k' \neq k}\left[a(i,k') + s(i,k')\right]$$

其中，$s(i,k)$代表样本i和k之间的相似性。

样本k成为样本i的典范的可用性$a(i,k)$形式化为

$$a(i,k) \leftarrow \min\left[0, r(k,k) + \sum_{i', \text{s.t. } i' \notin \{i,k\}} r(i',k)\right]$$

首先，a 和 r 的所有值都被设置为零，迭代，直到收敛。如上所述，为了在更新消息时避免出现数值振荡，阻尼因子 λ 被引入迭代过程：

$$r_{t+1}(i,k) = \lambda r_t(i,k) + (1-\lambda) r_{t+1}(i,k)$$
$$a_{t+1}(i,k) = \lambda a_t(i,k) + (1-\lambda) a_{t+1}(i,k)$$

其中，t 表示迭代次数。

下面通过例 5-33 来展示 AP 算法的效果，如图 5-58 所示。

例 5-33：AP 算法展示。

第一步，生成样本数据。

```
1. import numpy as np
2. 
3. from sklearn import metrics
4. from sklearn.cluster import AffinityPropagation
5. from sklearn.datasets import make_blobs
6. centers = [[1, 1], [-1, -1], [1, -1]]
7. X, labels_true = make_blobs(n_samples=300, centers=centers, cluster_std=0.5,
   random_state=0)
```

第二步，计算相似性传播。

```
8. af = AffinityPropagation(preference=-50, random_state=0).fit(X)
9. cluster_centers_indices = af.cluster_centers_indices_
10. labels = af.labels_
11. 
12. n_clusters_ = len(cluster_centers_indices)
13. 
14. print("Estimated number of clusters: %d" % n_clusters_)
15. print("Homogeneity: %0.3f" % metrics.homogeneity_score(labels_true, labels))
16. print("Completeness: %0.3f" % metrics.completeness_score(labels_true, labels))
17. print("V-measure: %0.3f" % metrics.v_measure_score(labels_true, labels))
18. print("Adjusted Rand Index: %0.3f" % metrics.adjusted_rand_score(labels_true,
    labels))
19. print("Adjusted Mutual Information: %0.3f" % metrics.adjusted_mutual_info_score
    (labels_true, labels))
20. print("Silhouette Coefficient: %0.3f"   % metrics.silhouette_score(X, labels,
    metric="sqeuclidean"))
```

输出如下：

```
Estimated number of clusters: 3
Homogeneity: 0.872
Completeness: 0.872
V-measure: 0.872
```

```
Adjusted Rand Index: 0.912
Adjusted Mutual Information: 0.871
Silhouette Coefficient: 0.753
```

第三步，绘制结果。

```
21. import matplotlib.pyplot as plt
22.
23. plt.close("all")
24. plt.figure(1)
25. plt.clf()
26.
27. colors = plt.cycler("color",plt.cm.viridis(np.linspace(0, 1, 4)))
28. marker = ['-','--','-.']
29. for k, col in zip(range(n_clusters_), colors):
30.     class_members = labels == k
31.     cluster_center = X[cluster_centers_indices[k]]
32.     plt.scatter(X[class_members, 0], X[class_members, 1], color=col["color"],
   marker=".")
33.     plt.scatter(cluster_center[0], cluster_center[1], s=14, color=col["color"],
   marker="o")
34.     for x in X[class_members]:
35.         plt.plot([cluster_center[0], x[0]], [cluster_center[1], x[1]], marker[k],
   color=col["color"])
36.
37. plt.title("Estimated number of clusters: %d" % n_clusters_)
38. plt.show()
```

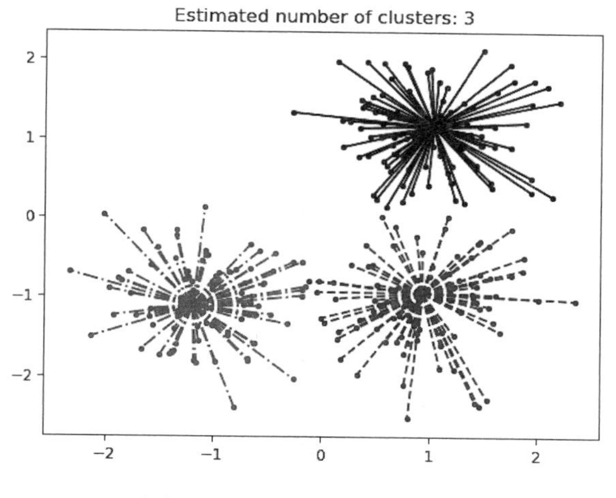

扫码看彩图

图 5-58　AP 聚类算法的效果

5.7.4　层次聚类

层次聚类是一类通过依次合并或拆分来构建嵌套聚类的算法。聚类的层次结构表示为树。树根是汇集所有样本的唯一簇，叶子是只有一个样本的簇。层次聚类的步骤如下：①每个样本点为一个簇；②基于簇联接准则合并簇；③重复步骤②，直到只留下一个簇。由此，就得到了聚类的层次结构。

层次聚类自下而上地执行分层聚类，以下簇联接准则确定了合并策略。

（1）最小化所有簇内的平方差之和（Ward），这是一种方差最小化方法，类似于 KMeans 算法的目标函数，但它采用了聚集层次方法。

（2）完全联接（Complete），使得簇对中的观测值之间的最大距离最小化。

（3）平均联接（Average），使得簇对中的所有观测值之间的距离的平均值最小化。

（4）单联接（Single），使得簇对中最接近的观测值之间的距离最小化。

当与联接矩阵联合使用时，AgglomerativeClustering 可以扩展到大量样本的情况，但当样本之间没有联合约束时，计算成本会很高，因为它在每一步都考虑所有可能的合并。

FeatureAggregation 将看起来非常相似的特征分成一组，从而减小特征数量，这是一种降维工具。

5.7.4.1 联接准则

AgglomerativeClustering 支持 Ward、Single、Average 和 Complete 联接准则。

汇集聚类具有“越富有就越富有”的特点，导致聚类规模不均衡。在这方面，Single 联接准则是最糟糕的策略，Ward 联接准则给出了最规则的规模。然而，亲和度（或聚类中使用的距离）不能随 Ward 的变化而变化，因此对于非欧几里得距离度量，Average 联接准则可能是一个好的选择。Single 联接准则虽然对噪声数据不具有鲁棒性，但可以非常有效地进行计算，因此可用于提供较大规模的数据集的分层聚类。Single 联接准则也可以在非球状数据集上表现良好。

例 5-34 展示在一个“有趣”的二维数据集上进行分层聚类时，采用不同联接准则的效果，如图 5-59 所示。

例 5-34：在 toy 数据集上，不同联接准则的比较。

主要观察结果有：①Single 联接准则速度快，在非球状数据集上表现良好，但在有噪声的情况下表现不佳；②Average 和 Complete 联接准则在干净分离的球状簇上表现良好，但在其他方面的表现“喜忧参半”；③Ward 联接准则是处理含噪声数据最有效的方法。

虽然这个例子给出了一些关于算法的直觉，但这种直觉可能不适用于非常高维的数据。

第一步，生成数据集。这里选择足够大的数据集以查看算法的可扩展性，但不要太大，以避免造成过长的运行时间。

```
1.  import time
2.  import warnings
3.  from itertools import cycle, islice
4.  import matplotlib.pyplot as plt
5.  import numpy as np
6.  from sklearn import cluster, datasets
7.  from sklearn.preprocessing import StandardScaler
8.
9.  np.random.seed(0)
```

```
10. n_samples = 1500
11. noisy_circles = datasets.make_circles(n_samples=n_samples, factor=0.5, noise=0.05)
12. noisy_moons = datasets.make_moons(n_samples=n_samples,noise=0.05)
13. blobs = datasets.make_blobs(n_samples=n_samples, random_state=8)
14. no_structure = np.random.rand(n_samples, 2), None
15.
16. # 各向异性分布数据
17. random_state = 170
18. X, y = datasets.make_blobs(n_samples=n_samples, random_state=random_state)
19. transformation = [[0.6, -0.6], [-0.4, 0.8]]
20. X_aniso = np.dot(X, transformation)
21. aniso = (X_aniso, y)
22.
23. varied = datasets.make_blobs(n_samples=n_samples, cluster_std=[1.0, 2.5, 0.5],
    random_state=random_state)
```

第二步，聚类并绘图。

```
24. # 设置聚类参数
25. plt.figure(figsize=(9 * 1.3 + 2, 14.5))
26. plt.subplots_adjust(left=0.02, right=0.98, bottom=0.001, top=0.96, wspace=0.05,
    hspace=0.01)
27.
28. plot_num = 1
29. default_base = {"n_neighbors": 10, "n_clusters": 3}
30.
31. datasets = [
32.     (noisy_circles, {"n_clusters": 2}), (noisy_moons, {"n_clusters": 2}),
33.     (varied, {"n_neighbors": 2}), (aniso, {"n_neighbors": 2}), (blobs, {}),
    (no_structure, {}),]
34.
35. for i_dataset, (dataset, algo_params) in enumerate(datasets):
36.     # 使用数据集特定值更新参数
37.     params = default_base.copy()
38.     params.update(algo_params)
39.
40.     X, y = dataset
41.     X = StandardScaler().fit_transform(X)  #规范化数据集
42.
43.     # 创建具有不同联接准则的层次聚类对象
44.     ward = cluster.AgglomerativeClustering(n_clusters=params["n_clusters"], linkage=
    "ward")
45.     complete = cluster.AgglomerativeClustering(n_clusters=params["n_clusters"],
    linkage="complete")
46.     average = cluster.AgglomerativeClustering(n_clusters=params["n_clusters"],
    linkage="average")
```

```
47.     single  =  cluster.AgglomerativeClustering(n_clusters=params["n_clusters"],
    linkage="single")
48.
49.     clustering_algorithms = (
50.         ("Single Linkage", single),
51.         ("Average Linkage", average),
52.         ("Complete Linkage", complete),
53.         ("Ward Linkage", ward),
54.     )
55.
56.     for name, algorithm in clustering_algorithms:
57.         t0 = time.time()
58.
59.         # 捕获与 kneighbors_graph 相关的警告
60.         with warnings.catch_warnings():
61.             warnings.filterwarnings("ignore", message="the number of connected
    components of the "
62.                 + "connectivity matrix is [0-9]{1,2} > 1. Completing it to avoid
    stopping the tree early.",
63.                 category=UserWarning,
64.             )
65.             algorithm.fit(X)
66.
67.         t1 = time.time()
68.         if hasattr(algorithm, "labels_"):
69.             y_pred = algorithm.labels_.astype(int)
70.         else:
71.             y_pred = algorithm.predict(X)
72.
73.         plt.subplot(len(datasets), len(clustering_algorithms), plot_num)
74.         if i_dataset == 0:
75.             plt.title(name, size=18)
76.
77.         colors = np.array(
78.             list(
79.                 islice(
80.                     cycle(
81.                         ["#377eb8", "#ff7f00", "#4daf4a", "#f781bf", "#a65628",
    "#984ea3", "#999999", "#e41a1c", "#dede00",]
82.                     ),
83.                     int(max(y_pred) + 1),
84.                 )
85.             )
86.         )
87.         plt.scatter(X[:, 0], X[:, 1], s=10, color=colors[y_pred])
```

```
88.
89.         plt.xlim(-2.5, 2.5)
90.         plt.ylim(-2.5, 2.5)
91.         plt.xticks(())
92.         plt.yticks(())
93.         plt.text(
94.             0.99,
95.             0.01,
96.             ("%.2fs" % (t1 - t0)).lstrip("0"),
97.             transform=plt.gca().transAxes,
98.             size=15,
99.             horizontalalignment="right",
100.            )
101.            plot_num += 1
102.
103.    plt.show()
```

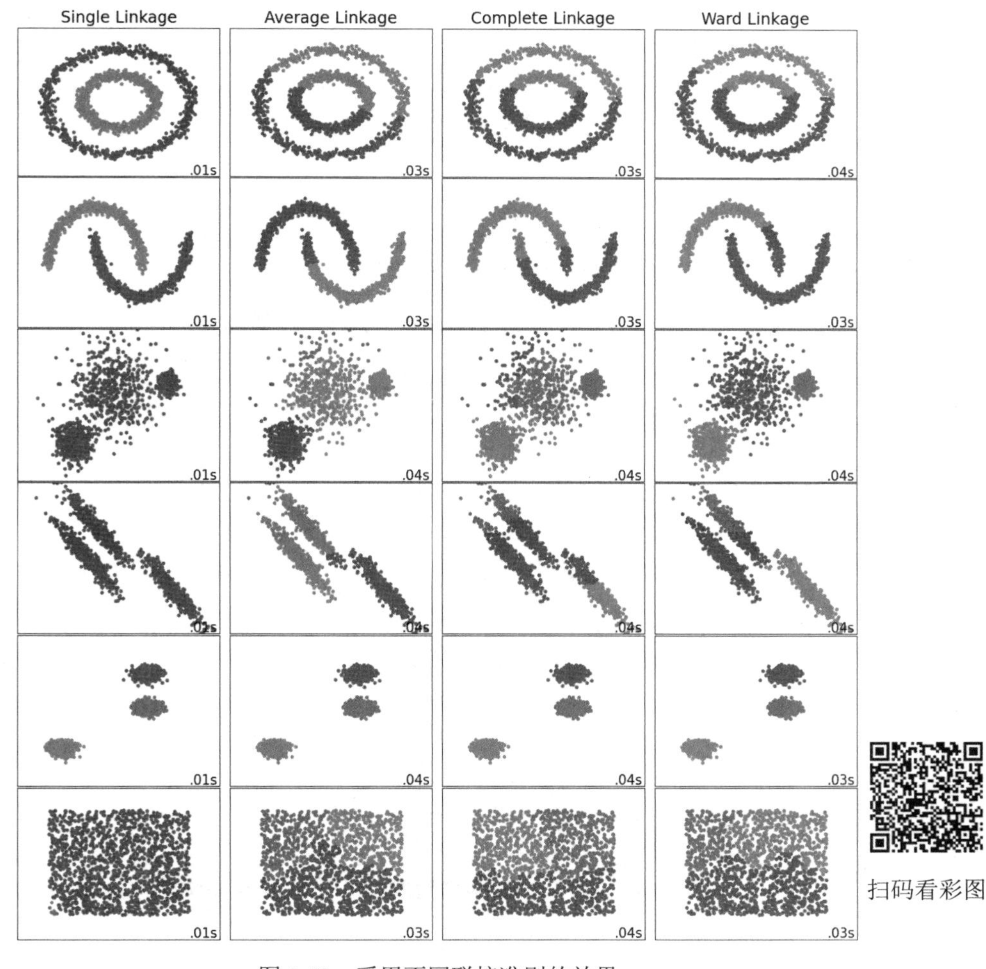

图 5-59　采用不同联接准则的效果

5.7.4.2 层次聚类的可视化

将簇的层次合并并可视化为一个树状图。视觉观察通常有助于我们理解数据集的结构，这在样本量较小的情况下可能更为有用。

例 5-35：绘制层次聚类树状图。

本例使用层次聚类和 SciPy 中的 dendrogram()方法绘制层次聚类树状图，如图 5-60 所示。

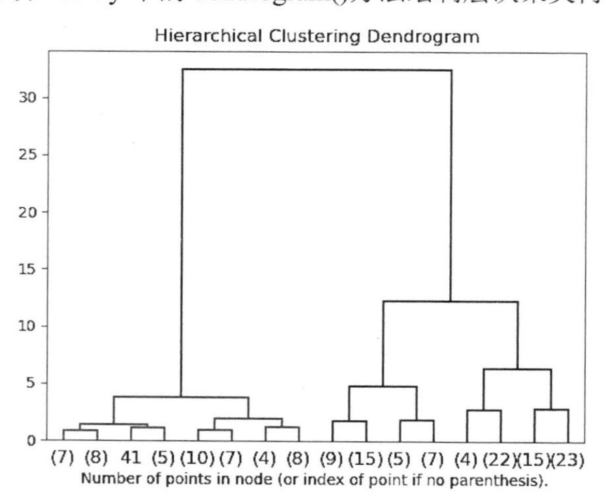

图 5-60 层次聚类树状图

```
1.  import numpy as np
2.  from matplotlib import pyplot as plt
3.  from scipy.cluster.hierarchy import dendrogram
4.  from sklearn.cluster import AgglomerativeClustering
5.  from sklearn.datasets import load_iris
6.
7.
8.  def plot_dendrogram(model, **kwargs):
9.      # 构建连接矩阵并绘制树状图
10.
11.     # 计算在每个节点上的样本数量
12.     counts = np.zeros(model.children_.shape[0])
13.     n_samples = len(model.labels_)
14.     for i, merge in enumerate(model.children_):
15.         current_count = 0
16.         for child_idx in merge:
17.             if child_idx < n_samples:
18.                 current_count += 1  # leaf node
19.             else:
20.                 current_count += counts[child_idx - n_samples]
21.         counts[i] = current_count
22.
```

```
23.     linkage_matrix = np.column_stack([model.children_, model.distances_, counts]).
   astype(float)
24.
25.     dendrogram(linkage_matrix, **kwargs) # 绘制相应的树状图
26.
27. iris = load_iris()
28. X = iris.data
29.
30. # 设置 distance_threshold=0 以确保计算完整的树
31. model = AgglomerativeClustering(distance_threshold=0, n_clusters=None)
32.
33. model = model.fit(X)
34. plt.title("Hierarchical Clustering Dendrogram")
35. plot_dendrogram(model, truncate_mode="level", p=3) #树状图的前 3 层
36. plt.xlabel("Number of points in node (or index of point if no parenthesis).")
37. plt.show()
```

5.7.5 DBSCAN

DBSCAN 是基于密度的算法，它将样本点的密集区域组成一个簇。DBSCAN 算法将聚类视为由低密度区域分隔的高密度区域。在该观点下，DBSCAN 发现的聚类可以是任何形状，而 KMeans 假设聚类是凸的。DBSCAN 的核心组成部分是核心样本，核心样本是位于高密度区域的样本。因此，聚类由一组相互靠近的核心样本（通过某种距离测量）和一组靠近核心样本的非核心样本（但本身不是核心样本）组成。该算法有两个参数，min_samples 和 eps，它们正式定义了我们所说的稠密的含义。较大的 min_samples 或较小的 eps 表示形成一个簇所需的较高密度。

更正式地说，将核心样本定义为数据集中的样本，在 eps 的距离内至少存在 min_samples 个其他样本，这些其他样本被定义为核心样本的邻居。这告诉我们，核心样本应在样本空间的高密度区域。一个聚类由一组核心样本组成，可以递归地获取核心样本，其由找到的所有为核心样本的邻居来构建。聚类还有一组非核心样本，这些样本是簇中核心样本的邻居。直观地说，这些样本位于簇的边缘。

根据定义，任何核心样本都是聚类的一部分。任何不是核心样本的样本和与任何核心样本之间的距离至少为 eps 的样本都被算法视为异常值。

虽然参数 min_samples 主要控制算法对噪声的容忍度（在含噪声的大数据集上，可能需要增加该参数），但参数 eps 对于数据集和距离函数的适当选择至关重要，通常不会一直使用默认值，它控制点集的局部邻域，如果选择得太小，则大多数数据将根本不会进行聚类（标记为-1，表示噪声）；如果选择得太大，则会导致封闭的簇合并到一个聚类中，并最终将整个数据集作为单个簇返回。

例 5-36：DBSCAN 聚类算法展示。

DBSCAN 在高密度区域找到核心样本，并扩展聚类。该算法适用于包含相似密度的簇的数据。

第一步，生成数据。

这里使用 make_blobs()函数构建 3 个合成的簇。

```
1.  from sklearn.datasets import make_blobs
2.  from sklearn.preprocessing import StandardScaler
3.
4.  centers = [[1, 1], [-1, -1], [1, -1]]
5.  X, labels_true = make_blobs(n_samples=750, centers=centers, cluster_std=0.4,
    random_state=0)
6.
7.  X = StandardScaler().fit_transform(X)
```

第二步，生成数据标准化后可视化，如图 5-61 所示。

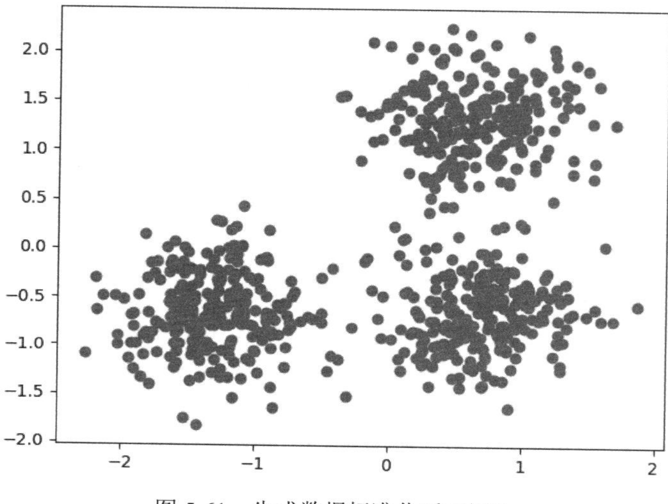

图 5-61　生成数据标准化后可视化

```
8.  import matplotlib.pyplot as plt
9.
10. plt.scatter(X[:, 0], X[:, 1])
11. plt.show()
```

第三步，执行 DBSCAN。

可以使用 labels_属性访问 DBSCAN 分配的标签，噪声样本的标签为−1。

```
12. import numpy as np
13.
14. from sklearn import metrics
15. from sklearn.cluster import DBSCAN
16.
17. db = DBSCAN(eps=0.3, min_samples=10).fit(X)
18. labels = db.labels_
19. # 标签中的簇数，忽略噪声（如果存在）
20. n_clusters_ = len(set(labels)) - (1 if -1 in labels else 0)
```

```
21. n_noise_ = list(labels).count(-1)
22.
23. print("Estimated number of clusters: %d" % n_clusters_)
24. print("Estimated number of noise points: %d" % n_noise_)
```

输出如下：

```
Estimated number of clusters: 3
Estimated number of noise points: 18
```

聚类算法基本上是无监督学习方法。然而，由于 make_blobs()可以访问合成聚类的真实标签，因此可以利用这种“监督”的真实值信息来量化生成聚类的质量。在此，使用的评估指标可以有同质性、完整性、V-测度、兰德指数、调整后兰德指数和调整后互信息等。

如果真实标签未知，则只能使用模型结果本身进行评估。在这种情况下，轮廓系数就派上用场了。

```
25. print(f"Homogeneity: {metrics.homogeneity_score(labels_true, labels):.3f}")
26. print(f"Completeness: {metrics.completeness_score(labels_true, labels):.3f}")
27. print(f"V-measure: {metrics.v_measure_score(labels_true, labels):.3f}")
28. print(f"Adjusted Rand Index: {metrics.adjusted_rand_score(labels_true, labels):.3f}")
29. print("Adjusted Mutual Information:" f" {metrics.adjusted_mutual_info_score(labels_true,
    labels):.3f}")
30. print(f"Silhouette Coefficient: {metrics.silhouette_score(X, labels):.3f}")
```

输出如下：

```
Homogeneity: 0.953
Completeness: 0.883
V-measure: 0.917
Adjusted Rand Index: 0.952
Adjusted Mutual Information: 0.916
Silhouette Coefficient: 0.626
```

第四步，绘制结果。

核心样本（大圆圈）和非核心样本（小圆圈）依据指定的聚类进行颜色编码。标记为噪波的样本以黑点表示，如图 5-62 所示。

```
31. unique_labels = set(labels)
32. core_samples_mask = np.zeros_like(labels, dtype=bool)
33. core_samples_mask[db.core_sample_indices_] = True
34.
35. colors = [plt.cm.Spectral(each) for each in np.linspace(0, 1, len(unique_labels))]
36. for k, col in zip(unique_labels, colors):
37.     if k == -1:
38.         col = [0, 0, 0, 1] # 黑点表示噪波
39.
40.     class_member_mask = labels == k
41.
```

```
42.     xy = X[class_member_mask & core_samples_mask]
43.     plt.plot(xy[:, 0], xy[:, 1], "o", markerfacecolor=tuple(col), markeredgecolor="k",
   markersize=14,)
44.
45.     xy = X[class_member_mask & ~core_samples_mask]
46.     plt.plot(xy[:, 0], xy[:, 1], "o", markerfacecolor=tuple(col), markeredgecolor="k",
   markersize=6,)
47.
48. plt.title(f"Estimated number of clusters: {n_clusters_}")
49. plt.show()
```

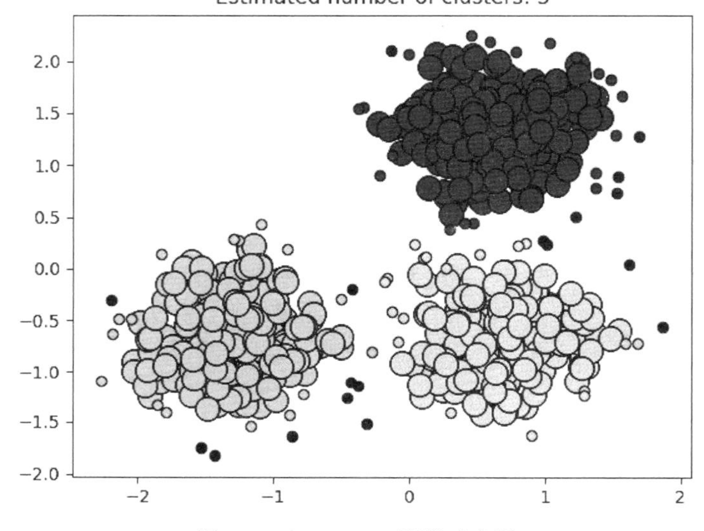

扫码看彩图

图 5-62　DBSCAN 聚类示意图

DBSCAN 算法是确定性的，当以相同的顺序给定相同的数据时，总是生成相同的簇。然而，当以不同的顺序提供数据时，结果可能会有所不同。首先，即使核心样本总是被分配给相同的簇，这些簇的标签也将取决于数据提供中遇到这些样本的顺序；其次，也是更重要的一点，非核心样本所分配到的簇可能因数据提供顺序而异，当一个非核心样本与不同簇中的两个核心样本的距离小于 eps 时，就会发生这种情况。根据三角不等式，这两个核心样本之间的距离必须比 eps 大，否则它们将在同一簇中。非核心样本被分配给在数据聚类过程中首先生成的簇，因此结果取决于数据提供顺序。

当前的 DBSCAN 算法使用 ball 树和 kd 树来确定点的邻域，避免了计算全距离矩阵，保留了使用自定义度量的可能性。

5.7.6　算法小结

通过本节内容的学习，读者可以大致知道一些聚类算法及其使用方法，理解各种聚类算法的步骤。KMeans 算法作为一种通用目的聚类算法，其度量基于样本点之间的几何距离，该算法应该可以作为聚类方法的起点。MiniBatchKMeans 算法是 KMeans 算法的一个变体，其主要目的是通过小批量的使用减少计算时间。AP 算法通过在样本对之间发送消息实现聚类。该算法的优点是不需要事先指出明确的簇数量。AP 算法的主要缺点是训练速度较慢，且需要大量内存，因此很难扩展到大数据集。另外，该算法同样假定潜在的簇是类球状的。层次聚类是一类通过依次合并或拆分来构建嵌套聚类的算法。该算法的主要优点是其不再需要假设簇为类球状，可以扩展到大数据集。该算法的主要缺点是需要设定聚类的数量。DBSCAN 算法是基于密度的算法，它将样本点的高密度区域组成一个簇。该算法的优点有其不需要假设簇为类球状，并且它的性能是可扩展的。此外，它不需要每个点都被分配到一个簇中，减少了簇的异常数据。DBSCAN 算法的缺点是用户需要调整 epsilon 和 min_sampl 超参数，DBSCAN 算法对这些超参数非常敏感。

5.8　本章小结

本章对回归问题、分类问题和聚类问题展开讨论，引入若干算法，使读者能够初步了解各算法及其特点，基本知道算法的适用场景，以及各算法的优化要素组成。本章自简入繁地讲解了单模型算法，单模型包括线性回归、逻辑回归、朴素贝叶斯、最近邻算法、支持向量机、决策树和聚类算法等。虽然本章尽可能地给出每种算法的基本理论、拓展，但更多聚焦于它们的工程实践和使用技巧。但由于篇幅限制，以上算法均有更多的概念和细节没有展现出来，感兴趣的读者可以参阅相关资料以深入理解其细节，本章内容仅仅为读者提供了一个窗口。

课后习题

1. 什么是机器学习？机器学习的步骤和要素是什么？

2. 选择一个数据集，遵循机器学习的步骤，分别使用线性回归、逻辑回归、朴素贝叶斯、最近邻算法、支持向量机、决策树和聚类算法构建模型并进行训练，比较各算法的优劣。

第 6 章

集成学习算法

思政教学目标：

通过对集成学习算法的学习，读者可在迭代优化过程中强化工匠精神；在集成学习过程中树立团队意识，培养协作能力；在概率校准学习过程中培养耐心、细致和有条理的工作作风。

本章主要内容：

- 集成学习的基本步骤。
- 集成学习中的偏差和方差。
- Bagging 元学习器。
- 随机森林。
- Boosting 算法。
- AdaBoost 算法。
- GBDT 算法。
- 基于直方图的梯度提升。
- 堆叠泛化。
- 概率校准。

6.1 集成学习能带来什么

本节先介绍集成学习的策略及主要步骤，然后讨论如何改进集成学习。

当系统中都是同种类型的学习器时，我们称其为同质（Homogeneous）系统，同质系统中的个体学习器被称为基学习器，相应的学习算法被称为基学习算法。当系统中存在不同类型的学习器时，我们称其为异质（Heterogeneous）系统。由于异质系统中的个体学习器通常是由不同的学习算法训练生成的，因此称其为组件学习器。

在实际工作中，用得较多的是同质系统。同质系统中的集成方法按照个体学习器间是否存在依赖关系可进一步分为以下两类。

（1）个体学习器之间不存在强依赖关系的平均方法（如果应用于分类问题，则是投票方法），一系列个体学习器可以独立并行学习，对其预测值进行平均（分类问题中将获得最多选票的结果作为最终结果）。通常而言，平均组合（投票组合）学习器比任何单个学习器都要好，因为它的方差减小了，代表算法有 Bagging 和随机森林（Random Forest）等。

（2）个体学习器之间存在强依赖关系的提升方法，也称 Boosting 方法，一系列个体学习器按序串行生成，将前一个学习器的结果输出到下一个学习器中，将所有学习器的输出结果相加（或采用更复杂算法的融合，如把各学习器的输出作为特征，使用逻辑回归作为融合模型进行最后结果的预测）作为最终输出。该策略试图减小组合学习器的偏差，代表算法有 AdaBoost、Gradient Tree Boosting 等。

6.1.1　集成学习的基本步骤

由前述可知，集成学习过程大致可细分为 3 个步骤。下面以 AdaBoost 算法为例，说明基学习器训练和合并的基本步骤。注意：这里主要是理解集成学习的基本步骤，算法的具体内容详见后面相应章节。

第一步，确定误差互相独立的基学习器。这里选取 ID3 决策树作为基学习器。事实上，任何分类模型都可以作为基学习器，树模型由于结构简单且较易产生随机性而比较常用。

第二步，训练基学习器。假设训练集为 $\{x_i, y_i\}$， $i=1,2,\cdots,N$ ，其中 $y_i \in \{-1,1\}$，并且有个 T 基学习器，则可以按照如下过程来训练基学习器。

（1）初始化样本权重分布 $D_1(i)=1/N$ 。

（2）for $t=1,2,\cdots,T$ do

① 从训练集中，按照 D_t 分布取样本子集 $S_t=\{x_i, y_i\}$， $i=1,2,\cdots,N_t$ 。

② 使用 S_t 训练基学习器 h_t 。

③ 计算 h_t 的错分率： $\varepsilon_t=\dfrac{\sum_{i=1}^{N_t} I\left[h_t(x_i) \neq y_i\right] D_t(x_i)}{N_t}$ 。其中， $I[\cdot]$ 为判别函数。

④ 计算基分类器 h_t 的权重： $a_t=\log \dfrac{(1-\varepsilon_t)}{\varepsilon_t}$ 。

⑤ 设置用于下一次迭次的样本权重： $D_{t+1}(i)=\dfrac{D_t(i) \exp(-a_t y_i h_t(x_i))}{z_t}$ 。其中， $Z_t=\sum_{i=1}^{N_t} D_t(i) \exp(-a_t y_i h_t(x_i))$ 是归一化常数，将 $D_{t+1}(i)$归一化为一个概率密度函数。

第三步，合并基学习器。给定一个未知样本 z ，最终输出的分类结果为加权投票的结果 $\operatorname{sign}\left(\sum_{i=1}^{T} h_t(z) a_t\right)$。

从上述 AdaBoost 算法的例子中可以明显看到，Boosting 算法的思想是对分类正确的样本减小权重，对分类错误的样本增大权重或保持权重不变。在最后进行模型融合的过程中，也根据错分率对基学习器进行加权融合。错分率低的学习器拥有更大的“话语权”。

基学习器的选择是集成学习主要步骤中的第一步，也是非常重要的一步。最常用的基学习器是决策树，这主要有以下 3 方面的原因。

（1）决策树可以较为方便地将样本的权重整合到训练过程中，而不需要使用过采样的方法来调整样本权重。

（2）决策树的表达能力和泛化能力可以通过调节树的层数来折中。

（3）数据样本的扰动对决策树的影响较大，因此不同样本子集生成的决策树的随机性较大，这样的“不稳定学习器”更适合作为基学习器。此外，在决策树节点分裂时，随机选择一个特征子集，从中找出最优分裂属性，较好地引入了随机性。除了决策树，神经网络模型也适合作为基学习器，这主要是因为神经网络模型也比较“不稳定”，而且可以通过调整神经元数量、连接方式、网络层数、初始权重等方式引入随机性。

随机森林中的基学习器为决策树，其属于 Bagging 类的集成学习。Bagging 的主要好处是集成学习器的方差比基学习器的方差小。Bagging 采用的基学习器最好本身对样本分布较为敏感，即所谓的不稳定学习器，只有这样，Bagging 才能有用武之地。线性学习器或 k 近邻都是较为稳定的学习器，其本身方差就不大，因此以其为基学习器使用 Bagging 并不能在原有基学习器的基础上获得更好的表现，甚至可能因为 Bagging 的采样导致其在训练过程中更难收敛，从而增大集成学习器的偏差。

上面以随机森林为例说明了使用集成学习的原因，即采用集成学习能带来什么样的好处。下面讨论为什么会有这样的结论。

6.1.2 集成学习中的偏差与方差

理论上，我们期望通过结合多个弱学习器得到一个强学习器。但是在实践中需要考虑开销，以尽可能简单的结构获得期望的泛化效果。这不仅要求个体学习器有一定的准确性，还要求多个学习器之间有多样性。随着集成学习中个体学习器数量的增大，集成学习器或强学习器的错分率将呈指数级下降，从而最终趋于 0（这里有一个前置条件，就是个体学习器的错误率不能高于 50%）。我们曾假设各个个体学习器之间的错误率是相互独立的，而实际上，在同一个任务中，个体学习器是为解决同一个问题训练出来的，这也就意味着它们之间显然不可能相互独立。换句话说，个体学习器的准确性和多样性之间存在冲突。一般而言，准确性越高，若要增加多样性，则准确性做出的牺牲越大。因此，如何产生好的且不同的个体学习器是集成学习研究的核心问题之一。

由上述同质系统的两个集成方法（平均方法和提升方法）可知，两者或者减小方差，或者减小偏差。下面先简单阐述偏差与方差的概念和关系。

6.1.2.1 偏差与方差概述

1. 偏差与方差的来源

如果用训练集拟合一个模型，则通常的做法是定义一个误差函数，将该误差关于模型参数最小化，以提高模型性能。不过仅将在训练集上的损失最小化并不能保证在解决更一般的问题时模型仍然是最优的，甚至不能保证模型是可用的。在这个训练集上的损失与在一般化数据集上的损失之间的差异称为泛化误差。泛化误差一般可分解为偏差、方差和噪声 3 部分，即泛化误差=偏差+方差+噪声。

2. 偏差与方差的定义

如果能够获取所有可能的数据，则通过最小化在该数据集上的损失函数学习到的模型称为真实模型。实际上，我们不可能获取并训练所有可能的数据，即真实模型是不可得的，但它应该是存在的。我们的目标是学习一个模型，使其尽可能接近真实模型。

这里主要讨论的偏差与方差就是用来描述有监督学习得到的模型和真实模型之间的差距。下面定义偏差、方差和噪声。

记 x 是测试样本，D 是数据集，y_D 是 x 在数据集 D 上对应的标签，y 是 x 的真实值标签，f 是由数据集 D 学习到的模型，$f(x;D)$ 是 f 对 x 的预测输出，$\bar{f}(x)=E_D\left[f(x;D)\right]$ 是模型 f 对 x 的期望预测输出，该期望预测输出是针对不同的数据集 D，模型 f 对 x 的预测值取期望，也称平均预测。

定义 6-1：偏差指的是由所有采样得到的大小为 m 的训练集训练出的所有模型的预测平均值和真实模型输出的真实值之间的差异，通过该预测平均值和真实值之间的差异描述学习算法本身的拟合能力。

偏差通常是由于我们对学习算法做了错误的假设导致的。例如，真实模型是二次函数，但我们假设模型是一次函数。偏差通常在训练误差上就能体现出来，其计算方法为

$$\text{bias}^2(x)=\left(\bar{f}(x)-y\right)^2$$

其中，$\bar{f}(x)$ 是所有模型的预测平均值；y 是真实模型输出的真实值。

定义 6-2：方差指的是由所有采样得到的大小为 m 的训练集训练出的所有模型的输出值之间的差异，描述了预测值作为随机变量的离散程度。

方差通常是由于模型的复杂度相对于训练样本数量 m 过高导致的。例如，共有 100 个训练样本，而我们假设模型是阶数不大于 200 的多项式函数。方差通常体现在测试误差相对于训练误差的增量上，其计算方法为

$$\text{var}(x)=E_D\left[\left(f(x;D)-\bar{f}(x)\right)^2\right]$$

方差度量同样大小的数据集的变动导致的学习性能的变化，即描述由数据扰动造成的影响。

如前所述，已知噪声的存在是学习算法无法解决的问题，噪声描述了在当前任务中，任何学习算法所能达到的期望泛化误差的下界，即学习问题本身的难度，其计算方法为

$$\varepsilon^2=E_D\left[\left(y_D-y\right)^2\right]$$

另外，数据的质量和问题的复杂度决定了学习的上限。

为了便于讨论，假定噪声期望 $E_D\left[y_D-y\right]$ 为零。通过简单的多项式展开、合并，算法的期望泛化误差可进行如下分解：

$$\begin{aligned}E_D[f;D]&=E_D\left[\left(f(x;D)-y_D\right)^2\right]\\&=E_D\left[\left(f(x;D)-\bar{f}(x)+\bar{f}(x)-y_D\right)^2\right]\\&=E_D\left[\left(f(x;D)-\bar{f}(x)\right)^2\right]+E_D\left[\left(\bar{f}(x)-y_D\right)^2\right]+E_D\left[2\left(f(x;D)-\bar{f}(x)\right)\left(\bar{f}(x)-y_D\right)\right]\end{aligned}$$

$$
\begin{aligned}
&= E_D\left[\left(f(x;D)-\bar{f}(x)\right)^2\right]+E_D\left[\left(\bar{f}(x)-y_D\right)^2\right] \\
&= E_D\left[\left(f(x;D)-\bar{f}(x)\right)^2\right]+E_D\left[\left(\bar{f}(x)-y+y-y_D\right)^2\right] \\
&= E_D\left[\left(f(x;D)-\bar{f}(x)\right)^2\right]+E_D\left[\left(\bar{f}(x)-y\right)^2\right]+E_D\left[\left(y-y_D\right)^2\right]+ \\
&\quad 2E_D\left[\left(\bar{f}(x)-y\right)\left(y-y_D\right)\right] \\
&= E_D\left[\left(f(x;D)-\bar{f}(x)\right)^2\right]+E_D\left[\left(\bar{f}(x)-y\right)^2\right]+E_D\left[\left(y-y_D\right)^2\right] \\
&= \text{bias}^2(x)+\text{var}(x)+\varepsilon^2
\end{aligned}
$$

偏差–方差分解说明泛化性能是由学习算法的能力、数据的充分性及学习任务本身的难度共同决定的。给定学习任务，为了取得好的泛化性能，需要使偏差较小，即能够充分拟合数据；并且使方差较小，即使数据扰动产生的影响小。

注意：我们能够用来训练模型的数据集仅是全部数据的一个子集。想象一下，现收集了几组不同的数据用于训练模型，针对每组不同的数据，其损失函数值不同，与真实模型的输出值的差异也是不同的。

上面的定义很准确，但不够直观，为了更清晰地理解偏差与方差，这里用一个射击的例子来进一步描述这二者的区别和联系。假设一次射击就表示一个机器学习模型对一个样本进行预测，射中靶心代表预测准确，偏离靶心越远代表预测误差越大。通过 n 次采样得到 n 个大小为 m 的训练样本集，训练出 n 个模型，对同一个样本做预测，相当于做了 n 次射击，射击结果如图 6-1 所示。我们最期望的结果是图 6-1 的左上子图的结果，射击结果既准确又集中，说明模型的偏差与方差都较小；右上子图虽然射击结果的中心在靶心周围，但分布比较分散，说明模型的偏差较小但方差较大；同理，左下子图说明模型方差较小但偏差较大；右下子图说明模型方差和偏差都较大。

思考：从图 6-1 中可以看出，模型不稳定时会出现偏差小、方差大的情况，那么偏差和方差作为两种度量方式有什么区别呢？

解答：计算偏差的对象是单个模型，是其期望输出与真实标签的差别，描述了模型对本训练集的拟合程度。计算方差的对象是多个模型，是相同分布的不同数据集训练出的模型的输出值之间的差异，刻画的是数据扰动对模型的影响。

3. 偏差与方差的窘境

一般来说，偏差与方差是矛盾的，称为偏差–方差窘境，如图 6-2 所示。给定一个学习任务，假设我们能控制学习算法的训练程度，在训练不足时，学习器的拟合能力不够强，训练数据的扰动不足以使学习器性能产生显著变化，此时偏差主导了泛化误差；随着训练程度的加深，学习器的拟合能力逐渐增强，训练数据的扰动渐渐能被学习器学习到，方差逐渐主导了泛化误差。在训练程度充足后，学习器的拟合能力已经非常强，训练数据的轻微扰动都会导致学习器性能产生显著变化，若训练数据自身的、非全局的特性被学习器学习到了，则将发生过拟合。

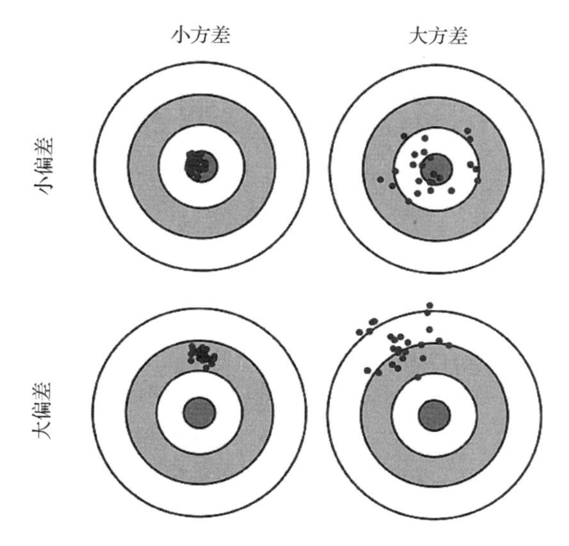

图 6-1　射击结果

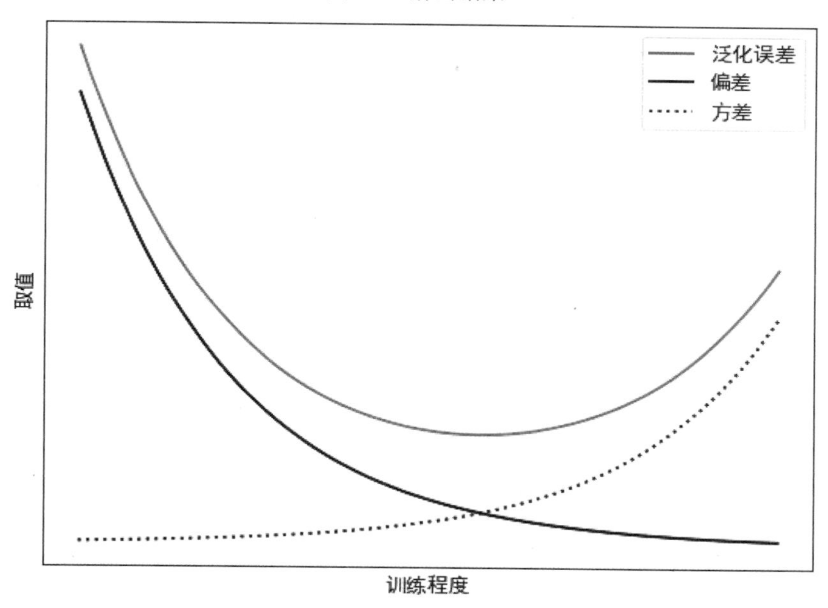

图 6-2　泛化误差与偏差、方差的关系

4. 偏差、方差与过拟合和欠拟合的关系

一般来说，简单的模型会有较大的偏差和较小的方差，而复杂的模型则会有较小的偏差和较大的方差。

欠拟合是指模型不能适配训练样本，可能具有较大的偏差。例如，如果在采样于多项式连续非线性数据的训练集上拟合一个线性模型，那么向模型提供多少数据不重要，因为线性模型根本无法表示数据的非线性关系，即模型不能适配训练样本，有很大的偏差，此时需要更复杂的模型。那么，是不是模型越复杂、拟合程度越高越好呢？也不是，因为还有方差。

过拟合是指模型能较好地适配训练样本，但在测试集上表现很糟，具有很大的方差。方差就是指模型过拟合训练数据，以至于无法泛化或泛化能力较差。泛化正是机器学习要解决的问题，如果一个模型只能对一组特定的数据有效，换了数据就无效，则该模型过拟合。

5. 偏差、方差与模型复杂度的关系

训练的学习模型必不可少地会依赖数据。但是，如果我们不清楚数据服从什么分布，或者没办法拿到所有可能的数据（肯定拿不到所有数据），那么训练出来的模型和真实模型之间一定存在不一致性。这种不一致性表现为两方面：偏差和方差。既然偏差和方差是这么来的，而且它们是无法避免的，那么有什么方法可以尽量减小其对模型的影响呢？

一个好的方法就是正确选择模型复杂度。复杂度高的模型通常对训练数据有很好的拟合能力，但是对测试数据就不一定了。而复杂度太低的模型不能很好地拟合训练数据，更不能很好地拟合测试数据。泛化误差、偏差、方差和模型复杂度的关系如图 6-3 所示。

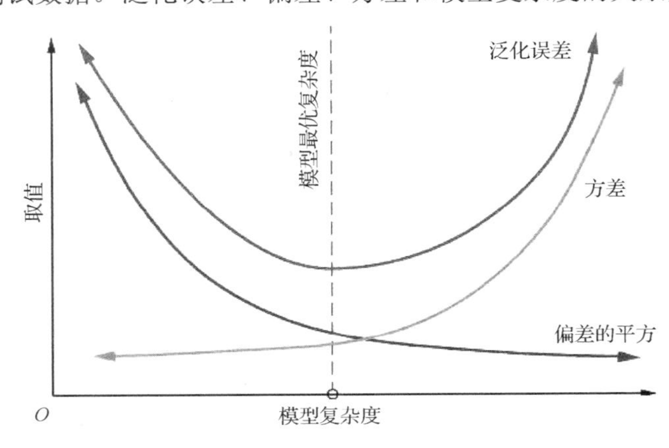

图 6-3 泛化误差、偏差、方差和模型复杂度的关系

6.1.2.2 偏差与方差的进一步讨论

现在我们知道了什么是模型的偏差与方差，还需要进一步理解集成学习框架中的 Boosting 和 Bagging 方法与偏差、方差的关系，以及如何根据偏差与方差这两个指标来指导模型的改进和优化。

集成学习框架中的基学习器通常是偏差大（在训练集上的准确性低）、方差小（防止过拟合能力强）的弱模型。

我们经常用过拟合和欠拟合来定性描述模型是否能够较好地解决待定问题。从定量的角度来说，我们可以用模型的偏差与方差来描述模型的性能。集成学习往往能够“神奇”地提升弱学习器的性能。本节从偏差与方差的角度解释这背后的机理。

1. 偏差、方差与 Bagging、Boosting 的关系

下面通过对 Boosting 和 Bagging 进行分析来简单回答这个问题：Bagging 能够提升弱学习器性能的原因是减小了方差，Boosting 能够提升弱学习器性能的原因是减小了偏差，为什么这么讲呢？

首先，Bagging 是 Bootstrap Aggregating 的简称，意思就是再抽样，并对在每个样本子

集上训练出来的模型的输出结果取平均。

假设有 n 个随机变量，方差记为 σ^2，两两变量之间的相关性为 ρ，则 n 个随机变量的平均值 $\frac{\sum_i X_i}{n}$ 的方差为 $\rho\sigma^2 + (1-\rho)\sigma^2 / n$。在随机变量完全独立的情况下，$n$ 个随机变量的方差为 σ^2 / n，即方差减小为原来的 $1/n$。

然后，从模型的角度来理解偏差、方差与 Bagging、Boosting 的关系，对 n 个独立不相关模型的预测结果取平均，其方差是原来单个模型的 $1/n$。这个描述不甚严谨，但原理已经讲得很清楚了。当然，模型之间不可能完全独立。为了追求模型的独立性，诸多 Bagging 方法做了不同的改进。例如，在随机森林算法中，每次在选取节点分裂属性时，都会随机抽取一个属性子集，而不是从所有属性中选取最优属性，这是为了避免弱学习器之间过强的相关性。通过训练集的重采样也能够带来弱学习器之间一定的独立性，从而减小 Bagging 后模型的方差。

最后看 Boosting，在训练好一个弱学习器后，需要计算其分类错误或残差，作为下一个学习器的输入。这个过程本身就是在不断地减小损失函数，使模型不断逼近"靶心"，即使模型偏差不断减小。但 Boosting 过程并不会显著减小方差。这是因为 Boosting 的训练过程使得各弱学习器之间是强相关的，缺乏独立性。

从图 6-3 中不难看出，方差和偏差是相辅相成的，是相互矛盾又统一的，二者并不能完全独立的存在。对于给定的学习任务和训练数据集，需要对模型复杂度做合理的假设。

如果模型复杂度过低，则虽然方差很小，但是偏差会很大；如果模型复杂度过高，则虽然偏差减小了，但是方差会很大。因此，需要综合考虑偏差和方差，选择合适的复杂度进行训练。

下面用一个简单的等式来演示 Bagging 是如何减小方差的。假设测量一个随机变量 x，它服从正态分布，表示为 $N(\mu,\sigma^2)$，其中，μ 是平均值，也可以表示中位数；σ 是标准差。

假设测量随机变量 x，共测量 P 次，记为 $(x_1,x_2,\ldots,x_P)$。很明显，$(x_1,x_2,\ldots,x_P)/P$ 的平均值保持不变，仍是 μ；但是其方差会是原来的 $\frac{1}{P}$，即

$$\frac{\operatorname{var}(x_1)+\operatorname{var}(x_1)+\cdots+\operatorname{var}(x_P)}{P^2}=\frac{P\sigma^2}{P^2}=\frac{\sigma^2}{P}$$

Bagging 在决策树等大方差模型上表现良好；在线性回归等小方差模型上，预计不会影响学习过程。在具有大偏差的模型上使用 Bagging 时，其准确性可能会降低。在比较 Bagging 和 No-Bagging 模型的性能时，这一点很明显。在 No-Bagging 模型下，大偏差模型的精度可能比对其实施 Bagging 时更高。这些现象可从后面的例 6-1 中得到验证。

2. 偏差、方差和 K 折交叉验证的关系

由前面已知，K 折交叉验证方法将原始数据集均分为 K 个子集，每个子集分别作为验证集，其余 $K-1$ 个子集作为训练集，这样会得到 K 个模型，这 K 个模型在验证集上的回归误差的平均值或分类准确率的平均值作为此 K 折交叉验证下回归器或分类器的性能指标。

关于一系列模型 $F\left(\hat{f},\theta\right)$，使用交叉验证的目的是获得预测误差的无偏估计量 CV，从而可以用来选择一组最优参数 θ，使得 CV 最小。假设对于 K 折交叉验证，CV 统计量定义为每个子集中误差的平均值：

$$\mathrm{CV}=\frac{1}{K}\sum_{k=1}^{K}\frac{1}{m}\sum_{i=1}^{m}\left(\hat{f}^{k}-y_{i}\right)^{2}$$

其中，$m=N/K$ 是每个子集中数据样本的大小；K 是子集数量。

K 的大小与 CV 的偏差和方差是有关的，当 K 较大时，m 较小，在具有 $N-m$ 个样本的训练集上拟合模型，经过多次平均可以学习到更符合真实数据分布的模型，偏差较小，模型更加拟合训练集，测试集上预测误差的期望值变大，从而方差较大；当 K 较小时，模型不会过拟合训练数据，偏差较大，方差较小。

3. 如何解决偏差和方差问题

由上述可知，偏差和方差是无法完全避免的，只能尽量减小它们的影响。

（1）为了避免偏差，尽量选择适配的模型。使用线性模型解决一个非线性问题，大偏差是无法避免的。选择复杂度合适的模型，复杂度高的模型通常对训练数据有很好的拟合能力。

（2）慎重选择数据集的大小。通常数据集越大越好，使用更多的数据可以减小数据扰动造成的影响。当规模较大的数据集对整体数据有一定的代表性后，增加样本数据也不能提升模型性能，反而会增加计算量。而数据集太小一定是不好的，因为这会带来过拟合，模型复杂度太高，方差很大，不同的数据集训练出来的模型的变化也较大。

为了避免欠拟合，减小偏差，可采用的方法有：①寻找更具代表性的特征；②使用更多的特征，提高输入向量维度，选择模型要相应地提升其复杂度。

为了避免过拟合，减小方差，可采用的方法有：①增加训练集中的样本数据；②减少数据特征，降低数据维度和模型复杂度；③尽可能采用正则化方法；④尽可能采用交叉验证方法。

6.2 Bagging 元学习器

在集成算法中，Bagging 方法首先在原始训练集的若干随机子集上分别构建相应的基学习器实例，然后聚合基学习器的单独预测以形成最终预测。该方法被用作减小基学习器（如决策树）方差的一种方法。在很多情况下，Bagging 方法是一种非常简单的集成策略，在采用不同的基模型时，无须调整底层的基本算法。

Bagging 方法具有很多不同的分支或版本，它们的主要区别是随机抽取训练子集的方式不同。

（1）当数据集的随机子集被抽取为样本的随机子集时，该方法被称为粘贴（Pasting）。

（2）当抽取替换样本时，该方法被称为 Bagging。这也是本书主要讨论的一种方法。

（3）当数据集的随机子集被抽取为特征的随机子集时，该方法被称为随机子空间（Random Subspaces）。

（4）当基学习器建立在样本和特征的子集上时，该方法被称为随机补丁（Random Patches）。

Bagging 是并行集成式学习的代表，其框架如图 6-4 所示。第一个问题是何时使用 Bagging？只有当模型过于复杂，仅决策树易产生过拟合时，才使用 Bagging。从样本集中有放回地抽取若干样本子集，针对每个样本子集，分别训练一个基学习器。融合多个基学习器结果，产生最终预测。在输出预测时，如果是分类任务，则执行简单投票操作；如果是回归任务，则执行简单求平均值操作；也可以进一步考虑投票的置信度，得出预测结果。

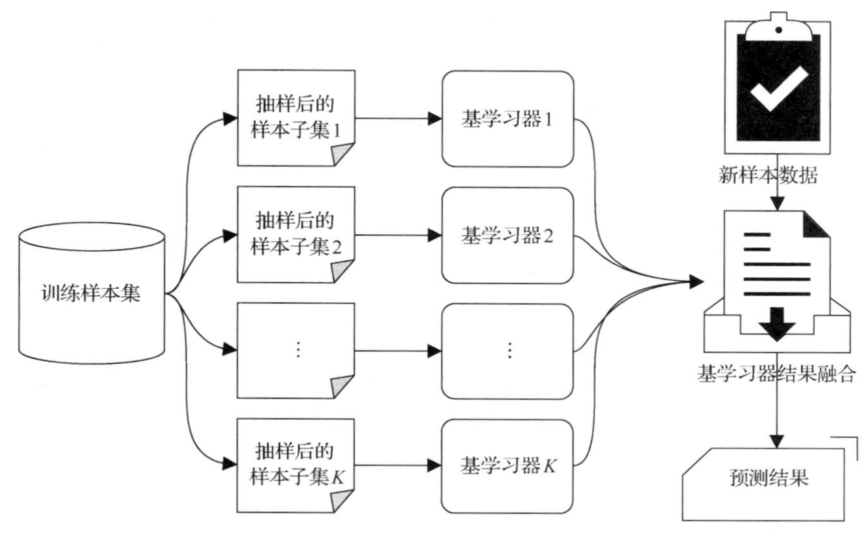

图 6-4　Bagging 框架

自原始数据集 D 中随机抽取一个样本 x_i，记下并放回，重复 N 次，得到一个由 N 个样本组成的样本子集，其中的样本可重复；这是一个样本子集的抽取。Bagging 策略的步骤如下。

（1）在原始数据集 D 上有放回地抽取 K 个样本容量为 N 的样本子集，在每个样本子集上训练一个基学习器。

（2）将 K 个没有依赖关系的基学习器融合，依据问题类型，执行简单投票/求平均值操作。

如此，有的样本可能会被抽中多次，而有的样本则一次也没被抽中。假设有 N 个样本，每个样本被抽中的概率都是 $\frac{1}{N}$，没被抽中的概率就是 $1-\frac{1}{N}$，重复 N 次都没被抽中的概率就是 $\left(1-\frac{1}{N}\right)^N$，当 N 趋于无穷大时，这个概率就是 $\frac{1}{\mathrm{e}}$，大概为 36.8%。也就是说，当样本足够多时，一个样本没被抽中的概率约为 36.8%，这些没被抽中的样本可以留作验证集。每次自助抽样生成样本子集时，其验证集都是不同的。以这些没被抽中的样本作为验证集的方法称为包外估计。

在不同的样本子集上训练基学习器时，Bagging 通过减小误差的方差来减小误差。换句话说，由于 Bagging 策略中各样本子集是不同的，因此在投票环节，它们的误差相互抵消，能减小过拟合。另外，一些样本中的异常值可能直接被忽略。

在 Scikit-learn 中，Bagging 方法是作为一个统一的 BaggingClassifier（或 BaggingRegressor）元学习器被提供的，将基学习器及抽取随机子集策略参数作为输入。在 BaggingClassifier

和 BaggingRegressor 中，参数 max_samples 和 max_features 控制子集的大小（根据样本和特征）。

参数 max_samples 是用于训练每个基学习器而从 X 中抽取的样本数量（在默认情况下，样本抽取是可替换的），如果是 int 值，则表示抽取的样本数量；如果是 float 值，则表示抽取 max_samples*X.shape[0]个样本。

参数 max_features 是从 X 中抽取的用于训练每个基学习器的特征数量（在默认情况下，特征抽取是不可替换的）。如果其类型为 int，则表示抽取 max_features 个特征；如果其类型为 float，则表示抽取 max(,int(max_features*n_features_in_))个特征。

参数 bootstrap 和 bootstrap_features 用于控制抽取的样本与特征是否用于替换。Bootstrap 的默认值为 True，bootstrap_features 的默认值为 False。当使用可用样本子集时，还可通过设置 oob_score = True 来估计包外样本的泛化精度。例如，下面的代码片段说明如何实例化 KNeighborsClassifier 作为基学习器的 Bagging 集成，每个基学习器都建立在 50%样本和 50%特征的随机子集上。

```
1. >>> from sklearn.ensemble import BaggingClassifier
2. >>> from sklearn.neighbors import KNeighborsClassifier
3. >>>  bagging  =  BaggingClassifier(KNeighborsClassifier(),  max_samples=0.5,
   max_features=0.5)
```

例 6-1：单学习器和 Bagging 方法：偏差-方差分解。

本例展示并比较单学习器和 Bagging 方法的均方误差期望的偏差-方差分解。在下面的描述中，学习样本被标注为 LS。图 6-5 的左上子图显示了在一个一维回归问题的随机数据集 LS 上训练的单棵决策树的预测（深红色点）。它还展示了在该问题的其他（和不同）随机抽取的实例 LS 上训练的其他单棵决策树的预测（浅红色点）。为了更直观地展示方差项，将其对应于各个学习器的预测值束的宽度（浅红色）。方差越大，对 x 的预测相对于训练集中的小变化就越敏感。偏差项对应学习器的平均预测（青色）和最优可能模型（蓝色）之间的差。在这个问题上，可以观察到偏差非常小（青色和蓝色曲线很接近），而方差很大（浅红色线束相当宽）。

图 6-5 的左下子图绘制了单棵决策树的均方误差期望的逐点分解。它证实了偏差（蓝色）较小，而方差较大（绿色）。它还说明了误差的噪声部分，正如预期的那样，噪声看起来是恒定的，大约为 0.01。

图 6-5 的右上、下子图对应类似的图，但是使用了决策树的 Bagging 方法。在这两个子图中可以观察到，偏差项比前面的情况更大。在图 6-5 的右上子图中，平均预测（青色）和最优可能模型之间的差异较大（例如，请注意 x=2 附近的偏移）。在图 6-5 的右下子图中，偏差曲线也略高于左下子图中的偏差曲线。然而，就方差而言，预测值束较窄，这表明方差较小。事实上，正如图 6-5 的右下子图所证实的，Bagging 决策树的方差项（绿色）小于单棵决策树的方差项。总的来说，偏差-方差分解因此不再相同。一个折中的方案更适合 Bagging 方法：对数据集的 Bootstrap 备份上的几棵决策树进行平均会略微增大偏差项，但可能会有较大幅度的方差减小，这会导致较小的总体均方误差。Bagging 方法的总误差小于单棵决策树的总误差，这种差异实际上主要来源于方差的减小。

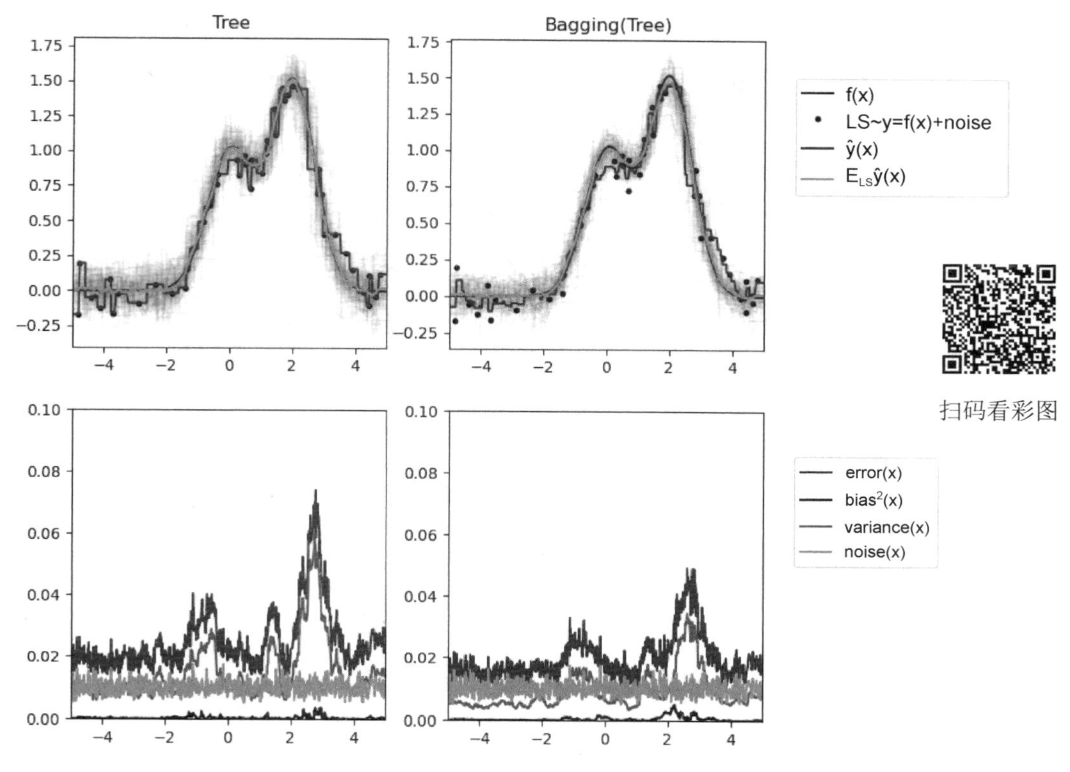

图 6-5 单学习器和 Bagging 方法：偏差-方差分解

```
1. import matplotlib.pyplot as plt
2. import numpy as np
3.
4. from sklearn.ensemble import BaggingRegressor
5. from sklearn.tree import DecisionTreeRegressor
6.
7. n_repeat = 50     # 计算期望的迭代次数
8. n_train = 50      # 训练集的大小
9. n_test = 1000     # 测试集的大小
10. noise = 0.1      # 噪声的标准差
11. np.random.seed(0)
12.
13. # 更改此项以探索其他学习器的偏差-方差分解。这应该适用于具有大方差的学习器（如决策树或
    KNN），但对于具有小方差的学习器（如线性模型）效果不佳
14. estimators = [("Tree", DecisionTreeRegressor()), ("Bagging(Tree)", BaggingRegressor
    (DecisionTreeRegressor())),]
15. n_estimators = len(estimators)  # 学习器数量
16.
17.
18. def f(x):
```

```
19.     x = x.ravel()
20.     return np.exp(-(x**2)) + 1.5 * np.exp(-((x - 2) ** 2))
21.
22.
23. def generate(n_samples, noise, n_repeat=1): # 生成数据
24.     X = np.random.rand(n_samples) * 10 - 5
25.     X = np.sort(X)
26.
27.     if n_repeat == 1:
28.         y = f(X) + np.random.normal(0.0, noise, n_samples)
29.     else:
30.         y = np.zeros((n_samples, n_repeat))
31.         for i in range(n_repeat):
32.             y[:, i] = f(X) + np.random.normal(0.0, noise, n_samples)
33.
34.     X = X.reshape((n_samples, 1))
35.     return X, y
36.
37.
38. X_train = []
39. y_train = []
40.
41. for i in range(n_repeat):
42.     X, y = generate(n_samples=n_train, noise=noise)
43.     X_train.append(X)
44.     y_train.append(y)
45.
46. X_test, y_test = generate(n_samples=n_test, noise=noise, n_repeat=n_repeat)
47.
48. plt.figure(figsize=(10, 8))
49. # 在学习器上循环以进行比较
50. for n, (name, estimator) in enumerate(estimators):
51.     y_predict = np.zeros((n_test, n_repeat))
52.
53.     for i in range(n_repeat):
54.         estimator.fit(X_train[i], y_train[i])
55.         y_predict[:, i] = estimator.predict(X_test) # 计算预测
56.
57.     # 均方误差的分解：bias^2 + variance + noise
58.     y_error = np.zeros(n_test)
59.
60.     for i in range(n_repeat):
61.         for j in range(n_repeat):
```

```
62.             y_error += (y_test[:, j] - y_predict[:, i]) ** 2
63.
64.     y_error /= n_repeat * n_repeat
65.
66.     y_noise = np.var(y_test, axis=1)
67.     y_bias = (f(X_test) - np.mean(y_predict, axis=1)) ** 2
68.     y_var = np.var(y_predict, axis=1)
69.
70.     print("{0}: {1:.4f} (error) = {2:.4f} (bias^2) + {3:.4f} (var) + {4:.4f}
  (noise)".format(
71.             name, np.mean(y_error), np.mean(y_bias), np.mean(y_var), np.mean(y_noise)
72.         )
73.     )
74.
75.     plt.subplot(2, n_estimators, n + 1)  # 绘制图
76.     plt.plot(X_test, f(X_test), "b", label="$f(x)$")
77.     plt.plot(X_train[0], y_train[0], ".b", label="LS ~ $y = f(x)+noise$")
78.
79.     for i in range(n_repeat):
80.         if i == 0:
81.             plt.plot(X_test, y_predict[:, i], "r", label=r"$\^y(x)$")
82.         else:
83.             plt.plot(X_test, y_predict[:, i], "r", alpha=0.05)
84.
85.     plt.plot(X_test, np.mean(y_predict, axis=1), "c", label=r"$\mathbb{E}_{LS}
  \^y(x)$")
86.
87.     plt.xlim([-5, 5])
88.     plt.title(name)
89.
90.     if n == n_estimators - 1:
91.         plt.legend(loc=(1.1, 0.5))
92.
93.     plt.subplot(2, n_estimators, n_estimators + n + 1)
94.     plt.plot(X_test, y_error, "r", label="$error(x)$")
95.     plt.plot(X_test, y_bias, "b", label="$bias^2(x)$"),
96.     plt.plot(X_test, y_var, "g", label="$variance(x)$"),
97.     plt.plot(X_test, y_noise, "c", label="$noise(x)$")
98.
99.     plt.xlim([-5, 5])
100.        plt.ylim([0, 0.1])
101.
102.        if n == n_estimators - 1:
```

```
103.         plt.legend(loc=(1.1, 0.5))
104.
105.     plt.subplots_adjust(right=0.75)
106.     plt.show()
```

输出如下：

```
Tree: 0.0255 (error) = 0.0003 (bias^2)  + 0.0152 (var) + 0.0098 (noise)
Bagging(Tree): 0.0196 (error) = 0.0004 (bias^2)  + 0.0092 (var) + 0.0098 (noise)
```

6.3 随机森林

随机森林是 Bagging 的一个扩展变体，如图 6-6 所示。随机森林以决策树为基学习器构建 Bagging 结构，在训练过程中引入随机因素。例如，在第 5 章的决策树的构建过程中，在某节点处选择特征划分样本是在当前所有特征中选择最优特征。而随机森林是先从特征集中随机选出若干特征子集，然后从特征子集中选出最优特征作为决策树当前节点的划分特征。如果随机选择的特征子集数量为 1，则在所有特征中选择最优特征，随机森林和传统决策树相同。一般推荐特征子集数量为 $\log_2(\text{n\_features})$ 或 sqrt（n_features），其中，n_features 是特征数量。

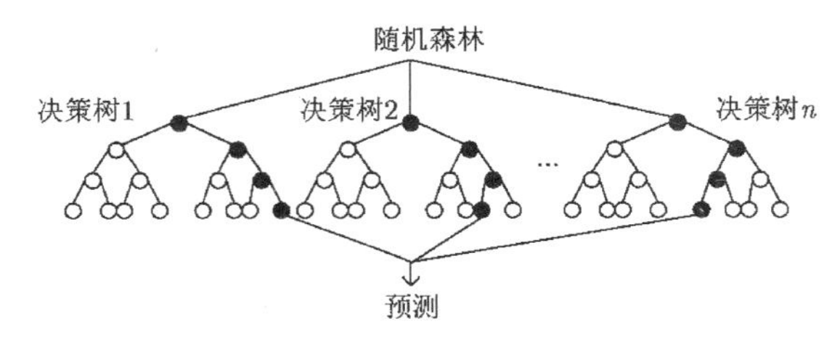

图 6-6　随机森林

当采用 Bootstrap 策略生成 K 个样本子集时，每个样本子集的样本数量不一定要等于原始样本集的样本数量。例如，可以生成一个含有 $0.75N$ 个样本的样本子集，此时的 0.75 就称为采样率。

当使用样本集中的 $0.75N$ 个样本生成决策树时，假设采用 ID3 算法，生成节点时以信息增益作为判断依据。具体做法是把每个特征都拿来试一试，最终信息增益最大的那个特征就是要选择的划分特征。在选择特征时，仅从随机选取的特征子集中进行选择，如从 20 个特征中的 16 个中选择特征。由此，当前最优特征出现在那 4 个没被选取的特征中是有可能的，但在下一次分裂节点的过程中，该特征有可能列入 16 个待选取特征中。另外，一棵决策树中可能出现在另一棵决策树中没有使用过的特征。

由此，在利用 Bagging 策略生成一个决策树集合的过程中，同时满足样本随机和特征随机，构建好的多棵决策树组成一片“森林”，称为随机森林。当然，也可以使用 SVM、逻辑回归等作为 Bagging 策略中的基学习器，习惯上依旧称之为随机森林。

随机森林简单易实现，计算开销比较小。随机森林的训练不仅来自样本扰动，还来自特征扰动，集成后其泛化效果较好。随机森林的收敛性与 Bagging 的收敛性相似，随机森林的起始性能相对较差，尤其在仅含有一个基学习器时，随着学习器数量的增加，随机森林通常会收敛到更小的泛化误差。通过组合多个弱学习器，整体模型具有较高的精确率和泛化性能。

6.3.1　随机森林算法

sklearn.ensemble 模块包括两种基于随机决策树的平均算法：随机森林和极度随机化树。这两种算法都是专门为树设计的扰动和组合技术，通过在基学习器构造中引入随机性来创建一组不同的基学习器。集成方法的预测为各基学习器的预测的平均值，集成中的每棵树都是由训练集中的替换单样本子集构建的。

与其他学习器一样，首先导入 RandomForestClassifier 包，由类构造函数 RandomForestClassifier (n_estimators=10)生成含有 10 个基学习器的集成学习器 clf。随机森林学习器必须拟合两个数组：保存训练样本的形状为(n_samples,n_features)的稀疏或密集数组 X，以及保持训练样本目标值（类标签）的形状为(n_samples,)的数组 Y。

```
1. >>> from sklearn.ensemble import RandomForestClassifier
2. >>> X = [[0, 0], [1, 1]]
3. >>> Y = [0, 1]
4. >>> clf = RandomForestClassifier(n_estimators=10)
5. >>> clf = clf.fit(X, Y)
```

与决策树一样，如果 Y 是形状为(n_samples, n_outputs)的数组，则随机森林集成方法扩展到多输出问题。

样本和特征的随机性的目的是减小随机森林学习器的方差。事实上，单棵决策树通常表现出大方差，并倾向于过拟合。在森林中注入随机性产生的决策树具有一定程度的解耦预测误差。通过取这些预测的平均值，一些误差可以抵消。随机森林通过组合不同的决策树来减小方差，有时会以略微增大偏差为代价。在实践中，方差的减小通常是显著的，因此可以产生一个总体上更好的模型。

6.3.2　极度随机化树

为了引入极度随机化树，Scikit-learn 包含了 ExtraTreesClassifier 类和 ExtraTreesRegressor 类。在计算节点拆分的方式中采取进一步的随机性。例如，随机森林使用了候选特征的随机子集；但极度随机化树并没有寻找最具鉴别性的阈值，而是为每个候选特征随机抽取阈值，并在这些随机生成的阈值中选择最好的阈值作为分割规则，这通常会导致更大幅度地减小模型的方差，但代价是偏差的增加略大。

```
1. >>> from sklearn.model_selection import cross_val_score
2. >>> from sklearn.datasets import make_blobs
3. >>> from sklearn.ensemble import RandomForestClassifier
4. >>> from sklearn.ensemble import ExtraTreesClassifier
5. >>> from sklearn.tree import DecisionTreeClassifier
6.
7. >>> X, y = make_blobs(n_samples=10000, n_features=10, centers=100, random_state=0)
```

```
8.  >>> clf = DecisionTreeClassifier(max_depth=None, min_samples_split=2, random_state=0)
9.  >>> scores = cross_val_score(clf, X, y, cv=5)
10. >>> scores.mean()
11. 0.98...
12.
13. >>> clf = RandomForestClassifier(n_estimators=10, max_depth=None, min_samples_split=2,
    random_state=0)
14. >>> scores = cross_val_score(clf, X, y, cv=5)
15. >>> scores.mean()
16. 0.999...
17.
18. >>> clf = ExtraTreesClassifier(n_estimators=10, max_depth=None, min_samples_split=2,
    random_state=0)
19. >>> scores = cross_val_score(clf, X, y, cv=5)
20. >>> scores.mean() > 0.999
21. True
```

当使用随机森林方法时，要调整的主要参数有 n_estimators 和 max_features。前者是随机森林中决策树的数量，其值越大越好，但计算所需的时间也越长；此外，请注意，当随机森林中的决策树数量超过临界数量时，结果将不再显著好转。后者是在分割节点时要考虑的随机子集的特征数量。对于回归问题，一个好的经验默认值为 max_features=1.0 或等效的 max_features=None，即考虑所有特征而不是随机子集；对于分类任务，一个好的经验默认值为 max_features="sqrt"，即采用特征数量为 sqrt(n_features)的随机子集，其中，n_features 是数据集中的特征数量。max_features 取默认值 1 时相当于 Bagged 树，并且可以通过设置较小的值来实现更高的随机性（如 max_featrues=0.3 是文献中的典型默认值）。当组合设置 max_depth=None 与 min_samples_split=2，即当完全开发树时，通常会获得良好的结果。请记住，这些值通常不是最优参数值，并且可能导致模型消耗大量内存。最优参数值应是交叉验证的结果。此外，请注意，在随机森林中，默认设置 bootstrap=True；而极度随机化树的默认策略则是使用整个数据集，即设置 bootstrap=False。

采用默认参数的模型大小为 $O\left(MN\log\left(N\right)\right)$，其中，$M$ 是决策树的数量，N 是样本数量。为了减小模型的大小，可以更改以下参数：min_samples_split、max_leaf_nodes、max_depth 和 min_samples_leaf。

sklearn.ensemble 模块中的随机森林相关函数还可通过 n_jobs 参数实现树的并行构建和预测的并行计算。如果设置 n_jobs=k，则计算被划分为 k 个作业，并在机器的 k 个核心上运行。如果 n_jobs=−1，则使用机器上可用的所有核心。请注意，由于进程间通信的开销，加速可能不是线性的，即使用 k 个作业的速度不是原始速度的 k 倍。在大型数据集上构建大量树时，或者在构建单棵树时需要相当长的时间，但仍然可以实现显著加速。

6.3.3 随机森林实践

例 6-2 绘制的在 Iris 数据集的成对特征上训练的随机森林决策面如图 6-7 所示，比较了决策树分类器（第一列）、随机森林分类器（第二列）、极度随机化树分类器（第三列）和 AdaBoost 分类器（第四列）学习的决策面。

在第一行中，分类器仅使用萼片宽度（sepal width）和萼片长度（sepal length）两个特征来构建；在第二行中，仅使用花瓣长度（petal length）和萼片长度两个特征来构建；在第三行中，仅使用花瓣宽度（petal width）和花瓣长度两个特征来构建。

按照得分降序排序，当使用 30 个学习器对所有 4 个特征进行训练（在本例之外）并使用 10 折交叉验证进行评分时，可以看到：

```
ExtraTreesClassifier()  # 0.95 score
RandomForestClassifier()  # 0.94 score
AdaBoost(DecisionTree(max_depth=3))  # 0.94 score
DecisionTree(max_depth=None)  # 0.94 score
```

增大 AdaBoost 的 max_depth 会减小得分的标准差（但平均得分并不会改进）。有关每个模型的更多详细信息，请参阅下面的控制台的输出。

Classifiers on feature subsets of the Iris dataset

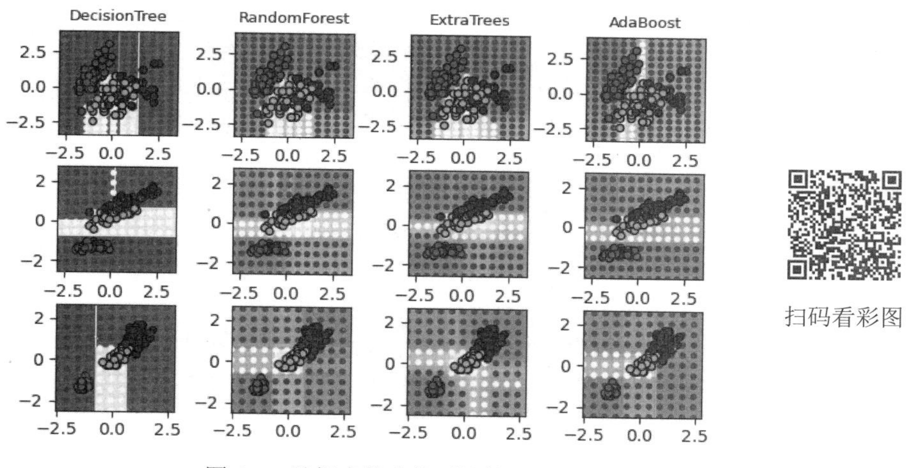

图 6-7　随机森林决策面比较

在例 6-2 中，还进行了如下尝试。

（1）改变 DecisionTreeClassifier 和 AdaBoostClassifier 的 max_depth，也尝试设置 DecisionTreeClassifier 的 max_depth=3 或 AdaBoost 分类器的 max_depth=None。

（2）改变 n_estimators。

值得注意的是，随机森林和极度随机化树可以在多核计算机上并行拟合，因为每棵树都是独立于其他树构建的。而 AdaBoost 所用的样本是按顺序构建的，因此不能使用多个内核。

例 6-2：在 Iris 数据集上绘制树集成的决策面。

```
1.  import matplotlib.pyplot as plt
2.  import numpy as np
3.  from matplotlib.colors import ListedColormap
4.
```

```
5. from sklearn.datasets import load_iris
6. from sklearn.ensemble import (AdaBoostClassifier, ExtraTreesClassifier,
   RandomForestClassifier,)
7. from sklearn.tree import DecisionTreeClassifier
8.
9. # 参数
10. n_classes = 3
11. n_estimators = 30
12. cmap = plt.cm.RdYlBu
13. plot_step = 0.02  # 用于确定曲面轮廓的精细步长
14. plot_step_coarser = 0.5  # 用于粗分类器猜测的步长
15. RANDOM_SEED = 13  # 在每次迭代中固定种子
16.
17. iris = load_iris()  # 加载数据集
18. plot_idx = 1
19.
20. models = [
21.     DecisionTreeClassifier(max_depth=None),
22.     RandomForestClassifier(n_estimators=n_estimators),
23.     ExtraTreesClassifier(n_estimators=n_estimators),
24.     AdaBoostClassifier(DecisionTreeClassifier(max_depth=3),
    n_estimators=n_estimators),]
25.
26. for pair in ([0, 1], [0, 2], [2, 3]):
27.     for model in models:
28.         X = iris.data[:, pair] # 仅取 2 个对应的特征
29.         y = iris.target
30.
31.         idx = np.arange(X.shape[0])
32.         np.random.seed(RANDOM_SEED)
33.         np.random.shuffle(idx) # 重洗牌
34.         X = X[idx]
35.         y = y[idx]
36.
37.         # 标准化
38.         mean = X.mean(axis=0)
39.         std = X.std(axis=0)
40.         X = (X - mean) / std
41.
42.         model.fit(X, y)  # 训练
43.
44.         scores = model.score(X, y)
45.         model_title = str(type(model)).split(".")[-1][:-2][: -len("Classifier")]
```

```
46.
47.         model_details = model_title
48.         if hasattr(model, "estimators_"):
49.             model_details += " with {} estimators".format(len(model.estimators_))
50.         print(model_details + " with features", pair, "has a score of", scores)
51.
52.         plt.subplot(3, 4, plot_idx)
53.         if plot_idx <= len(models):
54.             plt.title(model_title, fontsize=9) # 在每列顶部添加标题
55.
56.         # 现在使用精细网格作为填充轮廓图的输入来绘制决策边界
57.         x_min, x_max = X[:, 0].min() - 1, X[:, 0].max() + 1
58.         y_min, y_max = X[:, 1].min() - 1, X[:, 1].max() + 1
59.         xx, yy = np.meshgrid(np.arange(x_min, x_max, plot_step), np.arange(y_min,
    y_max, plot_step))
60.
61.         #绘制单个 DecisionTree 分类器或 alpha 混合分类器集合的决策面
62.         if isinstance(model, DecisionTreeClassifier):
63.             Z = model.predict(np.c_[xx.ravel(), yy.ravel()])
64.             Z = Z.reshape(xx.shape)
65.             cs = plt.contourf(xx, yy, Z, cmap=cmap)
66.         else:
67.              #根据正使用的学习器的数量选择 alpha 混合级别
68.   #注意：如果 AdaBoost 在早期达到足够好的拟合效果，则它可以使用比其最大值更少的学习器
69.             estimator_alpha = 1.0 / len(model.estimators_)
70.             for tree in model.estimators_:
71.                 Z = tree.predict(np.c_[xx.ravel(), yy.ravel()])
72.                 Z = Z.reshape(xx.shape)
73.                 cs = plt.contourf(xx, yy, Z, alpha=estimator_alpha, cmap=cmap)
74.
75.         #  构建一个更粗糙的网格来绘制一组集成分类，以显示这些分类与我们在决策面中看到
   的分类有何不同。这些点，即(xx_coarser, yy_coarser)是规则的空间，且没有黑色轮廓
76.
77.
78.         xx_coarser, yy_coarser = np.meshgrid(
79.             np.arange(x_min, x_max, plot_step_coarser),
80.             np.arange(y_min, y_max, plot_step_coarser),
81.         )
82.         Z_points_coarser = model.predict(np.c_[xx_coarser.ravel(), yy_coarser.ravel()]).
   reshape(xx_coarser.shape)
83.         cs_points = plt.scatter(xx_coarser, yy_coarser, s=15, c=Z_points_coarser,
   cmap=cmap, edgecolors="none",)
84.
```

```
85.         #绘制训练点，这些训练点聚集在一起，并具有黑色轮廓
86.         plt.scatter(X[:, 0], X[:, 1], c=y, cmap=ListedColormap(["r", "y", "b"]),
   edgecolor="k", s=20,)
87.         plot_idx += 1  #按顺序进行下一个绘图
88.
89. plt.suptitle("Classifiers on feature subsets of the Iris dataset", fontsize=12)
90. plt.axis("tight")
91. plt.tight_layout(h_pad=0.2, w_pad=0.2, pad=2.5)
92. plt.show()
```

输出如下：

```
DecisionTree with features [0, 1] has a score of 0.9266666666666666
RandomForest with 30 estimators with features [0, 1] has a score of 0.9266666666666666
ExtraTrees with 30 estimators with features [0, 1] has a score of 0.9266666666666666
AdaBoost with 30 estimators with features [0, 1] has a score of 0.8666666666666667
DecisionTree with features [0, 2] has a score of 0.9933333333333333
RandomForest with 30 estimators with features [0, 2] has a score of 0.9933333333333333
ExtraTrees with 30 estimators with features [0, 2] has a score of 0.9933333333333333
AdaBoost with 30 estimators with features [0, 2] has a score of 0.9933333333333333
DecisionTree with features [2, 3] has a score of 0.9933333333333333
RandomForest with 30 estimators with features [2, 3] has a score of 0.9933333333333333
ExtraTrees with 30 estimators with features [2, 3] has a score of 0.9933333333333333
AdaBoost with 30 estimators with features [2, 3] has a score of 0.9933333333333333
```

6.3.4 算法小结

通过本节的学习，读者可以了解随机森林以决策树为基学习器，采用 Bagging 集成策略，并在其训练过程中引入样本随机性和特征随机性。随机森林除了简单易实现，计算开销较小、泛化效果较好等优点，还具有以下特点：①由于采用了集成算法，因此其精度一般优于多数单模型算法的精度；②在测试集上表现良好，随机性的引入降低了过拟合风险；③决策树的组合可以让随机森林处理非线性数据；④训练过程中可以检测特征的重要性，是常见的特征筛选方法；⑤每棵树可以同时生成，并行效率高，训练速度快；⑥可以自动处理默认值。

6.4 Boosting 算法

Boosting 框架如图 6-8 所示，其训练过程为阶梯状，多个基学习器（弱学习器）依次训练；组合多个弱学习器形成一个强学习器，主要步骤如下。

（1）设 $T=\left[(x_1,y_1),(x_2,y_2),\cdots,(x_n,y_n)\right]$ 是原始训练集，初始化样本权重分布，得到训练集 T_1。在这一步中，每个训练样本通常具有相同的权重。通过加权训练集训练出第一个弱学习器（弱学习器 1）。

（2）根据一定的规则更新样本的权重分布，得到新的训练集 T_2 。一般而言，如果第一个弱学习器对某一样本预测错误，则该样本在下一步的弱学习器训练过程中具有更大的权重。通过训练集 T_2 训练出第二个弱学习器（弱学习器 2）。

（3）重复以上过程，得到若干弱学习器，直到达到预定的学习器数量或预定的预测精度。

（4）线性组合这些弱学习器，得到一个强学习器。

在整个训练过程中，Boosting 总是更加关注被错误分类的样本，赋予其更大的关注度（或权重），并通过训练下一个弱学习器来减小分类误差。

Boosting 算法中常用的是 AdaBoost、Gradient Boosting（代表算法为 GBDT）和 XGBoost 等。

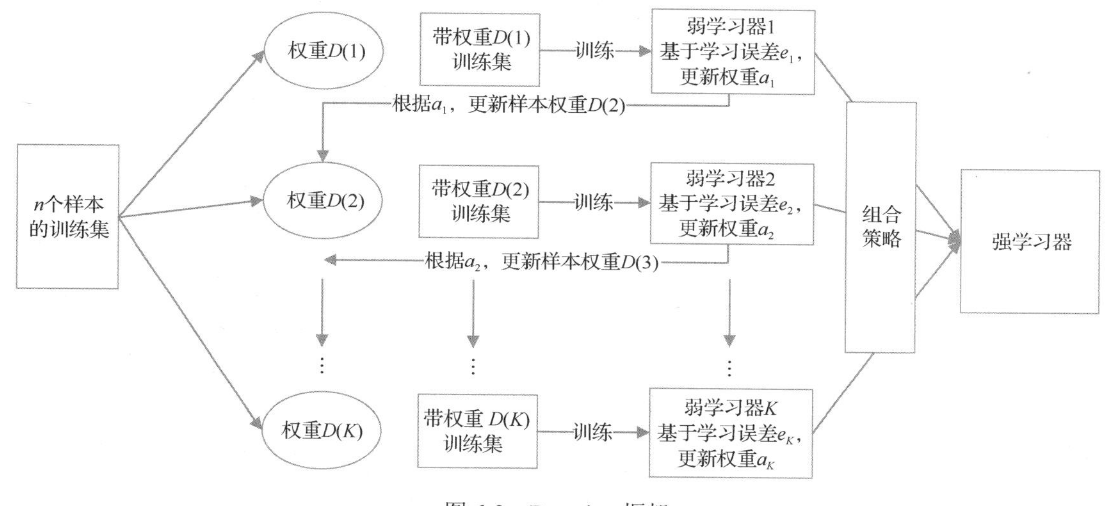

图 6-8 Boosting 框架

6.5 AdaBoost 算法

多数 Boosting 方法改变训练样本的权重分布，针对不同的权重分布训练一系列弱学习器。现在，还有两个问题需要解决。

第一个问题是在每一轮次中，如何改变训练样本的权重或概率分布。AdaBoost 的做法是增大那些被前一轮弱学习器错误分类的样本的权重，并减小那些被正确分类的样本的权重。在经过前一轮次的权重增大后，本轮次的弱学习器就会更关注那些被错误分类的样本。样本权重提供迭代过程中的数据修正功能，包括将权重 $w_1, w_2, \cdots, w_N$ 应用于每个训练样本。将这些权重初始化为 $w_i = 1/N$ ，因此第一步只是在原始数据集上训练弱学习器。对于每个连续迭代，单独修改样本权重，并将学习算法重新应用于重新加权后的数据。随着迭代的进行，难以预测的样本受到越来越多的关注。因此，每个后续的弱学习器都被迫专注于序列中前一个弱学习器遗漏的样本。依次类推，分类问题便会被一系列弱分类器“分而治之”。

第二个问题是如何将弱分类器组合成一个强分类器。AdaBoost 采取的是加权多数投票（或求和），将所有预测组合起来，以产生最终预测的方法。具体来讲，就是加大错分率低的弱学习器的权重，使其在表决中起更大的作用，并减小错分率高的弱学习器的权重，使其在表决中起较小的作用。

图 6-9 对 AdaBoost 方法给出了一个直观的展示。

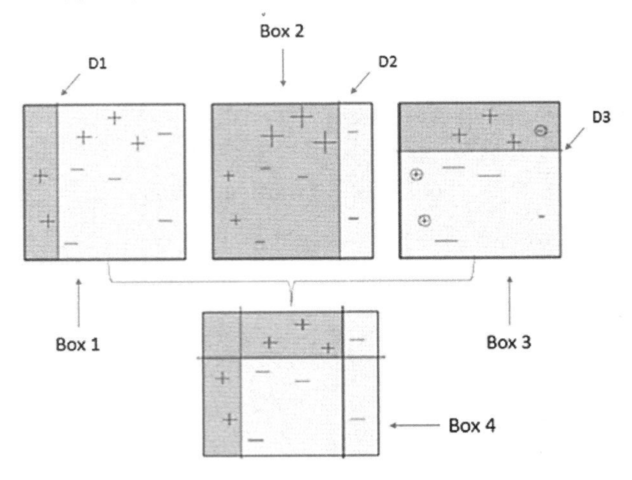

图 6-9　AdaBoost 分类示例

Box1：假设所有样本具有相同的权重（图 6-9 中的正、负号的大小一致），弱学习器 D1 将它们分为两部分。浅色区域的 3 个正号样本被错误分类，这 3 个样本将被赋予更大的权重，由下一轮次的决策树进行分类。

Box2：在 Box1 中，3 个被错误分类的正号样本的权重变大（其尺寸变大）。第二轮次的弱学习器 D2 试图将这 3 个样本正确分类，但同时引入了新的分类错误——3 个负号样本被错误分类，因此在下一轮次的分类中，这 3 个负号样本被赋予更大的权重。

Box3：Box2 中 3 个被错误分类的负号样本被赋予更大的权重，弱学习器 D3 进行新的分类，但此时又引入了新的分类错误，即用小圆圈圈起来的 1 个负号样本和 2 个正号样本。

Box 4：将 D1、D2 和 D3 三个学习器组合起来形成一个复杂的规则，可以看出，该组合学习器比任何一个弱学习器的表现都好。

AdaBoost 的细节详见进阶 F。

6.5.1　AdaBoost 实践

sklearn.ensemble 模块包括流行的 Boost 算法 AdaBoost。AdaBoost 可用于分类和回归问题。以下代码片段显示了如何拟合具有 100 个弱学习器的 AdaBoost 分类器。

```
1.  >>> from sklearn.model_selection import cross_val_score
2.  >>> from sklearn.datasets import load_iris
3.  >>> from sklearn.ensemble import AdaBoostClassifier
4.
5.  >>> X, y = load_iris(return_X_y=True)
6.  >>> clf = AdaBoostClassifier(n_estimators=100)
7.  >>> scores = cross_val_score(clf, X, y, cv=5)
```

```
8. >>> scores.mean()
9. 0.9...
```

由上可知，弱学习器数量由参数 n_estimators 来设置。除此之外，在 AdaBoostClassifier 和 AdaBoostRegressor 中，还有 learning_rate 参数，表示梯度收敛速度，其默认值为 1，如果设置过大，则容易引起收敛振荡；如果设置过小，则收敛速度会很慢。通过调整参数 n_estimators 和弱学习器的复杂度（如深度 max_depth 或考虑分裂所需的最小样本数 min_samples_split）可获得良好的结果。可使用任何可接受加权数据集的机器学习算法作为弱学习器，通过参数 base_estimator 进行设置。该原理同样适用于回归算法。

```
1. from sklearn.ensemble import AdaBoostClassifier
2. from sklearn.ensemble import AdaBoostRegressor
3. from skleran.tree import DecisionTreeClassifier
4. dt = DecisionTreeClassifier()
5. clf = AdaBoostClassifier(n_estimators=100, base_estimator=dt, learning_rate=1)
6. clf.fit(x_train, y_train)
```

例 6-3：离散与实数 AdaBoost。

本例展示了离散 SAMME 提升算法和实数 SAMME.R 提升算法的性能差异，如图 6-10 所示。这两种算法都在二分类任务上进行评估，其中目标是 10 个输入特征的非线性函数。

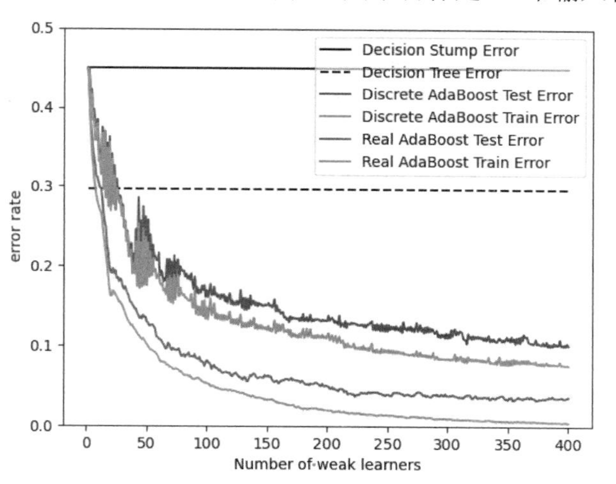

扫码看彩图

图 6-10 离散 SAMME 提升算法和实数 SAMME.R 提升算法的性能差异

离散 SAMME 提升算法根据预测类别标签中的错误进行调整，而实数 SAMME.R 提升算法则使用预测类别的概率。

第一步，准备数据和基线模型。

首先生成二分类数据集。

```
1. from sklearn import datasets
2. X, y = datasets.make_hastie_10_2(n_samples=12_000,random_state=1)
```

然后为 AdaBoost 学习器设置超参数。请注意，对于 SAMME 和 SAMME.R，Scikit-learn 1.0 的学习率可能不是最优的。

```
3.  n_estimators = 400
4.  learning_rate = 1.0
```

最后将数据集拆分为训练集和测试集，定义具有 depth=9 的决策树学习器 dt 和具有 depth=1 的 stump 决策树学习器 dt_stump，训练弱学习器并计算测试误差。

```
5.  from sklearn.model_selection import train_test_split
6.  from sklearn.tree import DecisionTreeClassifier
7.
8.  X_train, X_test, y_train, y_test = train_test_split(X, y, test_size=2_000,
    shuffle=False)
9.
10. dt_stump = DecisionTreeClassifier(max_depth=1,min_samples_leaf=1)
11. dt_stump.fit(X_train, y_train)
12. dt_stump_err = 1.0 - dt_stump.score(X_test, y_test)
13.
14. dt = DecisionTreeClassifier(max_depth=9, min_samples_leaf=1)
15. dt.fit(X_train, y_train)
16. dt_err = 1.0 - dt.score(X_test, y_test)
```

第二步，分别定义离散 SAMME 和实数 SAMME.R 的 Adaboost 学习器 ada_discrete 与 ada_real，并拟合训练集。

```
17. from sklearn.ensemble import AdaBoostClassifier
18.
19. ada_discrete = AdaBoostClassifier(
20.     estimator=dt_stump,
21.     learning_rate=learning_rate,
22.     n_estimators=n_estimators,
23.     algorithm="SAMME",)
24. ada_discrete.fit(X_train, y_train)
25.
26. ada_real = AdaBoostClassifier(
27.     estimator=dt_stump,
28.     learning_rate=learning_rate,
29.     n_estimators=n_estimators,
30.     algorithm="SAMME.R",)
31. ada_real.fit(X_train, y_train)
```

通过 staged_predict(X_test)方法计算离散 SAMME 和实数 SAMME.R 的 AdaBoost 学习器在集成算法中的 n_estimators 个弱学习器上的测试误差。

```
32. import numpy as np
33. from sklearn.metrics import zero_one_loss
34.
35. ada_discrete_err = np.zeros((n_estimators,))
36. for i, y_pred in enumerate(ada_discrete.staged_predict(X_test)):
```

```
37.     ada_discrete_err[i] = zero_one_loss(y_pred, y_test)
38.
39. ada_discrete_err_train = np.zeros((n_estimators,))
40. for i, y_pred in enumerate(ada_discrete.staged_predict(X_train)):
41.     ada_discrete_err_train[i] = zero_one_loss(y_pred, y_train)
42.
43. ada_real_err = np.zeros((n_estimators,))
44. for i, y_pred in enumerate(ada_real.staged_predict(X_test)):
45.     ada_real_err[i] = zero_one_loss(y_pred, y_test)
46.
47. ada_real_err_train = np.zeros((n_estimators,))
48. for i, y_pred in enumerate(ada_real.staged_predict(X_train)):
49.     ada_real_err_train[i] = zero_one_loss(y_pred, y_train)
```

第三步，绘制基线、离散 SAMME 和实数 SAMME.R 的 AdaBoost 学习器的训练与测试误差，如图 6-10 所示。

```
50. import matplotlib.pyplot as plt
51. import seaborn as sns
52.
53. fig = plt.figure()
54. ax = fig.add_subplot(111)
55.
56. ax.plot([1, n_estimators], [dt_stump_err] * 2, "k-", label="Decision Stump Error")
57. ax.plot([1, n_estimators], [dt_err] * 2, "k--", label="Decision Tree Error")
58.
59. colors = sns.color_palette("colorblind")
60.
61. ax.plot(np.arange(n_estimators) + 1, ada_discrete_err, label="Discrete AdaBoost
    Test Error", color=colors[0],)
62. ax.plot(np.arange(n_estimators) + 1, ada_discrete_err_train, label="Discrete
    AdaBoost Train Error", color=colors[1],)
63. ax.plot(np.arange(n_estimators) + 1, ada_real_err, label="Real AdaBoost Test
    Error", color=colors[2],)
64. ax.plot(np.arange(n_estimators) + 1, ada_real_err_train, label="Real AdaBoost
    Train Error", color=colors[4],)
65.
66. ax.set_ylim((0.0, 0.5))
67. ax.set_xlabel("Number of weak learners")
68. ax.set_ylabel("error rate")
69.
70. leg = ax.legend(loc="upper right", fancybox=True)
71. leg.get_frame().set_alpha(0.7)
72.
73. plt.show()
```

可以观察到，实数 SAMME 的 AdaBoost 学习器在训练集和测试集上的错分率均低于离散 SAMME.R 的 AdaBoost 学习器的对应值。

例 6-4 展示了 Boosting 集成策略如何提高多分类问题的预测精度。分类数据集是通过使用 10 维标准正态分布并定义 3 个嵌套同心的 10 维球体类来构建的，每个类中的样本数量大致相等（x^2 分布的分位数）。

例 6-4：多分类 AdaBoosted 决策树。

实数 SAMME.R 使用概率估计更新加性模型，而离散 SAMME 则仅使用分类更新加性模型。本例展示了实数 SAMME.R 通常比离散 SAMME 收敛得更快，以更少的提升迭代实现了更小的测试误差，如图 6-11 所示。每个算法在每次提升迭代后，在测试集上的误差显示在左边，在测试集上的分类误差显示在中间，提升权重显示在右边。在实数 SAMME.R 中，所有树的权重都为 1，因此没有显示。

扫码看彩图

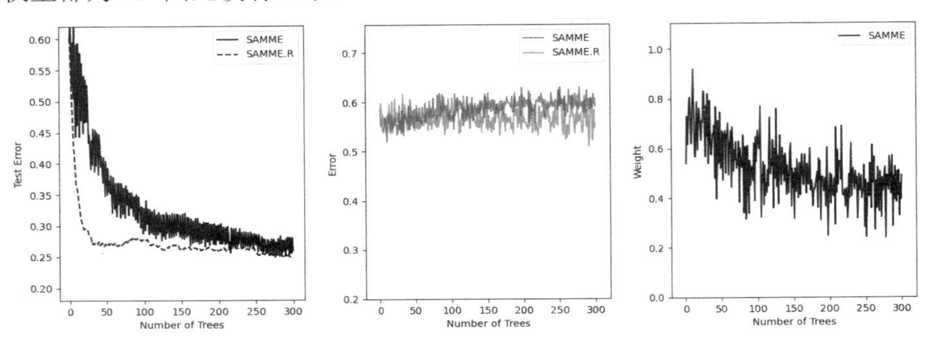

图 6-11　多分类问题的离散 SAMME 和实数 SAMME.R 的性能

```
1.  import matplotlib.pyplot as plt
2.
3.  from sklearn.datasets import make_gaussian_quantiles
4.  from sklearn.ensemble import AdaBoostClassifier
5.  from sklearn.metrics import accuracy_score
6.  from sklearn.tree import DecisionTreeClassifier
7.
8.  X, y = make_gaussian_quantiles(n_samples=13000, n_features=10, n_classes=3,
    random_state=1)
9.  n_split = 3000
10.
11. X_train, X_test = X[:n_split], X[n_split:]
12. y_train, y_test = y[:n_split], y[n_split:]
13.
14. bdt_real = AdaBoostClassifier(DecisionTreeClassifier(max_depth=2), n_estimators=300,
    learning_rate=1)
15.
16. bdt_discrete = AdaBoostClassifier(
17.     DecisionTreeClassifier(max_depth=2),
18.     n_estimators=300,
```

```
19.     learning_rate=1.5,
20.     algorithm="SAMME",)
21.
22. bdt_real.fit(X_train, y_train)
23. bdt_discrete.fit(X_train, y_train)
24.
25. real_test_errors = []
26. discrete_test_errors = []
27.
28. for real_test_predict, discrete_test_predict in zip(bdt_real.staged_predict(X_test),
    bdt_discrete.staged_predict(X_test)):
29.     real_test_errors.append(1.0 - accuracy_score(real_test_predict, y_test))
30.     discrete_test_errors.append(1.0 - accuracy_score(discrete_test_predict, y_test))
31.
32. n_trees_discrete = len(bdt_discrete)
33. n_trees_real = len(bdt_real)
34.
35. # 提升迭代会提前终止，数组长度是 n_estimators。按照实际树的数量进行修剪
36. discrete_estimator_errors = bdt_discrete.estimator_errors_[:n_trees_discrete]
37. real_estimator_errors = bdt_real.estimator_errors_[:n_trees_real]
38. discrete_estimator_weights = bdt_discrete.estimator_weights_[:n_trees_discrete]
39.
40. plt.figure(figsize=(15, 5))
41.
42. plt.subplot(131)
43. plt.plot(range(1, n_trees_discrete + 1), discrete_test_errors, c="black", label="SAMME")
44. plt.plot(range(1, n_trees_real + 1), real_test_errors, c="black", linestyle="dashed",
    label="SAMME.R",)
45. plt.legend()
46. plt.ylim(0.18, 0.62)
47. plt.ylabel("Test Error")
48. plt.xlabel("Number of Trees")
49.
50. plt.subplot(132)
51. plt.plot(range(1, n_trees_discrete + 1), discrete_estimator_errors, "b", label="SAMME",
    alpha=0.5,)
52. plt.plot(range(1, n_trees_real + 1), real_estimator_errors, "r", label="SAMME.R",
    alpha=0.5)
53. plt.legend()
54. plt.ylabel("Error")
55. plt.xlabel("Number of Trees")
56. plt.ylim((0.2, max(real_estimator_errors.max(), discrete_estimator_errors.max())
    * 1.2))
```

```
57. plt.xlim((-20, len(bdt_discrete) + 20))
58.
59. plt.subplot(133)
60. plt.plot(range(1, n_trees_discrete + 1), discrete_estimator_weights, "b",
    label="SAMME")
61. plt.legend()
62. plt.ylabel("Weight")
63. plt.xlabel("Number of Trees")
64. plt.ylim((0, discrete_estimator_weights.max() * 1.2))
65. plt.xlim((-20, n_trees_discrete + 20))
66.
67. # 防止 y 轴标签重叠
68. plt.subplots_adjust(wspace=0.25)
69. plt.show()
```

例 6-5 在具有少量高斯噪声的一维正弦数据集上使用 AdaBoost.R2 算法提升决策树，对 299 次提升（300 棵决策树）与单棵决策树回归器进行比较。随着提升次数的增加，回归器可以拟合更多细节，如图 6-12 所示。

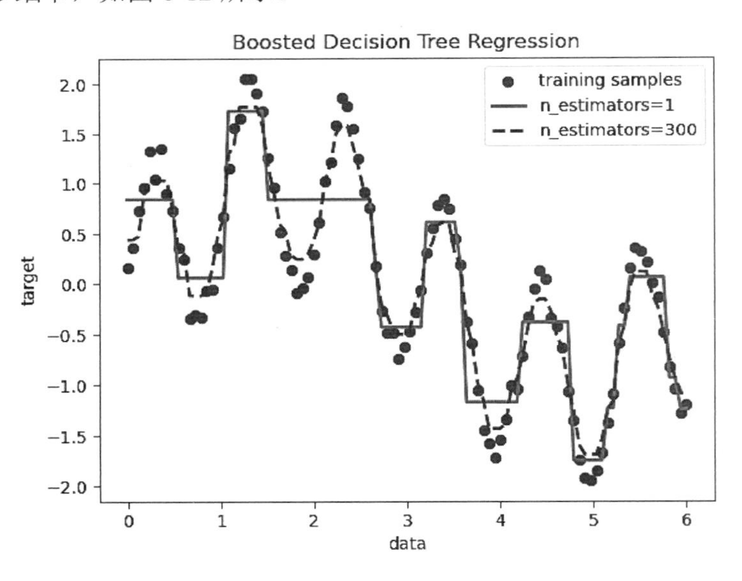

图 6-12　AdaBoost 决策树回归

例 6-5：AdaBoost 决策树回归。

第一步，准备具有正弦关系和一些高斯噪声的合成数据。

```
1.  import numpy as np
2.
3.  rng = np.random.RandomState(1)
4.  X = np.linspace(0, 6, 100)[:, np.newaxis]
5.  y = np.sin(X).ravel() + np.sin(6 * X).ravel() + rng.normal(0, 0.1, X.shape[0])
```

第二步，使用决策树和AdaBoost回归器进行训练与预测。

首先定义决策树回归器regr_1和AdaBoost回归器regr_2并拟合数据；然后对相同的数据进行预测，看看两个回归器能在多大程度上拟合数据。regr_1是一个具有max_depth=4的DecisionTreeRegressor；regr_2是一个具有max_depth=4，并以DecisionTreeRegressor为弱学习器的AdaBoost回归器，设置n_estimators=300。

```
6.  from sklearn.ensemble import AdaBoostRegressor
7.  from sklearn.tree import DecisionTreeRegressor
8.
9.  regr_1 = DecisionTreeRegressor(max_depth=4)
10. regr_2 = AdaBoostRegressor(DecisionTreeRegressor(max_depth=4), n_estimators=300,
    random_state=rng)
11.
12. regr_1.fit(X, y)
13. regr_2.fit(X, y)
14.
15. y_1 = regr_1.predict(X)
16. y_2 = regr_2.predict(X)
```

第三步，绘制单棵决策树回归器和AdaBoost回归器的结果，展示其对数据的拟合程度。

```
17. import matplotlib.pyplot as plt
18. import seaborn as sns
19.
20. colors = sns.color_palette("colorblind")
21. plt.figure()
22. plt.scatter(X, y, color=colors[0], label="training samples")
23. plt.plot(X, y_1, color=colors[1], label="n_estimators=1", linewidth=2)
24. plt.plot(X, y_2, color=colors[2], label="n_estimators=300", linewidth=2)
25. plt.xlabel("data")
26. plt.ylabel("target")
27. plt.title("Boosted Decision Tree Regression")
28. plt.legend()
29. plt.show()
```

6.5.2　算法小结

由上述内容可知，AdaBoost算法的特点主要如下。

（1）必须使用同一种弱学习器。

（2）将所有弱学习器组合起来，分类效果好的学习器具有较大的权重，分类效果差的学习器具有较小的权重。

（3）样本权重的更新规则是对于被错误分类的样本，增大其权重；对于被正确分类的样本，减小其权重；被错误分类的样本将在下一轮次训练中得到更多关注。

（4）基于指数型的损失函数。

进阶 E　AdaBoost 算法伪代码

AdaBoost 算法伪代码如算法 6-1 所示。

算法 6-1：AdaBoost 算法伪代码

输入：训练集 $T=\left[\left(x_1,y_1\right),\left(x_2,y_2\right),\cdots,\left(x_N,y_N\right)\right]$，$x_i\in\chi\subseteq\mathbf{R}^n$，$y_i\in\mathcal{Y}=\left\{-1,1\right\}$；弱学习算法

输出：最终的学习器 $G(x)$

Step1　初始化训练样本的权重分布：

$$D_1=\left(w_{11},w_{12},\cdots,w_{1i},\cdots,w_{1N}\right),\quad w_{1i}=\frac{1}{N},\quad i=1,2,\cdots,N$$

Step2　for　$m=1,2,\cdots,M$

step2.1　在权重分布为 D_m 的数据集上进行训练，得到弱学习器 $G_m(x):\chi\to\left\{-1,1\right\}$

step2.2　弱学习器 $G_m(x)$ 在训练数据集上的错分率为

$$e_m=P\left(G_m\left(x_i\right)\neq y_i\right)=\sum_{i=1}^{N}w_{mi}I\left(G_m\left(x_i\right)\neq y_i\right)$$

step2.3　计算 $G_m(x)$ 的系数：

$$\alpha_m=\frac{1}{2}\ln\frac{1-e_m}{e_m}$$

step2.4　更新数据集的权重分布：

$$D_{m+1}=\left(w_{m+1,1},w_{m+1,2},\cdots,w_{m+1,i},\cdots,w_{m+1,N}\right)$$

$$w_{m+1,i}=\frac{w_{mi}}{Z_m}\exp\left[-\alpha_m y_i G_m\left(x_i\right)\right]$$

$$Z_m=\sum_{i=1}^{N}w_{mi}\exp\left[-\alpha_m y_i G_m\left(x_i\right)\right]$$

其中，Z_m 是规范化因子，使得 D_{m+1} 服从概率分布。

Step3　构建弱学习器的线性组合 $f(x)=\sum_{i=1}^{N}\alpha_m G_m(x)$，得到最终的学习器：

$$G(x)=\operatorname{sign}\left[f(x)\right]=\operatorname{sign}\left[\sum_{i=1}^{N}\alpha_m G_m(x)\right]$$

6.6　GBDT 算法

梯度提升（Gradient Boosting）也是一种常用的 Boosting 方法，其主要思想是，每次新建立模型都在之前建立模型的损失函数的梯度下降方向上进行迭代。已知损失函数描述的是模型的不可靠程度，损失函数值越大，说明模型越容易出错。如果模型能够让损失函数值持续减小，则说明模型在不断得到改进，而最好的方式就是让损失函数在其负梯度方向上下降。

基于Boosting框架的整体模型使用一个线性组合来表示，即

$$F(x)=\sum_{i=1}^{M}h_i(x)$$

其中，$h_i(x)$为弱学习器与其权重的乘积；M为弱学习器的数量，也是迭代次数。该模型在训练集$\{(x_i,y_i)\}_{i=1}^{n}$中进行学习，下面为了描述简洁，有时直接使用没有下标的(x,y)表示这个训练集；f_m为第m个弱学习器；F_m为前m个弱学习器的组合。该模型还有一个可微的损失函数$L(y,F(x))$。

整体模型的训练目标是使其预测值$F(x)$逼近真实值y，即让每个弱学习器的预测值逼近各自要预测部分的真实值。如果同时考虑所有弱学习器，则将导致整体模型的训练变成一个非常复杂的问题。为此，研究者提出了一种贪心方法，每次只训练一个弱学习器，整体模型改写为一个迭代式：

$$F_i(x)=F_{i-1}(x)+h_i(x)$$

在该算法的每次迭代中，其仅集中解决一个弱学习器的训练问题，使$F_i(x)$更逼近真实值y，即使$h_i(x)$逼近残差$y-F_{i-1}(x)$。一种直接的做法是构建一个弱学习器来拟合残差。残差其实是平方差损失函数关于预测值的负梯度：

$$\frac{\partial\left\{\frac{1}{2}\left[y-F_{i-1}(x)\right]^2\right\}}{\partial F(x)}=y-F_{i-1}(x)$$

也就是说，若$F_{i-1}(x)$加上拟合负梯度的$h_i(x)$得到$F_i(x)$，则将导致平方差损失函数值减小，预测的准确度提高。

由上所知，梯度提升法作为经典的提升方法之一，与AdaBoost一样，都是将弱学习器组合成强学习器，两者的区别主要有：①梯度提升法通过梯度下降法学习损失函数来生成下一个模型，而AdaBoost则利用前一轮弱学习器的误差改变样本的权重进行学习；②梯度提升法接入的弱学习器一般是一颗完整的决策树，而AdaBoost理论上并不局限于决策树。

梯度树提升或梯度提升决策树（Gradient Boosting Decision Tree，GBDT）是针对任意可微损失函数的提升的推广。GBDT从名称上讲包含两部分：决策树和梯度提升。决策树我们都比较熟悉了。由前所述，梯度提升法是指基于一组弱学习器，使用梯度信息对弱学习器的结果进行加权，得到一个性能比较好的强学习器。该方法的弱学习器通常是层数较少的CART，单个弱学习器因层数少而偏差较大、方差小；最终的GBDT的输出是将不同的决策树的预测值叠加起来，从而获得较好的性能，如图6-13所示。

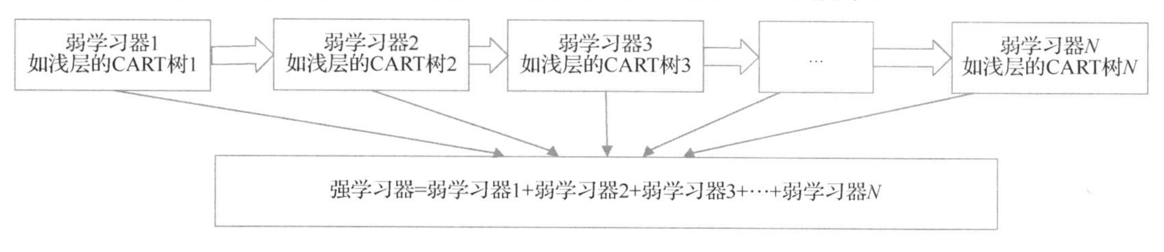

图6-13 GBDT框架

算法 6-2 给出了 GBDT 求解回归问题的伪代码，展现了其处理步骤。

算法 6-2：GBDT 算法

输入：训练集 $\{(x_i,y_i)\}_{i=1}^{n}$，一个可微的损失函数 $L(y,F(x))$，迭代次数为 M，记 f_m 为第 m 个弱学习器，F_m 是前 m 个弱学习器的组合

输出：回归树 $F_M(x)$

Step1　常值初始化第 0 个弱学习器：

$$F_0(x)=f_0(x)=\arg\min_c\sum_{i=1}^{N}L(y_i,c)=\frac{\left(\sum_{i=1}^{N}y_i\right)}{N}=\overline{y}\text{，}\quad i=1,2,\cdots,n$$

Step2　for $m=1$ to M：

Step2.1　计算残差：

$$r_{im}=-\left[\frac{\partial L(y_i,F(x_i))}{\partial F(x_i)}\right]_{F(x_i)=F_{m-1}(x_i)}=y_i-F_{m-1}(x_i)\text{，}\quad i=1,2,\cdots,n$$

Step2.2　构建新数据集 $\{(x_i,r_{im})\}_{i=1}^{n}$ 并拟合一个弱学习器 $h_m(x)$

Step2.3　通过求解下面的一维优化问题来计算乘子 γ_m：

$$\gamma_m=\arg\min_\gamma\sum_{i=1}^{n}L(y_i,F_{m-1}(x_i)+\gamma h_m(x))$$

Step2.4　更新模型：

$$F_m(x)=F_{m-1}(x)+\gamma_m h_m(x)$$

Step3　输出 $F_M(x)$

下面通过一个例子来讲解 GBDT 算法的步骤，便于读者理解。这里使用“年龄”和“体重”特征预测最终的身高。初始数据集如表 6-1 所示。

表 6-1　初始数据集

编　号	年　龄	体重/kg	身高/m
1	10	40	1
2	12	50	1.4
3	15	50	1.6
4	18	60	1.7
5	20	60	?

假设构建两棵树，每棵树的深度为 3，同时设置学习率为 0.1。

第一步，初始化弱学习器：

$$c=\overline{y}=\frac{\left(\sum_{i=1}^{N}y_i\right)}{N}=\frac{1+1.4+1.6+1.7}{4}=1.425$$

第二步，计算残差，开始迭代构建决策树 1。

根据初始弱学习器 $c = 1.425$，计算样本残差，如表 6-2 的 $y - c$ 列。该列为在新一轮迭代中需要学习的残差。

表 6-2 中的样本有 2 个特征，7 种取值。在 CART 回归树中，当节点分裂时，有 7 种可能性，选择可以使最终分裂结果加权方差最小的特征值作为最终的分裂值，如表 6-3 所示。

表 6-2 含残差数据集

编号	年龄	体重/kg	y-c
1	10	40	−0.425
2	12	50	−0.025
3	15	50	0.175
4	18	60	0.275

表 6-3 分裂节点计算

分裂点	<分裂点	左 y-c 平均值	≥分裂点	右 y-c 平均值	SE_l	SE_r	加权方差 SE_{sum}
年龄 10	—	0	1,2,3,4	0	0	0.2875	0.2875
年龄 12	1	−0.425	2,3,4	0.142	0	0.047	0.035
年龄 15	1,2	−0.225	3,4	0.225	0.08	0.005	0.0425
年龄 18	1,2,3	−0.092	4	0.275	0.187	0	0.14
体重 40	—	0	1,2,3,4	0	0	0.2875	0.2875
体重 50	1	−0.425	2,3,4	0.142	0	0.047	0.035
体重 60	1,2,3	−0.092	4	0.275	0.187	0	0.14

如表 6-3 所示，按照“年龄 12”和“体重 50”分裂的结果的加权方差是最小的，随机选择“年龄 12”，如图 6-14 所示。

由于设置的树的深度为 3，因此还需要分裂一次，仍然使用表 6-2 中的残差值 $y - c$ 为要学习的真实值。因为左侧节点只有一个样本，无法再分裂，所以只分裂右侧节点。与前述步骤一样，选择使得最终分裂结果的加权方差最小的特征值作为最终的分裂值。

如表 6-4 所示，右侧节点分裂，按照“年龄 15”进行分裂，最终的加权方差最小。相应的决策树如图 6-15 所示。

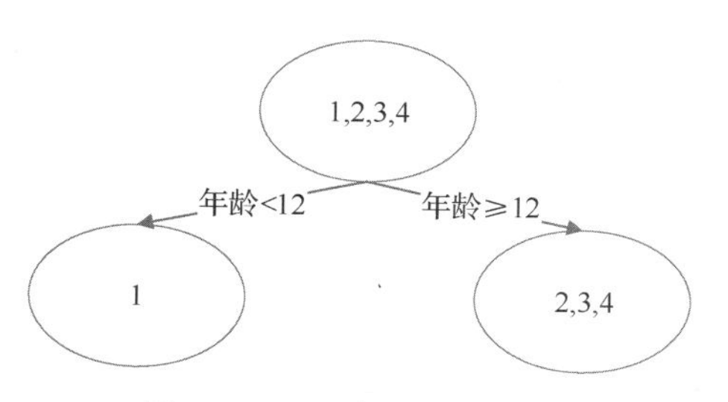

图 6-14 决策树 1 一次分裂

表 6-4 右侧节点分裂计算

分裂点	<分裂点	左 y-c 平均值	≥分裂点	右 y-c 平均值	SE_l	SE_r	加权方差 SE_{sum}
年龄 15	2	−0.225	3,4	0.225	0.0	0.005	0.003
年龄 18	2,3	0.075	4	0.275	0.02	0	0.13
体重 50	—	—	2,3,4	0.142	0	0.047	0.047
体重 60	2,3	0.075	4	0.275	0.02	0	0.13

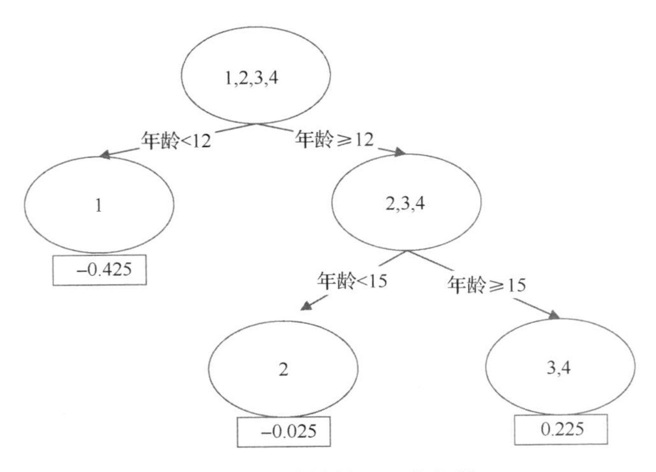

图 6-15　决策树 1 二次分裂

第一轮迭代后，根据决策树 $h_1(x)$ 和初始弱学习器 $F_0(x)$，可得集成强学习器为

$$F_1(x)=F_0(x)+\text{learnin\_rate}\,\gamma_1 h_1(x)$$

其中，$F_0(x)=c=1.425$，learnin_rate 是学习率，在迭代中设为 0.1。

第三步，计算残差，开始迭代构建决策树 2。

在第二轮迭代中，需要使用第一轮迭代结束时得到的强学习器重新预测每个样本的结果，$y-F_1(x)$ 为新的要拟合的残差。计算过程和构建决策树 1 的过程一样，得到决策树 2，并更新强学习器即可，具体计算过程这里不再赘述。

由伪代码和实例可知，GBDT 在当前轮的弱学习器中，以 $\{(x_i,\tilde{y}_i)\}_{i=1}^{n}$ 为训练数据构建第 m 棵决策树 f_m 以拟合损失函数的负梯度值 $\tilde{y}_i=y_i-F_{m-1}(x_i)$，该负梯度值由当前集成的强学习器 $F_{m-1}(x_i)=\sum_{i=1}^{m-1} f_i(x_i)$ 给出。该组合方式是简单的加法模型或加入学习率后的加法模型（防止过拟合）。$F_M(x)=F_{M-1}(x)+f_M(x)=\sum_{i=1}^{M} f_i(x)$ 为最终得到的强学习器。

sklearn.ensemble 模块提供了 GBDT 分类和回归方法，其调用步骤如下。

```
1.  # 调取 sklearn 包
2.  # 在 sklearn 包中，线性回归模型在 linear_model 模块中
3.  from sklearn.ensemble import GradientBoostingClassifier, GradientBoostingRegressor
4.  from sklearn import tree
5.  # 调取 sklearn 包中自带的数据集
6.  from sklearn.datasets import load_iris  #调用 Iris 数据集
7.  from sklearn.datasets import load_boston  #调用波士顿房价数据集
8.
9.  X1, y1 = load_iris(return_X_y=True)  #获取 X、y 数据
10. X2, y2 = load_boston(return_X_y=True)  #获取 X、y 数据
11.
12. rfc =  GradientBoostingClassifier()  #初始化一个随机森林分类模型
13. rfr = GradientBoostingRegressor()   #初始化一个随机森林回归模型
```

```
14.
15. rfc.fit(X1,y1) #fit()方法用于训练
16. rfr.fit(X2,y2)
```

本节除了介绍 GBDT 分类和回归方法，还引入了两种新的梯度提升树，分别是 HistGradientBoostingClassifier 和 HistGradient BoostingRegressor。当样本数量大于数万个时，基于直方图的学习器可以比 GradientBoostingClassifier 和 GradientBoostingRegressor 的速度快几个数量级。基于直方图的梯度提升方法的详细描述可参阅 6.7 节和相关资料。

本节内容侧重于 GradientBoostingClassifier 和 GradientBootingRegressor，这可能是小样本量的首选，因为在这种设置下，箱化可能会导致过于近似的分割点。

GradientBoostingClassifier 和 GradientBooatingRegressor 的用法与参数如下所述。这些学习器的两个最重要的参数是 n_estimators 与 learning_rate。

6.6.1 分类和回归

GradientBoostingClassifier 同时支持二分类和多分类。以下代码片段显示了如何对具有 100 棵决策树（作为弱学习器）的梯度提升学习器进行拟合。

```
1. >>> from sklearn.datasets import make_hastie_10_2
2. >>> from sklearn.ensemble import GradientBoostingClassifier
3.
4. >>> X, y = make_hastie_10_2(random_state=0)
5. >>> X_train, X_test = X[:2000], X[2000:]
6. >>> y_train, y_test = y[:2000], y[2000:]
7.
8. >>> clf = GradientBoostingClassifier(n_estimators=100, learning_rate=1.0,
   max_depth=1, random_state=0).fit(X_train, y_train)
9. >>> clf.score(X_test, y_test)
10. 0.913...
```

1. 控制树的大小

回归树弱学习器的大小定义了由梯度提升模型捕获的变量交互水平。通常，深度为 h 的树可以捕获 h 阶的交互，h 从 0 开始计数。有两种方法可以控制树的大小。

如果指定 max_depth=h，则生长深度为 h 的完全二叉树将具有（最多）2^h 个叶子节点和 2^{h-1} 个分裂节点。或者，可以通过参数 max_leaf_nodes 指定叶子节点的数量来控制树的大小。在这种情况下，将使用最优优先搜索来生成树，其中杂质改进最多的节点将首先被扩展。max_leaf_nodes=k 的树具有 k-1 个分裂节点，因此可以对高达 max_leaf_nodes-1 阶的交互进行建模。可以发现，max_leaf_nodes=k 给出了与 max_depth=k-1 相当的结果，但以稍大的训练误差为代价，训练速度要快得多。由此，每棵树的大小可以通过由 max_depth 设置的树的深度或由 max_leaf_nodes 设置的叶子节点的数量来控制。

除了控制一棵树的大小，还可以通过参数 n_estimators 设置弱学习器的数量；learning_rate 是一个在（0.0,1.0]区间的超参数，用于控制收敛速度。

在多分类任务中，每次迭代都需要引入 n_classes 棵回归树，因此，引入树的总数等于 n_classes × n_estimators。对于具有大类别的数据集，强烈建议使用后面引入的 HistGradientBoostingClassifier 作为 GradientBootingClassifier 的替代方案。

2. 损失函数

GradientBoostingRegressor 支持许多不同的回归损失函数，这些函数可通过参数 loss 来指定，默认的损失函数是平方误差损失函数（'squared_error'）。

针对回归问题，该类算法支持的损失函数如下。

（1）平方误差损失函数：由于其优越的计算特性而成为用于回归的一种自然的选择。初始模型由目标值的平均值给出。

（2）绝对误差损失函数（'absolute_error'）：用于回归的一种鲁棒的损失函数。初始模型由目标值的中值给出。

（3）Huber 损失函数（'huber'）：另一个结合了最小二乘法和最小绝对偏差的鲁棒的损失函数，使用 alpha 来控制异常值的敏感性。

（4）分位数损失函数（'quantile'）：分位数回归的损失函数。0<alpha<1 被用来指定分位数。此损失函数还可用于创建预测区间。

针对分类问题，该类算法支持的损失函数如下。

（1）二分类对数损失函数（'log-loss'）：用于二分类的二项式负对数似然损失函数。它提供了概率估计。

（2）多分类对数损失函数（'log-loss'）：用于具有 n_classes 个互斥类别的多分类的多项式负对数似然损失函数。它提供了概率估计，初始模型由每个类别的先验概率给出。在每次迭代中，必须构建 n_classes 棵回归树，这使得 GBRT 对具有大量类别的数据集来说效率相当低。

（3）指数损失函数（'exponential'）：与 AdaBoostClassifier 相同的损失函数。与二分类对数损失函数相比，其对误标记的样本的鲁棒性较差，只能用于二分类。

```
1.  >>> import numpy as np
2.  >>> from sklearn.metrics import mean_squared_error
3.  >>> from sklearn.datasets import make_friedman1
4.  >>> from sklearn.ensemble import GradientBoostingRegressor
5.
6.  >>> X,y = make_friedman1(n_samples=1200,random_state=0,noise=1.0)
7.  >>> X_train, X_test = X[:200], X[200:]
8.  >>> y_train, y_test = y[:200], y[200:]
9.  >>>  est  =  GradientBoostingRegressor(n_estimators=100,  learning_rate=0.1,
    max_depth=1, random_state=0, loss='squared_error').fit(X_train, y_train)
10. >>> mean_squared_error(y_test, est.predict(X_test))
11. 5.00...
```

GradientBoostingRegressor 和 GradientBooatingClassifier 均支持通过设置 warm_start=True 来允许向已拟合的模型添加更多学习器。

```
1. >>> _ = est.set_params(n_estimators=200, warm_start=True)
2. >>> _ = est.fit(X_train, y_train)
3. >>> mean_squared_error(y_test, est.predict(X_test))
4. 3.84...
```

6.6.2 GBDT 实践

由 6.6.1 节可知，梯度提升可用于回归和分类问题。例 6-6 展示了使用最小二乘损失和 500 个弱学习器的 GradientBoostingRegressor 应用于糖尿病数据集（sklearn.datasets.load_diabetes）的情况。图 6-16 显示了每次迭代的训练误差和测试误差。每次迭代的训练误差存储在梯度提升模型的 train_score_ 属性中。每次迭代的测试误差可以通过 staged_predict()方法获得，该方法返回在每个阶段产生预测的生成器。

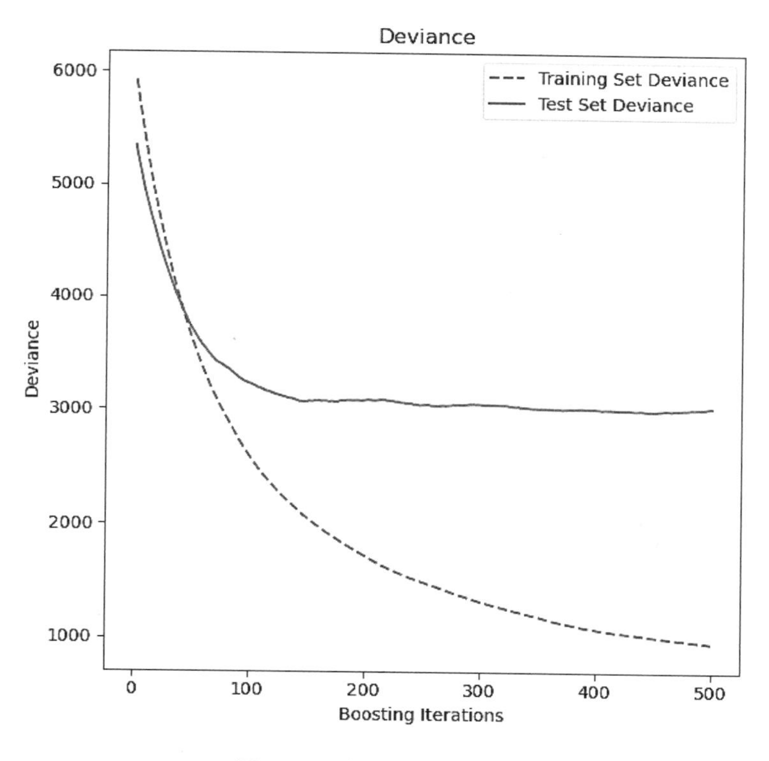

图 6-16 梯度提升回归示例

例 6-6：梯度提升回归。

本例描述了如何训练一个模型来处理糖尿病回归任务。这里从使用最小二乘损失和具有深度为 4 的 500 棵回归树的 GradientBoostingRegressor 中获得结果。

注：对于较大的数据集（n_samples≥10000），请参阅 HistGradientBoostingRegressor。

```
1. import matplotlib.pyplot as plt
2. import numpy as np
3.
4. from sklearn import datasets, ensemble
```

```
5.  from sklearn.inspection import permutation_importance
6.  from sklearn.metrics import mean_squared_error
7.  from sklearn.model_selection import train_test_split
8.  diabetes = datasets.load_diabetes()  # 加载数据
9.  X, y = diabetes.data, diabetes.target
```

第一步，数据预处理。

拆分数据集，90%用于训练，其余用于测试。另外，还需要设置回归模型参数。可以通过调整以下参数来查看结果是如何变化的。

n_estimators：将要执行的提升阶段的数量，即弱学习器数量。稍后，针对提升迭代绘制偏差。

max_depth：限制树中节点的数量，其最优值取决于输入变量的交互作用。

min_samples_split：拆分内部节点所需的最小样本数量。

learning_rate：每棵树的提升作用将减小多少，即学习率。

loss：要优化的损失函数。在本例中，使用最小二乘损失函数（还有很多其他选项）。

```
10. X_train, X_test, y_train, y_test = train_test_split(X, y, test_size=0.1,
    random_state=13)
11. params = {"n_estimators": 500, "max_depth": 4, "min_samples_split": 5,
    "learning_rate": 0.01, "loss": "squared_error",}
```

第二步，拟合回归模型。

启动梯度提升回归器，并使用训练数据进行拟合，看看测试数据的均方误差。

```
12. reg = ensemble.GradientBoostingRegressor(**params)
13. reg.fit(X_train, y_train)
14.
15. mse = mean_squared_error(y_test, reg.predict(X_test))
16. print("The mean squared error (MSE) on test set: {:.4f}".format(mse))
```

```
The mean squared error (MSE) on test set: 3025.7877
```

第三步，绘制训练偏差。

为了将结果可视化，首先计算测试集偏差，然后依据提升迭代绘制它们。

```
17. test_score = np.zeros((params["n_estimators"],),dtype=np.float64)
18. for i, y_pred in enumerate(reg.staged_predict(X_test)):
19.     test_score[i] = mean_squared_error(y_test, y_pred)
20.
21. fig = plt.figure(figsize=(6, 6))
22. plt.subplot(1, 1, 1)
23. plt.title("Deviance")
24. plt.plot(np.arange(params["n_estimators"]) + 1, reg.train_score_, "b-",
    label="Training Set Deviance",)
25. plt.plot(np.arange(params["n_estimators"]) + 1, test_score, "r-", label="Test
    Set Deviance")
26. plt.legend(loc="upper right")
```

```
27. plt.xlabel("Boosting Iterations")
28. plt.ylabel("Deviance")
29. fig.tight_layout()
30. plt.show()
```

6.7 基于直方图的梯度提升

Scikit-learn 0.21 引入了两种新的梯度提升树实现，即 HistGradientBoostingClassifier 和 HistGradient BoostingRegressor。

该类学习器首先将输入样本进行整数值的箱化（通常为 256 个箱），这大大减小了要考虑的分割点的数量，并允许算法在构建树时利用直方图，而不依赖排序的连续值。该类学习器的 API 略有不同，GradientBoostingClassifier 和 GradientBooatingRegressor 的一些特性尚未得到支持，如一些损失函数。

6.7.1 用法

与 GradientBoostingClassifier 和 GradientBooatingRegressor 相比，多数参数都没有变化，一个例外是使用 max_iter 取代了 n_estimators，并控制提升过程中的迭代次数。

```
1.  >>> from sklearn.ensemble import HistGradientBoostingClassifier
2.  >>> from sklearn.datasets import make_hastie_10_2
3.
4.  >>> X, y = make_hastie_10_2(random_state=0)
5.  >>> X_train, X_test = X[:2000], X[2000:]
6.  >>> y_train, y_test = y[:2000], y[2000:]
7.
8.  >>> clf = HistGradientBoostingClassifier(max_iter=100).fit(X_train, y_train)
9.  >>> clf.score(X_test, y_test)
10. 0.8965
```

对于回归问题，可用的损失函数有'squared_error'、'absolute_error'（对异常值不太敏感）和'poisson'（非常适合建模计数和频率）。对于分类问题，'log_loss'是唯一的选项。

对数据进行箱化的箱子数量由 max_bins 控制，较少的箱子可作为正则化的一种形式，通常建议使用尽可能多的箱子，这是默认设置。

1. 缺失值支持

HistGradientBoostingClassifier 和 HistGradientBoostingRegressor 内置了对缺失值（NaN）的支持。在训练过程中，基于潜在增益，在每个分割点学习具有缺失值的样本应该放在左子节点还是右子节点。预测时，遵循学到的规则，具有缺失值的样本将被分配给左子节点或右子节点。

```
1.  >>> from sklearn.ensemble import HistGradientBoostingClassifier
2.  >>> import numpy as np
```

```
3.
4.  >>> X = np.array([0, 1, 2, np.nan]).reshape(-1, 1)
5.  >>> y = [0, 0, 1, 1]
6.
7.  >>> gbdt = HistGradientBoostingClassifier(min_samples_leaf=1).fit(X, y)
8.  >>> gbdt.predict(X)
9.  array([0, 0, 1, 1])
```

如果在训练过程中没有遇到给定特征的缺失值，则具有缺失值的样本将被映射到具有最多样本的子节点。

2. 样本权重支持

HistGradientBoostingClassifier 和 HistGradient BoostingRegressor 在拟合过程中支持样本加权。以下代码片段演示了模型如何忽略样本权重为零的样本。

```
1.  >>> X = [[1, 0], [1, 0], [1, 0], [0, 1]]
2.  >>> y = [0, 0, 1, 0]
3.  >>> sample_weight = [0, 0, 1, 1]
4.  >>> gb = HistGradientBoostingClassifier(min_samples_leaf=1)
5.  >>> gb.fit(X, y, sample_weight=sample_weight)
6.  HistGradientBoostingClassifier(...)
7.  >>> gb.predict([[1, 0]])
8.  array([1])
9.  >>> gb.predict_proba([[1, 0]])[0, 1]
10. 0.99...
```

可以看到，样本[1,0]被轻松地归为 1 类，因为前两个样本的权重为 0 而被忽略，虽然它们的类别是 0 类。样本权重支持的具体实现相当于将梯度（和 Hessian 矩阵）乘以样本权重。请注意，bin 阶段（特别是分位数计算）没有考虑权重。

随机森林的一个竞争替代方案是基于直方图的梯度增强（Histogram-Based Gradient Boosting，HGBT）模型。两者的主要区别如下。

（1）构建树：随机森林通常依赖深度树（单独过拟合），每棵树都是由训练集的替换样本构建的，这需要大量的计算资源，因为它们需要多次拆分和评估候选拆分；HGBT 模型构建的浅层树（单独欠拟合）更容易拟合和预测。

（2）顺序提升：在 HGBT 中，决策树是按顺序构建的，其中每棵树都经过训练以纠正前一棵树所犯的错误，这允许其使用相对较少的树来迭代地提高模型的性能；相比之下，随机森林使用简单投票策略预测结果，这可能需要更多的树才能达到与 HGBT 相同的准确性。

（3）高效箱化：HGBT 使用高效直方图箱化算法，可以处理具有大量特征的大型数据集，箱化算法可以对数据进行预处理，以加快后续树的构建；相比之下，随机森林在 Scikit-learn 中的实现没有使用箱化算法，而是依赖精确拆分，这可能在计算上更耗时。

总体而言，HGBT 与随机森林的计算成本取决于数据集和建模任务的具体特征。我们应当尝试这两种模型，并比较它们在特定问题上的性能和计算效率，以确定哪种模型最合适。

6.7.2　直方图梯度提升模型实践

在例 6-7 中，比较随机森林和 HGBT 模型在一个回归数据集上的得分与计算时间方面的性能，如图 6-17 所示。这里提出的所有概念也适用于分类。

随机森林和 HGBT 模型分别通过改变以下参数来控制树的数量并进行比较。

（1）n_estimators：控制森林中树的数量，这是一个固定的数字。

（2）max_iter：HGBT 模型中的最大迭代次数。迭代次数对应回归和二元分类问题的树的数量。此外，模型所需的实际树的数量取决于停止标准。

HGBT 使用梯度提升策略，通过将每棵树拟合到损失函数关于预测值的负梯度来迭代地提高模型性能。而随机森林则基于 Bagging 使用多数投票策略预测结果。

例 6-7：随机森林和 HGBT 模型的比较。

第一步，加载数据集。

HGBT 使用一个基于直方图的算法实现箱化特征值，该算法可以有效地处理具有大量特征的大型数据集（数万个样本或更多）。Scikit-learn 中的随机森林模型没有使用箱化算法，而是依赖精确的拆分，时间复杂度较高。

```
1.  from sklearn.datasets import fetch_california_housing
2.
3.  X, y = fetch_california_housing(return_X_y=True, as_frame=True)
4.  n_samples, n_features = X.shape
5.  print(f"The dataset consists of {n_samples} samples and {n_features} features")
```

输出如下：

```
The dataset consists of 20640 samples and 8 features
```

第二步，计算得分和耗时。

请注意，HistGradientBoostingClassifier 和 HistGradientBoostingRegressor 的很多实现部分在默认情况下都是并行的。RandomForestRegressor 和 RandomForestClassifier 的实现也可以通过设置 n_jobs 参数在多个核心上运行，该参数设置应与主机上的物理核心数量相匹配。

```
6.  import joblib
7.
8.  N_CORES = joblib.cpu_count(only_physical_cores=True)
9.  print(f"Number of physical cores: {N_CORES}")
```

输出如下：

```
Number of physical cores: 2
```

与随机森林不同，HGBT 模型提供了提前停止选项，以避免添加新的不必要的树。在内部，该算法使用验证集计算每次添加树时模型的泛化性能。因此，如果在 n_iter_no-change 次迭代以上泛化性能没有得到改善，那么模型将停止添加树。

这里对这两个模型的其他参数都进行了调整，但为了使示例简单，这里没有显示该过程。

```
10. import pandas as pd
11.
```

```
12. from sklearn.ensemble import HistGradientBoostingRegressor, RandomForestRegressor
13. from sklearn.model_selection import GridSearchCV, KFold
14.
15. models = {
16.     "Random Forest": RandomForestRegressor(min_samples_leaf=5, random_state=0,
    n_jobs=N_CORES),
17.     "Hist Gradient Boosting": HistGradientBoostingRegressor(max_leaf_nodes=15,
    random_state=0, early_stopping=False),}
18. param_grids = {
19.     "Random Forest": {"n_estimators": [10, 20, 50, 100]},
20.     "Hist Gradient Boosting": {"max_iter": [10, 20, 50, 100, 300, 500]},
21. }
22.
23. cv = KFold(n_splits=4, shuffle=True, random_state=0)
24.
25. results = []
26. for name, model in models.items():
27.     grid_search = GridSearchCV(estimator=model, param_grid=param_grids[name],
    return_train_score=True, cv=cv,).fit(X, y)
28.     result = {"model": name, "cv_results": pd.DataFrame(grid_search.cv_results_)}
29.     results.append(result)
```

第三步，绘制结果。

使用 plotly.express.scatter 可视化算法所用的计算时间和测试得分平均值之间的权衡情况。将光标移到给定点上会显示相应的参数。误差条对应交叉验证的不同折中计算的一个标准偏差。

```
30. import plotly.colors as colors
31. import plotly.express as px
32. from plotly.subplots import make_subplots
33.
34. fig = make_subplots(rows=1, cols=2, shared_yaxes=True, subplot_titles=["Train
    time vs score", "Predict time vs score"],)
35. model_names = [result["model"] for result in results]
36. colors_list = colors.qualitative.Plotly * (len(model_names) // len(colors.qualitative.
    Plotly) + 1)
37.
38. for idx, result in enumerate(results):
39.     cv_results = result["cv_results"].round(3)
40.     model_name = result["model"]
41.     param_name = list(param_grids[model_name].keys())[0]
42.     cv_results[param_name] = cv_results["param_" + param_name]
43.     cv_results["model"] = model_name
```

```
44.
45.     scatter_fig = px.scatter(
46.         cv_results,
47.         x="mean_fit_time",
48.         y="mean_test_score",
49.         error_x="std_fit_time",
50.         error_y="std_test_score",
51.         hover_data=param_name,
52.         color="model",)
53.     line_fig = px.line(cv_results, x="mean_fit_time", y="mean_test_score",)
54.
55.     scatter_trace = scatter_fig["data"][0]
56.     line_trace = line_fig["data"][0]
57.     scatter_trace.update(marker=dict(color=colors_list[idx]))
58.     line_trace.update(line=dict(color=colors_list[idx]))
59.     fig.add_trace(scatter_trace, row=1, col=1)
60.     fig.add_trace(line_trace, row=1, col=1)
61.
62.     scatter_fig = px.scatter(
63.         cv_results,
64.         x="mean_score_time",
65.         y="mean_test_score",
66.         error_x="std_score_time",
67.         error_y="std_test_score",
68.         hover_data=param_name, )
69.     line_fig = px.line(cv_results, x="mean_score_time", y="mean_test_score",)
70.
71.     scatter_trace = scatter_fig["data"][0]
72.     line_trace = line_fig["data"][0]
73.     scatter_trace.update(marker=dict(color=colors_list[idx]))
74.     line_trace.update(line=dict(color=colors_list[idx]))
75.     fig.add_trace(scatter_trace, row=1, col=2)
76.     fig.add_trace(line_trace, row=1, col=2)
77.
78. fig.update_layout(
79.     xaxis=dict(title="Train time (s) - lower is better"),
80.     yaxis=dict(title="Test R2 score - higher is better"),
81.     xaxis2=dict(title="Predict time (s) - lower is better"),
82.     legend=dict(x=0.72,y=0.05,traceorder="normal",borderwidth=1),
83.     title=dict(x=0.5, text="Speed-score trade-off of tree-based ensembles"),)
```

在集成学习器中增加树时，HGBT 和随机森林模型都会得到改进。然而，当得分达到一个平稳期时，添加新的树只会使拟合和得分速度变得更慢。随机森林模型更早达到这样的平稳期，永远无法达到最高的 HGBT 模型的测试得分。

请注意，图 6-17 中显示的结果可能会在不同的运行中发生明显变化，在其他机器上运行时变化可能会更大，请尝试在自己的本地机器上运行此示例。

总的来说，可以经常观察到，在训练时间与测试得分的权衡中，HGBT 模型的曲线应该在随机森林曲线的左上角，且不会交叉，说明 HGBT 模型均优于随机森林模型。在预测时间与测试得分的权衡中也可能更有争议，但它通常对 HGBT 更有利。检查这两个模型，通过超参数调整，并比较它们在特定问题上的性能总是一个好主意，以确定哪种模型最合适，但 HGBT 几乎总是比随机森林可以提供更有利的速度-精度权衡，无论是使用默认的超参数还是包括超参数调优成本。

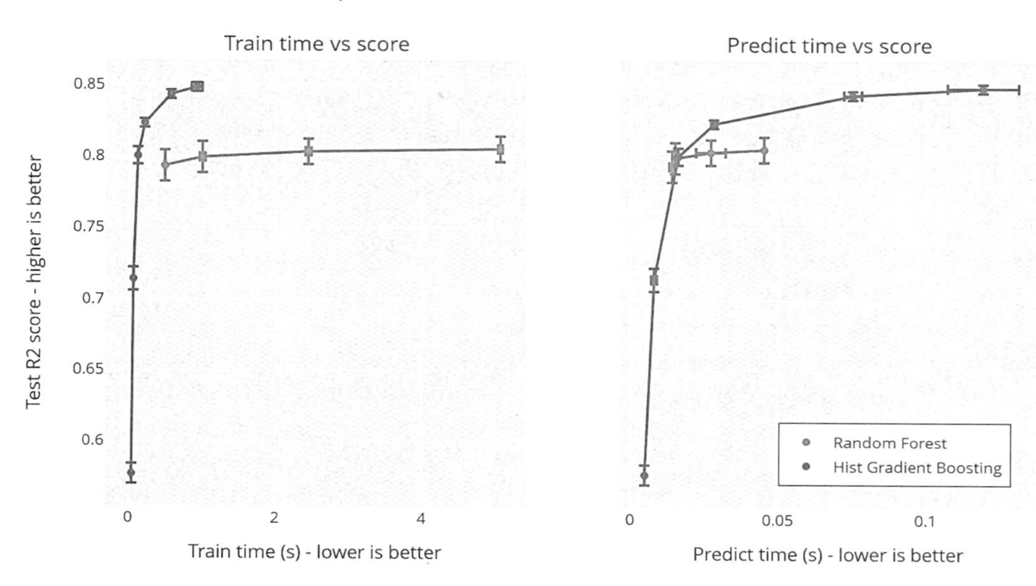

图 6-17　随机森林和 HGBT 模型性能的比较

6.8　堆叠泛化

堆叠（Stacking）泛化是一种减小偏差的组合学习器。更准确地说，堆叠首先从初始数据集中训练多个弱学习器 $f_i(x)$，也称初级学习器，每个初级学习器的输出作为次级学习器 F 的输入，即 $F\left[f_1(x), f_2(x), \cdots, f_n(x)\right]$，可以理解为学习器嵌套，如图 6-18 所示。最终的学习器可以通过交叉验证进行训练。

堆叠类似神经网络，是一种表征学习。一般堆叠是两层结构，第一层从原始数据中提取特征，第二层是依据特征表示进行学习的过程。将训练好的所有弱学习器对训练样本进行预测，第 j 个基模型对第 i 个训练样本的预测值将作为新的训练集中第 i 个样本的第 j 个特征值，最终学习器 *F* 基于新的训练集进行训练。

StackingClassifier 和 StackingRegressor 提供了这样的策略，可以应用于分类与回归问题。

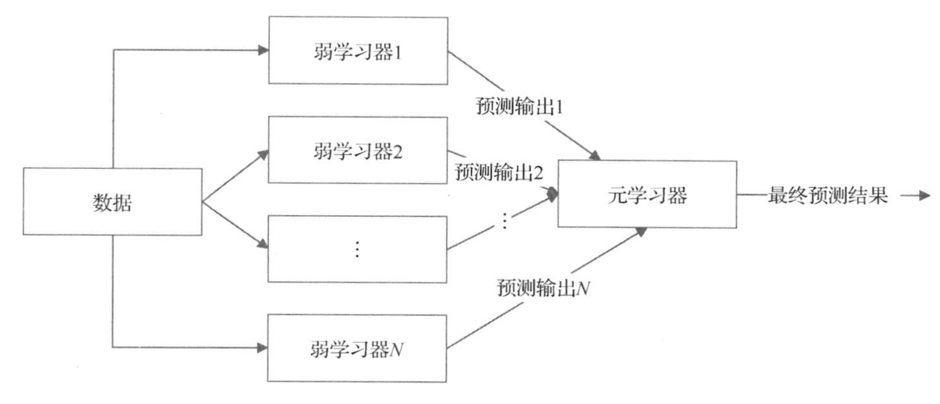

图 6-18 两层堆叠

参数 estimators 对应直接处理输入数据的并行堆叠在一起的学习器列表，以名称和学习器组成元组的列表形式给出。

```
1. >>> from sklearn.linear_model import RidgeCV, LassoCV
2. >>> from sklearn.neighbors import KNeighborsRegressor
3. >>> estimators = [('ridge', RidgeCV()), ('lasso', LassoCV(random_state=42)),
   ('knr', KNeighborsRegressor(n_neighbors=20, metric='euclidean'))]
```

定义第二层的学习器 final_estimator 和 StackingRegressor 对象 reg。这里使用的 StackingClassifier 或 StackingRegressor 分别对应分类器或回归器。StackingRegressor()构造函数组合 estimators 和 final_estimator，后前将前者的预测作为输入。

```
4. >>> from sklearn.ensemble import GradientBoostingRegressor
5. >>> from sklearn.ensemble import StackingRegressor
6. >>> final_estimator = GradientBoostingRegressor(n_estimators=25, subsample=0.5,
   min_samples_leaf=25, max_features=1, random_state=42)
7. >>> reg = StackingRegressor(estimators=estimators, final_estimator=final_estimator)
```

为了训练 estimators 和 final_estimator，需要在训练数据上调用 fit()方法。

```
8. >>> from sklearn.datasets import load_diabetes
9. >>> X, y = load_diabetes(return_X_y=True)
10. >>> from sklearn.model_selection import train_test_split
11. >>> X_train, X_test, y_train, y_test = train_test_split(X, y, random_state=42)
12. >>> reg.fit(X_train, y_train)
13. StackingRegressor(...)
```

在训练过程中，使用 estimators 拟合训练数据 X_train。训练结果将在调用 predict()或 predict_proba()方法时使用。

对于 StackingClassifier，请注意，estimators 的输出由参数 stack_method 控制，并且由每个学习器调用。该参数要么是一个字符串，即学习器的方法名称；要么是'auto'，将根据可用性自动识别可用方法，识别及测试顺序是：predict_proba()、decision_function()、predict()方法。

StackingRegressor 和 StackingClassifier 可以使用公布的 predict()、predict_proba()与 decision_function()方法的任何其他回归器或分类器。例如：

```
1. >>> y_pred = reg.predict(X_test)
2. >>> from sklearn.metrics import r2_score
3. >>> print('R2 score: {:.2f}'.format(r2_score(y_test, y_pred)))
4. R2 score: 0.53
```

注意：也可以使用 transform()方法来获得堆叠 estimators 的输出。例如：

```
1. >>> reg.transform(X_test[:5])
```

输出如下：

```
array([[142..., 138..., 146...],
       [179..., 182..., 151...],
       [139..., 132..., 158...],
       [286..., 292..., 225...],
       [126..., 124..., 164...]])
```

在实践中，一个堆叠学习器的预测效果至少和最优弱学习器的预测效果一样好，但训练堆叠学习器的时间复杂度较高。

通过将 final_estimator 分配给 StackingClassifier 或 StackingRegressor 可以实现多个堆叠层，如下面的堆叠层 final_estimator 由堆叠层 final_layer 定义。

```
1. >>> final_layer_rfr = RandomForestRegressor(n_estimators=10, max_features=1, max_leaf_nodes=5,random_state=42)
2. >>> final_layer_gbr = GradientBoostingRegressor(n_estimators=10, max_features=1, max_leaf_nodes=5,random_state=42)
3. >>> final_layer = StackingRegressor(estimators=[('rf', final_layer_rfr), ('gbrt', final_layer_gbr)], final_estimator=RidgeCV())
4. >>> multi_layer_regressor = StackingRegressor(estimators=[('ridge', RidgeCV()), ('lasso', LassoCV(random_state=42)), ('knr', KNeighborsRegressor(n_neighbors=20, metric='euclidean'))], final_estimator=final_layer)
5. >>> multi_layer_regressor.fit(X_train, y_train)
6. StackingRegressor(...)
7. >>> print('R2 score: {:.2f}'.format(multi_layer_regressor.score(X_test, y_test)))
8. R2 score: 0.53
```

6.9 概率校准

在分类时，我们通常不仅希望预测类别标签，还希望获得相应类别标签的概率。这个概率会让我们对预测有一定的信心。有些模型可能会对类别概率给出较差的估计，有些甚至不支持概率预测。校准模块允许我们更好地校准给定模型的概率估计，或者添加对概率预测的支持。

经过良好校准的分类器是概率分类器，其 predict_proba()方法的输出可以直接解释为置信水平。例如，一个校准良好的分类器对样本进行分类，使得在它给出接近 0.8 的 predict_proba 值的样本时，大约 80%的样本实际上属于正样本。

本章涉及的实践与前几章一样，主要使用 Scikit-learn 中提供的工具来实现。下面以示例的方式引入相关内容的讨论。

在展示如何重校准分类器之前，首先需要一种方法来检测分类器的校准效果。

概率预测的严格、合理的评分规则（如 sklearn.metrics.brier_core_loss 和 sklearn.mmetrics.log_loss），同时评估一个模型的校准能力和判别能力，以及数据的随机性。这源于 Murphy 著名的 Brier 得分分解。由于不清楚哪项占主导地位，因此该得分仅用于评估校准（除非能计算出分解的每一项）。例如，一个较小的 Brier 损失并不一定意味着是一个校准更好的模型，这也可能意味着校准更差的模型具有更强的判别能力，如该模型使用了更多特征。

6.9.1 校准曲线

校准曲线也称可靠性图。下面比较二分类器的概率预测的校准效果。例 6-8 在 y 轴上绘制正标签的频率（更准确地说，是条件概率 $P(Y=1|\text{predict\_proba})$ 的估计），在 x 轴上绘制模型的预测概率 predict_proba 。棘手的部分是如何获取 y 轴上的值，在 Scikit-learn 中，这是通过对预测进行箱化实现的，使得 x 轴上表示的是每个箱子的平均预测概率；y 轴是给定箱子的预测阳性率，即其类别为正样本的比例。

例 6-8 的结果如图 6-19 所示，顶部校准曲线图由 CalibrationDisplay.from_estimator()创建，它使用 calibration_curve()函数计算每个箱子的平均预测概率和阳性率。CalibrationDisplay.from_estimator()使用一个拟合的分类器作为输入，用于计算预测概率。因此，分类器必须具有 predict_proba()方法。对于少数没有 predict_proba()方法的分类器，可以使用 CalibratedClassifierCV 类将分类器输出校准为概率。

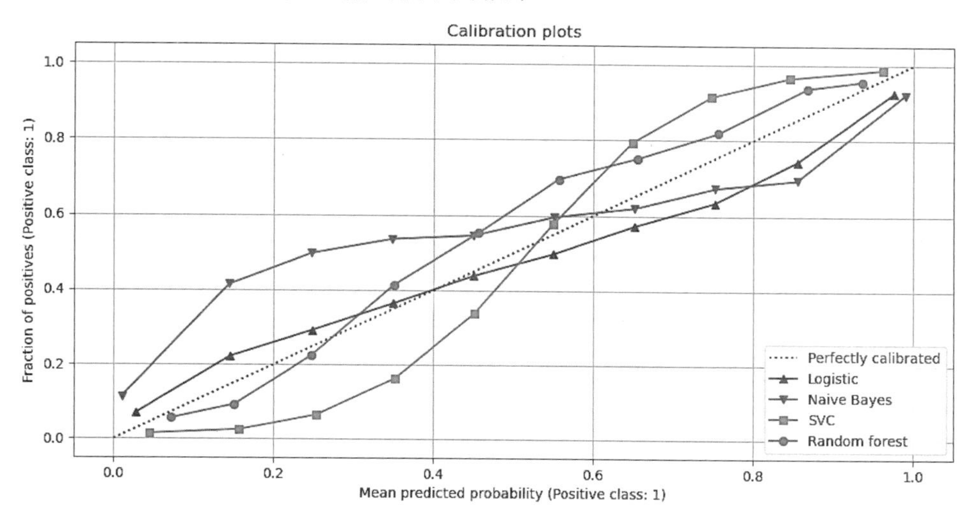

图 6-19 分类器校准比较

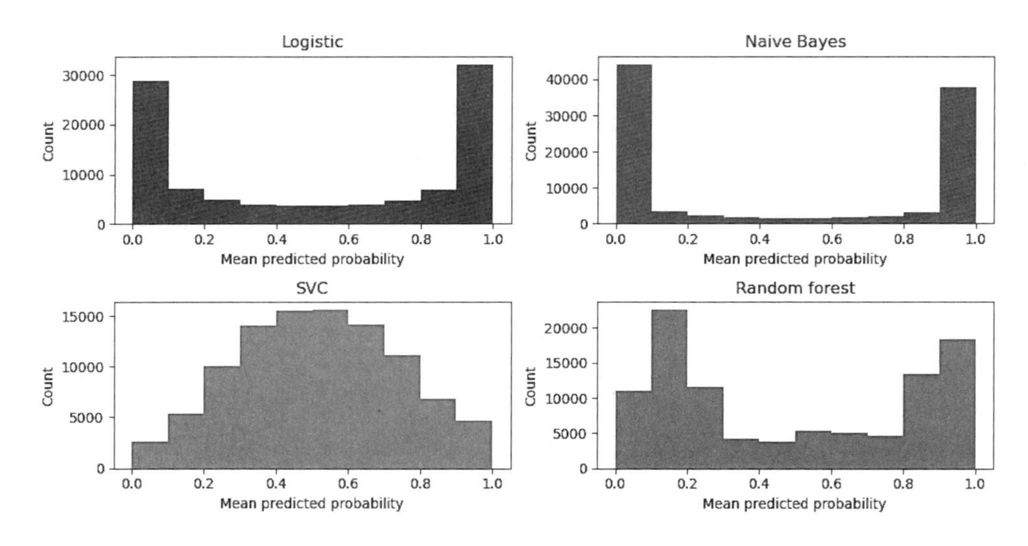

图 6-19 分类器校准比较（续）

例 6-8：分类器校准比较。

在本例中，比较 4 个不同模型的校准能力：逻辑回归、高斯朴素贝叶斯、随机森林分类器和线性 SVM。

第一步，生成数据集。

首先生成一个包含 100000 个样本和 20 个特征的二分类数据集。在 20 个特征中，只有 2 个是信息性的，2 个是冗余的（信息性特征的随机组合），其余 16 个是无信息的（随机数）。在这 100000 个样本中，100 个用于训练，其余用于测试。

```
1.  from sklearn.datasets import make_classification
2.  from sklearn.model_selection import train_test_split
3.
4.  X, y = make_classification(n_samples=100_000, n_features=20, n_informative=2,
    n_redundant=2, random_state=42)
5.
6.  train_samples = 100  # 用于训练模型的样本数
7.  X_train, X_test, y_train, y_test = train_test_split(X, y, shuffle=False,
    test_size=100_000 - train_samples,)
```

第二步，绘制校准曲线。

下面使用训练集训练 4 个模型，并使用测试集的预测概率绘制校准曲线。校准曲线通过对预测概率进行箱化来创建，根据观察到的频率绘制每个箱子中的平均预测概率和阳性率。在校准曲线下方，绘制一个直方图，显示预测概率的分布，或者更具体地说，显示的是每个预测概率箱子中的样本数量。

```
8.  import numpy as np
9.  from sklearn.svm import LinearSVC
10.
11.
```

```
12. class NaivelyCalibratedLinearSVC(LinearSVC):
13.     """LinearSVC 具有 predict_proba() 方法，很自然地缩放 decision_function()的输出"""
14.
15.     def fit(self, X, y):
16.         super().fit(X, y)
17.         df = self.decision_function(X)
18.         self.df_min_ = df.min()
19.         self.df_max_ = df.max()
20.
21.     def predict_proba(self, X):
22.         """Min-max 缩放 decision_function 的输出到 [0,1]"""
23.         df = self.decision_function(X)
24.         calibrated_df = (df - self.df_min_) / (self.df_max_ - self.df_min_)
25.         proba_pos_class = np.clip(calibrated_df, 0, 1)
26.         proba_neg_class = 1 - proba_pos_class
27.         proba = np.c_[proba_neg_class, proba_pos_class]
28.         return proba
29.
30. from sklearn.calibration import CalibrationDisplay
31. from sklearn.ensemble import RandomForestClassifier
32. from sklearn.linear_model import LogisticRegression
33. from sklearn.naive_bayes import GaussianNB
34.
35. # 构建分类器
36. lr = LogisticRegression()
37. gnb = GaussianNB()
38. svc = NaivelyCalibratedLinearSVC(C=1.0, dual="auto")
39. rfc = RandomForestClassifier()
40.
41. clf_list = [(lr, "Logistic"), (gnb, "Naive Bayes"), (svc, "SVC"), (rfc, "Random
    forest"),]
42.
43. import matplotlib.pyplot as plt
44. from matplotlib.gridspec import GridSpec
45.
46. fig = plt.figure(figsize=(10, 10))
47. gs = GridSpec(4, 2)
48. colors = plt.get_cmap("Dark2")
49.
50. ax_calibration_curve = fig.add_subplot(gs[:2, :2])
51. calibration_displays = {}
52. markers = ["^", "v", "s", "o"]
53. for i, (clf, name) in enumerate(clf_list):
```

```
54.     clf.fit(X_train, y_train)
55.     display = CalibrationDisplay.from_estimator(clf, X_test, y_test, n_bins=10,
    name=name, ax=ax_calibration_curve, color=colors(i), marker=markers[i],)
56.     calibration_displays[name] = display
57.
58. ax_calibration_curve.grid()
59. ax_calibration_curve.set_title("Calibration plots")
60.
61. # 添加直方图
62. grid_positions = [(2, 0), (2, 1), (3, 0), (3, 1)]
63. for i, (_, name) in enumerate(clf_list):
64.     row, col = grid_positions[i]
65.     ax = fig.add_subplot(gs[row, col])
66.
67.     ax.hist(calibration_displays[name].y_prob, range=(0, 1), bins=10, label=name,
    color=colors(i),)
68.     ax.set(title=name, xlabel="Mean predicted probability", ylabel="Count")
69.
70. plt.tight_layout()
71. plt.show()
```

图6-19中的直方图通过显示在每个预测概率箱子中的样本数量可以深入了解每个分类器的行为。

LogisticRegression()在默认情况下返回校准良好的预测，因为它直接优化Log损失。与此相反，其他模型返回具有不同偏差的概率。

朴素贝叶斯倾向于将概率推至0或1（注意直方图中的计数）。这主要是因为在给定类别的情况下，当特征是条件独立的假设成立时，朴素贝叶斯方程可提供概率的正确估计。然而，特征往往是正相关的，本数据集就是这样，它包含两个作为信息特征的随机线性组合生成的特征。这些相关特征被有效地计数两次，从而将预测概率推至0或1。

为了显示出LinearSVC的性能，这里通过应用最小-最大缩放将decision_function()的输出缩放为[0,1]，因为SVC默认不输出概率。LinearSVC显示了比RandomForestClassifier更为Sigmoid形的曲线，这对最大距离（Maximum-Margin）方法来说是典型的，因为lineSVC专注于接近决策边界的难以分类的样本（支持向量）。

RandomForestClassifier显示了相反的行为：直方图显示概率约在0.2和0.9处为峰值，而接近0或1的概率罕见。因此，校准曲线显示出特征性的Sigmoid形，并且返回的概率通常接近0或1。

6.9.2 校准分类器

通过拟合一个回归器（也称校准器）实现校准一个分类器，该回归器将分类器的输出（由方法decision_function()或predict_proba()给出）映射到[0,1]区间的校准概率。对于一个给定的样本，使用f_i表示分类器输出，校准器试图预测条件事件概率$P\left(y_i=1|f_i\right)$。

在理想情况下，校准器在一个数据集上被拟合，而该数据集独立于最初用于拟合分类器的训练数据。这是因为分类器在其训练数据上的性能将优于新数据。因此，使用训练数据的分类器输出拟合校准器将得到有偏差的校准器，该校准器映射到比它应该映射的概率更接近 0 和 1。

在 Scikit-learn 中，通常使用 CalibratedClassifierCV 类实现一个校准分类器。CalibratedClassifierCV 类使用交叉验证方法确保始终使用无偏数据拟合校准器。数据集被拆分为 k 个(train_set,test_set)对，由参数 cv 确定。当设置 ensemble=True（默认值）时，对每个交叉验证拆分独立重复以下过程：首先，在训练子集上训练 base_estimator 的一个备份；然后，在测试子集上的预测被用来拟合校准器（或者为 Sigmoid 回归器，或者为 Isotonic 回归器），这导致 k 个(classifier, calibrator)耦合组成的集合中的每个校准器都将其相应分类器的输出映射到[0,1]区间。每个耦合都在 calibrated_classifiers_属性中进行描述，其中每一项都是可以输出校准概率的具有 predict_proba()方法的校准分类器。主 calibrated_ClassierCV 实例对应在 calibrated_classiers_列表中 k 个估计器的预测概率的平均值。predict()方法的输出是具有最高概率的那个类别。

当 ensemble=False 时，通过 cross_val_predict()方法，交叉验证可获得所有数据的无偏预测，使用这些无偏预测训练校准器。calibrated_classifiers_属性仅由一对(classifier, calibrator)组成，其中的分类器是在所有数据上训练得到的 base_estimator。在这种情况下，CalibratedClassifierCV 类的 predict_proba()的输出是从单个(classifier, calibrator)对获得的预测概率。

设置 ensemble=True 的主要优点是受益于传统的集成效应，类似于 Bagging 元学习器，所得到的集成结果应该都经过了较好的校准，并且比设置 ensemble=False 时的结果稍微准确一些。设置 ensemble=False 的主要优点是其计算性，它通过只训练单个基分类器和校准器对来减少总体拟合时间，减小最终模型的大小并加快预测速度。

CalibratedClassifierCV 类通过设置 method 参数值为"sigmoid"或" isotonic "来支持使用两种回归技术进行校准。

1. Sigmoid 回归

通过设置 method="sigmoid" 使用 Sigmoid 回归器，它是基于 Platt 的逻辑模型：

$$p\left(y_i=1 \mid f_i\right)=\frac{1}{1+\exp\left(A f_i+B\right)}$$

其中，y_i 是样本 i 的真实标签；f_i 是样本 i 未经校准分类器的输出；A 和 B 是通过最大似然拟合回归器时要确定的实数。

sigmoid()方法假设通过将 Sigmoid 函数应用于原始预测来校正校准曲线。在各种基准数据集上，针对具有公共核函数的 SVM，这一假设已在经验上得到证明，但在一般情况下并不一定成立。

2. Isotonic 回归

通过设置 method="isotonic" 拟合一个非参数保序回归器，该回归器输出一个逐步非递减函数，详见 sklearn.isotonic。通过最小化 $\sum_{i=1}^{n}\left(y_i-\hat{f}_i\right)^2$，当 $f_i \geqslant f_j$ 时，有 $\hat{f}_i \geqslant \hat{f}_j$。其中，

y_i 是样本 i 的真实标签，$\hat{f}_i$ 是样本 i 经校准分类器的输出（校准概率）。与 Sigmoid 回归相比，这种方法更通用，因为其唯一的限制是映射函数单调递增。因此，它更强大，可以校正未校准模型的任何单调失真。然而，它更容易过拟合，尤其在小数据集上。总的来说，当有足够的数据（大于约 1000 个样本）来避免过拟合时，Isotonic 回归的性能表现将与 Sigmoid 回归的性能表现一样好或更好。

分类时，人们通常不仅想要预测类别标签，还想要预测相关联的概率。这种概率体现预测的可信度。例 6-9 演示了如何使用校准曲线来可视化预测概率的校准效果，包括展示未校准的分类器结果，如图 6-20 所示。

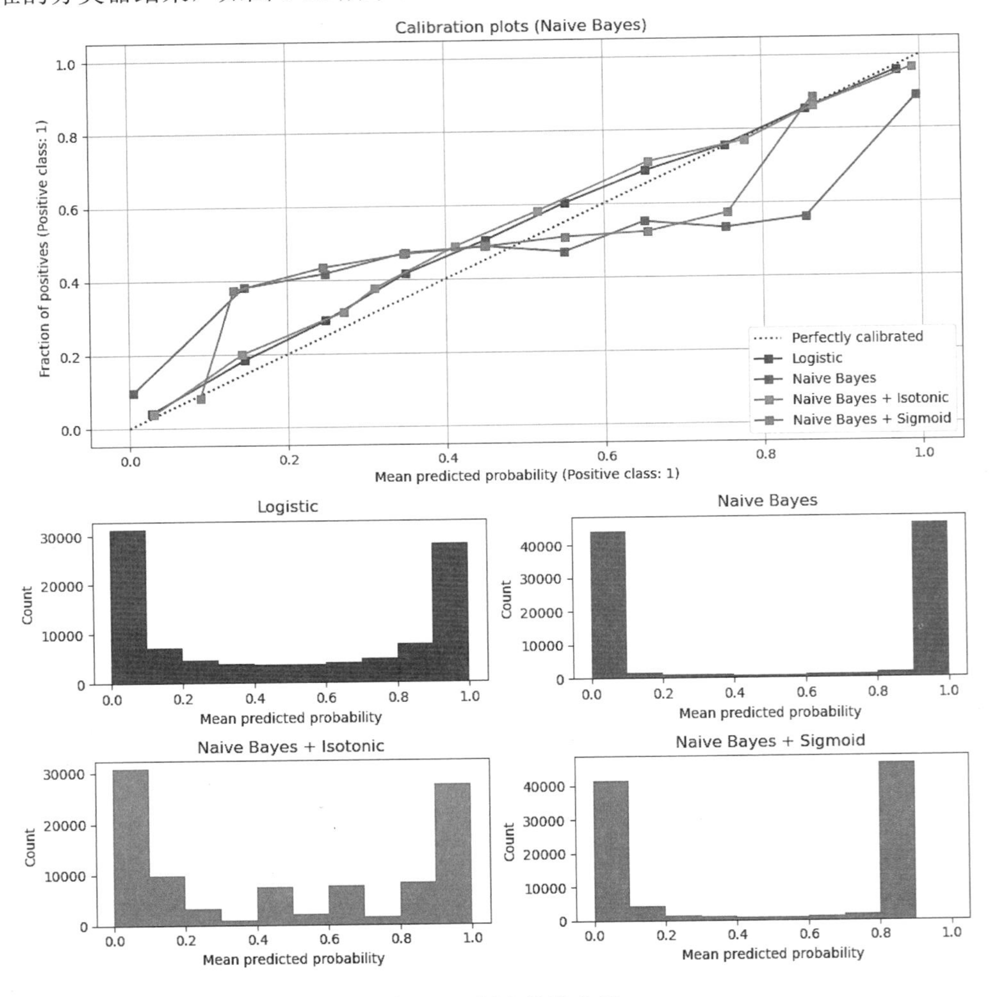

图 6-20　概率校准曲线

例 6-9：概率校准曲线。

第一步，构建数据集。

这里使用一个包含 100000 个样本和 20 个特征的合成二分类数据集。在 20 个特征中，只有 2 个是信息性的，10 个是冗余的（信息性特征的随机组合），其余 8 个是无信息的（随机数）。在 100000 个样本中，1000 个用于训练，其余用于测试。

```
1. from sklearn.datasets import make_classification
2. from sklearn.model_selection import train_test_split
3.
4. X, y = make_classification(n_samples=100_000, n_features=20, n_informative=2,
   n_redundant=10, random_state=42)
5. X_train, X_test, y_train, y_test = train_test_split(X, y, test_size=0.99,
   random_state=42)
```

第二步，绘制校准曲线。

这里通过比较逻辑回归和有/无校准的GaussianNB()方法的校准效果来说明校准的有效性与必要性。

（1）LogisticRegression：用作基线，通常情况下使用对数损失，正确地正则化逻辑回归在默认情况下得到了很好的校准。

（2）无校准 GaussianNB()。

（3）Isotonic 和 Sigmoid 校准 GaussianNB()。

下面的代码片段绘制了这 4 种情况下的校准曲线，x 轴为每个箱子的平均预测概率，y 轴为每个箱子中正样本的比例，如图 6-20 所示。

```
6. import matplotlib.pyplot as plt
7. from matplotlib.gridspec import GridSpec
8.
9. from sklearn.calibration import CalibratedClassifierCV, CalibrationDisplay
10. from sklearn.linear_model import LogisticRegression
11. from sklearn.naive_bayes import GaussianNB
12.
13. lr = LogisticRegression(C=1.0)
14. gnb = GaussianNB()
15. gnb_isotonic = CalibratedClassifierCV(gnb,cv=2,method="isotonic")
16. gnb_sigmoid = CalibratedClassifierCV(gnb, cv=2, method="sigmoid")
17.
18. clf_list=[
19.  (lr, "Logistic"),
20.  (gnb, "Naive Bayes"),
21.  (gnb_isotonic, "Naive Bayes + Isotonic"),
22.  (gnb_sigmoid, "Naive Bayes + Sigmoid"),]
23. fig = plt.figure(figsize=(10, 10))
24. gs = GridSpec(4, 2)
25. colors = plt.get_cmap("Dark2")
26.
27. ax_calibration_curve = fig.add_subplot(gs[:2, :2])
28. calibration_displays = {}
29. for i, (clf, name) in enumerate(clf_list):
30.     clf.fit(X_train, y_train)
31.     display = CalibrationDisplay.from_estimator(clf, X_test, y_test, n_bins=10,
   name=name, ax=ax_calibration_curve, color=colors(i),)
```

```
32.     calibration_displays[name] = display
33.
34. ax_calibration_curve.grid()
35. ax_calibration_curve.set_title("Calibration plots (Naive Bayes)")
36.
37. # 添加直方图
38. grid_positions = [(2, 0), (2, 1), (3, 0), (3, 1)]
39. for i, (_, name) in enumerate(clf_list):
40.     row, col = grid_positions[i]
41.     ax = fig.add_subplot(gs[row, col])
42.
43.     ax.hist(calibration_displays[name].y_prob, range=(0, 1), bins=10, label=name,
    color=colors(i),)
44.     ax.set(title=name, xlabel="Mean predicted probability", ylabel="Count")
45.
46. plt.tight_layout()
47. plt.show()
```

由图 6-20 的校准曲线可知，无校准的 GaussianNB()由于冗余特征而校准不良，这些冗余特征违反了特征独立性的假设，得到一个过于自信的分类器，由典型的倒置 Sigmoid 形曲线表示。从几乎为对角线的校准曲线可以看出，用 Isotonic 回归校准 GaussianNB()的概率可以解决这个问题。Sigmoid 回归也略微改善了校准，尽管不如非参数 Isotonic 回归那么强烈。这归因于我们有大量的校准数据，从而可以利用非参数模型更高的灵活性。

下面考虑几个分类指标，对其进行定量分析：Brier 评分损失、Log 损失、精确率、召回率、F1-score 和 ROC AUC。

```
48. from collections import defaultdict、
49. import pandas as pd
50. from sklearn.metrics import (brier_score_loss, f1_score, log_loss, precision_score,
    recall_score, roc_auc_score,)
51.
52. scores = defaultdict(list)
53. for i, (clf, name) in enumerate(clf_list):
54.     clf.fit(X_train, y_train)
55.     y_prob = clf.predict_proba(X_test)
56.     y_pred = clf.predict(X_test)
57.     scores["Classifier"].append(name)
58.
59.     for metric in [brier_score_loss, log_loss, roc_auc_score]:
60.         score_name = metric.__name__.replace("_", " ").replace("score", "").capitalize()
61.         scores[score_name].append(metric(y_test, y_prob[:, 1]))
62.
63.     for metric in [precision_score, recall_score, f1_score]:
64.         score_name = metric.__name__.replace("_", " ").replace("score", "").capitalize()
```

```
65.         scores[score_name].append(metric(y_test, y_pred))
66.
67.     score_df = pd.DataFrame(scores).set_index("Classifier")
68.     score_df.round(decimals=3)
69.     score_df
```

输出如下：

```
score_df
```

Classifier	Brier loss	Log loss	Roc auc	Precision	Recall	F1
Logistic	0.098921	0.323178	0.937457	0.872009	0.851408	0.861586
Naive Bayes	0.117608	0.782755	0.940374	0.857400	0.875941	0.866571
Naive Bayes + Isotonic	0.098332	0.370738	0.938613	0.883065	0.836224	0.859007
Naive Bayes + Sigmoid	0.108880	0.368896	0.940201	0.861106	0.871277	0.866161

注意：尽管校准改善了 Brier 评分损失（由校准项和细化项组成的指标）和 Log 损失，但不会显著改变预测准确性指标（精确率、召回率和 F1_score）。这是因为校准不应显著改变在决策阈值位置处（在图 6-21 的 $x=\frac{1}{2}$ 处）的预测概率。然而，校准应该使预测概率更加准确，从而对在不确定性下做出分配决策更加有用。此外，ROC AUC 根本不应该改变，因为校准是单调变换的。事实上，没有等级指标受到校准的影响。

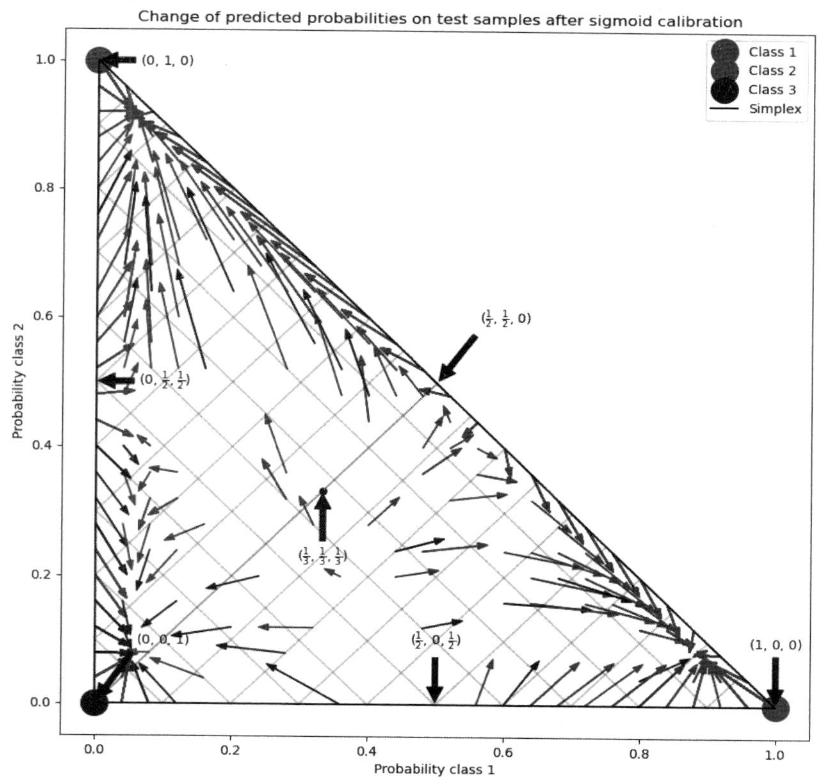

扫码看彩图

图 6-21　概率校准曲线

例 6-10 说明 Sigmoid 回归校准如何改变三分类问题的预测概率。图 6-21 展示的是标准的二维单纯形，其中 3 个角分别对应 3 个类别。箭头从未校准分类器预测的概率向量指向由同一分类器预测的 Sigmoid 回归校准后的概率向量。颜色表示实例的真实类（红色：类别 1，绿色：类别 2，蓝色：类别 3）。

例 6-10：三分类的概率校准。

第一步，生成数据。

这里生成一个包含 2000 个样本、2 个特征和 3 个目标类别的分类数据集，并将数据拆分如下。

训练集：600 个样本（用于训练分类器）。

验证集：400 个样本（用于校准预测概率）。

测试集：1000 个样本。

请注意，这里还创建了由 X_train_valid 和 y_train_valid 组成的数据集，它们由训练集和验证集组成。当只想训练分类器而不想校准预测概率时，就会使用这种方法。

```
1.  import numpy as np
2.  from sklearn.datasets import make_blobs
3.
4.  np.random.seed(0)
5.
6.  X, y = make_blobs(n_samples=2000, n_features=2, centers=3, random_state=42,
    cluster_std=5.0)
7.  X_train, y_train = X[:600], y[:600]
8.  X_valid, y_valid = X[600:1000], y[600:1000]
9.  X_train_valid, y_train_valid = X[:1000], y[:1000]
10. X_test, y_test = X[1000:], y[1000:]
```

第二步，拟合并校准。

首先，在训练集和验证集（1000 个样本）上训练一个具有 25 个弱学习器（树）的随机森林分类器，这是未校准的分类器。

```
11. from sklearn.ensemble import RandomForestClassifier
12.
13. clf = RandomForestClassifier(n_estimators=25)
14. clf.fit(X_train_valid, y_train_valid)
```

为了训练校准分类器，这里从相同的随机森林分类器开始，但仅使用训练集（600 个样本）对其进行训练。

然后，在两阶段过程中使用验证集（400 个样本），使用 method="sigmoid"进行校准。

```
15. from sklearn.calibration import CalibratedClassifierCV
16.
17. clf = RandomForestClassifier(n_estimators=25)
18. clf.fit(X_train, y_train)
19. cal_clf=CalibratedClassifierCV(clf,method="sigmoid",cv="prefit")
20. cal_clf.fit(X_valid, y_valid)
```

第三步，概率比较。

下面绘制一个带有箭头的二维单纯形图，显示测试样本的预测概率的变化。

```
21. import matplotlib.pyplot as plt
22.
23. plt.figure(figsize=(10, 10))
24. colors = ["r", "g", "b"]
25.
26. clf_probs = clf.predict_proba(X_test)
27. cal_clf_probs = cal_clf.predict_proba(X_test)
28. # 绘制箭头
29. for i in range(clf_probs.shape[0]):
30.     plt.arrow(
31.         clf_probs[i, 0], clf_probs[i, 1],
32.         cal_clf_probs[i, 0] - clf_probs[i, 0], cal_clf_probs[i, 1] - clf_probs[i, 1],
33.         color=colors[y_test[i]],
34.         head_width=1e-2,)
35.
36. # 在每个顶点处绘制完美预测的类
37. plt.plot([1.0], [0.0], "ro", ms=20, label="Class 1")
38. plt.plot([0.0], [1.0], "go", ms=20, label="Class 2")
39. plt.plot([0.0], [0.0], "bo", ms=20, label="Class 3")
40.
41. # 绘制单元单纯形的边界
42. plt.plot([0.0, 1.0, 0.0, 0.0], [0.0, 0.0, 1.0, 0.0], "k", label="Simplex")
43.
44. # 注释单纯形周围的 6 个点和单纯形内部的中点
45. plt.annotate(
46.     r"($\frac{1}{3}$, $\frac{1}{3}$, $\frac{1}{3}$)",
47.     xy=(1.0 / 3, 1.0 / 3), xytext=(1.0/3, 0.23),xycoords="data",
48.     arrowprops=dict(facecolor="black", shrink=0.05),
49.     horizontalalignment="center", verticalalignment="center",)
50. plt.plot([1.0 / 3], [1.0 / 3], "ko", ms=5)
51. plt.annotate(
52.     r"($\frac{1}{2}$, $0$, $\frac{1}{2}$)",
53.     xy=(0.5, 0.0), xytext=(0.5, 0.1), xycoords="data",
54.     arrowprops=dict(facecolor="black", shrink=0.05),
55.     horizontalalignment="center", verticalalignment="center",)
56. plt.annotate(
57.     r"($0$, $\frac{1}{2}$, $\frac{1}{2}$)",
58.     xy=(0.0, 0.5), xytext=(0.1, 0.5), xycoords="data",
59.     arrowprops=dict(facecolor="black", shrink=0.05),
60.     horizontalalignment="center", verticalalignment="center",)
61. plt.annotate(
```

```
62.     r"($\frac{1}{2}$, $\frac{1}{2}$, $0$)",
63.     xy=(0.5, 0.5), xytext=(0.6, 0.6), xycoords="data",
64.     arrowprops=dict(facecolor="black", shrink=0.05),
65.     horizontalalignment="center", verticalalignment="center",)
66. plt.annotate(
67.     r"($0$, $0$, $1$)",
68.     xy=(0, 0), xytext=(0.1, 0.1), xycoords="data",
69.     arrowprops=dict(facecolor="black", shrink=0.05),
70.     horizontalalignment="center", verticalalignment="center",)
71. plt.annotate(
72.     r"($1$, $0$, $0$)",
73.     xy=(1, 0), xytext=(1, 0.1), xycoords="data",
74.     arrowprops=dict(facecolor="black", shrink=0.05),
75.     horizontalalignment="center", verticalalignment="center",)
76. plt.annotate(
77.     r"($0$, $1$, $0$)",
78.     xy=(0, 1), xytext=(0.1, 1), xycoords="data",
79.     arrowprops=dict(facecolor="black", shrink=0.05),
80.     horizontalalignment="center", verticalalignment="center",)
81. # 添加网格
82. plt.grid(False)
83. for x in [0.0, 0.1, 0.2, 0.3, 0.4, 0.5, 0.6, 0.7, 0.8, 0.9, 1.0]:
84.     plt.plot([0, x], [x, 0], "k", alpha=0.2)
85.     plt.plot([0, 0 + (1-x)/2], [x,x + (1-x)/2], "k", alpha=0.2)
86.     plt.plot([x, x + (1-x)/2], [0,0 + (1-x)/2], "k", alpha=0.2)
87.
88. plt.title("Change of predicted probabilities on test samples after sigmoid
    calibration")
89. plt.xlabel("Probability class 1")
90. plt.ylabel("Probability class 2")
91. plt.xlim(-0.05, 1.05)
92. plt.ylim(-0.05, 1.05)
93. _ = plt.legend(loc="best")
```

在图 6-21 中，单纯形的每个顶点都表示一个完美预测的类别（如(1,0,0)）。单纯形内部的中点表示以相等的概率(1/3,1/3,1/3)预测 3 个类别。每个箭头从未校准的概率开始，至校准后的概率结束。箭头的颜色表示该测试样本的真实类别。

未校准分类器对其预测过于自信，并导致大的 Log 损失。由于两个因素，校准分类器产生较小的 Log 损失。首先，请注意图 6-21 中的箭头通常指向远离单纯形的边缘，至少其中一个类别的概率为 0。其次，很大一部分箭头指向真实类别，如绿色箭头（真实类别为“绿色”的样本）通常指向绿色顶点。这导致正确类别的预测概率增大。因此，经过校准的分类器产生了更准确的预测概率，从而产生更小的 Log 损失。

可以通过比较未校准和校准分类器对 1000 个测试样本的预测 Log 损失来客观地表明

这一点。请注意，另一种选择是增加随机森林分类器的弱学习器（树）数量，这将导致类似的 Log 损失减小。

```
94.  from sklearn.metrics import log_loss
95.
96.  score = log_loss(y_test, clf_probs)
97.  cal_score = log_loss(y_test, cal_clf_probs)
98.
99.  print("Log-loss of")
100. print(f" * uncalibrated classifier: {score:.3f}")
101. print(f" * calibrated classifier: {cal_score:.3f}")
```

输出如下：

```
Log-loss of
 * uncalibrated classifier: 1.327
 * calibrated classifier: 0.549
```

最后，在二维单纯形上生成一个可能的未校准概率值网格，计算相应的校准概率，并为每个概率绘制箭头。箭头按照最高未校准概率着色。图 6-22 所示为校准后曲线。

```
102. plt.figure(figsize=(10, 10))
103. # 生成概率值网格
104. p1d = np.linspace(0, 1, 20)
105. p0, p1 = np.meshgrid(p1d, p1d)
106. p2 = 1 - p0 - p1
107. p = np.c_[p0.ravel(), p1.ravel(), p2.ravel()]
108. p = p[p[:, 2] >= 0]
109.
110. # 用 3 个类别的校准器来计算校准概率
111. calibrated_classifier = cal_clf.calibrated_classifiers_[0]
112. prediction = np.vstack([calibrator.predict(this_p) for calibrator, this_p in
     zip(calibrated_classifier.calibrators, p.T)]).T
113.
114. #重标准化校准预测，确保它们保持在单纯形内。重标准化步骤是通过 CalibratedClassifierCV 类
     在多类问题上的 predict()方法在内部执行
115. prediction /= prediction.sum(axis=1)[:, None]
116.
117. # 绘制校准器引起的预测概率变化
118. for i in range(prediction.shape[0]):
119.     plt.arrow(
120.         p[i, 0], p[i, 1],
121.         prediction[i, 0] - p[i, 0], prediction[i, 1] - p[i, 1],
122.         head_width=1e-2,
123.         color=colors[np.argmax(p[i])],  )
124.
```

```
125. # 绘制单元单纯形的边界
126. plt.plot([0.0, 1.0, 0.0, 0.0], [0.0, 0.0, 1.0, 0.0], "k", label="Simplex")
127.
128. plt.grid(False)
129. for x in [0.0,0.1,0.2,0.3,0.4,0.5,0.6,0.7,0.8,0.9,1.0]:
130.     plt.plot([0, x], [x, 0], "k", alpha=0.2)
131.     plt.plot([0, 0 + (1-x)/2], [x, x + (1-x)/2], "k", alpha=0.2)
132.     plt.plot([x, x + (1-x)/2], [0, 0 + (1-x)/2], "k", alpha=0.2)
133.
134. plt.title("Learned sigmoid calibration map")
135. plt.xlabel("Probability class 1")
136. plt.ylabel("Probability class 2")
137. plt.xlim(-0.05, 1.05)
138. plt.ylim(-0.05, 1.05)
139.
140. plt.show()
```

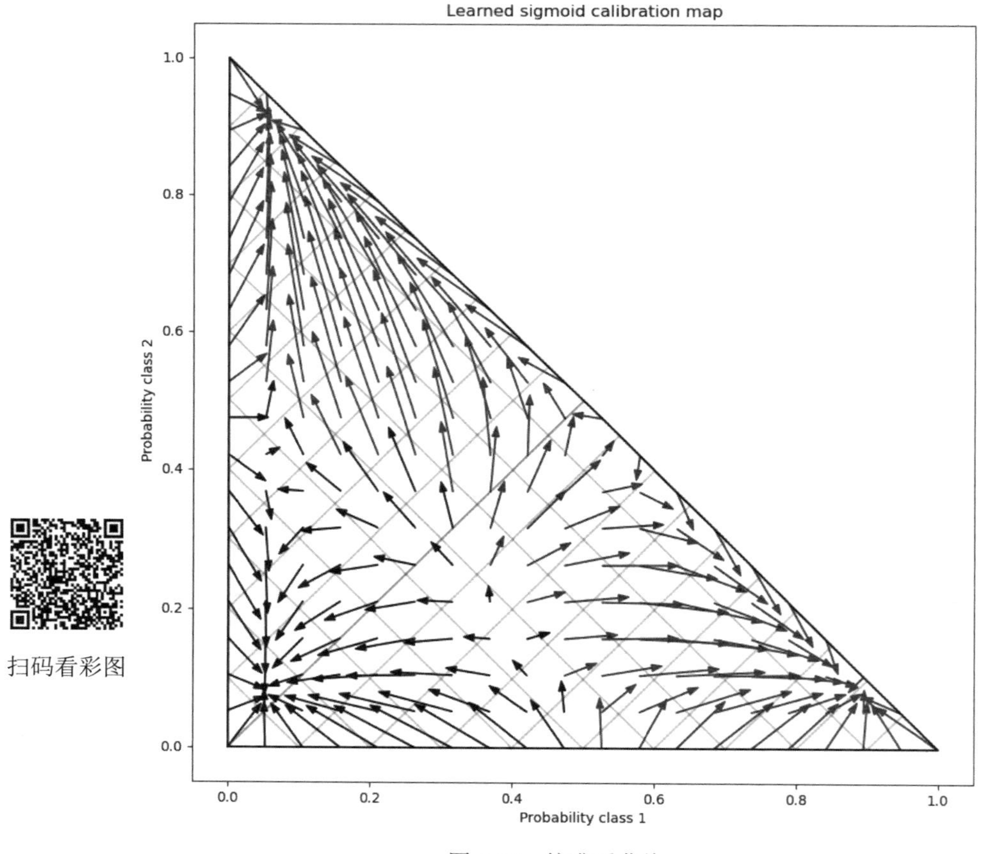

图 6-22　校准后曲线

6.10　本章小结

本章自偏差与方差展开讨论，引入了集成策略及其步骤，使读者能够初步了解各算法及其特点，也基本知道了哪些场景可以使用哪些方法，以及各算法的优化要素组成。自简入繁地讲解了串行的 Boosting、并行的 Bagging，以及嵌套式/层级结构的堆叠等集成算法框架。虽然书中尽可能给出每种方法的基本理论、拓展，但本书更多聚焦于其工程实践和使用技巧。

课后习题

1．什么是集成学习？集成学习的步骤和分类是怎样的？

2．集成学习中的偏差和方差有什么不同？论述两者之间的关系。

3．选择一个数据集，遵循集成学习的步骤，分别使用随机森林、AdaBoost、GBDT、HGBT 算法构建模型并进行训练，比较各算法的优劣。

4．针对第 5 章和第 6 章中的各种机器方法，实现校准比较并绘制相应的校准曲线。

第 7 章
数据可视化

思政教学目标：

通过数据可视化技术的学习，读者可从思维、认知和行动 3 方面理解数据可视化在决策制定、资源优化、创新研究等方面发挥的重要作用，有助于提高工作效率和决策质量，领会“中国速度”的含义；从 Matplotlib、Pandas 和 Scikit-learn 工具的使用中，培养算法思维和探索用多策略解决问题的能力；通过案例的引导，实现知识传授与价值引领的有机结合。

本章主要内容：

- 可视化的定义及作用、原则，以及常用的可视化分析技术与工具。
- 用 Matplotlib 中的 pyplot 模块绘制曲线、散点图、直方图、柱状图、箱线图、图像、矩阵等。
- 用 Pandas 绘制折线图、散点图、箱线图等。
- 用 Scikit-learn 绘制学习曲线、验证曲线、ROC 曲线、混淆矩阵、精确率-召回率曲线、部分依赖关系图等。

7.1 可视化的定义及作用

可视化是指将科学计算中产生的大量非直观的、抽象的或不可见的数据，借助计算机图形学和图像处理等技术，以图形图像信息的形式，直观、形象地表达出来，并进行交互处理。可视化是数据的可视表现形式及交互技术的总称，它通过图形化的方式把数据展现出来，方便用户观察和理解，并且帮助用户进行数据探索，发现数据中隐藏的模式，使其获得对数据的洞察力和理解。在大数据时代，数据来源多样，数据的规模巨大，可视化技术帮助人们对数据进行观察、理解、探索和发现。

在数据科学领域，探索性数据分析是一种不可或缺的方式，通过创建各种图表、图形和仪表盘，数据分析专家可以快速揭示数据中的模式和规律，从而为后续的分析和建模提供指导。例如，散点图、折线图、热力图、箱线图等可视化形式能够直观地展示数据的相关性和变化趋势等。

特征工程是数据科学中至关重要的一步，它涉及对原始数据进行加工和转换，以提取有用的信息。可视化可以帮助数据分析专家更清晰地了解不同特征之间的关系，从而指导特征的选择和转换。通过绘制特征之间的相关性矩阵，数据分析专家可以更有针对性地进行特征工程，提升模型性能。

在模型调优阶段，可视化开发同样发挥着重要作用。通过绘制学习曲线、验证曲线等，数据分析专家可以了解模型的过拟合或欠拟合情况，从而调整模型的参数和复杂度，增强模型的泛化能力。

数据科学的成果需要被清晰地呈现和解释，以便于决策者理解和采纳。可视化为数据分析专家提供了丰富的方式来呈现分析结果和模型预测。通过绘制预测结果的可信区间、变量重要性图等，数据分析专家向非技术人员传达复杂的分析结果和模型预测，促进决策的制定和实施。

7.2 可视化的原则

可视化的目的是将复杂数据有效地展示出来，首要原则是准确和清晰。

（1）准确是指可视化结果反映的是数据的本来面目或本质。

（2）清晰是指可视化结果表达的含义要明确。

此外，还要尽量做到以下几点。

（1）简洁明了。数据可视化应尽可能简洁明了，避免过多的图形和文字，选择合适的图形展示数据，以便更好地传达信息。

（2）突出重点。在可视化过程中应突出重点，将重要的信息放在显眼的位置，帮助用户更快地理解数据，更好地分析数据。

（3）一致性。可视化时应保持一致性，即使用相同的颜色、字体和图形来呈现数据，并提供文字说明和标签，这样可以更容易地比较不同数据，帮助用户理解数据。

（4）可交互性。在可视化设计过程中，要考虑把交互方式和动画效果加进去。动画效果从时间和空间维度对事物的发展变化过程进行刻画，以便带给用户沉浸式的体验。

7.3 常用的可视化分析技术与工具

目前，市场上能够进行可视化分析的技术主要分为编程类、平台类和软件类 3 种：编程类包括 MATLAB、Python、R 语言等；平台类包括 FineBI、高德 Map Lab 等；软件类有我们熟悉的 Excel，还有 BatchGeo、Fusion Tables 等。这里主要介绍几个常用的 Python 数据可视化第三方库。

1. Matplotlib

Matplotlib 是基于 Python 的绘图库，它提供了完全的 2D 支持和部分 3D 图像支持。Matplotlib 是 Python 中公认的最好用的数据可视化工具之一；通过 Matplotlib，几行代码即可生成线图、直方图、散点图等；还可以用一些函数来更改并控制行样式、字体属性、轴属性等。图 7-1 展示了使用 Matplotlib 绘制的几种图形。

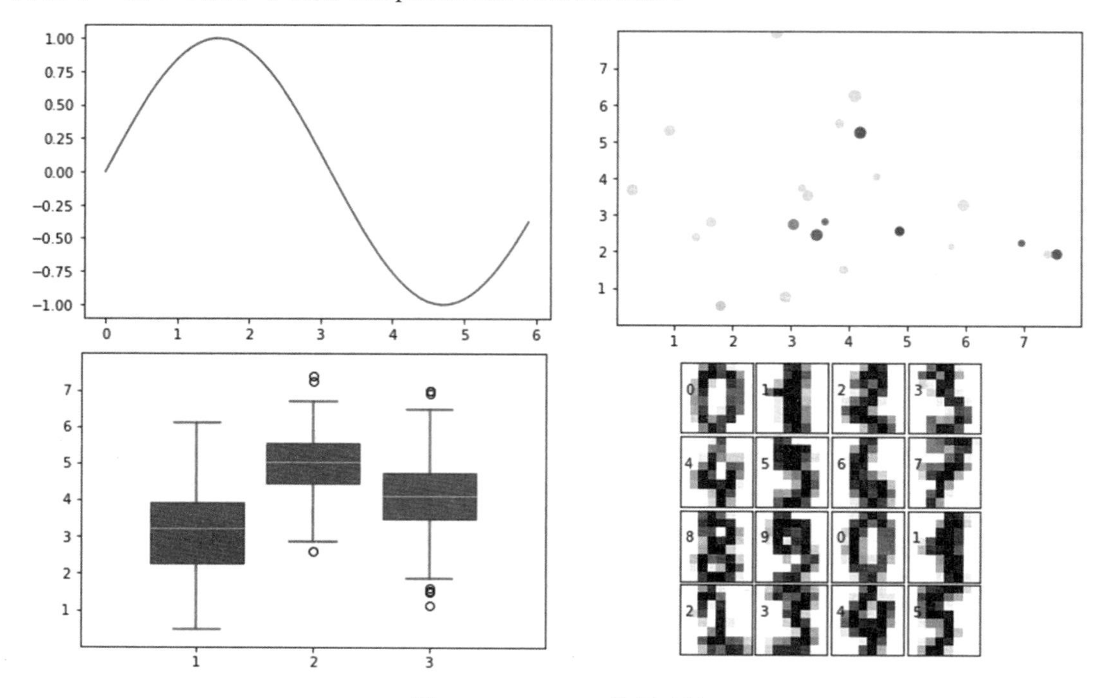

图 7-1 Matplotlib 绘图示例

2. Seaborn

Seaborn 在 Matplotlib 的基础上进行了更高级的 API 封装，从而使得绘图更加容易。Seaborn 具有多种特性，如内置主题和调色板，可视化单变量和双变量数据、线性回归数据和数据矩阵及统计时序数据等，可以创建复杂的可视化图形。在大多数情况下，使用 Matplotlib 能绘制出具有吸引力的图，而使用 Seaborn 则能绘制出具有更多特色的图。图 7-2 展示了使用 Seaborn 绘制的几种图形。

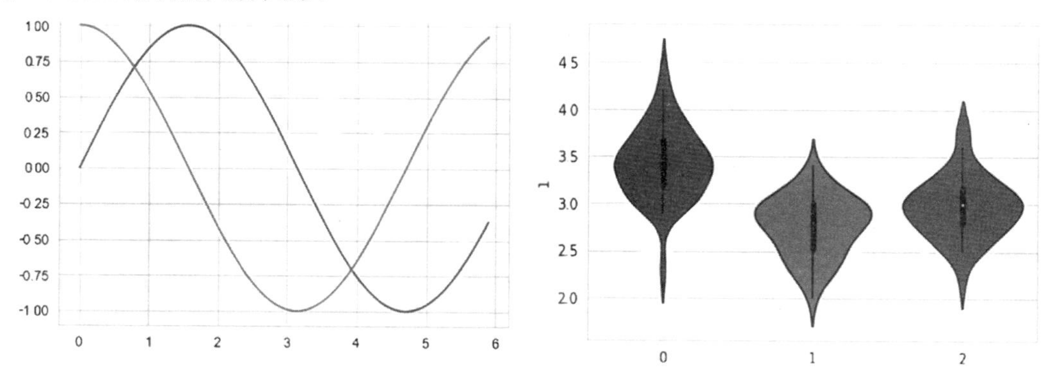

图 7-2 Seaborn 绘图示例

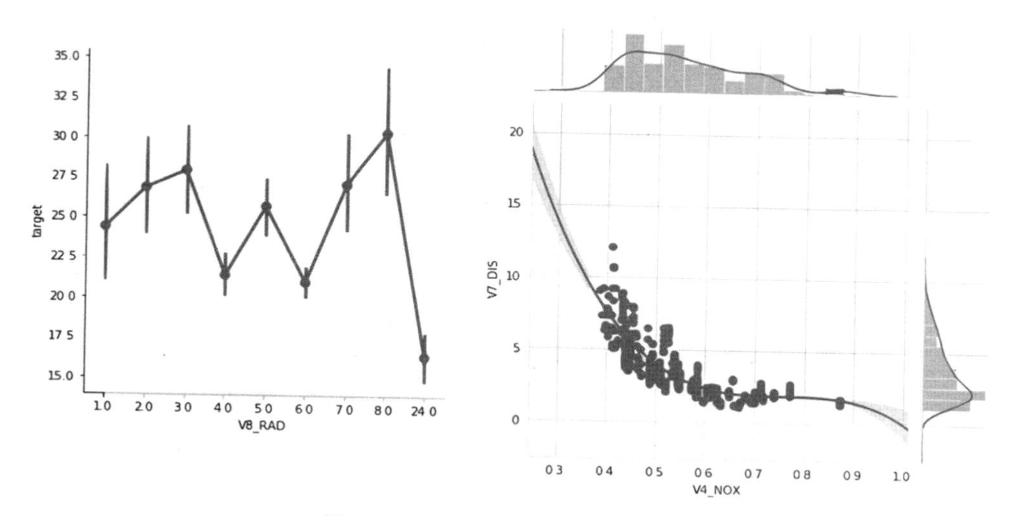

图 7-2　Seaborn 绘图示例（续）

3. PyEcharts

PyEcharts 是一款将 Python 与 Echarts 结合的强大的数据可视化工具，其中，Echarts 是百度开源的一个数据可视化 JS 库。PyEcharts 实际上是 Echarts 与 Python 的对接，它是一个生成 Echarts 图表的 Python 类库。PyEcharts 更加灵活，绘图更加巧妙、美观。图 7-3 展示了使用 PyEcharts 绘制的几种图形。

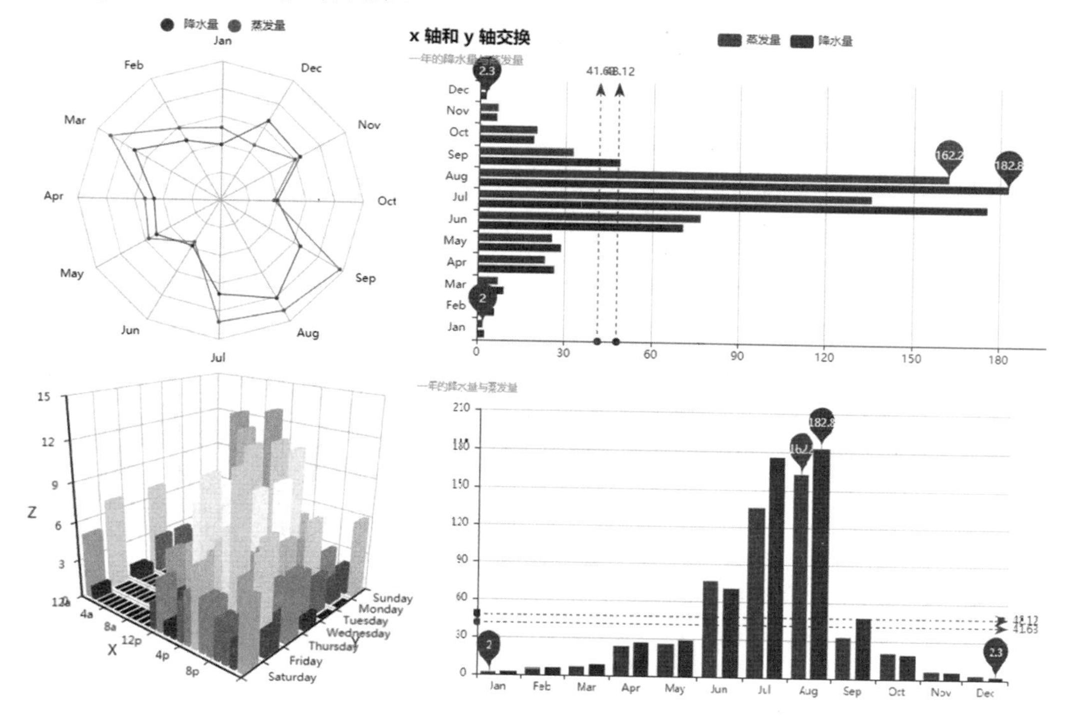

图 7-3　PyEcharts 绘图示例

其他常见的 Python 可视化库还有 Bokeh、ggplot、pygal 等。

7.4 Matplotlib 绘图

Matplotlib 最早由 John D.Hunter 在 2003 年创建，目的是提供一个与 MATLAB 类似的绘图接口，使得使用 Python 进行科学计算和数据可视化更加方便。Matplotlib 的功能非常强大，通过调用函数可轻松绘制出数据分析中的各种图形，如折线图、条形图、柱状图、散点图、饼图等。

在使用 Matplotlib 前，要先使用如下命令进行安装：

```
pip install matplotlib
```

Anaconda 环境已包含数据科学中常用的各种安装包，故无须使用 pip 命令安装 Matplotlib。

为了方便用户绘制 2D 图表，在 Matplotlib 中，最常用的模块 pyplot 包含一系列与绘图相关的函数，每个函数对当前图像进行一些修改，如给图像添加标记、生成新的图像、在图像中产生新的绘图区域等。

在 pyplot 中，最基础的绘图方式是以点绘图，并用线将这些点连起来。下面以正弦函数为例，使用 pyplot 绘制函数曲线，结果如图 7-4 所示。

```
1.  import numpy as np
2.  import matplotlib.pyplot as plt
3.
4.  x = np.arange(0, 6, 0.1)
5.  y = np.sin(x)
6.  plt.plot(x, y)
7.  plt.show()
```

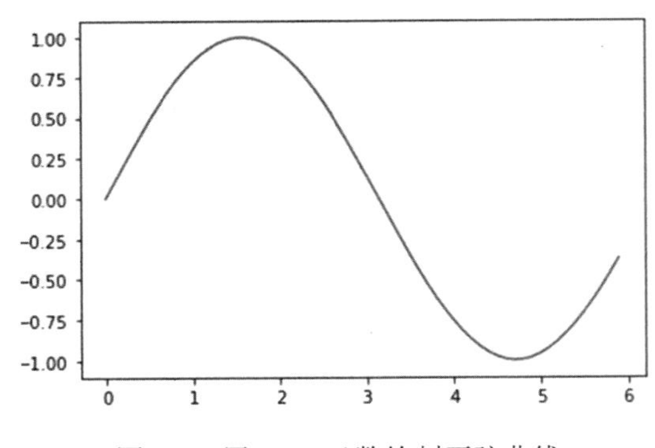

图 7-4 用 plot()函数绘制正弦曲线

注意： 在 Jupyter Notebook 中运行上述代码时，若未输出结果，则可在代码前增加%matplotlib inline，将图表直接嵌入 Jupyter Notebook 中。

7.4.1 绘制曲线

如前所述，使用 matplotlib.pyplot 绘制曲线很简单，只需设置一系列的 x 坐标和 y 坐标即可。在上面的例子中，通过 NumPy 的 arange()函数生成了一系列的 x 坐标，通过 NumPy 的 sin()函数映射对应的 y 坐标，由函数 plot()绘制正弦曲线并调用 show()函数进行展示。

pyplot 中的 plot()函数用于绘制曲线，该函数原型如下：

```
matplotlib.pyplot.plot(*args, scalex=True, scaley=True, data=None, **kwargs)
```

该函数常用的调用格式如下：

```
plot([x], y, [fmt], *, data=None, **kwargs)
plot([x], y, [fmt], [x2], y2, [fmt2], ..., **kwargs)
```

该函数常用的参数如表 7-1 所示。

表 7-1 plot()函数常用的参数

参 数	含 义
x 和 y	表示 x 轴和 y 轴上的数值
fmt	可选参数[fmt]是一个字符串，用来定义图的基本属性，如颜色（color）、点型（marker）、线型（linestyle）等，具体形式如 fmt = '[color][marker][linestyle]'。 color 表示常用的颜色，如'b'或'blue'表示蓝色，'g'或'green'表示绿色，'r'或'red'表示红色等；也可以给关键字参数 color 赋十六进制的 RGB 字符串，如 color='#900302'。 marker 表示常用的点型参数，常用的主要有'.'点标记、'o'实心圈标记、'v'倒三角标记。 linestyle 表示线型参数，常用的主要有'-'实线、'--'虚线、'-.'点画线、':'点线
label	标记图内容的标签文本

由上面的调用格式可以看出，plot()函数最简单的调用格式是直接传入一个数组对象，其他参数都是可选的。在下述示例中，使用 normal()函数生成 100 个服从正态分布、平均值为 5、标准差为 1 的数据，将数据直接传入 plot()函数，结果如图 7-5 所示。

```
1.  %matplotlib inline
2.  import numpy as np
3.  import matplotlib.pyplot as plt
4.
5.  data = np.random.normal(5, 1, 100)
6.  plt.plot(data)
7.  plt.show()
```

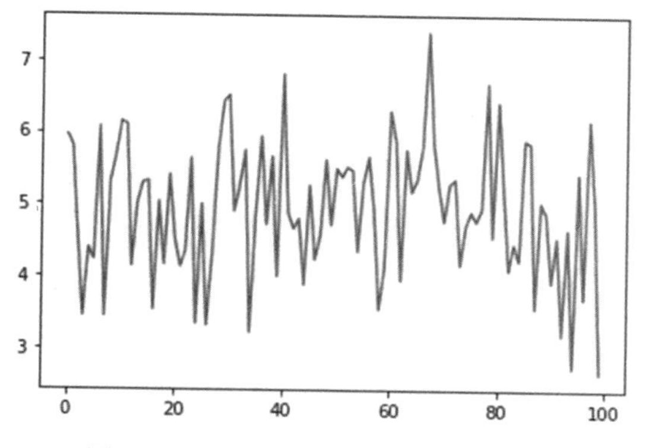

图 7-5 用 plot()函数绘制曲线图示例 1

当只传入要绘制的数据时，默认数据为纵坐标，而横坐标则是由数据的下标组成的。如果想要改变线条的颜色、样式等，则可通过设置 plot()函数的 fmt 参数实现。

在下面的例子中，对图 7-4 做了一些简单的修改。在 plot()函数中，通过增加参数'ro'来设置正弦曲线的颜色为红色，坐标点使用圆圈显示，如图 7-6 所示。

```
1.  x = np.arange(0, 6, 0.1)
2.  y = np.sin(x)
3.  plt.plot(x, y, 'ro')
4.  plt.show()
```

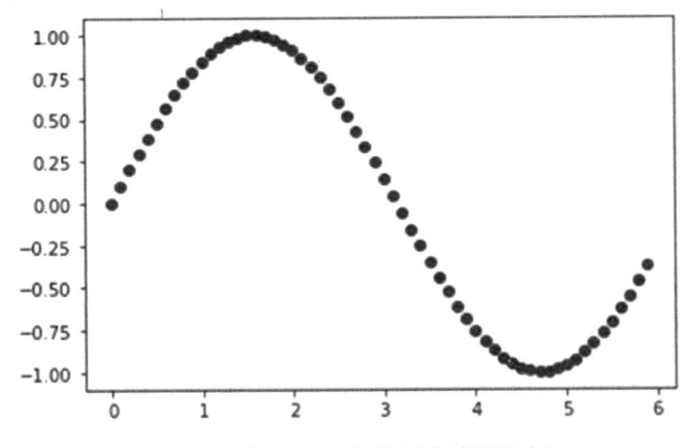

图 7-6　用 plot()函数绘制曲线图示例 2

对上面的示例进行进一步的修改，设置 plot()函数的 fmt 参数为 'b-*'，即正弦曲线的颜色为蓝色，坐标点用星号标记并通过实线连接，如图 7-7 所示。

```
1.  x = np.arange(0, 6, 0.1)
2.  y = np.sin(x)
3.  plt.plot(x, y, 'b-*')
4.  plt.show()
```

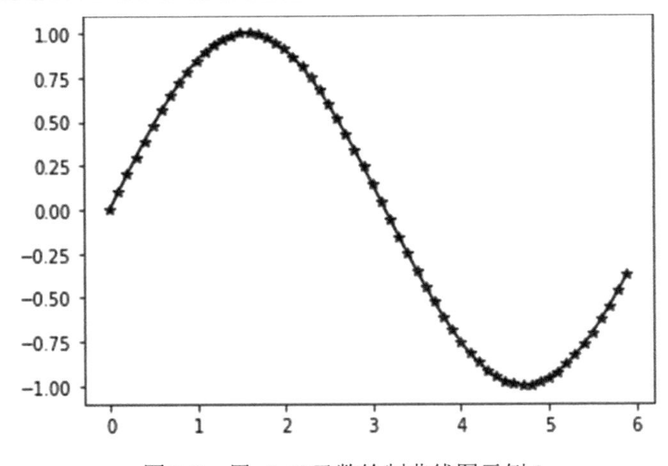

图 7-7　用 plot()函数绘制曲线图示例 3

通过 fmt 参数设置曲线的颜色、坐标点的连接方式及样式，如'ro'、'b-*'、'g-o'等，具体可在 Matplotlib 官网中查询。除使用 fmt 参数设置曲线的颜色和样式外，还可以使用 marker、linestyle 和 color 来实现。下面例子的输出结果与图 7-7 相同。

```
1.  x = np.arange(0, 6, 0.1)
2.  y = np.sin(x)
3.  plt.plot(x, y, color='b',linestyle='-',marker='*')
4.  plt.show()
```

通过在 plot()函数中传入多组坐标点，可以在一个图中绘制多条曲线，如图 7-8 所示。在图 7-8 中，(x1,y1)为第一组坐标点，参数'b-*'设置其颜色和样式；(x2,y2)为第二组坐标点，参数'r-^'设置其颜色和样式。

```
1.  x1 = np.arange(0, 6, 0.1)
2.  y1 = np.sin(x1)
3.  x2 = np.arange(0, 6, 0.2)
4.  y2 = np.cos(x2)
5.  plt.plot(x1, y1, 'b-*',x2, y2, 'r-^')
6.  plt.show()
```

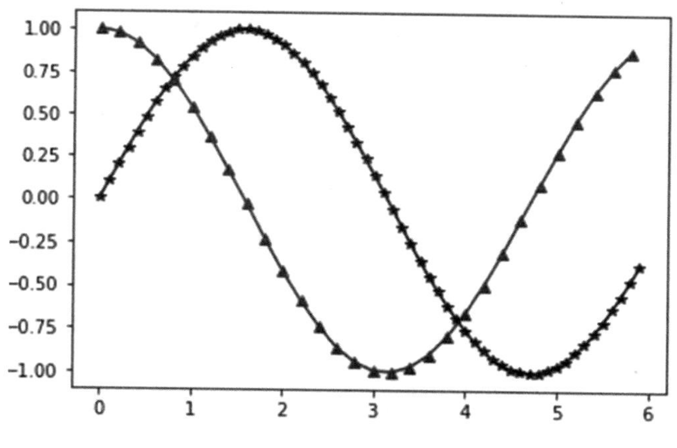

图 7-8　用 plot()函数绘制多条曲线示例

除此之外，还可以通过多次调用 plot()函数的方式绘制多条曲线，下面代码的运行结果与图 7-8 相同。

```
1.  x1 = np.arange(0, 6, 0.1)
2.  y1 = np.sin(x1)
3.  x2 = np.arange(0, 6, 0.2)
4.  y2 = np.cos(x2)
5.  plt.plot(x1, y1, 'b-*')
6.  plt.plot(x2, y2, 'r-^')
7.  plt.show()
```

在一幅图中绘制多条曲线时，可以增加图例信息，以便清晰地说明不同曲线的意义，如图 7-9 所示。通过设置 plot()函数的 label 参数来指定图例内容，并调用 legend()函数将图例显示出来，如果想修改图例显示的位置，则可以设置 legend()函数的 loc 参数。

```
1. x1 = np.arange(0, 6, 0.1)
2. y1 = np.sin(x1)
3. x2 = np.arange(0, 6, 0.2)
4. y2 = np.cos(x2)
5. plt.plot(x1, y1, 'b-*',label="sin")
6. plt.plot(x2, y2, 'r-^',label="cos")
7. plt.legend()
8. plt.show()
```

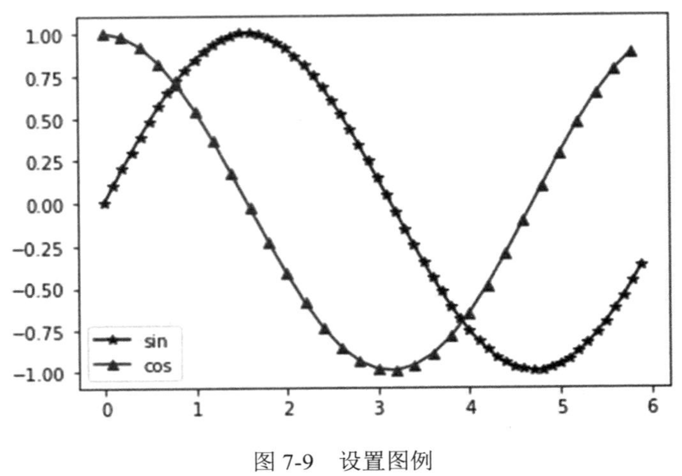

图 7-9 设置图例

还可以通过 title()、xlabel()、ylabel()、xticks()、yticks()等函数分别设置标题、横/纵坐标名称和横/纵坐标等，如图 7-10 所示。

```
1. plt.title('example')
2. x1 = np.arange(0, 6, 0.1)
3. y1 = np.sin(x1)
4. x2 = np.arange(0, 6, 0.2)
5. y2 = np.cos(x2)
6. plt.xlabel('X')
7. plt.ylabel('Y')
8. plt.xticks(np.arange(0, 6, 0.5))
9. plt.yticks(np.arange(-1, 1, 0.1))
10. plt.plot(x1, y1, 'b-*',label="sin")
11. plt.plot(x2, y2, 'r-^',label="cos")
12. plt.legend()
13. plt.show()
```

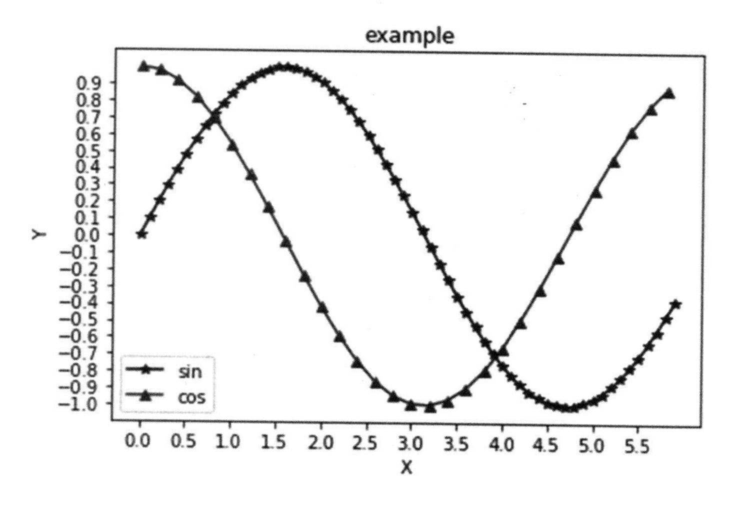

图 7-10　设置标题和坐标

在实际应用场景中，有时需要在一个图中绘制多条具有不同坐标系的曲线；通过 subplot()函数在一个图像窗口中绘制多个子图，并设置不同的标题、坐标轴、样式等，如图 7-11 所示。

```
1.  x1 = np.arange(0, 6, 0.1)
2.  y1 = np.sin(x1)
3.  plt.subplot(1,2,1)
4.  plt.title("sin")
5.  plt.xlabel('X1')
6.  plt.ylabel('Y1')
7.  plt.xticks(np.arange(0, 6, 0.5))
8.  plt.yticks(np.arange(-1, 1, 0.1))
9.  plt.plot(x1, y1, 'b-*')
10. plt.subplot(1,2,2)
11. x2 = np.arange(0, 6, 0.2)
12. y2 = np.cos(x2)
13. plt.title("cos")
14. plt.xlabel('X2')
15. plt.ylabel('Y2')
16. plt.xticks(np.arange(0, 6))
17. plt.yticks(np.arange(-1, 1, 0.5))
18. plt.plot(x2, y2, 'r-^')
19. plt.show()
```

在上述例子中，通过 subplot()函数将绘图区域划分为 1 行 2 列，在第 1 个位置绘制正弦曲线，在第 2 个位置绘制余弦曲线。subplot(rows,cols,n)函数的参数分别代表行数、列数和序号，即将绘图区域划分为 rows 行 cols 列的区域，并在序号为 n 的位置绘图，序号从 1 开始，从左到右、从上到下依次计数。

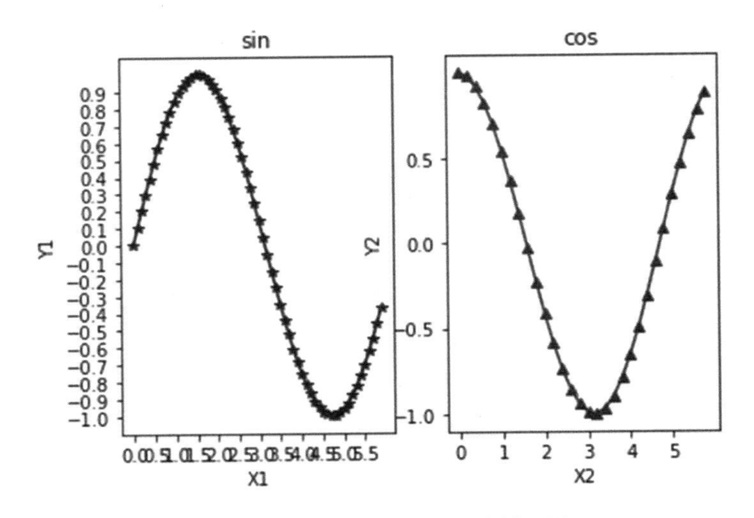

图 7-11 用 subplot()函数绘制子图

7.4.2 绘制散点图

在数据科学中，经常需要用散点图来展示数据的分布和聚合情况，为建立模型提供指引。在 pyplot 模块中，scatter()函数用于绘制散点图。下面通过 scatter()函数绘制某产品的年份产量散点图，如图 7-12 所示。其中，年份 years 为横坐标，产量 production 为纵坐标。

```
1. years = [2009, 2010, 2011, 2012, 2013, 2014, 2015, 2016, 2017, 2018, 2019]
2. production = [0.5, 9.36, 52, 191, 350, 571, 912, 1027, 1682, 2135, 2684]
3. plt.scatter(years, production)
4. plt.show()
```

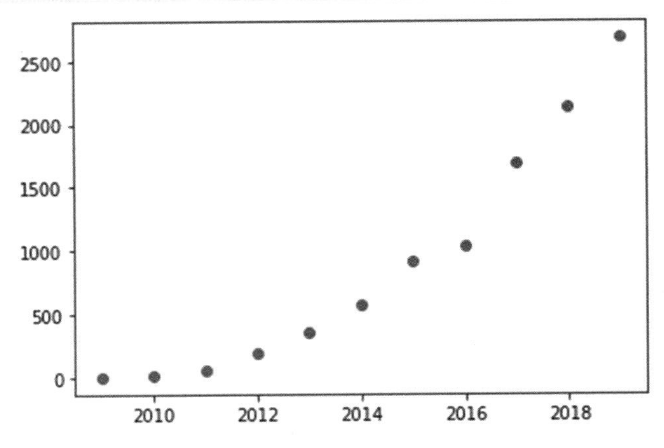

图 7-12 用 scatter()函数绘制散点图示例

在调用 scatter()函数时，参数 x 和 y 为必需参数，其余参数均为可选参数。其中，参数 c 用于设置点的颜色，其取值与 plot()函数中 color 的取值相同；marker 用于标记样式，其含义与 plot()函数中 marker 的含义相同。该函数的详细内容可查阅相关官方文档。

在例 7-1 中，使用波士顿房价数据集，其共有 506 个样本，13 个特征，包括城镇人均犯罪率、住宅用地所占比例、住宅房间数等，目标变量是房价。在数据科学流程中，获取数据集后需要进行探索性数据分析（EDA），以便掌握数据集中样本的分布及特征相关性等，方便后续建模。散点图直观地表现出特征和目标变量之间的总体关系趋势。

例 7-1：通过 scatter()函数绘制散点图。

下面是针对波士顿房价数据集绘制的散点图，结果如图 7-13 所示。使用 scatter()函数在一张图中绘制多个散点图。这里选取数据集中的第 0～2 个特征作为横坐标，以房价作为纵坐标绘制散点图。图 7-13 中的圆形、星号和三角形分别展示了 3 个不同特征与目标变量之间的关系。

```
1.  import matplotlib.pyplot as plt
2.  from sklearn import datasets
3.
4.  boston_dataset = datasets.load_boston()
5.  x = boston_dataset.data
6.  y = boston_dataset.target
7.  plt.title("boston_dataset")
8.  plt.xlabel('x')
9.  plt.ylabel('y')
10. plt.scatter(x[:,0],y,c='r')
11. plt.scatter(x[:,1],y,c='g',marker='*')
12. plt.scatter(x[:,2],y,c='b',marker='^')
13. plt.show()
```

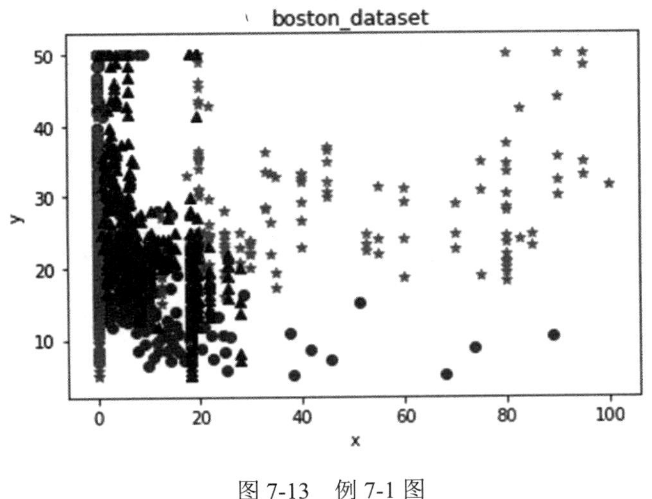

图 7-13　例 7-1 图

7.4.3　绘制直方图

直方图主要用于展示数据分布频率情况。在 pyplot 模块中，使用 hist()函数绘制直方图，如图 7-14 所示。

```
1.  import matplotlib.pyplot as plt
2.  import numpy as np
```

```
3.
4. x_value = np.random.randint(140,180,200)
5. plt.hist(x_value)
6. plt.title("data analyze")
7. plt.xlabel("height")
8. plt.ylabel("rate")
9. plt.show()
```

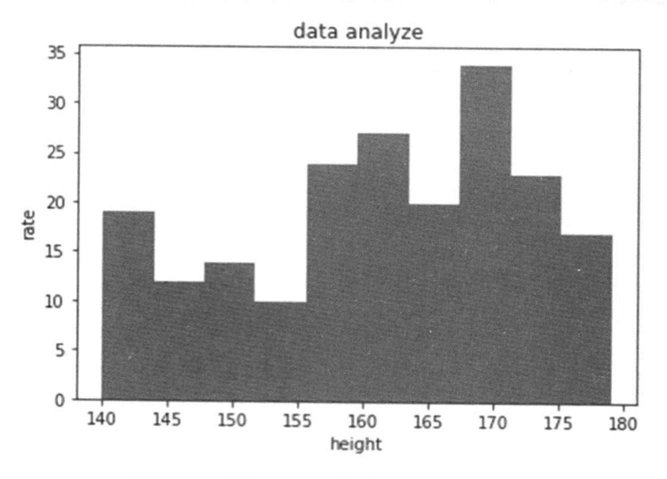

图 7-14　用 hist()函数绘制直方图示例

首先使用 numpy.random 中的 randint()函数生成 200 个值为 140～180 的随机整数，构建合成数据集；然后使用 hist()函数绘制直方图，展示生成的随机整数在各区间上出现的频率。hist()函数常用的参数如表 7-2 所示。

表 7-2　hist()函数常用的参数

参　数	含　义
x	绘制直方图所需的数据，必选参数
bins	直方图的柱数，可选项，默认为 10
color	直方图的颜色
edgecolor	直方图边框的颜色
alpha	透明度，取值为[0,1]，浮点数类型，0 为透明，1 为不透明
histtype	取值为{'bar', 'barstacked', 'step', 'stepfilled'}：'bar'是传统的条形直方图；'barstacked'是堆叠的条形直方图；'step'是未填充的条形直方图，只有外边框；'stepfilled'是有填充的直方图
align	取值为{'left', 'mid', 'right'}：'left'表示柱子的中心位于柱子的左边缘，'mid'表示柱子位于柱子左、右边缘之间，'right'表示柱子的中心位于柱子的右边缘
stacked	布尔类型，默认为 False。如果其取值为 True，则输出的图为多个数据集堆叠累计的结果；如果其取值为 False 且 histtype='bar'或'step'，则多个数据集的柱子并排排列

例 7-2：hist()函数的应用。

这里使用 randn()生成形状为(10000,3)的标准正态分布数组，用 hist()函数绘制直方图。

其中，n_bins 设置柱数为 20，stacked 设置数据堆叠累计，color 设置直方图的颜色，label 设置图例内容等，输出结果如图 7-15 所示。

```
1.  import numpy as np
2.  import matplotlib.pyplot as plt
3.  n_bins = 20
4.  x = np.random.randn(10000, 3)
5.  colors = ['red', 'blue', 'lime']
6.  plt.hist(x, n_bins, stacked = True, histtype ='bar', color = colors, label =
    colors)
7.  plt.legend()
8.  plt.title('matplotlib.pyplot.hist() function Example')
9.  plt.show()
```

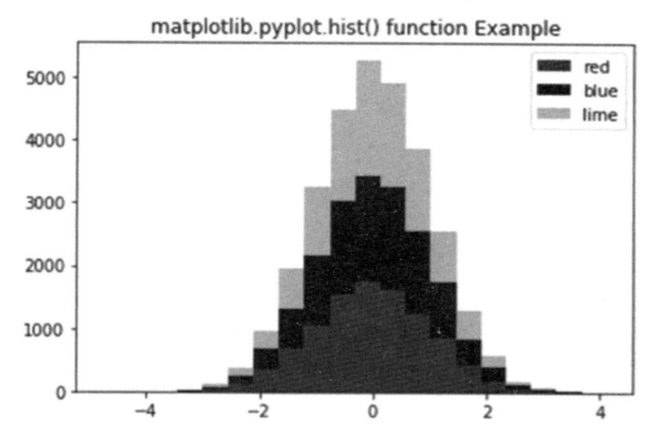

图 7-15　用 hist()函数绘制直方图示例 2

7.4.4　绘制柱状图

柱状图也是常用的图形表示形式之一，它利用高度反映数据差异，辨识效果好，主要适用于中小规模数据集。bar()函数用于绘制柱状图。下面看一个例子，其结果如图 7-16 所示。

```
1.  x = ["A", "B", "C", "D", "E", "F", "G", "H"]
2.  y = [150, 85.2, 65.2, 85, 45, 120, 51, 64]
3.  plt.bar(x, y)
4.  plt.show()
```

bar()函数的原型如下：

```
    matplotlib.pyplot.bar(x, height, width=0.8, bottom=None, *, align='center',
data=None, **kwargs)
```

其中，x 和 height 为必选项，分别代表 x 坐标与高度；width 指定柱子的宽度；bottom 指定 y 的起始坐标，默认值为 0；align 指定柱子与 x 坐标轴的对齐方式，默认为'center'，即居中对齐。

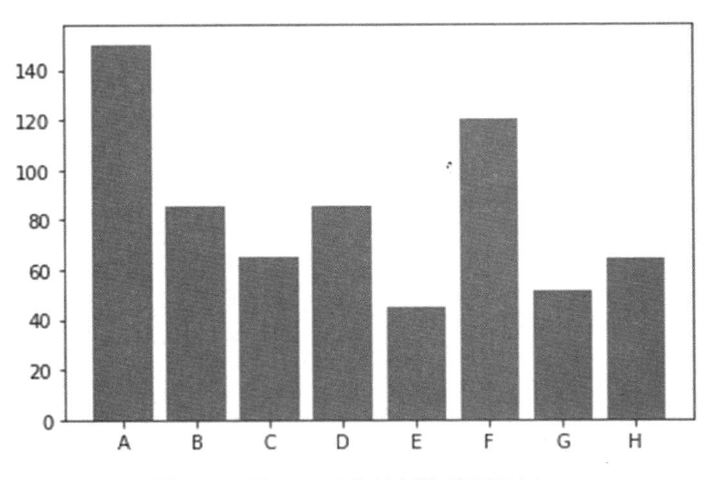

图 7-16 用 bar()函数绘制柱状图示例 1

例 7-3：bar()函数常用参数设置。

这里使用 bar()函数绘制柱状图，其中，width=0.6；align="edge"，设置柱子在 x 轴上的对齐方式为 x 位于柱子的左侧；color="lime"，设置柱体为浅绿色；edgecolor = "red"，设置柱子边缘颜色为红色；linewidth=2.0，设置边框线的宽度为 2.0 磅（1 磅=0.376mm）。

```
1. x = ["A", "B", "C", "D", "E", "F", "G", "H"]
2. y = [150, 85.2, 65.2, 85, 45, 120, 51, 64]
3. plt.title('bar')
4. plt.xlabel('x')
5. plt.ylabel('y')
6. plt.bar(x=x, height=y, width=0.6, align="edge", color="lime", edgecolor="red",
   linewidth=2.0 )
7. plt.show()
```

程序输出结果如图 7-17 所示。

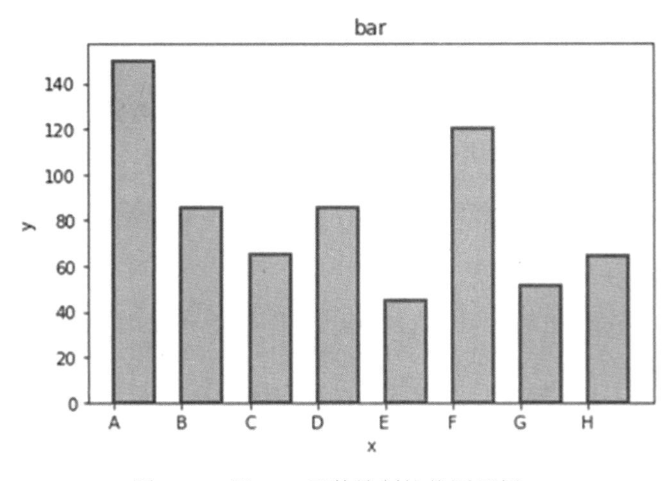

图 7-17 用 bar()函数绘制柱状图示例 2

在数据可视化中，有时需要对横坐标相同的多组数据做比较，此时可以通过堆积柱状图或分组柱状图来进行展示。堆积柱状图在同一根柱子上显示多个不同的数值，分组柱状图在相同的横坐标轴标签上分成几根更窄的柱子，这些柱子同属于一组。

例 7-4：堆积柱状图和分组柱状图的应用。

假设有 6 家门店，每家门店都销售 3 种产品，分别用堆积柱状图和分组柱状图显示每家门店 3 种产品的销量。

第一步，绘制堆积柱状图。

图 7-18 所示的堆积柱状图展示了不同门店不同商品的销量。在绘制时，通过 bar()函数的 bottom 参数设置柱子的起始位置，并通过 label 参数和 legend()函数增加图例信息。

```
1.  shops = ["A", "B", "C", "D", "E", "F"]
2.  sales_product_1 = [100, 85, 56, 42, 72, 15]
3.  sales_product_2 = [50, 120, 65, 85, 25, 55]
4.  sales_product_3 = [20, 35, 45, 27, 55, 65]
5.  plt.bar(shops, sales_product_1, color="red", label="Product_1")
6.  plt.bar(shops, sales_product_2, color="blue", bottom=sales_product_1, label="Product_2")
7.  plt.bar(shops, sales_product_3, color="lime", bottom=np.array(sales_product_2)
    + np.array(sales_product_1), label="Product_3")
8.  plt.title("Stacked Bar plot")
9.  plt.xlabel("Shops")
10. plt.ylabel("Product Sales")
11. plt.legend()
12. plt.show()
```

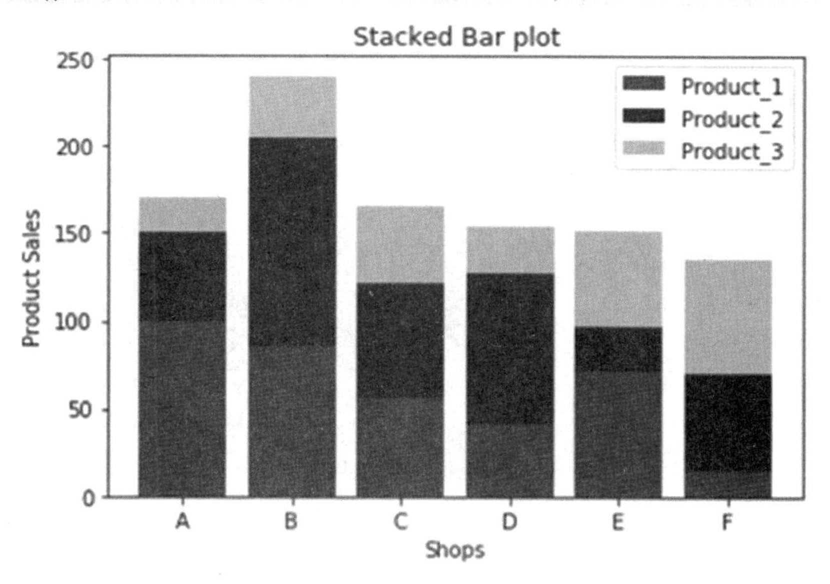

图 7-18 堆积柱状图

第二步，绘制分组柱状图。

在绘制分组柱状图时，为了将不同的柱子放在一组，需要自己控制横坐标，在下述代码片段中，将 6 家门店映射为[0 1 2 3 4 5]。在使用 bar()函数时，调整横坐标，如设置所有门店第一种产品的横坐标为 x_t，所有门店第二种产品的横坐标为 x_t + 0.25，所有门店第三种产品的横坐标为 x_t + 0.5。为了能够在图中正确显示 6 家门店的名称，这里使用 xticks() 函数设置 x 坐标轴刻度与显示名称，通过其第一个参数设置坐标轴上的详细刻度，第二个参数表示放置在刻度上的标签。类似的函数还有 yticks()，用于设置纵坐标轴的刻度和标签，结果如图 7-19 所示。

```
1.  shops = ["A", "B", "C", "D", "E", "F"]
2.  sales_product_1 = [100, 85, 56, 42, 72, 15]
3.  sales_product_2 = [50, 120, 65, 85, 25, 55]
4.  sales_product_3 = [20, 35, 45, 27, 55, 65]
5.  x_t = np.arange(len(shops))
6.  plt.bar(x_t, sales_product_1, width=0.25, label="Product_1", color="red")
7.  plt.bar(x_t + 0.25, sales_product_2, width=0.25, label="Product_2", color="blue")
8.  plt.bar(x_t + 0.5, sales_product_3, width=0.25, label="Product_3", color="lime")
9.  plt.title("Grouped Bar plot")
10. plt.xlabel("Shops")
11. plt.ylabel("Product Sales")
12. plt.legend()
13. plt.xticks(x_t + 0.25,labels=shops)
14. plt.show()
```

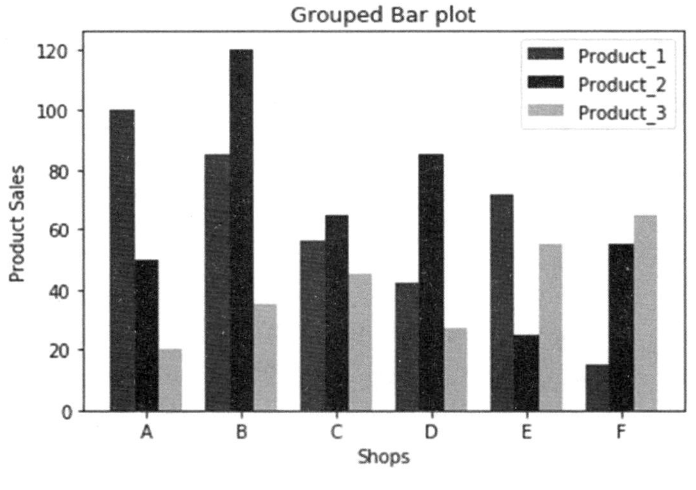

图 7-19　分组柱状图

柱状图通过柱子表现数据的高度，进而比较不同数据之间的差异。在数据科学中，可以通过柱状图来查看数据的分布，也可以通过柱状图直观地了解数据集中特征的重要性。下面以 Iris 数据集为例，绘制柱状图，查看一下数据集中样本的整体分布。

例 7-5：Iris 数据集柱状图的应用。

第一步，绘制 Iris 数据集柱状图。

Iris 数据集中有 3 种类型的鸢尾花，各有 50 个样本，如图 7-20 所示。除此之外，这里还添加了 plt.rcParams['font.family'] = 'simhei' 和 plt.rcParams['axes.unicode_minus'] = False，分别用来在所绘制的柱状图中正常显示中文与负号。

```
1. %matplotlib inline
2. import matplotlib.pyplot as plt
3. from sklearn.datasets import load_iris
4. import numpy as np
5.
6. iris = load_iris()
7. datas = iris.data
8. y = iris.target
9. y1 = np.sum(y==0)
10. y2 = np.sum(y==1)
11. y3 = np.sum(y==2)
12. Sum = np.array([y1,y2,y3])
13. plt.rcParams['font.family'] = 'simhei'
14. plt.rcParams['axes.unicode_minus'] = False
15. plt.bar(range(3),Sum)
16. plt.title('各种鸢尾花数')
17. plt.xticks([0,1,2])
18. plt.xlabel('种类')
19. plt.ylabel('数量')
20. plt.show()
```

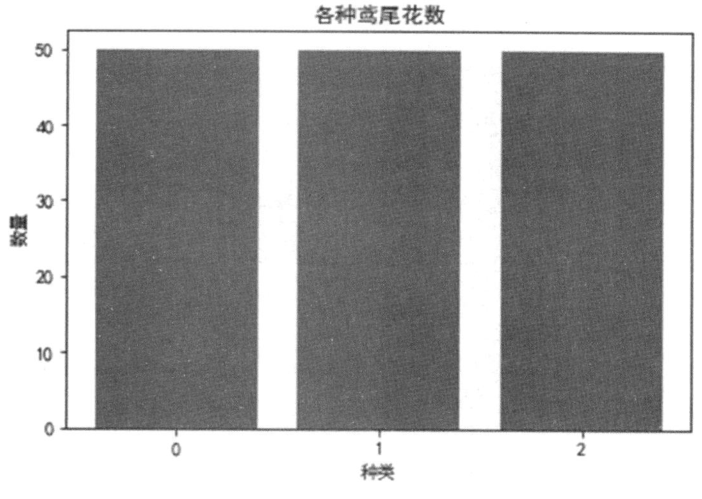

图 7-20　鸢尾花分布柱状图

第二步，绘制特征重要性的柱状图。

建立模型之后，如果想要直观地了解模型关于数据集特征的重要性，可以使用 barh()/bar()函数来绘制柱状图。以随机森林为例，属性 feature_importances_返回特征的重要性，使用 bar()函数绘制 Iris 数据集各特征的重要性柱状图，如图 7-21 所示。

```
1.  %matplotlib inline
2.  import numpy as np
3.  import matplotlib.pyplot as plt
4.  from sklearn.ensemble import RandomForestClassifier
5.  from sklearn import datasets
6.
7.  iris = datasets.load_iris()
8.  features = iris.data
9.  target = iris.target
10. randomforest = RandomForestClassifier(random_state=0)  # 创建分类器对象
11. model = randomforest.fit(features, target)             # 训练模型
12. importances = model.feature_importances_               # 计算特征的重要性
13. indices = np.argsort(importances)[::-1]                # 对特征重要性进行排序
14. names = [iris.feature_names[i] for i in indices]       # 获取特征名字
15. # 创建图
16. plt.title("feature importance")
17. plt.bar(range(features.shape[1]), importances[indices])
18. plt.xticks(range(features.shape[1]), names, rotation=10)
19. plt.show()
```

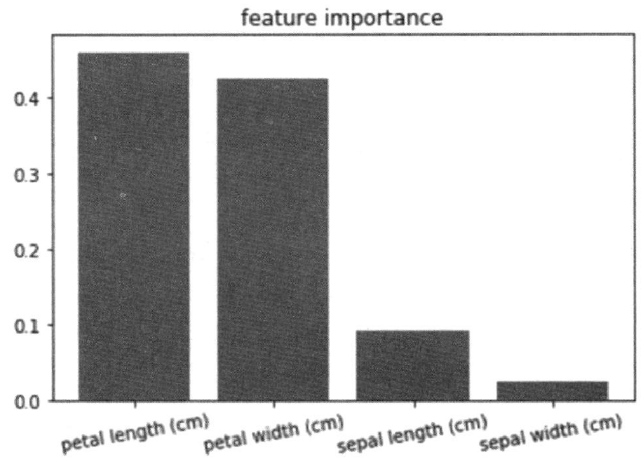

图 7-21　Iris 数据集各特征的重要性柱状图

特征的重要性分析可以识别并关注最具信息量的特征，从而改进模型性能，更快地完成训练和推理。

7.4.5　绘制箱线图

箱线图是数据分析常用的图形之一，主要用于发现数据内部整体的分布分散情况，包括上下限、各分位数、异常值。在 pyplot 模块中，使用 boxplot()函数绘制箱线图。在下面的示例中，首先随机生成 1000 个数，然后绘制箱线图。图 7-22 中的圆圈代表可能的异常点，从下往上的几条横线分别代表最小值、下四分位数、中位数、上四分位数和最大值。

```
1. data = np.random.normal(size=1000)
2. plt.title("boxplot")
3. plt.boxplot(data)
4. plt.show()
```

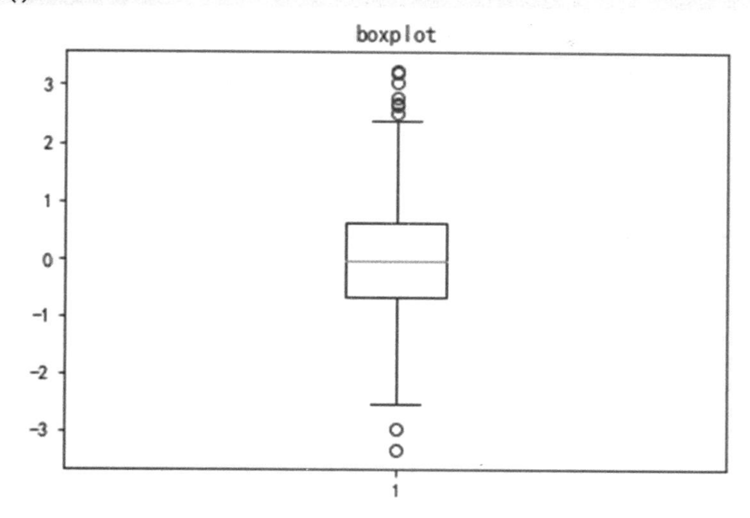

图 7-22　箱线图示例

例 7-6：绘制 Iris 数据集的箱线图。

这里使用 boxplot()函数展示了 Iris 数据集 4 个特征的分布及可能存在的异常值情况。其中，X 是输入的 Iris 数据集，这是一个必选参数；设置 labels=label，给出数据集中各特征的标签；设置 showmeans=True，表示在箱体中显示平均值，其默认值为 False；设置 meanline=True，表示以线的形式显示平均值。在图 7-23 中，每个箱子中间的实线是数据的中位数，虚线是平均值，代表样本数据的平均水平；箱子的上下限分别是数据的上四分位数和下四分位数；在箱子的上方和下方各有一条线，分别代表最大值和最小值；箱子的高度在一定程度上反映了数据的波动程度。箱线图中有时会有一些处于最大值和最小值之外的点，如图 7-23 中 sepal width 这个特征，这种点代表了可能存在的异常值。

```
1. %matplotlib inline
2. import numpy as np
3. import matplotlib.pyplot as plt
4. from sklearn import datasets
5.
6. iris = datasets.load_iris()
7. X = iris.data
8. label = iris.feature_names
9. #画图识别中文
10. plt.rcParams['font.sans-serif'] = 'SimHei'
11. plt.rcParams['axes.unicode_minus'] = False
12.
13. plt.title('鸢尾花各个特征箱线图')
```

```
14. plt.ylabel('length_or_width')
15. plt.boxplot(X,labels=label,showmeans=True,meanline=True)
16. plt.show()
```

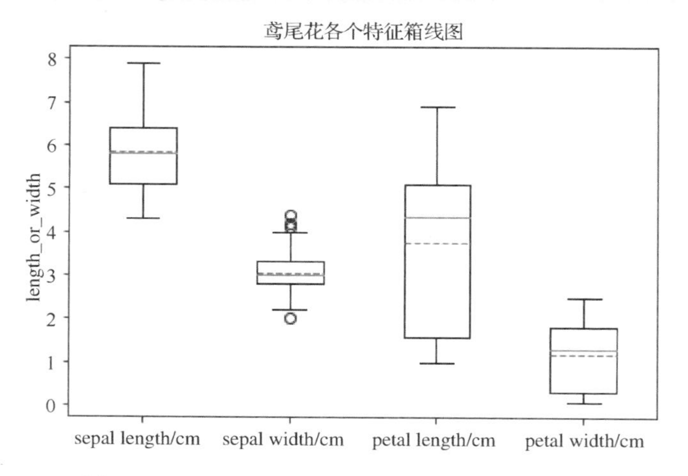

图 7-23　用 boxplot()函数绘制 Iris 数据集的箱线图

7.4.6　绘制图像

在数据可视化中，有时需要对图像数据进行可视化。pyplot 模块提供了 imshow()函数，用于图像可视化。下面导入 Scikit-learn 中的手写数字数据集，并使用 imshow()函数对其进行可视化，如图 7-24 所示。

```
1.  from sklearn.datasets import load_digits
2.  digits = load_digits()
3.  for num in range(1,10):
4.      plt.subplot(3,3,num)
5.      plt.imshow(digits.images[num])
6.  plt.show()
```

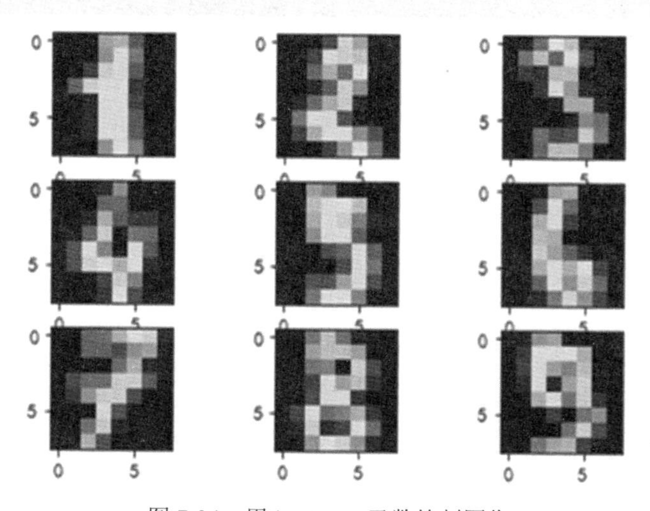

图 7-24　用 imshow()函数绘制图像

在上述示例中，首先使用 load_digits()函数加载手写数字数据集，该数据集中的每个数据点都是一个 8×8（单位为像素）的数字图像；然后通过 for 循环在 9 个子图中分别绘制 1～9 对应的手写数字图像。

imshow()函数可以绘制热力图。热力图是一种通过对色块进行着色来显示数据的统计图表。在绘图时，需要指定颜色映射的规则。例如，较大的值由较深的颜色表示，较小的值由较浅的颜色表示；或者较大的值由偏暖的颜色表示，较小的值由偏冷的颜色表示等。热力图适用于查看数据总体的情况、发现异常值、显示多个变量之间的差异，以及检测它们之间是否存在相关性等。

例 7-7：绘制热力图。

本例绘制了不同省份产品销量的热力图，imshow()函数中的参数 data 设定要显示的数组；cmap 用于控制图像中不同数值对应的颜色；aspect 用于控制图像纵横比，其默认值为 equal，代表单元格是一个正方形，当将其设置为 auto 时，系统会根据画布的大小动态调整单元格的大小。为了更加清晰地展示热力图信息，这里使用 pyplot 模块中的 text()函数为每个单元格添加文本，使用 colorbar()函数增加颜色条。text()函数中的 j 和 i 设定文本的放置坐标，data[i, j]表示坐标位置上的值；ha="center" 和 va="center"表示文本居中对齐；color 用于指定文本颜色，结果如图 7-25 所示。

```
1.  %matplotlib inline
2.  import matplotlib.pyplot as plt
3.  import numpy as np
4.
5.  product = ["产品 A", "产品 B", "产品 C", "产品 D", "产品 E"]
6.  province = ["山东", "山西", "河北", "河南","安徽", "江苏"]
7.  data = np.array([[100, 140, 150, 190, 220, 60],
8.                   [240, 105, 140, 110, 270, 100],
9.                   [110, 240, 80, 130, 190, 144],
10.                  [60, 100, 30, 60, 30, 100],
11.                  [170, 170, 60, 160, 120, 120]])
12.
13. plt.rcParams['font.sans-serif'] = ['SimHei'] #用来正常显示中文标签
14. plt.rcParams['axes.unicode_minus'] = False # 用来正常显示负号
15.
16. plt.imshow(data, cmap='rainbow', aspect="auto")
17. plt.xticks(np.arange(len(province)), labels=province)
18. plt.yticks(np.arange(len(product)), labels=product)
19. plt.title("各省份产品销量")
20.
21. for i in range(len(product)):
22.     for j in range(len(province)):
23.         text = plt.text(j, i, data[i, j], ha="center", va="center", color="black")
24.
25. plt.colorbar()
26. plt.show()
```

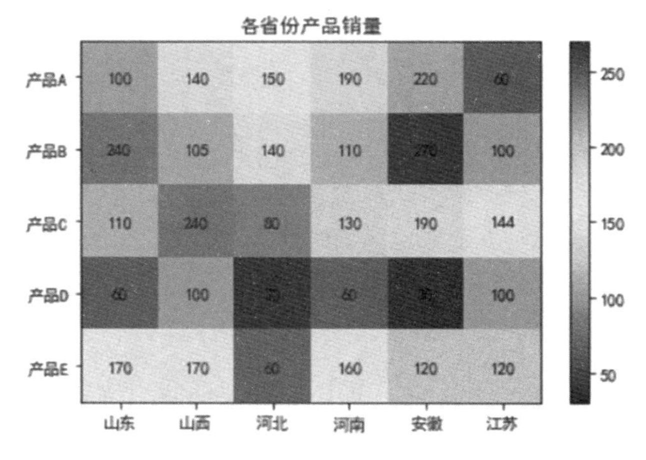

图 7-25　用 imshow()函数绘制热力图

7.4.7　绘制矩阵

在数据科学中，经常需要绘制各种矩阵，如通过绘制相关系数矩阵进行特征的相关性分析等。pyplot 模块提供了 matshow()函数，用于绘制矩阵。下面以 Iris 数据集为例，使用 NumPy 中的 corrcoef()函数计算数据集中 4 个特征之间的相关性，通过 matshow()函数绘制矩阵，如图 7-26 所示。

```
1. %matplotlib inline
2. import matplotlib.pyplot as plt
3. import numpy as np
4. from sklearn import datasets
5. iris = datasets.load_iris()
6. cov_data = np.corrcoef(iris.data.T)
7. plt.matshow(cov_data)
8. plt.show()
```

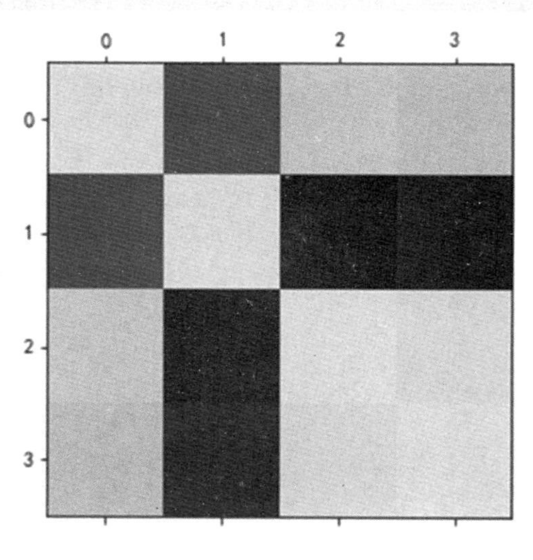

图 7-26　用 matshow()函数绘制矩阵

matshow()函数的常用参数如表 7-3 所示。

表 7-3　matshow()函数的常用参数

参　　数	含　　义
A	必选项，代表要绘制的矩阵
fignum	默认值为 None，该参数取值为 None 或一个整数值。如果将其设置为 None，则会创建一个带有自动编号的新图形窗口；如果将其设置为非零整数，则将其绘制到对应给定数字的图形中；如果将其设置为'0'，那么它将使用当前轴
cmap	颜色映射，用于控制图像中不同数值对应的颜色，可以选择内置的颜色映射，如 gray、hot 和 jet 等；也可以自定义颜色映射

例 7-8：用 matshow()函数绘制相关系数矩阵。

在 matshow()函数中，通过参数 cmap=plt.cm.rainbow 设置颜色映射。colorbar()函数增加了颜色条，text()函数用于在不同位置显示矩阵的值，可以更直观地理解特征之间的相关性。相关系数矩阵反映了特征之间的相关性。从图 7-27 中可以看到，Iris 数据集中的特征 0 和特征 2、3 之间存在较强的正相关性，特征 2、3 之间也存在较强的正相关性，而特征 1 与其他特征之间的相关性较弱。

```
1.  %matplotlib inline
2.  import matplotlib.pyplot as plt
3.  import numpy as np
4.  from sklearn import datasets
5.
6.  iris = datasets.load_iris()
7.  cov_data = np.corrcoef(iris.data.T)
8.  img = plt.matshow(cov_data,cmap=plt.cm.rainbow)
9.  plt.colorbar(img,ticks=[-1,0,1],fraction=0.045)
10. for x in range(cov_data.shape[0]):
11.     for y in range(cov_data.shape[1]):
12.         plt.text(x,y,'%0.2f'%cov_data[x,y],size=12,color='black',ha='center',va='center')
13. plt.show()
```

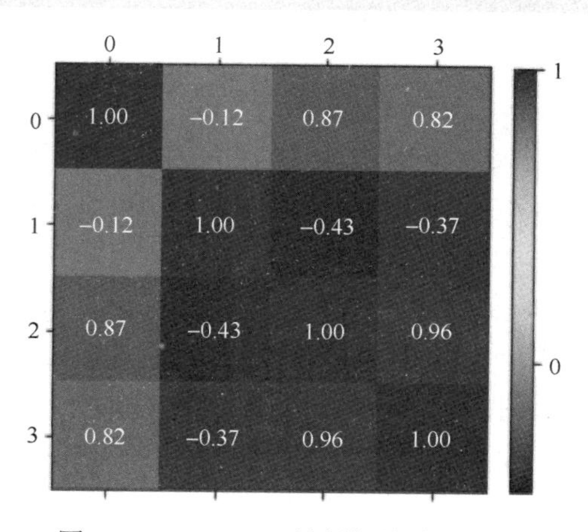

图 7-27　matshow()绘制相关系数矩阵

7.5 Pandas 绘图

在数据科学中，几乎离不开 Pandas 数据分析库，Pandas 可以进行数据加载、数据预处理和数据可视化。前面学习了使用Pandas进行数据加载和预处理，本节介绍如何使用Pandas进行数据可视化。Pandas 自带的可视化方法基于 Matplotlib 的函数接口，可以进行简单的可视化，如绘制散点图、折线图、直方图等。在探索性数据分析中，Pandas 可以满足快速、简单可视化的需求。本节选用数据科学中常用的 Iris 数据集，对其 4 个特征绘制折线图，如图 7-28 所示。

```
1.  from sklearn.datasets import load_iris
2.  import pandas as pd
3.  iris = load_iris()
4.  iris_df = pd.DataFrame(iris.data,columns=iris.feature_names)
5.  a = iris_df.plot()
```

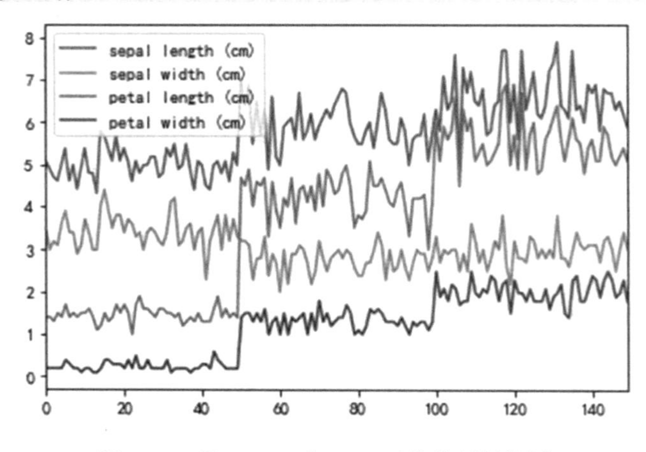

图 7-28　用 Pandas 中 plot()函数绘制折线图

我们只需简单的一行代码 iris_df.plot()就可以为数据集中的 4 个特征分别绘制 4 条折线。Pandas 中的两个主要数据类型（Series 和 DataFrame）中都有 plot()函数，该函数在没有参数的情况下，默认绘制折线图。Pandas 的 plot()函数是基于 Matplotlib 库构建的，它可以通过设置参数 kind 来改变绘图类型，如 bar 表示柱状图、hist 表示直方图、box 表示箱线图、kde 表示密度图、scatter 表示散点图等。下面对数据集 iris_df 绘制这些图形，如图 7-29 所示。

```
1.  b = iris_df.plot(kind='kde')
2.  c = iris_df.plot(kind='box')
3.  d = iris_df.plot(x=0,y=1,kind='scatter')
```

在 plot()函数中，除通过指定参数 kind 绘制不同图形外，Pandas 中还提供了 kde()、box()、scatter()方法，分别用于绘制密度图、箱线图和散点图。上面的示例也可以通过如下方式实现。

```
1.  b = iris_df.plot.kde()
2.  c = iris_df.plot.box()
3.  d = iris_df.plot.scatter(x=0, y=1)
```

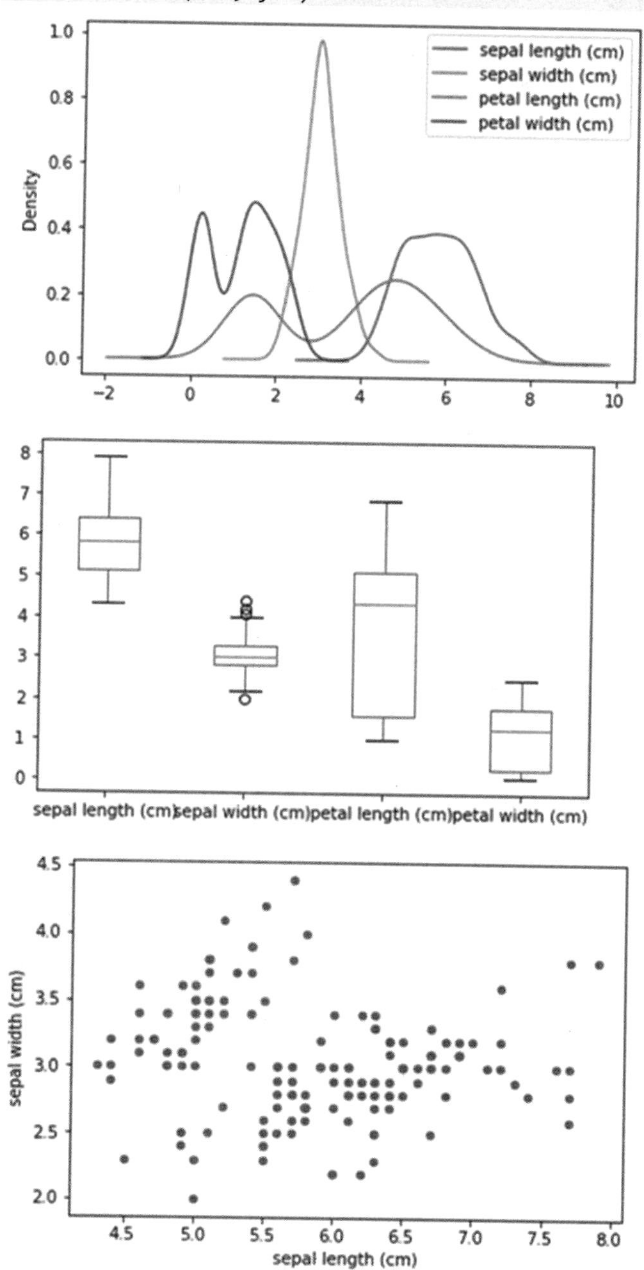

图 7-29　用 Pandas 中的 plot()函数绘制密度图、箱线图、散点图

可以发现，使用 Pandas 绘图更加高效、便捷。在实际使用时，根据数据和场景的不同，选择一个最合适的工具完成数据可视化。

Pandas 中提供了 scatter_matrix()函数，用于绘制散点图矩阵。散点图矩阵是散点图的高维扩展，它同时展示多个单变量的分布和两两变量之间的关系，在一定程度上克服了在平面上展示高维数据的困难，在展示多维数据的两两之间的关系时有着不可替代的作用。下面在 Iris 数据集上绘制散点图矩阵，结果如图 7-30 所示。

```
1.  from sklearn.datasets import load_iris
2.  import pandas as pd
3.  iris = load_iris()
4.  iris_df = pd.DataFrame(iris.data,columns=iris.feature_names)
5.  a = pd.plotting.scatter_matrix(iris_df, alpha=0.3,c=iris.target,
    figsize=(15, 15), diagonal='hist', marker='o')
```

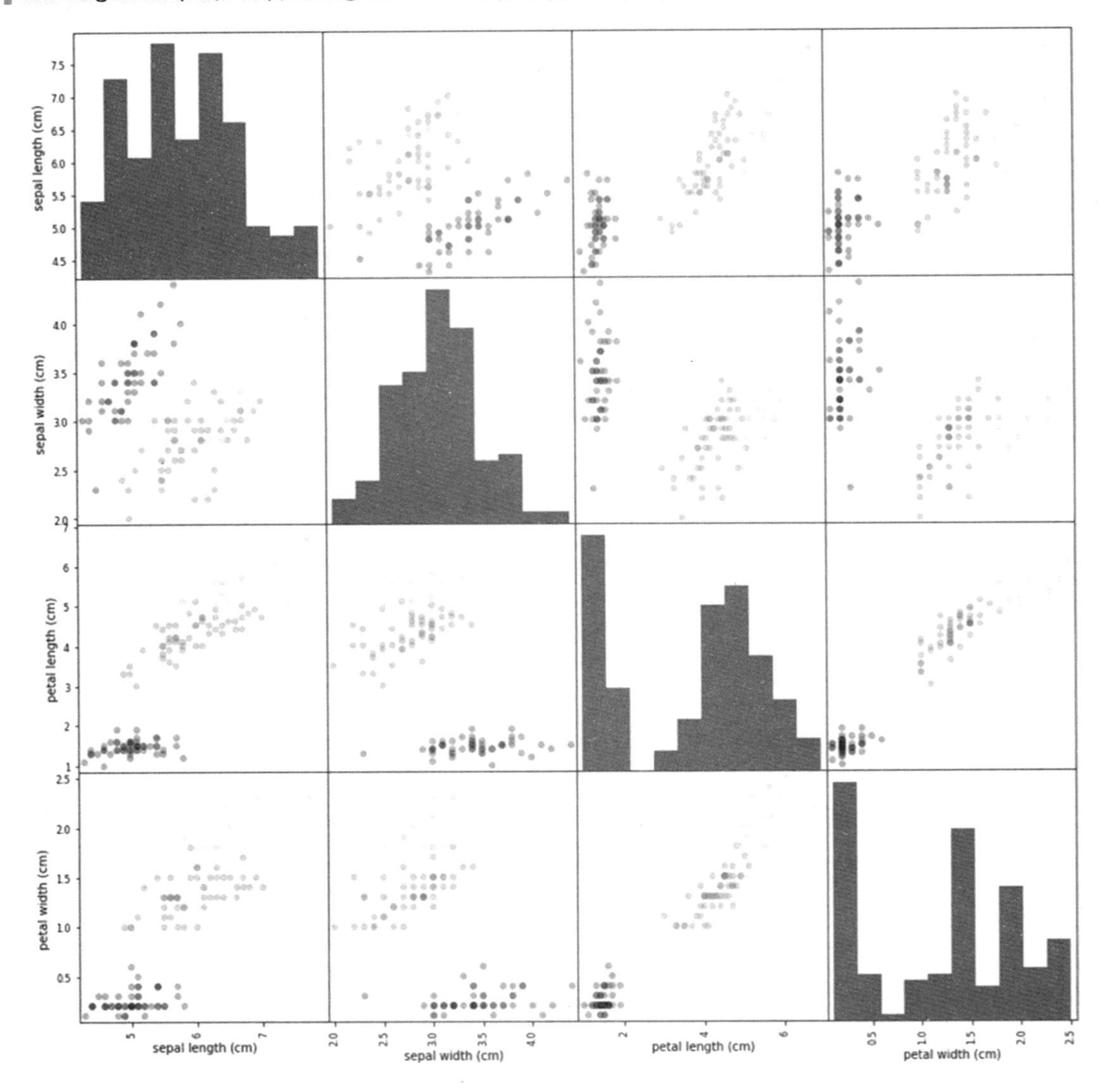

图 7-30　散点图矩阵

图 7-30 展示了 Iris 数据集的散点图矩阵，矩阵的对角线是每个特征的直方图，矩阵中其他区域展示了 Iris 数据集中 4 个特征两两之间的关系。scatter_matrix()函数用于绘制散点

图矩阵，iris_df 表示 DataFrame 对象，是要绘制的数据样本；alpha 表示图像透明度，一般取(0,1]；c 表示颜色；figsize 指定图像的大小；diagonal='hist'表示在对角线上绘制直方图；marker 表示散点图中点的类型。

7.6 Scikit-learn 绘图

Scikit-learn 是 Python 的机器学习算法库，它实现了数据预处理、分类、回归、降维、模型选择等常用的机器学习算法。除此之外，Scikit-learn 还定义了一些简单的 API，用于可视化，如绘制学习曲线、验证曲线、ROC 曲线、精确率-召回率曲线等。

7.6.1 学习曲线

机器学习中有两个有助于提高学习算法性能、简单且功能强大的判定工具——学习曲线（Learning Curve）与验证曲线（Validation Curve）。本节和 7.6.2 节分别讨论如何绘制学习曲线与验证曲线，辅助我们判定学习算法是否存在过拟合或欠拟合问题。

学习曲线是针对不同大小的训练集，模型在训练集和验证集上的得分变化曲线。学习曲线采用交叉验证迭代器将整个数据集分割成不重叠的 k 组样本子集，每次选择其中一组作为验证集，其他 k-1 组作为训练集，迭代 k 次，最终取所有 k 个模型的运行得分平均值。学习曲线的横坐标是训练样本数量，纵坐标是在训练集和交叉验证集上的得分（如准确率）。学习曲线帮助我们判断模型的状态是过拟合还是欠拟合。当训练集的准确率比其他数据集上的测试结果的准确率高时，一般都是过拟合；当训练集和交叉验证集的准确率都很低时，很可能是欠拟合。模型欠拟合时，需要提升模型复杂度，如增加特征数量、增大树的深度、减小正则项等。模型过拟合时，需要降低模型复杂度，如减小树的深度、增大分裂节点样本数量、增大样本数量、减小特征数量等。在图 7-31 中，左上子图显示的是一个大偏差模型，此模型的训练准确率和交叉验证准确率虽然收敛但都很低，这表明此模型未能很好地拟合数据，认为此模型可能存在欠拟合问题；右上子图中的模型可能存在大方差问题，即训练准确率与交叉验证准确率之间有较大的差距，通常认为此模型可能存在过拟合问题；右下子图中的模型的训练准确率和交叉验证准确率都收敛于一个较高的准确率，在这种情况下，认为该模型是一个较为理想的模型。

Scikit-learn 中的 learning_curve()函数用于绘制学习曲线。

在例 7-9 中，定义 plot_learning_curve()函数，用于绘制学习曲线，其第一个参数 estimator 是要评估的机器学习模型，title 用于设置绘图时的标题，X 和 y 分别是数据集的特征变量 data 与目标值 target，ylim 用于绘制纵坐标的范围，cv 是交叉验证策略，n_jobs 指定同时运行的 CPU 核心的最大数量，train_sizes 设置用于生成学习曲线的相对或绝对数量的训练样本。在 plot_learning_curve()函数中，应用 figure()生成一个新的画布，并使用 title()、ylim()、xlabel()和 ylabel()分别设置标题、纵坐标范围、横轴名称和纵轴名称。设置完成后调用 Plot_learning_curve()函数生成学习曲线，并使用 pyplot 模块的 plot()函数实现曲线的绘制。learning_curve()函数的常用参数如表 7-4 所示。

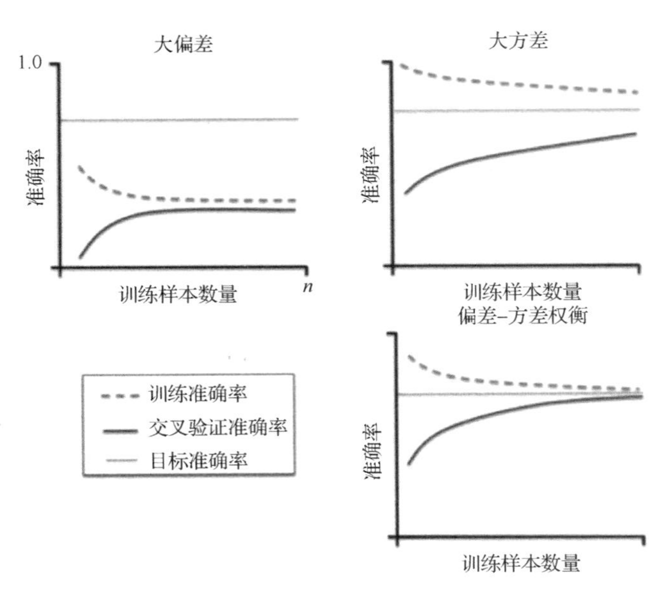

图 7-31　学习曲线示例

表 7-4　learning_curve()函数的常用参数

参　数	含　义
estimator	模型训练器
X 和 y	X 是用于训练的向量；对于分类或回归问题，y 是与 X 对应的目标值；如果是无监督学习，则 y 为 None
train_sizes	数组，代表训练示例的相对或绝对数量的训练样本，用于生成学习曲线，默认值为 np.linspace(0.1, 1.0, 5)
cv	确定交叉验证切分策略。 cv 值可以输入： - None，默认使用 3 折交叉验证（在版本 0.22 中：如果 cv 为 None，则默认值从 3 折更改为 5 折） - int，用于指定（Stratified）KFold 的折数 - CV splitter - 可迭代输出训练集和测试集的切分作为索引数组
scoring	字符串类型（如 accuracy）或一个信息为 scorer(estimator, X, y)的可调用对象，或者函数的评分器
n_jobs	用于进行计算的 CPU 核心数量
shuffle	是否对训练数据进行打乱，默认值为 False
return_times	是否返回拟合和计算得分的时间，默认值为 False

learning_curve()函数是 Scikit-learn 提供的一个用于生成学习曲线的可视化工具，该函数的返回值主要有 3 个，分别是用于生成学习曲线的训练样本数量、训练得分、交叉验证得分。在例 7-9 中，首先将 learning_curve()函数的返回值分别赋给变量 train_sizes、train_scores 和 test_scores；然后计算训练得分的平均值 train_scores_mean、标准差 train_scores_std 和交叉验证得分的平均值 test_scores_mean、标准差 test_scores_std；最后使用 pyplot 模块中的 plot()函数绘制训练得分曲线和交叉验证得分曲线，使用 fill_between()函数填充训练得分的平均值加减标准差和交叉验证得分的平均值加减标准差区域。fill_between()函数的第一个参数是训练样本数量，代表横轴上的点；第二个参数是纵轴覆盖的下限；第三个参数是纵轴覆盖的上限；alpha 为覆盖区域的透明度，其取值为[0,1]，其值越大，表示越不透明；color

用于设置覆盖区域的颜色。

例 7-9：绘制手写数字数据集的学习曲线。

本例使用 Scikit-learn 中的手写数字数据集，调用自定义函数 plot_learning_curve()分别绘制两条学习曲线。第一条学习曲线表示使用高斯朴素贝叶斯分类器 GaussianNB 和随机排列交叉验证器 ShuffleSplit 进行 100 次迭代交叉验证，每次迭代将 20%的数据随机选择为验证集；第二条学习曲线表示使用具有 RBF 核的 SVM 模型和随机排列交叉验证器 ShuffleSplit 进行 10 次迭代交叉验证，每次迭代将 20%的数据随机选择为验证集，结果如图 7-32 所示。高斯朴素贝叶斯分类器虽然收敛但准确率在 0.85 左右，可能存在欠拟合问题；采用 RBF 核的 SVM 模型的准确率一直都在一个很高的位置，可能存在过拟合问题。

```
1.  %matplotlib inline
2.  import numpy as np
3.  import matplotlib.pyplot as plt
4.  from sklearn.naive_bayes import GaussianNB
5.  from sklearn.svm import SVC
6.  from sklearn.datasets import load_digits
7.  from sklearn.model_selection import learning_curve
8.  from sklearn.model_selection import ShuffleSplit
9.
10. def plot_learning_curve(estimator, title, X, y, ylim, cv=None,
11.                         n_jobs=1, train_sizes=np.linspace(.1, 1.0, 5)):
12.     plt.figure()
13.     plt.title(title)
14.     if ylim is not None:
15.         plt.ylim(ylim)
16.     plt.xlabel("Training examples")
17.     plt.ylabel("Score")
18.     train_sizes, train_scores, test_scores = learning_curve(
19.     estimator, X, y, cv=cv,n_jobs=n_jobs,train_sizes=train_sizes)
20.     train_scores_mean = np.mean(train_scores, axis=1)
21.     train_scores_std = np.std(train_scores, axis=1)
22.     test_scores_mean = np.mean(test_scores, axis=1)
23.     test_scores_std = np.std(test_scores, axis=1)
24.     plt.grid()
25.
26.     plt.plot(train_sizes, train_scores_mean, 'o-', color="r",
27.              label="Training score")
28.     plt.plot(train_sizes, test_scores_mean, 'o-', color="g",
29.              label="Cross-validation score")
30.     plt.fill_between(train_sizes, train_scores_mean - train_score  s_std,train_scores_mean
    + train_scores_std, alpha=0.1,color="r")
31.     plt.fill_between(train_sizes, test_scores_mean - test_scores_std,test_scores_mean
    + test_scores_std, alpha=0.1, color="g")
```

```
32.
33.     plt.legend(loc="best")
34.     return plt
35.
36. digits = load_digits()
37. X, y = digits.data, digits.target    # 加载样例数据
38.
39. # 图一
40. title = r"Learning Curves (Naive Bayes)"
41. cv = ShuffleSplit(n_splits=100, test_size=0.2, random_state=0)
42. estimator = GaussianNB()    # 建模
43. plot_learning_curve(estimator,title,X,y,ylim=(0.7,1.01), cv=cv, n_jobs=1)
44.
45. # 图二
46. title = r"Learning Curves (SVM, RBF kernel, $\gamma=0.001$)"
47. cv = ShuffleSplit(n_splits=10, test_size=0.2, random_state=0)
48. estimator = SVC(gamma=0.001)    # 建模
49. plot_learning_curve(estimator, title, X, y, (0.7, 1.01), cv=cv, n_jobs=1)
50.
51. plt.show()
```

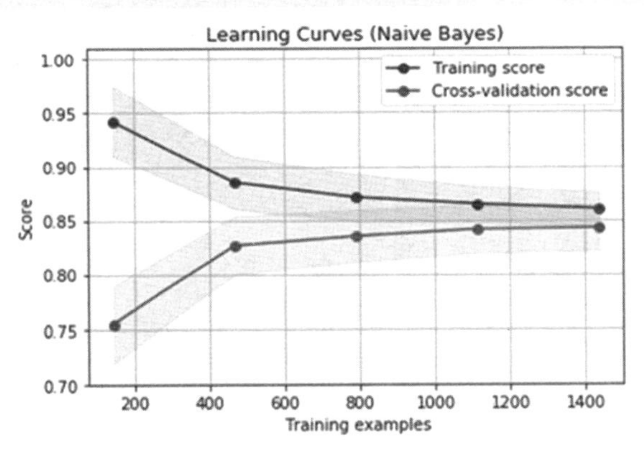

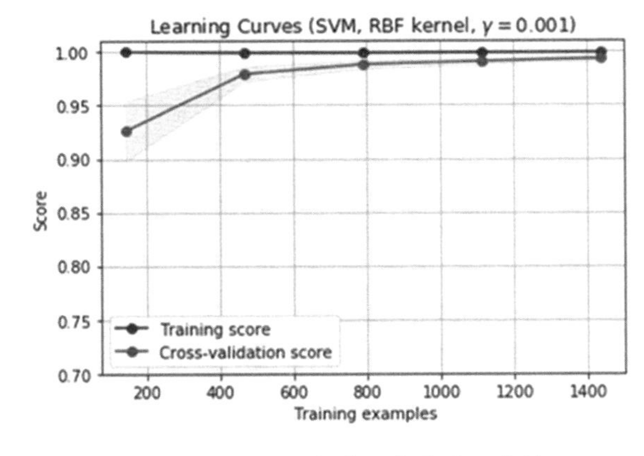

图 7-32　手写数字数据集的学习曲线

在数据科学流程中，学习曲线是一种有用的诊断图形，它描述了机器学习算法相对于训练样本数量的表现能力，即模型在训练集和验证集上的预测精度，通过学习曲线可以清晰地看出模型对数据是否存在过拟合或欠拟合问题。

7.6.2　验证曲线

验证曲线也是一种通过定位过拟合或欠拟合等问题，帮助提高模型性能的有效工具。验证曲线与学习曲线相似，不过它绘制的不是样本大小与训练准确率、交叉验证准确率之间的函数关系，而是准确率与模型参数之间的关系。验证曲线主要用来调参，它的横坐标为某个超参数的一系列值，纵坐标为不同参数设置下模型的准确率。从验证曲线上可以看到，随着超参数设置的改变，模型可能从欠拟合过渡到合适再到过拟合，进而选择一个合适的超参数值来提高模型性能。

Scikit-learn 中的 validation_curve()函数用于绘制验证曲线。validation_curve()函数与学习曲线绘制函数 learning_curve()类似，也使用 k 折交叉验证来评估模型性能，不同点是 validation_curve()函数需要设置参数 param_name 和 param_range，它们分别是需要调整的超参数的名称和取值区间。validation_curve()函数的返回值有两个，分别是训练得分和交叉验证得分。

例 7-10：绘制验证曲线。

在本例中，使用手写数字数据集，绘制关于核参数 gamma 取不同值时的 SVM 的训练得分和交叉验证得分，如图 7-33 所示。从验证曲线中可以看出，对于较小的 gamma 值，训练得分和交叉验证得分都较低，可能存在欠拟合问题；对于中等的 gamma 值，训练得分和交叉验证得分都较高，即模型性能较好；如果 gamma 值太大，则出现训练得分不错，但交叉验证得分很低的情况，可能存在过拟合问题。

```
1.  %matplotlib inline
2.  import numpy as np
3.  import matplotlib.pyplot as plt
4.  from sklearn.model_selection import validation_curve
5.  from sklearn.datasets import load_digits
6.  from sklearn.svm import SVC
7.
8.  plt.rcParams['font.family'] = 'cm'
9.  digits = load_digits()
10. X = digits.data
11. y = digits.target
12.
13. # 建立参数测试集
14. # 使用 validation_curve()函数快速找出参数对模型的影响
15. param_range = np.logspace(-6, -1, 5)
16. train_scores, test_scores = validation_curve(
17.     SVC(), X, y, param_name="gamma", param_range=param_range,
18.     cv=5, scoring="accuracy", n_jobs=1)
```

```
19. train_scores_mean = np.mean(train_scores, axis=1)
20. train_scores_std = np.std(train_scores, axis=1)
21. test_scores_mean = np.mean(test_scores, axis=1)
22. test_scores_std = np.std(test_scores, axis=1)
23.
24. plt.title("Validation Curve with SVM")
25. plt.xlabel("gamma")
26. plt.ylabel("Score")
27. plt.ylim(0.0, 1.1)
28. plt.semilogx(param_range, train_scores_mean, label="Training score",color="darkorange")
29. plt.fill_between(param_range, train_scores_mean - train_scores_std,train_scores_mean
    + train_scores_std, alpha=0.2,color="darkorange")
30. plt.semilogx(param_range,  test_scores_mean,  label="Cross-validation  score",
    color="navy")
31. plt.fill_between(param_range, test_scores_mean - test_scores_std,test_scores_mean
    + test_scores_std, alpha=0.2, color="navy")
32.
33. plt.legend(loc="best")
34. plt.show()
```

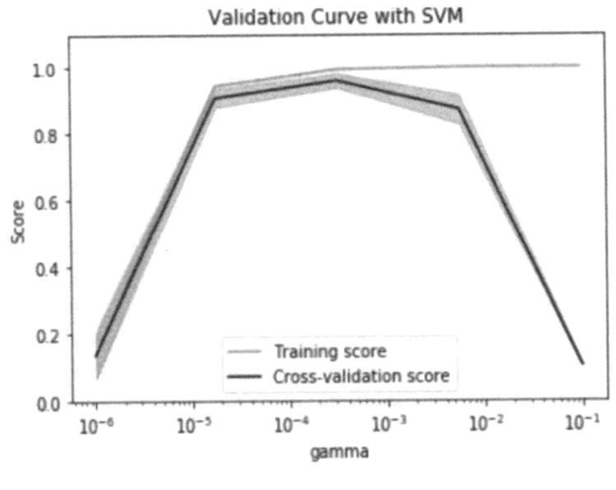

图 7-33　验证曲线

对于例 7-10，在绘制验证曲线时，使用了 matplotlib.pyplot.semilogx()函数，该函数在横轴上使用以 10 为底的对数刻度。pyplot 模块提供了 3 个函数，用于绘制对数格式图，分别是用于绘制双对数图的 loglog()函数，用于绘制半对数图的 semilogx()和 semilogy()。这 3 个函数都是对 plot()函数的封装，loglog()函数对两个坐标轴都应用对数尺度，semilogx()、semilogy()函数分别对横轴和纵轴应用对数尺度。这 3 个函数与 plot()函数相比，主要多了 3 个参数，分别是 base、subs 和 nonpositive。其中，base 用于设置对数的底，其默认值为 10；subs 为可选参数，用于设置次级刻度的位置；nonpositive 的取值为{'mask', 'clip'}，默认值为 'mask'，非正数值将会被屏蔽或被修剪为非常小的正数。

在数据科学流程中，可以通过学习曲线和验证曲线进行模型的调优，学习曲线通常用于在模型超参数确定的情况下，观察训练集与验证集上模型的表现，从而判断模型的拟合情况；验证曲线通常用于展示某个参数在不同取值下，训练集与验证集的得分情况。

7.6.3　ROC 曲线

ROC 曲线也称受试者工作特征曲线，或者感受性曲线。它是一种用于表示分类模型性能的图形工具，通过将真阳性率（True Positive Rate，TPR）和假阳性率（False Positive Rate，FPR）分别作为横轴与纵轴来描绘分类器在不同阈值下的性能。

Scikit-learn 中提供了用于绘制 ROC 曲线的函数和类，分别是 metrics.plot_roc_curve()和 metrics.RocCurveDisplay。下面在 Wine 数据集上使用 SVM 进行建模，并绘制其 ROC 曲线。

例 7-11：绘制 ROC 曲线。

本例使用 load_wine()函数加载 Wine 数据集，该数据集共有 178 个样本；每个样本具有 13 个特征变量，即葡萄酒的不同化学成分；目标值为 3 个类别，表示葡萄酒的 3 个不同的品种。ROC 曲线针对二分类问题。因此，在该例中，首先通过 y = y == 2 将 Wine 数据集的分类转化为二分类问题，即目标值是否为 2 两种情况；接下来，划分训练集和测试集，并使用 SVC 在训练集上进行拟合训练。最后，分别使用 metrics.plot_roc_curve()和 metrics.RocCurveDisplay 绘制 ROC 曲线，如图 7-34 所示。

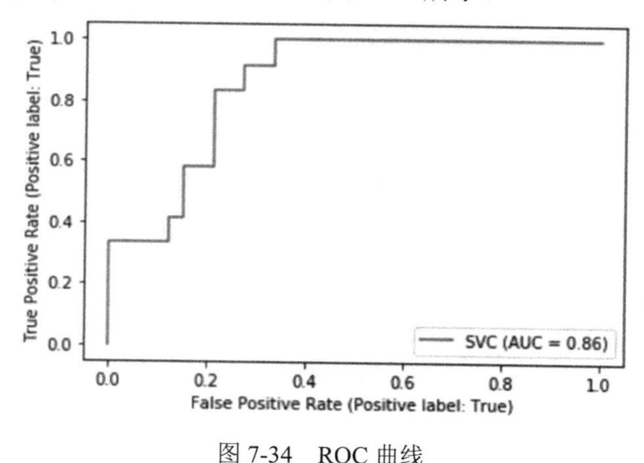

图 7-34　ROC 曲线

方式一，使用 metrics.plot_roc_curve()函数绘制 ROC 曲线，该函数的 3 个参数分别是要训练的模型 svc、测试集特征变量 X_test 和测试集目标变量 y_test。

```
1.  %matplotlib inline
2.  import matplotlib.pyplot as plt
3.  from sklearn.model_selection import train_test_split
4.  from sklearn.svm import SVC
5.  from sklearn.metrics import plot_roc_curve
6.  from sklearn.datasets import load_wine
7.
8.  X,y = load_wine(return_X_y=True)
9.  y = y == 2
10. X_train, X_test, y_train, y_test = train_test_split(X, y, random_state=42)
11. svc = SVC(random_state=42)
12. svc.fit(X_train, y_train)
```

```
13. svc_disp = plot_roc_curve(svc, X_test, y_test)
14. plt.show()
```

方式二，使用 metrics.RocCurveDisplay 绘制 ROC 曲线，其参数与 plot_roc_curve()的参数相同。

```
1.  %matplotlib inline
2.  from sklearn.model_selection import train_test_split
3.  from sklearn.svm import SVC
4.  from sklearn.metrics import RocCurveDisplay
5.  from sklearn.datasets import load_wine
6.
7.  X,y = load_wine(return_X_y=True)
8.  y = y == 2
9.  X_train, X_test, y_train, y_test = train_test_split(X, y, random_state=42)
10. svc = SVC(random_state=42)
11. svc.fit(X_train, y_train)
12. roc_display = RocCurveDisplay.from_estimator(svc, X_test, y_test)
```

7.6.4 混淆矩阵

混淆矩阵是机器学习中总结分类模型预测结果的情形分析表，它以矩阵形式对数据集中的样本按照真实类别与分类模型的预测类别两个标准进行汇总，其中，矩阵的行表示真实类别，矩阵的列表示预测类别，矩阵中每一列中的数值表示真实类别数据被预测为该类别的数量。

Scikit-learn 中提供了用于绘制混淆矩阵的函数和类，分别是 metrics.plot_confusion_matrix()和 metrics.ConfusionMatrixDisplay。

例 7-12：绘制混淆矩阵。

本例通过 load_iris()加载 Iris 数据集，划分数据集，使用 SVC 构建模型并进行训练，分别使用 metrics.plot_confusion_matrix()和 metrics.ConfusionMatrixDisplay 绘制其混淆矩阵，如图 7-35 所示。

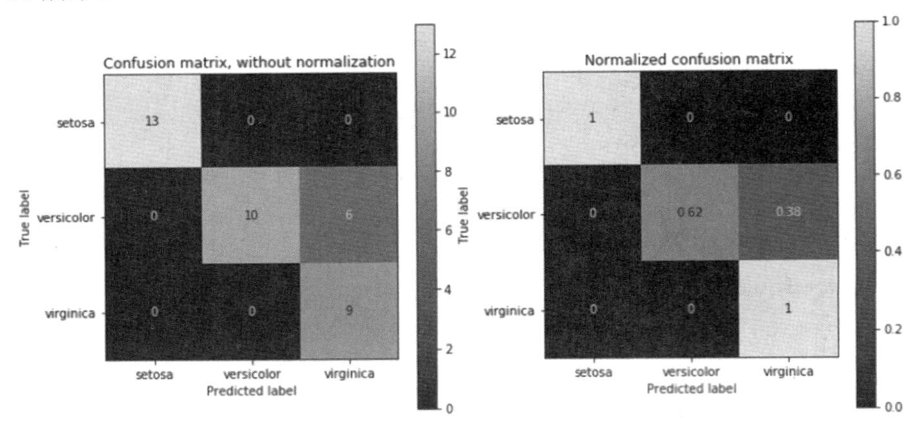

图 7-35 混淆矩阵

方式一，使用 metrics.plot_confusion_matrix()绘制混淆矩阵，其中一个选项是通过设置参数 normalize 为 true 来对矩阵中的值做归一化处理的。metrics.plot_confusion_matrix()中的参数 classifier 用于指定训练模型，X_test 和 y_test 分别是测试集的特征变量与目标值，display_labels 指定了混淆矩阵中的横、纵坐标。

```
1. %matplotlib inline
2. import matplotlib.pyplot as plt
3. from sklearn import svm, datasets
4. from sklearn.model_selection import train_test_split
5. from sklearn.metrics import plot_confusion_matrix
6.
7. iris = datasets.load_iris()
8. X = iris.data
9. y = iris.target
10. class_names = iris.target_names
11. # 将数据划分为训练集和测试集
12. X_train, X_test, y_train, y_test = train_test_split(X, y, random_state=0)
13. # 使用过于规范化（C 值太小）的模型运行分类器，以查看 C 值对结果的影响
14. classifier = svm.SVC(kernel='linear', C=0.01).fit(X_train, y_train)
15. # 绘制没有归一化的混淆矩阵
16. titles_options = [("Confusion matrix, without normalization", None),("Normalized
    confusion matrix", 'true')]
17. fig, ax = plt.subplots(1,2,figsize=(12, 6))
18. i=0
19. for title, normalize in titles_options:
20.     disp = plot_confusion_matrix(classifier, X_test, y_test,
21.                                  display_labels=class_names,
22.                                  normalize=normalize,ax=ax[i])
23.     disp.ax_.set_title(title)
24.     i=i+1
25.
26. plt.show()
```

方式二，使用 metrics.ConfusionMatrixDisplay 绘制混淆矩阵，其参数与 plot_confusion_matrix()的参数相同。

```
1. %matplotlib inline
2. from sklearn import svm, datasets
3. from sklearn.model_selection import train_test_split
4. from sklearn.metrics import ConfusionMatrixDisplay
5.
6. iris = datasets.load_iris()        # 导入一些数据进行操作
```

```
7.  X = iris.data
8.  y = iris.target
9.  class_names = iris.target_names
10. # 将数据划分为训练集和测试集
11. X_train, X_test, y_train, y_test = train_test_split(X, y, random_state=0)
12. # 使用过于规范化（C 值小）的模型运行分类器，以查看 C 值对结果的影响
13. classifier = svm.SVC(kernel='linear', C=0.01).fit(X_train, y_train)
14. # 绘制没有归一化的混淆矩阵
15. titles_options = [("Confusion matrix, without normalization", None),("Normalized
    confusion matrix", 'true')]
16. fig, ax = plt.subplots(1,2,figsize=(12, 6))
17. i=0
18. for title, normalize in titles_options:
19.     cm_display  =  ConfusionMatrixDisplay.from_estimator(classifier,  X_test,
    y_test,display_labels=class_names,normalize=normalize,ax=ax[i])
20.
21.     cm_display.ax_.set_title(title)
22.     i=i+1
```

7.6.5 精确率–召回率曲线

精确率-召回率曲线（Precision-Recall Curve）用于评估分类模型在不同阈值下精确率和召回率之间的关系，它通过不同阈值下的精确率和召回率之间的关系曲线来展示模型的性能。精确率-召回率曲线以召回率为横轴、精确率为纵轴，将不同阈值下的精确率和召回率连接起来形成一条曲线。

Scikit-learn 中提供了用于绘制精确率-召回率曲线的函数和类，分别是 metrics.plot_precision_recall_curve()和 metrics.PrecisionRecallDisplay。精确率-召回率曲线通常用于二分类中。因此，在例 7-13 中，将手写数字数据集中的分类转化为目标值是否为 9 的二分类问题，划分训练集和测试集，选择逻辑回归 LogisticRegression 来拟合训练，并绘制其精确率-召回率曲线。

例 7-13：绘制精确率-召回率曲线。

本例使用逻辑回归模型中的 decision_function()计算所有测试样本的 score 值。从图 7-36 中可以看出，随着召回率的上升，精确率不断下降，从某一个点开始，精确率下降得很快，这个点就是精确率和召回率比较平衡的位置。精确率和召回率之间总体上（不是绝对）存在着相互制约的关系。在实际情况中，可以根据需要选择不同的侧重点，或者根据准确率-召回率曲线选择一个合适的平衡点。

方式一，使用 metrics.plot_precision_recall_curve()绘制精确率-召回率曲线。该函数接收 3 个参数，分别是模型训练器 log_reg、测试集特征变量 X_test 和测试集目标变量 y_test。

```
1. %matplotlib inline
2. from sklearn import datasets
3. from sklearn.linear_model import LogisticRegression
4. from sklearn.model_selection import train_test_split
5. from sklearn.metrics import average_precision_score
6. from sklearn.metrics import plot_precision_recall_curve
7.
8. digits = datasets.load_digits()
9. X = digits.data
10. y = digits.target.copy()
11. y[digits.target == 9] = 1
12. y[digits.target != 9] = 0
13. X_train, X_test, y_train, y_test = train_test_split(X, y, test_size=0.25,
    random_state=666)
14.
15. log_reg = LogisticRegression() #构建逻辑回归模型
16. log_reg.fit(X_train,y_train) #使用训练集训练模型
17. y_score = log_reg.decision_function(X_test)
18. average_precision = average_precision_score(y_test, y_score)
19. disp = plot_precision_recall_curve(log_reg, X_test, y_test)
20. disp.ax_.set_title('2-class Precision-Recall curve: AP={0:0.2f}'.format(average_precision))
```

方式二，使用 metrics.PrecisionRecallDisplay 绘制精确率-召回率曲线，其参数与 plot_precision_recall_curve()的参数相同。

```
1. %matplotlib inline
2. from sklearn import datasets
3. from sklearn.linear_model import LogisticRegression
4. from sklearn.model_selection import train_test_split
5. from sklearn.metrics import PrecisionRecallDisplay
6.
7. digits = datasets.load_digits()
8. X = digits.data
9. y = digits.target.copy()
10. y[digits.target == 9] = 1
11. y[digits.target != 9] = 0
12. X_train, X_test, y_train, y_test = train_test_split(X, y, test_size=0.25,
    random_state=666)
13.
14. log_reg = LogisticRegression() #构建逻辑回归模型
15. log_reg.fit(X_train,y_train) #使用训练集训练模型
16.
17. pr_display = PrecisionRecallDisplay.from_estimator(log_reg, X_test, y_test)
```

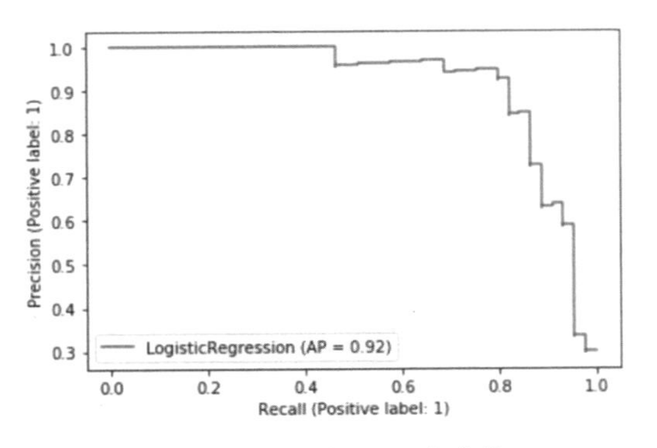

图 7-36　精确率-召回率曲线

7.6.6　部分依赖关系图

部分依赖图（Partial Dependence Plot，PDP）用于显示特征和预测值之间的关系，可用于分析回归和分类问题。部分依赖图依赖模型本身，需要先训练模型（如训练一个 DecisionTreeRegressor 模型），通过多次改变某一特征的数值来产生一系列的预测结果，它反映了某个特征如何影响预测结果，横坐标是特征的取值，纵坐标为对应目标值。

Scikit-learn 中提供了个用于绘制部分依赖图的函数和类，分别是 inspection.plot_partial_dependence()和 inspection.PartialDependenceDisplay。下面针对糖尿病数据集构建决策树模型 DecisionTreeRegressor 并进行训练，绘制部分依赖图。

例 7-14：绘制部分依赖图。

本例使用 load_diabetes()函数加载糖尿病数据集，该数据集共有 442 个样本，特征值有 10 个，包括 age、sex、bmi、bp、s1、s2、s3、s4、s5 和 s6，分别代表年龄、性别、身体质量指数、血压和 6 种血清化验数据；目标值为一年后患病的定量指标，这是一个回归问题。这里分别通过 inspection.plot_partial_dependence()和 PartialDependenceDisplay.from_estimator()来绘制 bp 与 bmi 的部分依赖图，如图 7-37 所示。从图 7-37 中可以看出，随着 bp 和 bmi 的增长，一年后患病的定量指标整体呈上升趋势。

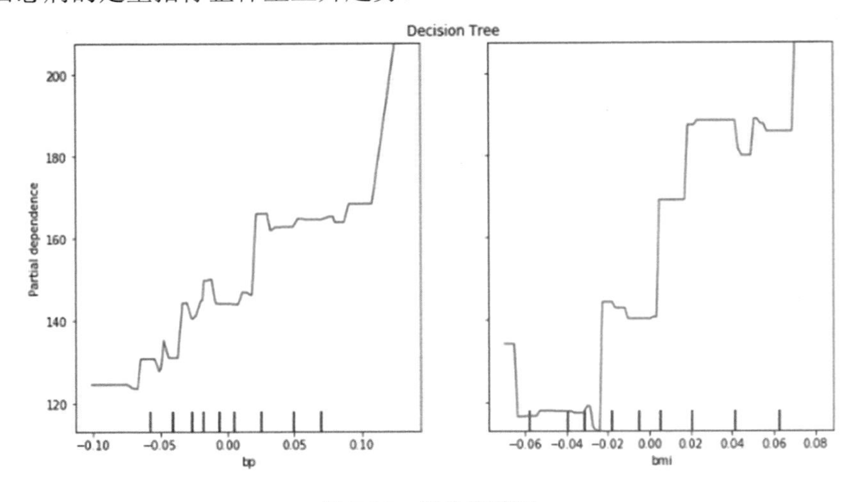

图 7-37　部分依赖图

方式一，通过 inspection.plot_partial_dependence()绘制部分依赖图，其中，tree 为模型训练器，X_train 为训练集特征变量，["bp", "bmi"]为绘制部分依赖图的特征。

```
1.  %matplotlib inline
2.  import matplotlib.pyplot as plt
3.  from sklearn.datasets import load_diabetes
4.  from sklearn.model_selection import train_test_split
5.  from sklearn.tree import DecisionTreeRegressor
6.  from sklearn.inspection import plot_partial_dependence
7.
8.  diabetes = load_diabetes(as_frame=True)
9.  X = diabetes.data
10. y = diabetes.target
11.
12. X_train, X_test, y_train, y_test = train_test_split(X, y, test_size=0.25,
    random_state=666)
13. tree = DecisionTreeRegressor()
14. tree.fit(X_train, y_train)
15. fig, ax = plt.subplots(figsize=(12, 6))
16. ax.set_title("Decision Tree")
17. tree_disp = plot_partial_dependence(tree, X_train, ["bp", "bmi"], ax=ax)
```

方式二，通过 PartialDependenceDisplay.from_estimator()绘制部分依赖图，其参数与 plot_partial_dependence()的参数相同。

```
1.  %matplotlib inline
2.  import matplotlib.pyplot as plt
3.  from sklearn.datasets import load_diabetes
4.  from sklearn.model_selection import train_test_split
5.  from sklearn.tree import DecisionTreeRegressor
6.  from sklearn.inspection import partial_dependence
7.  from sklearn.inspection import PartialDependenceDisplay
8.
9.  diabetes = load_diabetes(as_frame=True)
10. X = diabetes.data
11. y = diabetes.target
12.
13. X_train, X_test, y_train, y_test = train_test_split(X, y, test_size=0.25,
    random_state=666)
14. tree = DecisionTreeRegressor()
15. tree.fit(X_train, y_train)
16.
17. fig, ax = plt.subplots(figsize=(12, 6))
```

```
18. ax.set_title("Decision Tree")
19. tree_disp = PartialDependenceDisplay.from_estimator(tree, X_train, ["bp", "bmi"],
    ax=ax)
```

部分依赖图直观且容易理解，但它也存在一些缺点，如在分析特征时，每次只能分析1个或2个特征，特征多了无法绘图展示。另外，部分依赖图假设特征之间不具有较强的相关性等。

注意：Scikit-learn 版本需要升级到 0.22 及以上才可以通过相应函数绘制 ROC 曲线、混淆矩阵、精确率-召回率曲线、部分依赖关系图等，部分绘图 API 版本需要升级到 1.0 及以上版本。高版本的 Scikit-learn 还提供了其他绘图 API，如 sklearn.metrics.DetCurveDisplay 用于绘制 DET 曲线、sklearn.inspection.DecisionBoundaryDisplay 用于绘制决策边界图、model_selection.LearningCurveDisplay 用于绘制学习曲线、model_selection.ValidationCurveDisplay 用于绘制验证曲线等，具体可查看 Scikit-learn 官网。

7.7 本章小结

本章介绍了数据可视化的定义和常用工具，并通过示例重点介绍了 Matplotlib、Pandas 和 Scikit-learn 绘制不同图形以进行数据可视化展示。Matplotlib 作为 Python 中最著名的绘图库，可以方便地绘制曲线、散点图、直方图、箱线图等各种可视化图形，并可以设置标题、图例等，使可视化结果更加清晰。Pandas 作为数据分析库，也提供了用于绘制图形的各种方法，帮助人们在处理数据时，随时快速地洞察数据分布，进行探索性数据分析。Scikit-learn 中提供了一些简单的可视化 API，方便人们了解机器学习模型的性能，可进行参数调整、模型调优等。在数据科学流程中，数据可视化借助直观的图表、图形化手段，清晰、有效地呈现数据。数据可视化已经成为大数据时代的重要工具之一，帮助人们更好地处理和理解大量数据，并在业务和决策中发现数据背后的价值。

课后习题

1. 销售数据可以帮助商家了解在线销售业务的消费情况，通过用户消费数据分析用户消费行为，更好地为用户推荐相匹配的商品。电子产品销售分析.csv（请登录华信教育资源网下载）提供了 2020 年 4 月 24 日至 2020 年 11 月 21 日电子产品的销售信息，各字段含义如下：event_time（订单时间）、order_id（订单 id）、product_id（产品 id）、category_id（类别 id）、category_code（类别编码）、brand（品牌）、price（价格）、user_id（用户 id）、age（用户年龄）、sex（用户性别）、local（省份），请使用 Matplotlib 按要求绘制图形。

（1）绘制每月成交金额折线图。

（2）绘制不同省份用户数量的柱状图。

（3）绘制消费次数与消费金额关系的散点图。

（4）绘制用户年龄分布直方图。

2．请使用威斯康星州乳腺癌数据集完成以下任务。

（1）加载数据集，通过绘制直方图、散点图矩阵等对该数据集进行探索性数据分析。

（2）分别使用逻辑回归（LogisticRegression）、高斯朴素贝叶斯（GaussianNB）、*k* 近邻（KNeighborsClassifier）、决策树（DecisionTreeClassifier）和 SVC 构建模型，并绘制其混淆矩阵、学习曲线与 ROC 曲线。

（3）针对 SVC 模型，绘制其精确率-召回率曲线和参数 gamma 的取值为10^{-6}～10^{-1}的验证曲线。